普通高等教育汽车服务工程专业教材

汽车与环境

邱兆文 编 著
邓顺熙 主 审

人民交通出版社股份有限公司
北 京

内 容 提 要

本书是普通高等教育汽车服务工程专业教材。全书分为九章,主要内容包括绪论、燃油汽车主要污染物生成机理、汽车排放标准及测试技术、汽车排放污染物净化技术、电动汽车的环境影响、报废汽车的环境污染与控制、汽车和道路交通的噪声污染与控制、道路交通排放评估方法以及道路空气污染预测与暴露评估。

本书可作为高等院校汽车服务工程、车辆工程、交通运输等专业本科生教材,也可作为交通运输工程学科载运工具运用工程、交通安全与环境方向的研究生教材,还可供从事汽车环保检测、排放污染治理、交通生态保护等工作的技术人员和管理人员参考。

图书在版编目(CIP)数据

汽车与环境/邱兆文编著. —北京:人民交通出版社股份有限公司,2021.12

ISBN 978-7-114-17691-3

Ⅰ.①汽… Ⅱ.①邱… Ⅲ.①汽车排气—空气污染控制—高等学校—教材 Ⅳ.①X734.201

中国版本图书馆 CIP 数据核字(2021)第 232652 号

书　　名:汽车与环境
著 作 者:邱兆文
责任编辑:钟　伟
责任校对:孙国靖　宋佳时
责任印制:张　凯
出版发行:人民交通出版社股份有限公司
地　　址:(100011)北京市朝阳区安定门外外馆斜街 3 号
网　　址:http://www.ccpcl.com.cn
销售电话:(010)59757973
总 经 销:人民交通出版社股份有限公司发行部
经　　销:各地新华书店
印　　刷:北京交通印务有限公司
开　　本:787×1092　1/16
印　　张:14.5
字　　数:344 千
版　　次:2021 年 12 月　第 1 版
印　　次:2021 年 12 月　第 1 次印刷
书　　号:ISBN 978-7-114-17691-3
定　　价:42.00 元
(有印刷、装订质量问题的图书由本公司负责调换)

PREFACE 前 言

近年来，生态环境部连续发布的《中国移动源环境管理年报》显示，移动源已成为我国大中型城市空气污染的重要来源，是造成细颗粒物、光化学烟雾污染的重要原因。汽车是污染物排放的主要“贡献者”，随着汽车低碳化技术的发展，对于汽车的环境污染问题，已经从传统燃油车内燃机排放控制为主转变为汽车全生命周期治理以及车、路、交通、生态综合防控的格局。为此，本书系统地阐述了燃油汽车、电动汽车、报废汽车等带来的环境污染问题及控制方法，并介绍了道路交通排放评估和道路空气污染预测等交通环境评估的基本方法。本书可作为支撑汽车类和交通运输类专业(汽车服务工程、车辆工程、交通运输等)工程教育认证“应覆盖环境和可持续发展”毕业要求课程的重要参考教材，也可供环境保护工程技术人员和管理人员学习参考。

本书是在编者多年从事汽车排放和交通环境领域教学和科研成果的基础上编写的，其主要特色是从汽车能源清洁化发展趋势和汽车运用治污减排以及交通环境评估综合治理等多个维度，全面、系统地介绍了汽车与环境技术的相互促进，以成熟的理论技术为主，适当介绍了国内外研究前沿知识和先进实用技术，力求理论联系实际，注重培养学生分析问题和解决问题的能力。

本书由长安大学邱兆文教授编著。参与本书编写的成员及分工如下：第一章、第二章、第四章、第九章由邱兆文编写；第三章、第七章、第八章由郝艳召编写；第五章、第六章由刘意立编写。本书由邓顺熙教授担任主审。参加编写和资料整理校稿工作的还有王樽、高靖雯、刘岭、段顺洋、胡宇娇、李唯真等。编写过程中，长安大学教务处给予了鼎力支持，同时参阅了大量书籍资料和网上资源，在此一并表示感谢。

限于编者水平，书中难免有不足或疏漏之处，恳请广大读者批评指正。

编著者
2021 年 9 月

CONTENTS 目　　录

第一章　绪　　论

第一节　汽车环境污染概述

一、环境污染概述

1.环境的定义

环境总是相对于某一中心事物而言,作为某一中心事物的对立面而存在。它因中心事物的不同而不同,随中心事物的变化而变化。与某一中心事物有关的周围事物,就是这个中心事物的环境。

因而,环境是指影响生物机体生命、发展与生存的所有外部条件的总体。环境既包括以空气、水、土地、植物、动物等为内容的物质因素,也包括以观念、制度、行为准则等为内容的非物质因素;既包括自然因素,也包括社会因素;既包括非生命体形式,也包括生命体形式。对于人类而言,环境是以人类为主体的客观物质体系,是指地球表面与人类发生相互作用的自然要素的总体,它具有整体性、区域性及变动性的基本特征。

对不同的对象和学科而言,环境的内容也不同。对生物学而言,环境是指生物生活周围的气候、生态系统、周围群体和其他种群。对文学、历史和社会科学而言,环境是指具体的人生活周围的情况和条件。对企业和管理学而言,环境指社会和心理的条件,如工作环境等。对于交通系统而言,环境是作用于交通参与者的所有外界影响与干预的总和,包括交通基础设施、地物地貌、气象条件,以及其他交通参与者的交通活动。

2014 年 4 月修订的《中华人民共和国环境保护法》第一章第二条指出:“本法所称环境,是指影响人类生存和发展的各种天然的和经过人工改造的自然因素的总体,包括大气、水、海洋、土地、矿藏、森林、草原、湿地、野生生物、自然遗迹、人文遗迹、自然保护区、风景名胜区、城市和乡村等。”这是一种从《中华人民共和国环境保护法》的定义将应当保护的要素及对象界定为环境的定义,它以法律的形式对环境的保护适用对象及范围作出了规定,以保证法律的准确实施。

2.环境问题及特点

环境问题主要是指由于人类活动(包括生产和生活活动)作用于周围的环境所引起的污染问题,是指影响人类健康的“公害”及各种污染物的潜在影响,是一个世界性的问题,也是一个社会问题。这里讲的环境,仍属于自然环境。但是,它是受到人类影响的人工自然环境。

对于环境问题的理解,有广义与狭义两种。广义的环境问题是指任何不利于人类生存和发展的环境结构和状态的变化,其产生的原因既有人为因素又有自然因素。狭义的环境问题是指在人类社会经济活动的作用下,人们周围环境的结构和状态发生不利于人类生存和发展的变化，其产生的主要原因是人为因素。

当代环境问题主要有三个特点：

(1)环境污染呈全球性、广域性，如全球性气候变暖、臭氧层破坏、跨国酸雨、淡水资源枯竭及污染等。

(2)生态失衡，如生物多样性锐减、土壤退化及荒漠化加速、森林特别是热带雨林面积减少带来的生态破坏。

(3)突发性的严重污染事件时有发生，如印度的博帕尔农药泄漏、苏联的切尔诺贝利核电站泄漏等。

当代环境问题的全球性、广域性、生态失衡(难以或不能恢复生态平衡)等特点，是人类自己制造的苦果——一味追求经济利益，不考虑环境的承载能力的副产物。人类若不善待环境，与环境协调发展，全球性的生态破坏和环境污染，不仅已经影响各国的经济的发展，威胁着人类的生存，而且将毁灭人类自身。

3. 环境污染概述

环境污染主要指在生产和生活过程中排放的废水、废气、废渣，使环境中有害有毒物质的含量超过正常值，危及人体健康和工农业生产的现象。环境污染的产生有一个从量变到质变的发展过程，当某种能造成污染的物质的浓度或总量超过环境自净能力时，就会产生危害。

产业革命以后，工业迅速发展，人类排放的污染物大量增加，在一些地区发生了环境污染事件，如1850年英国伦敦附近泰晤士河中水生生物大量死亡事件、1873年伦敦烟雾事件等。当时受科学技术和认识水平的限制，环境污染并没有引起重视。20世纪30年代到60年代，由于工业的进一步发展，在世界一些地区先后发生了公害事件(表1-1)，环境污染才逐渐引起人们的重视。这个时期的公害事件主要出现在工业发达国家，是局部的、小范围的环境污染问题。

世界著名的八大公害事件 表1-1

事件名称	时间、地点	污染源	主要危害
马斯河谷烟雾	1930年，比利时马斯河谷	工厂排放的含有烟尘及SO_2的废气蓄积于长条形深谷空气中	呼吸道发病，约60人死亡
骨痛病	1931年，日本富山县	锌冶炼厂排放的含镉废水	骨折，患者200多人，多人因不堪痛苦而自杀
光化学烟雾	1943年5—11月，美国洛杉矶	汽车排放的含NO_x、HC的尾气在一定条件下形成的光化学烟雾	刺激眼、喉，引起眼病、喉头炎、头痛
多诺拉烟雾	1948年，美国宾夕法尼亚州多诺拉镇	炼锌、钢铁、硫酸等工厂排放的含烟尘及SO_2的废气蓄积于马蹄形深谷中	呼吸道发病，10多人死亡、6000多人患病
伦敦烟雾	1952年，英国伦敦	含烟尘及SO_2的废气	呼吸道发病，5天内4000多人死亡

续上表

事件名称	时间、地点	污染源	主要危害
水俣病	1953年,日本熊本市水俣湾	化工厂排放的含汞废水形成的甲基汞	中枢神经受伤害,听觉、语言、运动失调,200多人死亡
米糠油事件	1968年,日本北九州市爱知县	米糠油中残留多氯联苯	10多人死亡、1万多人中毒
四日事件	1970年,日本四日市	炼油厂排放的含SO_2、煤尘、重金属粉尘的废气	500多人患哮喘病,30多人死亡

20世纪80年代以来,环境污染的范围扩大了很多,像全球气候变暖、臭氧层耗损等已成为全球性环境污染问题,酸雨等也属于大面积区域环境污染问题。全球性的环境污染和大面积的生态破坏,不但涉及经济发达国家,也涉及众多的发展中国家,甚至有些情况在发展中国家更为严重。

日趋严重的环境污染问题促使人类环境保护意识不断增强。美国海洋生物学家蕾切尔·卡逊在其著作《寂静的春天》中指出"不解决环境问题,人类将生活在幸福的坟墓之中"。经历了沉痛的代价和宝贵的觉醒之后,人类对环境问题的认识逐步深入,对发展不断进行深刻反思。以四次世界性环境与发展会议为标志,人类对环境问题的认识发生了历史性转变。

1972年6月5—16日在瑞典斯德哥尔摩召开的联合国人类环境会议上,世界各国开始共同研究解决环境问题。会议通过了人类环境宣言,会议开幕日被联合国确定为世界环境日。

1992年6月3—14日在巴西里约热内卢召开的联合国环境与发展大会上,第一次把经济发展与环境保护结合起来进行认识,提出了可持续发展战略,标志着环境保护事业在全世界范围启动了历史性转变。

2002年8月26—9月4日在南非约翰内斯堡召开的可持续发展世界首脑会议上,提出经济增长、社会进步和环境保护是可持续发展的三大支柱,经济增长和社会进步必须同环境保护、生态平衡相协调。

2012年6月20—22日在巴西里约热内卢召开的联合国可持续发展大会上,发起可持续发展目标讨论进程,提出绿色经济是实现可持续发展的重要手段,正式通过《我们憧憬的未来》这一成果文件。

人类为解决环境问题付出了很大努力,但全球环境问题少数有所缓解、总体仍在恶化。生物多样性锐减、气候变化、水资源危机、化学品污染、土地退化等问题并未得到有效解决。发达国家和地区已经基本解决传统工业化带来的环境污染问题。大多数发展中国家由于人口增长、工业化和城镇化不断推进、承接发达国家的污染转移等因素,环境质量恶化趋势加剧,治理难度进一步加大。

二、汽车的环境污染概述

汽车的环境污染贯穿产品设计、制造、使用和报废过程,在这些过程中会产生多种有毒有害气体、液体和固体污染物。行驶过程的排放污染、噪声、扬尘、光和热等污染属于移动污染源,危害面大、防治难度大,特别是传统汽车行驶时的排放污染物在生命周期全部污染物中占比高达80% ~90%。因此,对于传统汽车而言,汽车行驶过程中的环境污染是汽车环境污染防治的重点。

1. 汽车制造过程

汽车制造过程的原材料生产、机械加工涂装和出厂检验等过程均有温室气体和有害气体、废水、固体废物和噪声等污染物的排放。

废气主要有涂装车间含漆废气、烘干废气、焊装烟气、发动机和整车总装车间产品检验的废气,其中汽车整车制造过程中涂装工序(将涂料覆于基底表面形成具有防护、装饰或特定功能涂层的过程)的设备或车间排气装置排放的大气污染物如苯、苯系物、非甲烷总烃和颗粒等,属于环境污染防治的重点。苯系物指分子中只含有一个苯环的芳烃,汽车涂装工序排放的苯系物主要有苯、甲苯、二甲苯、三甲苯、乙苯及苯乙烯等。有关排放标准对涂装工序涂喷漆室、色漆喷漆室、罩光喷漆室、修补喷漆室和PVC(Polyvinyl chloride,聚氯乙烯)焊缝密封胶涂装线等的大气污染物中苯、苯系物和非甲烷总烃的浓度,以及打磨生产线的大气污染物中颗粒浓度进行了明确规定;对涂装工序使用的处于即用状态的底漆、中涂漆、实色底漆、闪光底漆、罩光清漆和本色面漆的挥发性有机物含量(单位体积料中挥发性有机物的质量浓度),以及单位涂装面积挥发性有机物排放总量也进行了规定。

汽车制造过程中排放的废液有磷化废水、涂装废水、喷漆废水、清洗废液,脱脂废液、电泳废液、切削液、废油等,固体污染物主要有磷化废渣、漆渣、废水处理污泥等。汽车制造过程的噪声主要有机械加工设备运转及加工过程中产生的噪声、冲压车间冲压件及废料堆放或装卸过程的碰撞噪声、机械排风系统风机运行噪声等。

2. 汽车运行过程

汽车运行过程(包括怠速、加速、减速、巡航等工况)中排放的污染物主要有排气污染物(包括有害气体和颗粒物)、温室气体、非排气颗粒(制动器、轮胎、离合器和路面磨损等产生的颗粒物)、废弃物、光、热、电磁波和噪声等。

纯电动汽车和燃料电池电动汽车由于行驶过程中无排气污染物排放,因而受到各方高度重视,其发展速度异常迅猛。但应该注意的是,燃料电池电动汽车使用过程消耗的氢气等燃料的制备过程也会排放污染物,纯电动汽车使用过程中消耗的电能生产过程通常也会排放污染物。电能和氢气为非自然资源,只是一种二次能源或能源载体,只有通过其他能源转换才能得到。因而纯电动汽车和燃料电池电动汽车的使用过程并非真正的“零排放”,只是排气污染物提前至由发电厂和氢气等燃料的生产企业排放(或转移)而已。可把在纯电动汽车和燃料电池电动汽车使用能源的制造过程中产生的环境污染称为异地环境污染。纯电动汽车和燃料电池电动汽车的异地环境污染仍然会通过大气传输方式污染使用纯电动汽车和燃料电池电动汽车的区域。因此,对纯电动汽车和燃料电池电动汽车的环境污染应采用生命周期方法来进行科学评价。

3. 汽车维修过程

无论是传统汽车,还是纯电动汽车和燃料电池电动汽车,其使用过程都需要进行维护和停驶修理,因而会产生液体和固体污染物,只是种类和数量不同而已。

汽车维修过程排放的污染物主要为:喷烤漆废气(包括喷烤漆有机废气和柴油燃烧废气),焊接烟尘和打磨粉尘,钣金噪声及设备噪声,废机油、废零件等废物。汽车维修过程污染物产生及排放如图1-1所示。

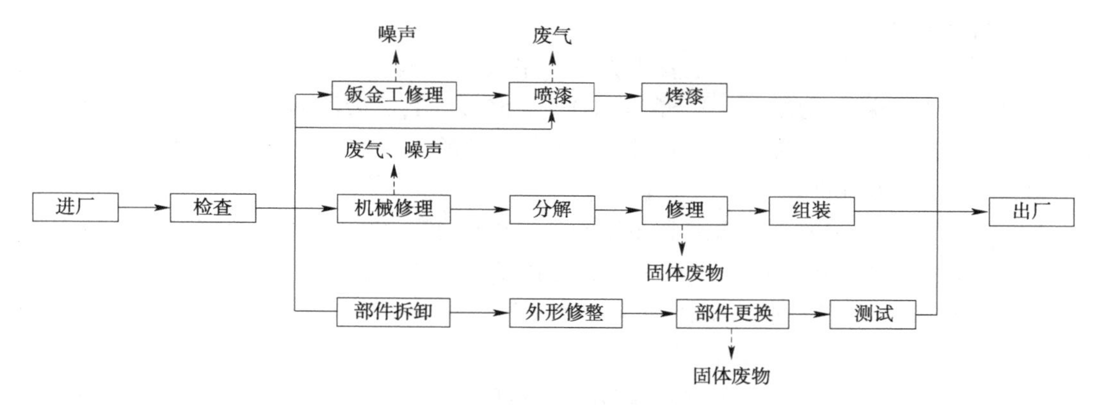

图 1-1 汽车维修过程污染物产生及排放

1)大气污染物

(1)喷烤漆房废气。喷烤漆房产生的废气包括喷烤漆过程产生的挥发性有机废气以及加热装置使用化石燃料的燃烧废气。目前,部分地区汽车维修企业已经使用电烤漆房,减少了传统柴油废气的排放。喷烤漆废气主要来源于挥发的溶剂、稀释剂。不同的涂料产生的废气组分存在一定差异,但挥发性有机物中主要组分类别差异较小。喷烤漆房废气的主要组分有芳香烃类、醚酯类、醇类和烷烃类。

①芳香烃类有机废气。

芳香烃是指单环芳烃中的苯、甲苯、二甲苯、三甲苯、乙苯、苯乙烯等。由于过喷现象与烤漆过程的高温特性,导致喷漆和烤漆过程挥发的芳香烃类物质比例高于其他工序。喷漆作业中,尽管不同的维修店采用的油漆、稀释剂等品牌存在差异,但组分比例差异不大。各种油漆中溶剂和稀释剂各组分质量百分比见表 1-2。

各种油漆中溶剂和稀释剂各组分的质量百分比(单位:%) 表 1-2

项目			组分	二甲苯	芳香烃	醇醚类	酯类	其他
中涂漆			溶剂	15	60	14	6	5
			稀释剂	0	60	30	10	0
面漆	金属闪光漆	金属底色漆	溶剂	18	38	15	25	4
			稀释剂	0	41	6	53	0
		罩光漆	溶剂	0	74	20	0	6
			稀释剂	0	95	3	2	0
本色漆			溶剂	11	56	18	11	4
			稀释剂	0	64	27	9	0

烤漆过程中,通常将温度设定在 60℃,烘烤时间在 1 ~ 2h,油漆中一些组分在该温度下会发生分解,形成难以降解的小分子,可能对后续的处理造成一定的影响。喷烤漆房中芳香烃是最主要的排放废气种类,其他组分如丙二醇、甲醚、醋酸酯和乙酸丁酯也占有一定比例,而烷烃类的比例则相对较小。

此外,由于腻子常采用苯乙烯作为交联剂和固化剂,其含量在某些腻子中能达到 20% 以上,而苯乙烯具有较强的挥发性。因此,在涂刮腻子的过程中,应关注苯乙烯的排放。

②醚酯类有机废气。

汽车维修产生的醚酯类废气主要为邻苯二甲酸二丁酯、乙酸乙酯。其中邻苯二甲酸二丁酯主要用于修补漆的增塑剂,组分含量在1% ~5%之间;乙酸乙酯具备较好的溶解性和快干性,作为油漆溶剂,是一种重要的有机化工原料。乙酸乙酯易挥发,具有刺激性气味。

③醇类、烷烃类有机废气。

挥发性醇类物质主要有异丙醇和正丁醇。异丙醇是一种廉价的工业溶剂,主要存在于丙烯酸树脂腻子、单组分丙烯酸中涂漆、单组分丙烯酸色漆中。正丁醇是醇酸树脂类涂料的添加剂,组分在5%左右。通常来说,油漆中挥发的烷烃类物质较少,主要为以丙烯酸树脂为基料的油漆中所挥发出的丙烯酸单体。

目前,针对喷烤漆房内产生的喷烤漆房废气,国内外一些主要的处理方法的比较见表1-3。大多数喷烤漆房都配有过滤底棉和活性炭吸附装置,通过底棉捕集漆雾中的漆粒,有机废气经活性炭吸附装置净化后排放。根据工程经验,活性炭对有机废气的吸附效率可达95%以上。

国内外喷烤漆废气处理方法的比较　　表1-3

项　　目	低温冷凝法	催化燃烧法	活性炭吸附法	水 吸 收 法	联合处理法
适用范围	有一定温度的高浓度有机废气	连续生产的高浓度有机废气	间歇式生产的低浓度有机废气	规模生产的低浓度有机废气	连续生产的高浓度有机废气
处理效果	70%左右	95% ~99%	10% ~30%	80%左右	98%以上
操作的复杂程度	简单	复杂	简单	简单	复杂
投资	低	高	高	低	最高
主要优点	方法简单,投资低,运行管理方便	处理效果好,净化率高	处理效果好,净化率高	方法简单,使用方便,运行费低	处理效果好,净化彻底

(2)维修废气。汽车维修过程中发动机、空调装置清洗使用的清洗剂[如某发动机清洗剂主要成分是甲醇(12%)、丙酮(10%)、甲苯(38%)、200号溶剂油(40%);空调装置清洗剂主要成分是乙醇、正丁烷、丙烷、异丁烷等],使用过程中全部挥发到车间空气中,造成挥发性有机污染物无组织排放。

(3)调漆废气。调漆废气来自调漆过程的有机溶剂挥发。调漆过程将涂料、稀释剂、固化剂等原料按照一定比例进行混合,原料中的挥发性有机物成分在称量、搅拌过程中都会挥发出来。

(4)汽车尾气。汽车在维修调试过程中会产生汽车尾气,其中主要污染物包括细颗粒物、一氧化碳、二氧化碳、烃类化合物、氮氧化合物、铅及氧化合物等,汽车在维修工位进行静止起动时,应该使用软管接驳排气管,将汽车尾气集中收集净化后排放,净化方式可以采用活性炭吸附等工艺。

(5)焊接烟尘。焊接烟尘主要来自汽车修理过程中的焊接过程,汽车维修企业主要使用电气和CO_2保护焊,一般车间与外界自然通风,焊接烟尘量较少。烟尘经除尘器净化处理后排入大气,常见除尘方式为布袋除尘器。

(6)制冷剂。汽车空调用制冷剂是氟利昂家族的一员,属于氢氯氟烃类。因其中有氯元素的存在,随着氯原子数量的增加,其对臭氧层破坏的能力也随之增强。由于氯氟烃对臭氯层的破坏日益严重,多个国家于1987年9月在加拿大蒙特利尔签署《蒙特利尔破坏臭氧层物质管制议定书》(*Montreal Protocol on Substances that Deplete the Ozone Layer*),分阶段限制氯氟烃的使用。自1996年1月1日起,氯氟烃正式被禁止生产。目前使用的汽车制冷剂基本为氢氟烃类,如R134A,其沸点为-26.5℃,它的热工性能接近R12(CFC12),破坏臭氧层潜能值(ODP)为0,但温室效应潜能值(WGP)为1300。

目前,R134A不属于《国家危险废物名录》(2016年版),但是考虑到其温室效应,应该对其进行回收利用。

2)水污染物

汽车维修企业废水来自维修各工序排水、汽车清洗废水和生活污水。汽车零部件清洗均要求使用环保清洗剂,清洗液循环使用不外排,沉淀油泥按固体废物处理。

(1)含油废水。汽车发动机、零部件清洗排出的含油废水,其特点是pH值、含油量和COD_{Cr}(重铬酸钾法测定化学需氧量)较高。通常含油废水处理工艺如下:含油废水→预处理→混凝沉淀→吸附过滤→排入城市管网或处理后回用于洗车、清洁厂房、绿化、冲厕等。

(2)洗车废水。常用的洗车方法有六种:人工洗车、高压水枪洗车、全自动电脑洗车、无水洗车(使用环保洗车机)、蒸汽洗车、无刷毛自动洗车。各类洗车方法及特点介绍如下:

①人工洗车。人工洗车是一种原始的洗车方法,洗车使用原始工具(水桶+抹布),极易损伤车体、浪费水资源、污染环境、妨碍交通、影响市容等。

②高压水枪洗车。高压水枪洗车法由于压力不足,难以冲掉所有泥沙,在擦车时还是会擦伤车身,同时浪费水资源,平均清洗一辆汽车需要用水50L左右。

③全自动电脑洗车。全自动电脑洗车自动化程度高,洗车速度快,效果较好,但造价较高。

④无水洗车。无水洗车是利用清洗剂对车面进行清洗,但无法有效清除车底裙及轮胎的厚泥沙,操作不当会损伤漆面。

⑤蒸汽洗车。蒸汽洗车是指将水加热成蒸汽后,用蒸汽来清洗车辆,用水量少。但洗车时间长、效果一般,现仅在我国北方冬天适用。

⑥无刷毛自动洗车。无刷毛自动洗车效果与全自动电脑洗车相同。洗车废水经沉淀油水分离、物化处理、活性炭吸附和膜过滤等措施处理后,可循环使用。洗车采用循环水回用方式,洗车水循环利用率可达到80%以上。

(3)生活污水。汽车维修企业的生活污水主要包括冲厕废水、食堂废水等。通常经隔油池、化粪池以及二级生化处理后,达标排入市政污水管网。

3)固体废物

汽车维修企业产生的废物,可以分为危险废物、一般固体废物和生活垃圾。

(1)危险废物。依据《国家危险废物名录》(2016年版),汽车维修行业涉及的危险废物分为7种5大类(表1-4),危害性分类主要为有毒,其中HW08、HW12还具有易燃性。

汽车维修行业危险废物种类 表1-4

废物类别	废物代码	废物名称	危险性分类
废有机溶剂与含有机溶剂废物 HW06	900-404-06	废汽车防冻液	有毒
废矿物油与含矿物油废物 HW08	900-249-08	废机油、废汽油、废柴油	有毒,易燃性

续上表

废物类别	废物代码	废物名称	危险性分类
染料涂料废物 HW12	900-250-12	废油漆	有毒,易燃性
		废漆渣	有毒,易燃性
		废油漆稀释剂	有毒,易燃性
其他废物 HW49	900-041-49	废活性炭	有毒
		废机油滤芯/废汽油滤芯	有毒
		废油桶、废油漆桶、废稀料桶等	有毒
		废喷漆罐、废清洗剂罐、废调漆盒等	有毒
		废地棉、废遮蔽纸	有毒
	900-044-49	废铅蓄电池	有毒
	900-045-49	废电路板	有毒
废催化剂 HW50	900-049-50	废汽车尾气净化催化剂	有毒

①维修工序。维修工序危险废物包括废汽车防冻液在内的废有机溶剂与含有机溶剂废物(HW06),废机油、废汽油、废柴油等在内的废矿物油与含矿物油废物(HW08),废机油滤芯、废汽油滤芯、废油桶、废清洗剂罐、废铅蓄电池、废电路板等在内的其他废物(HW49)以及废汽车尾气净化催化剂在内的废催化剂(HW50)。

②调漆工序。调漆工序危险废物包括废油漆桶、废稀料桶、废喷漆罐、废调漆盒等在内的其他废物(HW49)。

③喷涂工序。喷涂工序危险废物包括废油漆、废稀释剂、废固化剂、废漆渣等在内的染料涂废物(HW12),废底棉、废活性炭(过滤介质)、废遮蔽纸等在内的其他废物(HW49)。

尽管每家汽车维修企业产生的危险废物较少,但考虑到汽车维修企业众多,且随着居民汽车保有量的增加,汽车维修企业的规模和数量也会随之不断扩大和增加,该行业产生的危险废物总量还是比较惊人的。根据《中华人民共和国固体废物污染环境防治法》第四章规定,对危险废物必须严格执行申报登记制度,严格进行收集、储存、运输、处置,企业应设置危险废物临时储存场所,各种危险废物分别使用专用容器单独存放,然后送至具有危险废物经营许可证的单位进行处置。

(2)一般固体废物。汽车维修企业产生的一般固体废物包括拆解下的废钢铁、废有色金属、废钢化玻璃、废轮胎和废座椅等。废钢铁销售到钢铁公司回炉重熔,废有色金属销售到有色金属冶炼厂,废轮胎销售给轮胎再生处理单位,废旧塑料(汽车前后保险杠、仪表盘、座椅靠背架及发动机罩等,主要成分是聚丙烯 PP 混料)等外售给相应的回收公司。

(3)生活垃圾。生活垃圾经统一收集后,定期由环保部门处置。

4)噪声

汽车维修企业主要噪声源是喷烤漆房风机、空气压缩机、台钻、打磨机等设备噪声以及汽车起动等噪声。喷烤漆区风机噪声在设备 1m 处机械噪声为 70 ~ 80dB(A);打磨设备噪声是短时、不定时发生的,瞬时最大噪声可达到 90 ~ 100dB(A);汽车起动噪声约 65dB(A)。

由于鼓、引风机置于喷烤漆房室内(喷烤漆房为密闭设置),可以对高噪声设备进行减振处理,对风机安装隔声罩、消声器等;全部产生噪声的工序在室内完成,车间密闭门窗,注意隔声。通过一系列降噪措施之后可以实现厂界噪声达标。

4. 汽车报废及回收过程

1)汽车报废

随着汽车工业的不断发展,各国汽车保有量不断增加,一方面数量巨大的汽车被生产出来,另一方面又产生大量的报废汽车。报废汽车的露天丢弃堆放是一个既浪费资源、又影响环境和占用土地的社会难题,特别是残留在报废汽车中的燃油、润滑油(脂)、空调制冷剂和铅等有害金属,一旦进入水系和土壤,其危害巨大。在汽车保有量大和汽车更新换代快的发达国家,报废汽车已成为重要垃圾源,滋生大量"废弃物",对周围环境污染及人民生活的危害越来越大,已经引起人们的广泛重视。

传统汽车报废后可能产生的污染物主要有有害气体(如空调的氟氯烃)、废液(冷却液、润滑油和蓄电池电解液等)和固体废物等,纯电动汽车和燃料电池电动汽车的动力电池中含有铅、镉、锌、铜、汞、锰、镍、锂等金属物质以及酸、碱电解质溶液等有害物质,因而其报废后产生的环境危害更值得关注。如果电池的生产与回收过程中存在处理不当,就会使这些金属及有害物质进入土壤、水体及大气,造成严重的环境污染。

2)汽车回收

废旧汽车回收利用的宗旨之一是解决汽车发展带来的环境问题。但是,汽车回收利用行业本身也有环境污染和潜在的危险因素。在废旧汽车拆解过程中和拆解后的处理环节会产生各种污染物。汽车回收产生的污染物主要有固体废物、有毒气体和水污染物三类:一是固体废物,如无法回收的零部件,掩埋是其主要处置方法,这不仅占用土地,而且使土壤质量下降,危害很大;二是采用焚烧处理时,容易产生大量的有毒气体,造成严重的大气污染;三是由润滑油、剩余燃油、乳化油以及清洗零件的除漆剂和清洗剂等造成水污染,蓄电池的废电解液造成的铅污染(含铅废水)和酸污染(含酸废水)等。

第二节 汽车的环境污染物及其危害

一、环境污染物分类

环境污染可分为大气/空气、水、土地土壤、噪声、热和放射性污染六大类。环境污染物指进入环境后使环境的正常组成和性质发生变化、造成自然生态环境衰退或直接/间接危害人类生存的物质。

环境污染物种类繁多,具有多种分类方法。按受污染物影响的环境要素可分为大气污染物、水体污染物、土壤污染物等;按污染物的形态可分为气体污染物、液体污染物、固体废物、噪声、辐射、光和热等;按污染物在环境中物理、化学性状的变化可分为一次污染物和二次污染物;按污染物对人体的危害作用可分为致畸变物、致突变物和致癌物、可吸入颗粒物以及恶臭物质等。

二、汽车尾气排放主要污染物及其危害

1. 汽车尾气排放概述

《环境空气质量标准》(GB 3095—2012)规定的 10 种环境空气污染物[二氧化硫、二氧

化氮、一氧化碳、臭氧、颗粒物(粒径小于或等于10μm)、颗粒物(粒径小于或等于2.5μm)、总悬浮颗粒物(TSP)、氮氧化物(NO_x)、铅(Pb)、苯并(a)芘(BaP)]均与汽车尾气相关,或者由汽车直接排出,或者经过二次反应演化生成。

汽车排放的空气污染物可以分为气体污染物和颗粒物两大类。气体污染物成分相当复杂,其主要来源有三个:①由汽车排气管排放的气体污染物,主要有害成分是CO、HC和NO_x(主要指NO和NO_2),CO_2是排气管排放的主要气体成分之一,它是碳氢燃料燃烧的最终产物,一般不被视为空气污染物,但从气体温室效应的角度看,CO_2属于大气污染物;②从汽车的燃料供给系统中直接散发出的碳氢化合物即蒸发排放物,其主要成分是燃油中低沸点的轻质成分;③从发动机曲轴箱通气孔或润滑油系统的开口处排放到大气中的物质,常称为曲轴箱污染物,其成分包括通过活塞与汽缸密封面以及活塞环端隙等处泄漏入曲轴箱的汽缸中的未燃混合气、燃烧产物和部分燃烧的燃油等以及很少一部分润滑油蒸气。颗粒物指由内燃机排气管排出的微粒,其成分最为复杂,由多种多环芳烃、硫化物和固体炭等组成。汽油车排放的污染物主要为由排气管排放的气体污染物、蒸发排放物和曲轴箱污染物,柴油车排放的污染物主要为排气管排放的气体污染物和颗粒物。

各国与环境空气质量相关的标准中一般都不把HC作为空气污染物,但由于汽车排放的HC是与NO_x一起排出的,极易产生二次污染物(光化学烟雾),因此各国的与汽车排放相关的标准中都有HC或其中的部分成分如非甲烷碳氢化合物(NMHC)、挥发性有机气体(VOC)等的排放限值。

2. 主要污染物的危害

1)一氧化碳(CO)

CO是一种无色、无味的易燃、有毒气体。CO在水中的溶解度极低,但易溶于氨水。CO的空气混合爆炸极限为12.5%~74%。一般城市空气中的CO水平对植物及微生物无害,但高浓度的CO对人类有害,其原因是血红蛋白与CO的结合能力是与氧结合能力的200~300倍,CO能与人体内血红蛋白作用生成羧基血红蛋白,使血液携带氧的能力降低而引起缺氧,进而引发恶心、头晕、疲劳症状,严重时会使人窒息死亡。

2)氮氧化合物(NO_x)

汽车尾气中含有NO、NO_2和N_2O三种空气污染物。

NO是一种无色、无味的气体,稍溶于水,具有血管扩张作用,被认为是一种神经传导物质,常温下NO很容易氧化为NO_2。一般空气中的NO对人体无害,但吸入一定量的NO后,可引起变性血红蛋白的形成,并影响中枢神经系统。

NO_2在常温常压下为棕色,具有刺激性气味,比空气重,易溶于水,有毒,易液化;易与碱溶液、水反应;具有麻醉作用,在医疗现场作为吸入麻醉剂使用。其危害可归纳为四方面:一是对人体、动植物有生理刺激作用,NO_2的强氧化作用会伤害细胞,刺激黏膜,引发支气管炎和肺水肿等疾病,NO_2对人体的毒性为NO的4~5倍;二是具有腐蚀性,可毁坏棉花、尼龙等织物,腐蚀镍青铜材料,使染料褪色等;三是损害植物,严重时使农作物减产、植物落叶和萎黄等;四是参与光化学反应,形成光化学烟雾,降低物体亮度和反差。

N_2O是一种无色、有甜味的气体,室温下稳定,有轻微麻醉作用,并能致人发笑,故称笑气,属于痕量气体(Trace Gas)。N_2O的主要环境危害是温室效应强,增温潜势达CO_2的298倍。另外,N_2O进入平流层会导致臭氧层破坏,使太阳紫外线辐射增大,损害人体皮肤、眼睛和免疫系统等。N_2O 进入血液后会导致人体缺氧，吸入 N_2O 可能引起致窒息、晕厥、贫血及中枢神经系统损害等。

3）碳氢化合物（HC）

汽车排放的 HC 包括排气管排放的未燃燃油、燃油系统泄漏的燃油、未完全燃烧的燃油和发动机曲轴箱泄漏的气体污染物等。汽车排气中 HC 的种类很多，分析极为困难。故此仅对 HC 中危害较大的烯烃类、醛类和多环芳烃（PAH）等的危害作简要介绍。

烯烃的主要危害是参与光化学烟雾生成的化学反应。常见的烯烃类有乙烯、丙烯和丁二烯等，其主要危害分别如下：

（1）乙烯是一种无色气体，略具烃类特有的臭味。乙烯是植物内活性激素，当乙烯污染超过植物忍耐的限度时，水果和蔬菜会早熟。人体吸入高浓度乙烯可立即引起意识丧失，无明显的兴奋期，但吸入新鲜空气后，可很快苏醒。乙烯对眼及呼吸道黏膜有轻微刺激性。液态乙烯可致皮肤冻伤。长期接触乙烯，可引起头昏、全身不适、乏力、思维不集中，个别人有胃肠道功能紊乱症状。

（2）丙烯常温下为无色、稍带甜味的气体，属于低毒类物质，具有致癌嫌疑。吸入人体后，会出现感觉异常和注意力不集中、呕吐、眩晕，严重时意识丧失。

（3）丁二烯是一种无色气体，有特殊气味，具有麻醉和刺激作用。吸入人体后，会出现头痛、头晕、恶心、咽痛、耳鸣、全身乏力和嗜睡等，严重时会出现酒醉状态、呼吸困难、意识丧失、抽搐等症状。皮肤直接接触丁二烯可发生灼伤或冻伤。长期接触一定浓度的丁二烯可出现头痛、头晕、全身乏力、失眠、多梦、记忆力减退、恶心、心悸等症状。

PAH（Polycyclic Aromatic Hydrocarbon）指具有两个或两个以上苯环的一类有机化合物，包括萘、蒽、菲和芘等 150 余种化合物。PAH 主要存在于柴油机微粒之中，对人体和动植物的危害很大。PAH 是一种强致癌物质，主要危害人的呼吸道和皮肤。当人们长期处于 PAH 污染的环境中时，可引起急性或慢性伤害，导致皮肤癌、肺癌，损害生殖系统，甚至导致不育症等。PAH 影响植物的正常生长和结果，当 PAH 落在植物叶片上时，会堵塞叶片呼吸孔，使其变色、萎缩、卷曲，直至脱落。

4）微粒物（PM）

汽车内燃机燃料燃烧过程生成的微粒有核态和积聚态两类。核态微粒主要由可挥发的物质凝结而成，如硫酸盐和重组分的未燃碳氢化合物等；积聚态微粒以炭烟为基础，可溶性有机物和硫酸盐附着在其表面，含有 PAH 等多种有害物质。非排气微粒物的粒径较大，结构和元素组成较为简单。PM 是形成雾霾的首要污染物，对生态环境的危害特别是人类健康影响极大。其主要环境危害有四方面：一是影响气候，遮挡阳光，减少日光对地面的辐射量，使气温降低或形成冷凝核心，使云雾和雨水增多。二是降低能见度，影响交通。PM 会对阳光产生吸收和散射作用，导致光照减弱而降低能见度，致使交通不便，航空、水路与公路运输事故增多。三是增大发电污染物排放。照明时间增长，导致耗电增大，发电污染增多、使空气污染变得更加严重。四是影响健康。PM10 一般会黏附在人鼻子的黏膜上，由呼吸进入肺部的量很少；由于 PM2.5 直径小，可以直接进入呼吸系统，黏附在肺部的深处，其上吸附的多种有害物质会致人出现过敏和哮喘症状，并会使心血管循环系统受损、血压升高、动脉硬化等，具有致癌和发生早死的嫌疑。研究表明，5nm、30nm、100nm 和 300nm 的颗粒在肺泡、气管、支气管和胸外区域沉积比例大约为 91%、63%、23% 和 13%。可见，颗粒物粒径越小，其沉积分数越大。

非排气颗粒物对人体的危害机理与排气 PM 略有不同。非排气颗粒物为含有铜、铁和锰等金属元素的细颗粒，与大气的酸性硫酸盐颗粒相遇时，发生相互作用，进而改变酸性硫酸盐的溶解度，形成毒性更大的气溶胶。当人吸入这种气溶胶时，可溶性过渡金属可通过氧化还原循环在体内产生活性氧物质，导致氧化应激，即出现体内氧化作用大于抗氧化作用的现象。进而，使人体的蛋白质、脂肪和 DNA（Deoxyribo Nucleic Acid，脱氧核糖核酸）遭到破坏，机体的结构和功能改变，严重时会导致心血管疾病、糖尿病、中枢神经系统疾病、动脉粥样硬化等。

5）挥发性有机物（VOCs）

按照世界卫生组织（WHO）的定义，在大气压力为 101.32kPa 的条件下，沸点在 50～250℃之间的碳氢化合物是挥发性有机物。大多数挥发性有机物在常温下以气体形式存在。根据化学结构的不同，挥发性有机物主要包括烷类、芳烃类、烯类、卤代烃类、酯类、醛类、酮类和其他八类物质。挥发性有机物的危害主要可分为两类，一类是直接对人体健康有害，这种危害既可以是短期的，也可以是长期的。譬如苯，短期接触高浓度的苯可使人体出现晕眩、昏迷等不适，长期接触苯可致癌、致畸、致基因突变。另一类危害主要体现在对环境和人体健康的间接危害，最具代表性的例子的就是前述的臭氧生成反应。国Ⅵ标准中大幅加严的蒸发污染控制要求，主要就是为了减少 VOCs 排放，从而降低环境臭氧浓度。

6）氨（NH_3）

NH_3 是一种无色、极易溶于水、有强烈刺激气味的气体，对人体的喉、鼻、眼、皮肤和黏膜等有刺激作用。NH_3 被吸入呼吸道内会生成氨水，氨水则透过黏膜、肺泡上皮侵入黏膜下、肺间质和毛细血管，进而引起多种病状，严重时会引起反射性呼吸停止、心脏停搏，常见的病状有声带痉挛、喉头水肿、组织坏死；气管、支气管黏膜损伤、水肿、出血和痉挛；肺泡上皮细胞、肺间质、肺毛细血管内皮细胞受损坏，通透性增强，肺间质水肿；淋巴总管痉挛，淋巴回流受阻，肺毛细血管压力增加；黏膜水肿、炎症分泌增多和肺水肿等。皮肤直接接触氨会产生碱性烧伤，眼部接触后易造成流泪等。

7）臭氧（O_3）

O_3 是氧气的同素异形体，每个分子由 3 个氧原子组成。当其存在于平流层时有助于保护地球上的生物免受紫外线的伤害，而当其在地球表面附近时，是城市光化学烟雾的一种组分，对植被和人类有伤害作用，其刺激性强并有强氧化性，属于二次污染物。O_3 占烟雾中光化学氧化剂的 90% 以上，是光化学烟雾的指示物。

O_3 的水溶性较小，易进入呼吸道的深部。但是，由于它的高反应性，人吸入的 O_3 约有 40% 在鼻咽部被分解。人短期暴露于高浓度的 O_3 可出现呼吸道症状、肺功能改变、气道反应性增大以及呼吸道炎症反应。

动物实验发现，O_3 能降低动物对感染的抵抗力，损害巨噬细胞的功能。O_3 还能阻碍血液的输氧功能，造成组织缺氧，并使甲状腺功能受损，骨骼早期钙化。O_3 还可损害体内某些酶的活性和产生溶血反应，可导致微生物、植物、昆虫和哺乳动物细胞产生突变。

三、汽车废液、固体污染物及其危害

1. 废液及固体污染物来源与种类

废液和固体污染物主要来自汽车制造企业、汽车维修企业和报废汽车。

汽车制造企业排放的废液主要有磷化、涂装、喷漆和清洗的废水，脱脂、电泳和切削的废液、废油等；固体污染物主要有加工过程产生的磷化废渣、漆渣、废水处理后的污泥等。汽车维修企业排放的废液主要有冷却液、润滑油、蓄电池和动力电池的酸/碱电解液等；固体污染物主要有含有重金属零部件、轮胎、玻璃和胶黏剂等非金属材料。报废汽车中可能产生环境污染的物质主要有残留在的燃油供给系统中的燃油（汽油、柴油、液化石油气等）；残留在汽车发动机、变速器、差速器、液力变矩器、制动系统、离合器、动力转向装置等中的润滑油（脂）；空调装置中的制冷剂；汽车发动机及电动汽车驱动电机等冷却系统的冷却液（常含有防冻剂等添加剂）；动力电池和蓄电池的电解液以及含有铅、镉、锌、铜、汞、锰、镍、锂及六价铬等有毒重金属的汽车材料。

如果不及时回收和处理这些液体和固体废物，并且长时间堆放，则会造成环境污染。

2. 废液及固体污染物危害

1）液体类污染物

各种废水、废液和废油进入水系和土壤之后会影响环境水质量和生态环境。汽车制造企业和汽车维修企业生产场所固定，每天产生的废水、废液和废油的数量变化较小，处置条件较好，故易于通过专用处理设备进行液体类污染物防治和处理。报废汽车废液的防治相对较难。

残留于报废汽车的燃油和润滑剂除可能污染环境外，还可能引发火灾，产生次生污染。液冷式汽车发动机或驱动电机等的冷却液中一般添加有防冻剂等多种添加剂。防冻剂主要由乙二醇、离子软化水、防腐防锈防垢添加剂、抗泡剂、稳定剂和色素等组成。防冻液中的主要成分乙二醇具有毒性，当人吸入中毒后，会出现反复发作性昏厥和眼球震颤、淋巴细胞增多等，误食后，会出现中枢神经系统急性中毒症状，轻者似乙醇中毒的表现，重者迅速产生昏迷、抽搐，甚至导致死亡；随着中毒时间延长，会进一步出现肺水肿、支气管肺炎、心力衰竭和不同程度肾衰竭等。

汽车空调制冷中主要采用卤代烃制冷剂，其中不含氢原子的称为氯氟烃（CFC），含氢原子的称为氢氯氟烃（HCFC），不含氯原子的称为氢氟烃（HFC）。汽车空调制冷剂最早广泛使用的是二氟二氯甲烷［CFC-12（R12）］，后来使用环保型产品如 HFC-134A 等。氯氟烃和氢氯氟烃是强温室效应气体，对大气臭氧层也有破坏作用，随着氯原子数增加，对大气臭氧层的破坏作用增强。HFC 不含氯原子，对臭氧层没有破坏作用。

汽车使用的铅酸蓄电池，其电解液是硫酸溶液。硫酸溶液对皮肤、黏膜等组织有强烈的刺激和腐蚀作用。硫酸蒸气或雾可引起多种疾病，并可造成水体和土壤污染。汽车动力电池的酸、碱等电解液也可能污染土地和水系，使得土地和水系酸性化或碱性化，进而危害生物及植物等。

2）固体污染物

汽车生命周期内的废弃固体中污染物种类繁多，难以一一说明。与废弃液体类似，汽车制造企业和汽车维修企业废弃固体物的污染问题防治和处理问题不太突出，而报废汽车废弃固体污染物的防治相对较难。故此处仅以汽车的安全气囊，废旧动力电池，材料中的铅、水银、六价铬、镉等有毒金属，塑料零部件和废旧轮胎等为例作简要说明。

汽车的安全气囊，在汽车发生碰撞的时候能分解产生大量氮气使气囊鼓起，从而减轻对乘员的危害。因此，应及时拆除或处理报废汽车的安全气囊，否则可能引起安全事故和环境危害。安全气囊分解产生大量氮气的主要物质是叠氮化钠(三氮化钠)。叠氮化钠是一种无味、无臭的白色六方系晶体,热稳定性差,温度高于其熔点(275℃)或剧烈震动下可分解爆炸。叠氮化钠属于剧毒物质,可经皮肤吸收,危害健康。故应避免接近热源、明火、撞击等,以免发生爆炸,危害环境。

随着电动汽车的广泛使用,废旧动力电池的环境危害将会逐步突显。一是废旧动力电池的剩余电量可能引发触电及爆炸危险。废弃电池仍然带电,有人身触电危险;使用中电池内部结构发生变化,存在燃烧爆炸风险。二是锂离子电池的正极、负极材料及电解质进入水系和土壤之后会影响生态环境。电解液中的六氟磷酸锂,遇水可生成氢氟酸,有极强的腐蚀性,污染水和空气;电解液中的多种有机溶剂可能通过化学反应造成醇类、醛类等有机污染;电解质中的强碱可能会提升水系或土壤的 pH 值,处理不当则可能产生有毒气体,电池正极的金属离子、负极的炭粉尘、电解质中的重金属离子,可能会污染水系和土壤,进而通过食物链危害人体健康,如钴元素可能会引起人们肠道紊乱、耳聋、心肌缺血等症状。

汽车材料中的铅、水银、六价铬、镉等有毒金属是汽车废弃物的重要污染源。

铅是汽车上使用量最多的有毒金属,主要以金属铅、合金铅和添加剂等形式存在于汽车材料之中。金属铅主要用于仪器指针的平衡重、安全带加速度传感器、喷射泵铅封、轮胎平衡重和减振器等;作为合金元素的铅主要用于钢材、铝材、润滑剂、发动机气门座、轴承、燃油箱的键层、钢制散热器、车身、钢制加热器加热芯等的焊接处;作为有机材料添加剂的铅主要用于橡胶件、胶黏剂、涂料、密封件、润滑脂、摩擦材料树脂表面等;作为玻璃和陶瓷材料添加剂面使用的铅,主要用于添加在车窗和敞篷车折叠式可开启车顶等处的黑色陶瓷和灯泡等玻璃、电器的绝缘体与触点等处;作为电器电子的材料和加成分而使用的铅,主要用于铅酸蓄电池的铅电极、线路板和元器件的焊接处等。

水银(汞)主要用于安装有放电管的仪器之中,如汽车上组合仪表里的照明灯,导航用的液晶显示器、前照灯和车内的荧光灯等。汞是毒性最强的重金属污染物之一,其毒性随其存在形态不同而不同。汞以金属汞、无机化合物(如氯化汞、氧化汞等)和有机汞(如甲基汞、乙基汞)三种形式存在,汞可借助细菌变为甲基汞,甲基汞可以在鱼和贝类中形成生物蓄积;汞在常温即可蒸发,吸入汞蒸气会对神经、消化和免疫系统造成损害。汞的无机盐对皮肤、眼睛和胃肠道具有腐蚀性,误食入后,会引发肾中毒。有机汞中的甲基汞是毒性最强的汞化合物,对人的神经、心血管、生殖、免疫系统和肾脏等具有危害。

六价铬是防锈膜和防锈颜料的主要成分之一,主要用于零件的防锈处理。汽车上使用六价铬的零部件主要有带轮、镀铬螺钉、门锁、制动系统的制动器和管路等。

镉在汽车上的用途主要有四个方面:一是作为合金元素使用,其功用是调节合金的熔点,如天然气气瓶的安全阀;二是作为涂料的成分使用,如在不同颜色的真空荧光灯的颜料里添加的镉化合物等;三是为了降低熔点和着色等,作为玻璃的添加剂而使用的镉;四是作为电气和电子材料的添加剂使用的镉,其目的主要是提高抗电弧能力(如 IC 回路的触点等),提高润滑性,调整阻抗和熔点等,镉还作为车用 Ni-Cd(镍-镉)电池的电极和光传感器的成分使用。

如果不对报废汽车及时采取有效措施,则汽车材料中的铅、水银、六价铬、镉将会在自然环境中被风吹、日晒和雨淋,进入空气、水系和土壤,并产生环境危害。铅、水银、六价铬、镉的环境危害表现为对人体健康、动物生存和农作物生长等的影响。铅、水银、六价铬、镉等物质主要通过三条途径影响人体健康:一是通过水系进入人体;二是以微粒或蒸气形式通过呼吸进入人体;三是间接的途径,即铅、水银、六价铬、镉先在植物(如蔬菜、水果等)或动物(如海鲜等)体内产生积累效应,再通过食物链进入人体。

汽车的废旧轮胎也是一种需要占用大量环境空间的废物,并且难以压缩、收集和消除。轮胎成分中常含有一些危险物质,如合金钢丝帘线和橡胶添加剂氧化锌等中的铅、铬和镉等重金属。轮胎不具有生物降解性,故若处置和管理不当,长期堆放的轮胎会对健康和环境造成威胁,长期露天堆放,不仅占用了大量土地资源,而且极易滋生蚊虫,传播疾病,严重恶化自然环境,且很容易因纵火或其他偶然原因(如雷电等)而发生火灾,进而产生烟雾和有毒污染物,影响土壤、航道和空气质量。

无法回收的塑料零部件是报废汽车的重要污染源之一,特别是不能降解的塑料,进入土壤后会改变土壤的特质,破坏土壤的正常呼吸、土壤内部的热传递和微生物生长环境等。经过长时间累积,还会影响农作物吸收养分和水分,导致农作物减产。塑料废弃在地面上和进入水系后,容易被动物误食吞入,导致动物机体损伤和死亡等。如果采用不当的焚烧处理,还会产生大量的有毒气体,造成严重的大气污染。

四、噪声污染及其危害

1. 噪声的定义、特点和来源

噪声是令人心烦、厌恶并有害于身心健康的声音。噪声属于声波的一种,它具有声波的一切特征。

从物理学的观点看,噪声通常是由不同振幅和频率组成的杂乱无章的嘈杂声,但有时有规律的声调或音乐,在影响到人们工作和休息时,也会成为使人们讨厌的噪声。

从环境学的观点看,噪声是所有令人厌恶甚至是有害的声音的总称。它通过人的听觉器官起着干扰和破坏作用,故噪声属于感觉公害;而且,由于噪声源分布的分散性、噪声源发声的暂时性以及噪声影响范围的局限性,又使噪声污染明显具有分散性、暂时性和局限性的特点。

环境噪声依其来源可以分为交通噪声、工厂噪声、建筑施工噪声、家庭生活噪声等;按声强随时间的变化特性分,有稳定噪声和非稳定噪声;按噪声产生机理的物理特性分,有气体动力噪声、机械噪声和电磁噪声等。

在各类噪声中,对城市环境影响最大的是各种声强起伏很大的非稳态噪声,而起主要作用的是交通噪声。汽车作为交通运输的主力军,由其内燃机或驱动电机产生的噪声污染已成为城市环境噪声的一个主要来源。

2. 噪声危害

噪声对人类和环境的危害是严重的,它广泛地影响着人类的各种活动,使人产生不愉快情绪、睡眠受到干扰、工作受到妨碍,甚至引起生理机能的变化和听力的损害等,下面分别作简要介绍。

1)对心理的影响

使人烦躁、激动、发怒,甚至失去理智,是噪声对人的心理影响的几个主要表现。容易使人产生不愉快情绪的噪声级因时间、地区和人的心理因素而异。50%的人诉说情绪受害的噪声级,白天在室外的大致范围是:住宅区为50dB(A),商业区为55~59dB(A),学校为

50～54dB(A),医院为45～49dB(A)。30%的人诉说的受害噪声级,白天在室外为50dB(A),夜间在室外为35～40dB(A)。此外,高音调多的噪声和强度、频率结构不断发生变化的场合,更易使人产生不愉快感。

2)对工作的影响

噪声容易使人疲劳,影响人的思维活动和精力集中,对工作有严重妨碍。有人认为噪声级超过90dB(A),工作谬误率显著增加;噪声对正常谈话和通信质量也有明显的影响,见表1-5。

噪声对正常谈话和通信质量的影响 表1-5

噪声级[dB(A)]	主观反映	保证正常谈话距离(m)	通信质量
45	安静	10	很好
55	稍吵	3.5	好
65	吵	1.2	较困难
75	很吵	0.3	困难
85	大吵	0.1	不能

此外,噪声的掩蔽效应常常使人不易发觉一些危险信号,容易造成工伤事故。

3)对睡眠的影响

噪声对睡眠的影响是毋庸置疑的,老人和病人更易受到干扰。一般来说,20～25dB(A)为无声场合;30dB(A)时对人的睡眠尚无影响;35dB(A)的连续噪声使人入睡时间延长20%左右,醒来时间要提前10%;40dB(A)的连续噪声可使10%的人夜间多梦,熟睡时间大大缩短;70dB(A)的连续噪声可使干扰睡眠的影响范围扩大到50%。突然的噪声对睡眠的影响更明显,40dB(A)时可使10%的人惊醒;60dB(A)时可使70%的人惊醒。

4)对人体生理的影响

调查发现,大量心脏病和溃疡病的发展和恶化与噪声有着密切的联系。实验证明,50～70dB(A)的噪声会引起交感神经的紧张反应和内分泌系统的失调,因而导致心率加快、血压升高和消化系统机能变坏。不少人认为当代生活中的噪声是造成心脏病和溃疡病的一个重要原因。

此外,噪声还会引起失眠、疲劳、头晕、头痛、恶心、呕吐、记忆力减退等症状,尤其严重影响着少年儿童身心健康和智力发展,甚至对胎儿也会造成发育不良和早产等有害影响。当噪声超过140dB(A)时,还会引起视觉模糊、血压波动、全身血管收缩、说话能力失常等严重疾病。

5)对听力的影响

噪声会造成重听和耳聋,这是众所周知的事实。根据国际标准化组织(ISO)的标准,500Hz、1000Hz和2000Hz三个频率的平均听力损失超过25dB的称为噪声性耳聋。此时,进行正常交谈,句子的可懂度下降13%,句子加单音词的混合可懂度降低38%。

6)对生态环境的影响

噪声对自然界的生物也有影响,如强噪声会使鸟类羽毛脱落,不产卵,甚至内出血和死亡。150dB(A)以上的高能量的脉冲声波对物质结构有较大的破坏力,它可使建筑物因出现裂缝而损坏,使金属及发声体本身出现疲劳破坏,甚至由噪声造成的飞机、导弹失事现象也有发生。

五、汽车的电磁波污染及其危害

电磁波污染是指各种电磁波的干扰及有害的电磁辐射,会造成人体神经衰弱、食欲下降、心悸胸闷、头晕目眩等“电磁波过敏症”。汽车电气系统中,众多的导线、线圈和电子元器件都具有大小不同的电感和电容,而任何一个具有电感和电容的闭合回路都可能形成振荡回路。汽车的电磁干扰源主要有汽油车的高压点火系统、感性负载(如电机类电器部件);开关类部件(如闪光继电器)、电子控制单元(Electronic Control Unit,简称 ECU)和无线电设备等。汽车内部的电磁波干扰可分为发动机点火系统和感性负载(如刮水器电机、起动电机、暖风电机等各种类型的电机)产生的沿电源线传导干扰、部件或线缆间的相互耦合干扰、静电放电对车内电子部件的干扰和辐射干扰等。

汽车产生的电磁干扰不但会对车辆外界的无线电设备造成影响,而且会对汽车自身的各种电子部件造成不良影响。汽车电磁干扰曾经对环境周围的收音机、电视机和其他无线电装置产生过重大影响,但随着各种无线电装置抗干扰性能提高和汽车电磁干扰控制措施的改进,汽车电磁干扰的这种影响基本得到解决。但随着汽车技术的发展,电子装置大幅度增加,汽车电磁波干扰对其内部电子器件的影响增大,已影响到了车辆的正常运行、安全性和可靠性等。目前,汽车的内部电磁干扰及其控制技术受到重视。

六、汽车的热污染及其危害

热污染是指工、农业生产和人类生活中排放出的废热造成的环境热化现象。热污染的直接结果是形成城市“热岛效应”,使人口密集城市的区域气温高于附近农村地区。100 万人以上城市的年平均气温可能比周围环境温度高出 1 ~ 3℃;晚上的差异则更大。城市“热岛效应”的产生会导致城市区域夏季电能消耗增加、空调运行时间增长、空气污染和温室效应增强、水质变差、生活舒适度降低、与热相关的疾病和死亡率增大等。

城市“热岛效应”形成的原因主要有四个:一是城市土地中树木、草地和湿地的比例小,树木和植物阴凉少,水分从土壤和树叶蒸发的冷却效果变差;二是城市的混凝土路面、屋顶和其他非反射性表面白天会吸收热量,夜间会释放热量;三是高层建筑和狭窄的街道减少了空气流动,空气对流散热变弱;四是汽车、工厂和空调的废热。

汽车的热污染指汽车行驶过程中向大气散发的热量造成道路周边温度高于其他地方的现象。汽车行驶过程中的热源主要有排气余热、车身和大气摩擦以及轮胎和地面摩擦产生的摩擦热、汽车散热器散发的热量、汽车制动器和各种具有相对运动的摩擦副之间产生的摩擦热等,其中排气余热约占汽车燃料热值的 1/3,是汽车的主要热源。根据能量守恒定律可知,能量不能凭空产生或者凭空消失,只能通过一种形式转化为另外一种形式。因此,汽车行驶过程中除移动所需的动能和势能外,其余能量最终都通过各种途径转化为热能排放到大气中,可见,造成热污染的最根本原因是汽车携带的能源(电能或燃料的化学能)未能得到有效和合理利用,故汽车的能源效率越高,汽车行驶过程向大气散发的热量越少,汽车的热污染越小。

七、汽车的光污染及其危害

光污染泛指对人类正常生活、工作、休息和娱乐带来不利影响,损害人们观察物体的能力，引起人体不舒适感和损害人体健康的各种光。光污染改变了夜间天空的颜色和对比度，使自然的星光黯然失色，破坏了昼夜节律，影响环境、野生动物、人类和天文学研究，增加了能源消耗。根据美国国家海洋和大气协会2010年的一项研究，来自建筑物、汽车和路灯的人造光的强度虽然仅有太阳光的万分之一，但也会影响硝酸根自由基，并使其清洁过程减慢7%，导致空气中化学污染物臭氧增加5%。

一般认为可产生光辐射的光的波长为10nm～1mm，包括紫外辐射、可见光和红外辐射。在照射适当的情况下，对人体没有危害。但过度照射时，就可能成为光污染源，对人体产生潜在危害。

汽车的光污染主要是炫光。夜间迎面的汽车前灯射出的光线，照射进入眼后会产生炫目现象，从而对人的视觉造成影响，使人视线模糊不清，降低人眼分辨光度强弱的能力。严重时，汽车灯光可以使行人或者驾驶员短暂性“视觉丧失”，从而引发交通事故。

光污染虽未被列入环境污染防治范畴，但它的危害显而易见，并在日益加重和蔓延。因此，人们在生活中应注意防止各种光污染对健康的危害，避免过长时间接触光污染。汽车灯光系统的研发人员，应该关注汽车的光污染现象，防患于未然。

第三节　汽车环境污染的防治对策

汽车环境污染的防治对策主要包括宏观和微观两方面，宏观方面包括汽车行业、公共政策、公众参与和交通系统等，微观方面主要是指汽车使用者采取的防治汽车环境污染的对策。

一、制定并实施严格的汽车排放标准

这一措施是被广泛采用的、对减少环境污染物最为有效的方法。近30年来，各国制定并执行了多种强制性的汽车排放污染物、温室气体和噪声等排放标准，如欧盟的欧Ⅰ到欧Ⅵ汽车排放标准，我国的国Ⅰ到国Ⅵ汽车排放标准，欧盟、日本和韩国的乘用车CO_2限值，美国的温室气体限值，《汽车加速行驶车外噪声限值及测量方法》（GB 1495—2016）等。行驶过程无温室气体或空气污染物排放的“零排放”是汽车排放标准的终极目标，部分国家已提出了战略规划，如英国的“到2040年所有新注册客车和货车是零排放车辆，到2050年所有客车和货车都是零排放车辆”战略计划等。

另外，还有大量的有关汽车制造、维修和报废的政策法规及标准规范，如欧盟报废车辆回收指令2000/53/EC、日本的《汽车回收再利用法》、我国的《汽车产品回收利用技术政策》、北京市的《汽车整车制造业（涂装工序）大气污染物排放标准》、陕西省的《汽车维修业污染防治技术规范》等。这些政策法规及标准规范的制定与执行，使汽车生命周期的环境污染显著减少。

二、挖掘传统燃油车辆排放控制技术潜力

迄今为止，传统汽车的污染物控制技术，无论是从污染物的形成源头——燃料及其燃烧过程，还是从后处理技术来看，传统汽车污染物排放量减少的潜力还很大（详见本书第四章），传统汽车的技术改进仍然是减少汽车环境污染的主要方法之一。

三、开发新型清洁动力及绿色环保汽车

由于传统汽车燃料面临枯竭及供给紧张等问题,因此,新型清洁动力的开发关系到汽车的未来。近几十年来,各种替代清洁燃料汽车和电动汽车(包括纯电动汽车、混合动力电动汽车和燃料电池电动汽车)的开发受到了前所未有的重视,并取得了长足发展,特别是纯电动汽车的发展异常迅猛。2020 年,我国纯电动汽车销量占新能源汽车比重超 80%,产销分别完成 110.5 万辆和 111.5 万辆,同比分别增长 5.4% 和 11.6%,为未来汽车环境空气污染,特别是城市的空气污染的防治指明了方向。另外,随着科学技术进步,新型绿色环保技术与材料不断出现,汽车的主要零部件,应积极采用其他领域新技术及绿色材料,降低汽车制造、使用(行驶)和报废过程中各种污染物的排放。

四、汽车环境污染的综合治理对策

除以上三点宏观防控对策之外,还应从智能交通、环保意识宣传、政策调控等方面挖掘汽车环保治理潜力。

1. 发展智能交通

智能交通系统是实现交通运输可持续发展的重要手段之一,是信息、通信等先进技术在交通运输工程领域进行应用的产物,并贯穿交通运输系统规划、建设、运营、管理、维护等各个环节。比如加速研发和推广智能网联汽车(Intelligent Connected Vehicle,简称 ICV)技术。由于 ICV 搭载了先进的车载传感器、控制器和执行器等装置,融合了现代通信与网络技术,实现了车与 X(人、车、路、云端等)的智能信息交换、共享,具备复杂环境感知、智能决策、协同控制等功能,因此,可以同时实现“安全、高效、舒适”与“节能、减排”。

2. 提高企业及公众的环保与节能意识

采取多种宣传形式,大力宣传国内外汽车环境保护的先进经验和最新科研成果,提高公民主动参与减少汽车污染物排放的自觉性,提高公众在出行方式选择、车辆购置和合理使用等方面的环保意识,提高汽车制造、维修和报废等相关企业的生产活动中环保与节能的意识和主动性。

3. 政策调控

通过采取税收优惠、补贴等产业政策,鼓励使用环境友好型汽车。许多国家或地区都制定了相关的优惠政策,使新型清洁动力汽车得到了发展。受益于政策优惠,乙醇燃料在巴西的电动汽车上得到了大规模应用;丰田普锐斯混合动力电动汽车在美国和日本销售业绩取得了快速增长;纯电动汽车、混合动力电动汽车和燃料电池电动汽车以及清洁燃料汽车技术在近二十年来的长足进展等都是最好的例证。

4. 做好预防和预警

根据天气状况,对未来空气进行预测。当可能发生轻度到重度空气污染的天气时,及时做好预警。环保部门等可采取限行、限产等措施,主动减少排入空气中的污染物量,防止或减轻空气污染天气的发生;交通参与者或者生活于污染区域的易感人群,可及时采取戴口罩、避免户外活动和长时间暴露于道路及企业附近等防治措施。

第二章 燃油汽车主要污染物生成机理

第一节 汽车内燃机工作原理

汽车内燃机是将燃料的化学能转化成热能再转化成机械能的机器。目前,汽车内燃机仍以汽油机和柴油机为主,下面分别介绍其工作原理。

一、车用汽油机工作原理

汽油机是利用火花塞放电产生的电火花来点燃混合气的。火花塞放电前,汽缸内燃料和空气的混合物已经形成,电火花提供的活化能,经过链式反应,活性核心增加,于是在火花塞附近产生急剧的氧化反应并形成火焰核心。在火焰的高温作用下,相邻混合物的温度升高,由于扩散作用,部分活性核心自火焰面渗入附近的新鲜混合气中。这时,与火焰面接触的新鲜混合气由于活性核心浓度升高而反应加速,放热量剧增,形成新的火焰面。火焰面是燃烧产物和新鲜混合气分界面。由于传热和活性核心的扩散,火焰面从火花塞向四周传播,火焰面的法向移动速度称为火焰传播速度。火焰在汽油和空气的混合气中的传播速度随混合气的浓度即空燃比(A/F)而变化。按汽油的化学当量要求,A/F 约等于 14.7 时的混合气为理论混合气,此时的空燃比为理论空燃比。当 A/F 约为 13 时,火焰传播速度最快,这时汽油机功率也最大。当 $A/F = 13.5 \sim 14$ 时,火焰温度最高。在用特殊措施保证混合气均匀、各缸混合比一致的条件下,当 $A/F = 19$ 左右时,汽油机的热效率最高。但在实际成批生产的汽油机中,由于各缸混合比不完全一致,当 $A/F = 19$ 时将出现火焰传播不充分或断火现象。因此,生产线上成批生产的汽油机平均混合比在 $A/F = 16 \sim 17$ 时可以得到最高热效率。一般认为汽油机在 $A/F = 10 \sim 19$ 时,火焰可以在混合气中传播,使全部混合气基本燃尽。

汽油机燃烧室中的火焰传播燃烧是一系列的等压燃烧,在封闭的燃烧室中火焰传播的情况相当复杂,图 2-1 为汽油机的火焰传播简图。

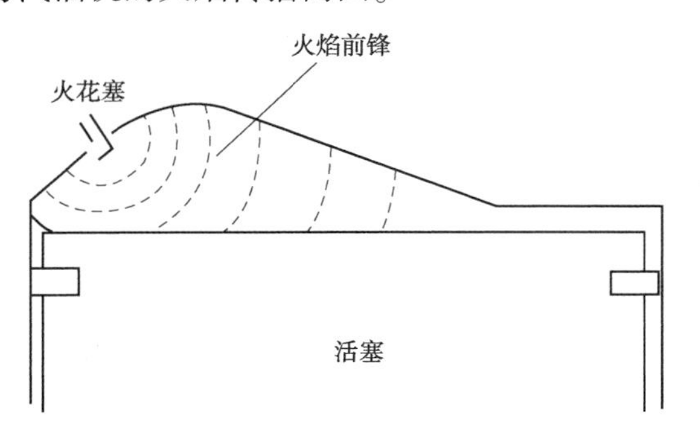

图 2-1 汽油机的火焰传播简图

图 2-2 所示为一个高度简化的长方形燃烧室中的分段燃烧模型,活塞的运动略去不计。

假设火花塞位于燃烧室左侧,火焰前锋以垂直于燃烧室的纵横平面波推进。燃烧室中的气体被虚构的边界分为 4 个等质量部分,分别用标号 1 ~4 标注,每个黑点代表气体的一个小单元。

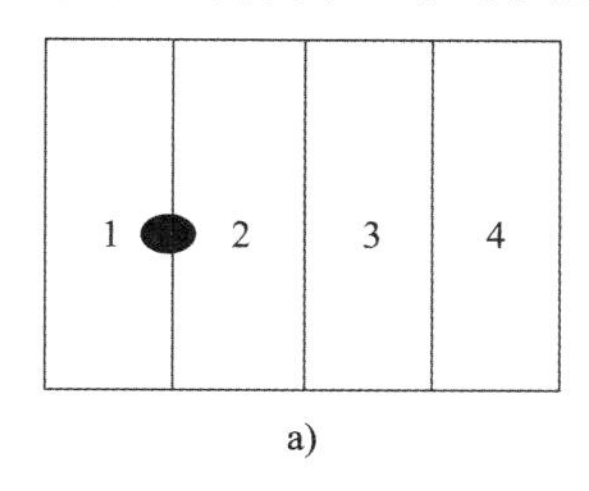

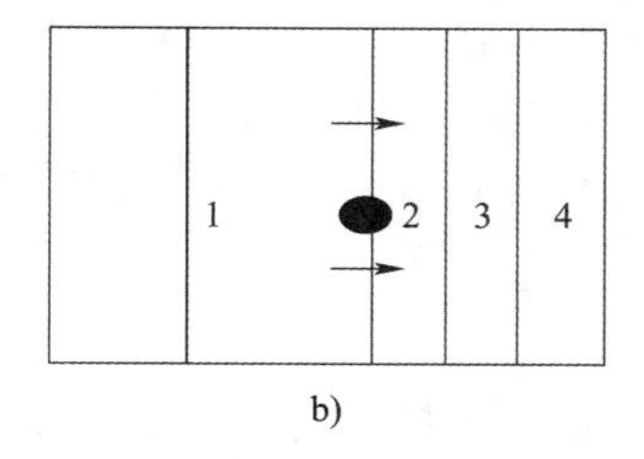

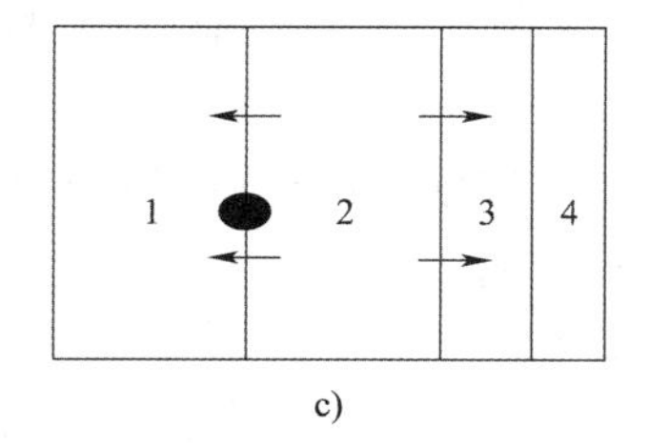

图 2-2　汽油机分段燃烧过程

假设在第一区的全部气体在等容条件下点燃,于是第 1 单元的压力就远远超过第 2、3、4 单元。第 1 单元的气体膨胀压缩,第 2、3、4 单元直至达到压力平衡,如图 2-2b)所示。第 2 单元的混合气引燃后由于燃烧放热而膨胀,将压缩火焰面前的第 3、4 单元的未燃混合气和第 1 单元已燃的燃烧气并达到压力平衡,如图 2-2c)所示。这一燃烧过程继续进行,直至全部单元都引燃为止。在燃烧终了时,燃烧室中的情况如图 2-2a)所示,虚构的边界接近于均匀分布,燃烧室中的压力又趋于平衡。随着划分单元数量的增加,就可逼近真实的燃烧过程。根据上述火焰传播和分段燃烧的模型分析,汽油机燃烧过程有以下特点:

(1)各层混合气是在不同压力和温度下点燃的。在未燃区,离火花塞最远的单元前受压最大,燃烧前温度也最高。根据计算,离火花塞最远的地方,着火前混合气温度比火花塞附近着火前的温度要高 200℃左右,因此,爆燃总是产生在最后燃烧部分。

(2)每一个已燃单元的燃烧气要受到正在燃烧的燃烧气层的压缩,因此在燃烧室中发生温度分层现象。燃烧结束时,汽缸内压力均匀,但温度分布不均匀。

(3)由于火焰传播燃烧是一系列的等压燃烧,汽缸内压力越来越大,未燃气体受已燃气体膨胀作用的压力,其密度也越来越大。图 2-3 所示为燃烧室中已燃气体的质量与体积的关系。最初燃烧的 30% 体积的混合气按质量计只有 10%,而最后燃烧的 30% 气体的混合气按质量计高达 60%,即使最后燃烧的 10% 体积的混合气按质量计也高达 25%。图中曲线是根据高速摄影计算的,计算时已减去活塞运动对体积的影响。

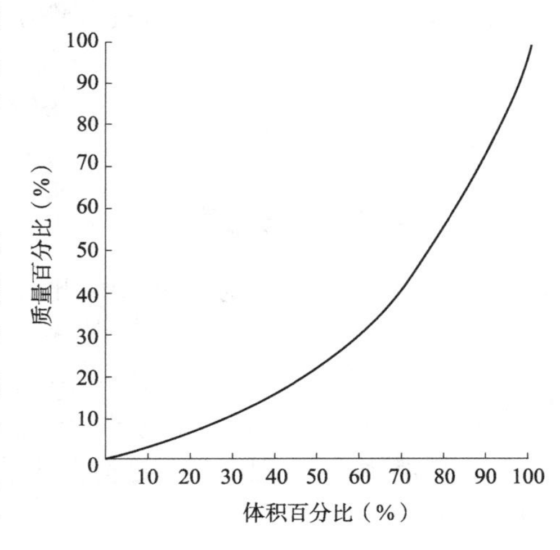

图 2-3　已燃气体的质量与体积的关系

二、车用柴油机工作原理

1. 与汽油机的差异

车用柴油机排放污染物主要有一氧化碳(CO)、碳氢化合物(HC)、氮氧化物(NO_x)、颗粒物、硫化物等。由于柴油机使用的混合气的平均空燃比比理论空燃比大,混合气形成与燃烧方式与汽油机不同,由此造成了柴油机与汽油机排放特性的不同。柴油机的 CO 和 HC 排放相对汽油机要少得多,不到汽油机的十分之一。柴油机的 NO_x 排放,在大负荷时接近汽油机的水平，而中小负荷则明显低于汽油机，因而总体水平略低于汽油机。但柴油机排放的颗粒物却是汽油机的几十倍甚至更多。因而柴油机排放控制的重点是颗粒物和 NO_x。柴油机的排放特性与燃烧室的形式等有很大关系，直喷式与间接喷射式柴油机的排放有较大的不同。涡流室式柴油机的 NO_x、CO、HC 和烟度普遍低于直喷式柴油机，特别是高负荷时的 NO_x、CO、烟度及低负荷时的 CO、HC，差别非常明显。但是，涡流室式柴油机的燃油消耗率比直喷柴油机的高。

2. 柴油机的燃烧过程

柴油机的燃烧过程非常复杂。液体燃料通常以很高的速度，以一个或若干个射流经过喷嘴顶端的小孔，以雾状的、细小油滴贯穿燃烧室。燃油受燃烧室内高温、高压气体的作用而蒸发并与燃烧室内的空气混合。当燃烧室内混合气的压力和温度满足着火条件时，已经混合好的燃油与空气在经历了几度曲轴转角的滞燃期之后即开始着火，从而使汽缸内的压力升高，未燃的混合气由于受到压缩，使已处于可燃范围内的油气混合物的滞燃期缩短，随之发生快速燃烧。喷油一直持续到预期的油量全部喷入汽缸，由于先期喷入汽缸的燃料的燃烧，使后喷入的液体燃料的蒸发时间被缩短。喷入汽缸的全部燃料均不断地经过雾化、蒸发、油气混合及燃烧等过程，汽缸内剩余的空气、未燃烧油和已燃气体之间的混合将贯穿燃烧及膨胀的全过程。

因此，柴油机着火是在燃料和空气极不均匀混合的条件下开始的，燃烧是在边混合边燃烧的情况下进行的。在柴油机的燃烧过程中，扩散型燃烧是它的主要形式。喷油规律、喷入燃料的雾化质量、汽缸内气体的流动以及燃烧室形状等均直接影响燃料在燃烧室的空间分布与混合，也将影响柴油机燃烧过程的进展以及排放污染物的生成。

第二节　车用汽油机污染物生成机理

一、CO 的生成机理

CO 是烃燃料燃烧的中间产物，排气中的 CO 是由于烃的不完全燃烧所致。其形成过程可表示如下：

$$RH \rightarrow R \rightarrow RO_2 \rightarrow RCHO \rightarrow RCO \rightarrow CO$$

其中，RH 是烃燃料分子；R 是烃基；RO_2 是过氧烃基；RCHO 是醛；RCO 是酰基。

根据燃烧化学，理论上当过量空气系数 $\varphi_a = 1(A/F \approx 14.7)$ 时，燃料完全燃烧，其产物为 CO_2 和 H_2O，即：

$$C_nH_m + \left(\frac{n+m}{4}\right)O_2 = nCO_2 + \frac{m}{2}H_2O$$

当空气量不足，过量空气系数 $\varphi_a < 1(A/F < 14.7)$ 时，则有部分燃料不能完全燃烧，生成 CO 和 H_2，即：

$$C_nH_m + \frac{n}{2}O_2 = nCO + \frac{m}{2}H_2$$

二、HC 的生成机理

汽车排放的 HC 成分极为复杂，估计有 100 ~ 200 种成分，包括芳香烃、烯烃、烷烃和醛类等。除排气中的未燃烃外，还包括燃油供给系统的蒸发排放以及燃烧室等泄漏排放出的HC。

由排气管排入大气的污染物是在汽缸内形成的。缸内HC的成因主要有下列几种：第一种是多种原因造成的不完全燃烧；第二种是燃烧室壁面的淬熄作用；第三种是热力过程中的狭缝效应；第四种是壁面油膜和积炭的吸附作用。

1. 不完全燃烧(氧化)

在以预均匀混合气体进行燃烧的汽油机中，HC与CO一样，也是一种不完全燃烧(氧化)的产物。怠速及高负荷工况时，可燃混合气体浓度处于过浓状态，加之怠速对残余废气系数大，造成不完全燃烧或失火。即使在$A/F>14.7$时，由于油气混合不均匀，造成局部过浓或过稀现象，也会因不完全燃烧产生HC排放。

2. 壁面淬熄效应

燃烧过程中，燃气温度高达2000℃以上，而汽缸壁面在300℃以下，因而靠近壁面的气体受低温壁面的影响，温度远低于燃气温度，并且气体的流动也较弱。壁面淬熄效应是指温度较低的燃烧室壁面对火焰的迅速冷却，使活化分子的能量被吸收，链式反应中断，在壁面形成厚0.1～0.2mm的不燃烧或不完全燃烧的火焰淬熄层，产生大量未燃HC。淬熄层厚度随发动机工况、混合气体湍流程度和壁温的不同而不同，小负荷时较厚，特别是冷起动和怠速时，燃烧室壁温较低，形成很厚的淬熄层。

3. 狭缝效应

狭缝主要是指活塞头部、活塞环和汽缸壁之间的狭小缝隙，主要存在于火花塞中心电极的空隙，火花塞的螺纹、喷油器周围的间隙等处。当压缩过程中汽缸压力升高时，未燃混合气或空气被压入各个狭缝区域；在燃烧过程中汽缸内压力继续上升，未燃混合气继续流入狭缝。由于狭缝面容比很大，淬熄效应十分强烈，火焰无法传入其中继续燃烧；而在膨胀和排气过程中，缸内压力下降，当缝隙中的未燃混合气压力高于汽缸压力时，缝隙中的气体重新流回汽缸并随已燃气一起排出。虽然缝隙容积较小，但其中气体压力高、温度低，因而密度大，HC的浓度很高，这种现象称为狭缝效应。由汽缸内狭缝所产生的HC排放可达总HC排放的38%，因此，狭缝效应被认为是生成HC的最主要来源。

4. 壁面油膜和积炭吸附

在进气和压缩过程中，汽缸壁面上的润滑油膜以及沉积在活塞顶部、燃烧室壁面和进气门、排气门上的多孔性积炭会吸附未燃混合气和燃料蒸气，而在膨胀和排气过程中这些吸附的燃料蒸气逐步脱附释放出来进入气态的燃烧产物中。像上述淬熄层一样，这些HC的少部分被氧化，大部分则随已燃气体排出汽缸。

三、NO_x的生成机理

汽油机燃烧过程中生成的氮氧化物主要是NO，另有少量的NO_2，统称为NO_x。燃烧过程中生成的NO除了可与含N原子中间产物反应还原为N_2外，还可与各种含氮化合物生成NO_2。

燃烧过程中产生的NO经排气管排至大气中，在大气条件下缓慢地与O_2反应，最终生成NO_2。因而在讨论NO_2的生成机理时，一般只讨论NO的生成机理。

燃烧过程中NO的生成有三种方式，根据产生机理的不同分别称为热力型NO(也称热NO或高温NO)、激发NO以及燃料NO。热力型NO主要是由于火焰温度下大气中的氮被氧化而成，当燃料的温度下降时，高温NO的生成反应会停止，即NO会被“冻结”。激发NO

主要是由于燃料产生的原子团与氮气发生反应会产生。燃料 NO 是含氮燃料在较低温度下释放出来的氮被氧化而成。

大部分 NO 是由燃烧过程中高温条件下 N_2 和 O_2 的反应产生的。这是一个吸热反应，只有在较高温度才能发生(>1780K)。

高温下生成 NO 的反应是个自由基过程。参与燃烧过程的最常见自由基为 O、N、OH、H 和失去一个或多个氢原子的 HC，只有在高温下它们的浓度才能达到足够高。高温燃烧气体中存在大量的氧原子，这些氧原子与 N_2 分子结合是生成 NO 反应的第一步，泽尔多维奇(Zeldovich)提出 NO 生成机理为：

$$N_2 + O = NO + N$$

$$N + O_2 = NO + O$$

$$N + OH = NO + H$$

第三节　车用柴油机污染物生成机理

一、颗粒物的生成机理

1. 颗粒物的组成

在柴油机的使用过程中，会出现冒烟现象，包括白烟、蓝烟和黑烟。白烟是在低温条件下，柴油机起动和怠速时由燃油颗粒形成的，直径为 1μm 以上。蓝烟是由未燃烧或部分燃烧以及热分解的燃油和窜入缸内未燃烧的润滑油颗粒组成，其直径在 0.4μm 以下。它是在柴油机尚未完全预热或低负荷运转工况下，因燃烧条件不良产生的。白烟和蓝烟排出的同时稍有臭味，它们对人的眼、鼻、喉都有强烈的刺激性。黑烟中含有少量的 H_2，主要是炭颗粒，且比重较大，粒子直径为 0.002 ~ 0.6μm。它主要是在柴油机高负荷运转时产生，其生成原因是柴油机燃烧时燃料与空气混合不均匀，造成局部过浓，在高温缺氧的情况下排出颗粒。

美国环保局对颗粒物(Particulate Matter，简称 PM)的定义是：经过稀释后的排气，在 51.7℃以下，在涂有聚四氟乙烯的玻璃纤维滤纸上沉积的除水分以外的物质。柴油机排放出的 PM 包括除去未化合的 H_2O 以外的所有固态的碳基颗粒、液态的燃油与机油以及无机物(附聚在碳基颗粒表面的 SO_2、NO_2、H_2SO_3、Pb)等。PM 可分为不可溶有机物和可溶性有机物两部分，两者所占的比例大约分别为 61% 和 39%，其中不可溶有机物的主要部分是炭烟(约占不可溶有机物的 70.5%，约占总颗粒物的 41%)、硫酸盐、润滑油产生的颗粒；可溶性有机物来自不完全燃烧的燃料和润滑油(约占总颗粒物的 32%)，颗粒物是复杂的聚集体，其组成形式如图 2-4 所示。

2. 炭烟的生成机理

尽管柴油机炭烟的生成机理很复杂，但可以通过燃烧室中的化学和物理现象来描述。一般认为炭烟是不完全燃烧的产物，是碳氢化合物在高温缺氧的情况下燃烧或裂解释放并聚合而成的。生成的炭烟具有相同的化学特征，具有与燃料无关的、通用的化学生成机理。首先，燃油在高温缺氧环境下发生裂解形成多环芳香烃，起始环的生成是炭烟生成的控制步骤。多环芳香烃不断脱氢聚合成以碳为主的炭烟晶核；随后，炭粒子以碰撞凝结和表面反应(生长和氧化)两种机理长大，生成链状或团絮状的聚集物，这些聚集物最终生成炭烟。

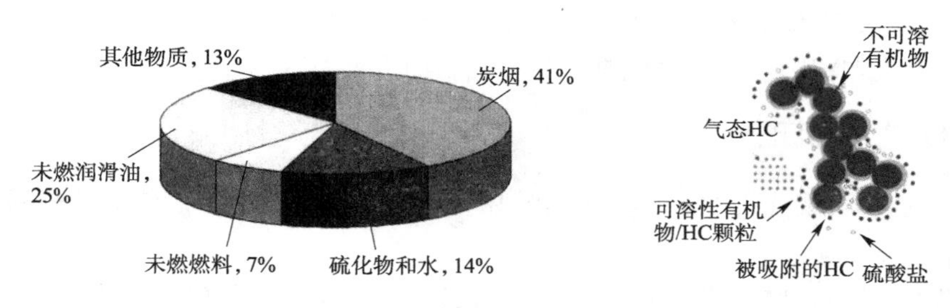

图 2-4　颗粒物的组成

●-0.01～0.08m 直径的固体炭球吸附 HC 聚合成 0.05～0.1m 固体颗粒；•-液体凝固的 HC 颗粒；◦-水合作用生成硫酸盐

1）多环芳香烃的形成

柴油进入汽缸以后裂解成碳氢化合物，随后这些微小的碳氢化合物的碎片组成高分子重碳氢化合物，其中最重要的一类是多环芳香烃（Polycyclic Aromatic Hydrocarbons，简称 PAH），通常认为它是炭烟生成的气态先导物。PAH 常存在于浓的预混火焰或非预混火焰之中，其形成过程如图 2-5 所示。

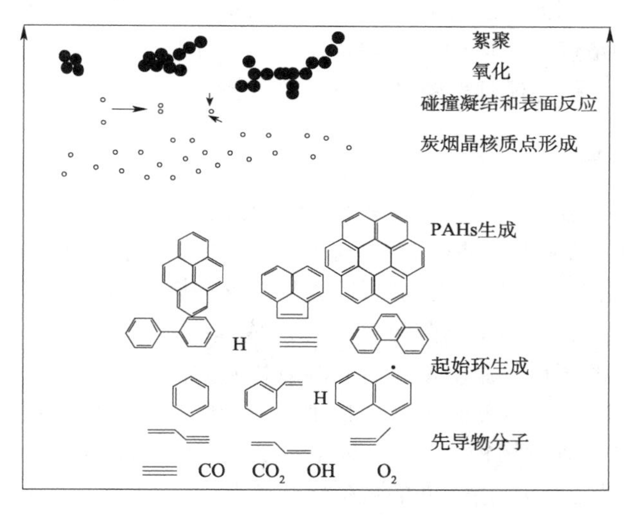

图 2-5　炭烟生成过程示意图

2）炭烟晶核的形成

在早期的炭烟形成模型中，认为炭烟是 PAH 物种大量聚集成一定直径的颗粒，也就是说气态物质过渡到固体颗粒完全是化学变化的结果。然而，根据此理论计算的炭烟颗粒远小于实际颗粒的大小。随着研究的深入，炭烟晶核的形成模型逐渐扩大。一定大小的物种相互碰撞而聚合成 PAH 的二聚物，二聚物又与 PAH 物种碰撞形成三聚物和四聚物，PAH 物种通过分子化学反应而逐渐长大，多环芳香烃通过这种方式逐渐过渡成固体颗粒。在实验中，PAH 二聚物的形成是炭烟晶核形成的标志。

3）炭粒子的凝聚和表面反应

凝聚生长指炭粒子在运动过程中互相碰撞，发生凝结而聚合成一个大的粒子；表面生长指芳香环烃或 C_2H_2 等物直接附着在炭粒表面，成为其一部分而使炭烟颗粒逐渐增大。相对而言，凝结生长占重要地位，对粒子生长起决定性作用。此外，作为炭烟前驱物的 PAH 二聚物、三聚物或四聚物也可能直接沉积在炭粒的表面，从而促进粒子的生长。炭烟生成的最后阶段，通常以积结、絮聚的方式生成质点小球链的炭烟颗粒。

直喷汽油机颗粒物排放的生成机理与传统柴油机类似。

二、NO_x 生成机理

与汽油机类似，柴油机的 NO_x 主要也是由空气中的 O_2 和 N_2 在燃烧室的高温、高压作用下发生化学反应生成的。

柴油机中，预混合燃烧速率很快，又发生在上止点附近，加之有较长的焰后反应时间和很高的燃烧温度，为 NO 的生成创造了有利的条件。扩散燃烧受油、气混合速率的限制，又发生在预混合燃烧之后，此时活塞已开始下行，工质温度下降、焰后反应时间短，不利于 NO 的形成。因此，参与预混合燃烧的燃油量越多，NO 生成量也就越多。柴油机中 NO 不会在压缩行程期间形成，即使在高增压状况也是如此，因为此时温度较低。在贫油火焰外围区，燃烧初期不会形成 NO，但在后期这个区域内温度提高，会引起某些 NO 形成。

在浓混合气火焰中，NO 的生成率比稀混合气或理论混合气中高。然而，最终的浓度以稀释的混合气中最大。因此，在贫油火焰区 NO 开始比喷注较浓区以较低的速率开始形成，但最后将达到较高的浓度。当燃油温度在膨胀行程中下降时，NO 不会降低到平衡浓度，因为 NO 的消除过程在膨胀行程时很慢，故 NO 浓度接近不变。

三、CO 生成机理

柴油机 CO 是在烃燃料中间燃烧阶段中形成的化合物之一，CO 的形成与炭烟极为相似，都与有效 O_2 有关，结果使柴油机中 CO 浓度的变化也大致与炭烟成比例。

直喷式柴油机中，在喷注贫油火焰区，因为氧浓度和燃气温度合适，CO 只作为一种中间化合物而生成。在喷注核心和壁面附近，CO 的形成速率很高，它的消失速率主要取决于氧化的局部浓度、混合、燃气局部温度以及有效的氧化时间。在贫油火焰外围区边界附近生成的 CO 比值取决于空燃比。小负荷时，CO 比值较高，因为燃气温度低而且氧化反应少。负荷或空燃比增加时，CO 排放物较少，因为燃气温度和消失反应增加。当空燃比超过一定界限时，不管燃气温度是否增加，由于低的氧化物浓度和短暂的反应时间，消失反应会减少，结果随负荷增加，CO 排放物增加。

四、HC 生成机理

HC 是由于燃油在汽缸内没有燃烧或不完全燃烧而形成的，包括原始的燃油分子、被分解的燃油分子和再化合的中间产物等。其中有一小部分来自润滑油，另一部分主要是由于局部混合气过浓或过烯及壁面激冷效应，使少量燃油在汽缸内不能燃烧或不完全燃烧所致。由于柴油机的燃烧是不均匀的异相燃烧，即使过量空气系数相当大，混合气的局部过浓和瞬时过浓现象依然存在。比如，在喷注的尾部和核心部常出现混合气过浓现象，当喷油速率过大时，喷注在其细微化未完成前到达燃烧室壁面，则附着于壁面的燃油蒸发迟缓，造成不完全燃烧和消焰作用。如喷油压力低，由于针阀惯性造成其滞后关闭而产生滴油现象，以及从喷油嘴压力室和残留在喷孔内的燃油渗入或滴入燃烧室后，也不能与空气很好地配合而出现局部过浓现象。此外，燃油黏度或表面张力过大，导致雾化不良，也将产生混合气局部过浓或瞬时过浓现象。

第三章　汽车排放标准及测试技术

第一节　汽车排放标准体系概述

排放标准也称为排放法规,当今世界主要有美国、日本和欧洲三大排放法规体系。我国于1983年开始制定汽车排放标准,经过几十年不断加严和完善,已经形成了自己的排放标准体系。目前,各国排放法规在测试装置、取样方法和检测仪器等方面的规定基本一致,但在测试工况和排放限值等方面差异较大。

根据测试对象的不同,排放标准分为新车污染物排放标准和在用车污染物排放标准。两类标准的测试目的也有着很大的差别,其中新车排放标准的目的是促进新技术的应用,从而降低汽车的排放污染水平;在用车排放标准的目的则是监测车辆的使用和维护质量是否达到了排放控制的要求。由于新技术的应用要求在用车的检测与之相适应,并能够对采用新技术的在用车排放水平进行有效监督,因此,一般新车排放标准体系中也包含了在用车的相关检测标准(如新车的下线检测)。此外,汽车的车型众多,其中车重、燃油类型等对其污染物排放量影响很大,不同车型采用的排放测试技术也会有一定差异,因此新车排放标准根据车重又分为轻型车标准和重型车标准两类,在用车标准则以燃油类型分为汽油车标准(包括装用点燃式发动机的其他燃料车)和柴油车标准(包括装用压燃式发动机的其他燃料车)。

第二节　汽车排放污染物测试技术

为了合理准确地评估汽车排放水平,各国在制定排放标准时不仅限定了汽车主要污染物的排放量(即排放限值),同时也规定了这些污染物的测试方法,包括测试设备、排气取样方法、污染物检测方法和车辆行驶状态等,从而保证不同车辆的测试结果间具有良好的可比性。目前各国排放法规中采用的主要是实验室内台架模拟测试和实际行驶车载测试两种方法。

一、汽车排放污染物测量系统

1. 台架模拟测量系统

台架模拟测试是最早发展的排放测试技术,也是各国官方标准中采用的主要测试方法,普遍应用于新车检验、在用车检查以及机动车排放研究中。该方法具有条件容易控制、可重复性强、测试结果准确度高等特点。根据测试设备的不同,台架模拟测量系统分为整车台架测量系统和发动机台架测量系统两种。其中整车台架测量系统从汽车的排气管取样进行分析,主要用于轻型汽车的排放认证、产品一致性试验和各种在用汽车的排放监测等;发动机台架测量系统用来测量汽车发动机的污染物排放量,一般用于重型车用发动机的排放认证和产品一致性试验。

1)整车台架测量系统

整车台架试验在实验室内将车辆置于底盘测功机台架之上,按照设定的试验循环(标准行驶工况)运转以模拟车辆在实际道路上的行驶状态,并对其排气进行取样和污染物检测。整个测量系统如图3-1所示,可分为两部分:一部分是车辆实际行驶工况模拟再现子系统;另一部分为排气污染物采样与分析子系统。工况模拟再现子系统主要由冷却风扇、车况显示屏、底盘测功机及其控制模块等组成。其中冷却风扇用来模拟汽车在道路行驶时的冷却情况;车况显示屏的作用是显示汽车车速随时间的变化情况,以便于驾驶员控制车辆运行或试验人员观测车速;底盘测功机的作用是通过滚筒给汽车施加行驶阻力,模拟汽车在道路上的行驶。测量时,汽车驱动轮带动滚筒转动,滚筒带动底盘测功装置的交流电机等负载旋转,控制模块控制底盘测功机的负载参数,即可模拟汽车在道路上的行驶阻力。排气污染物采样与分析子系统由采样系统、排气流量控制装置、排气分析系统和数据处理装置等组成。排气采样系统采集的样气存入取样袋中,并在尽可能短的时间内用排气分析系统分析其气体组成;排气流量控制装置用于控制采样的时刻和数量等;排气分析结果由数据处理装置处理后存入记录装置或显示、打印。

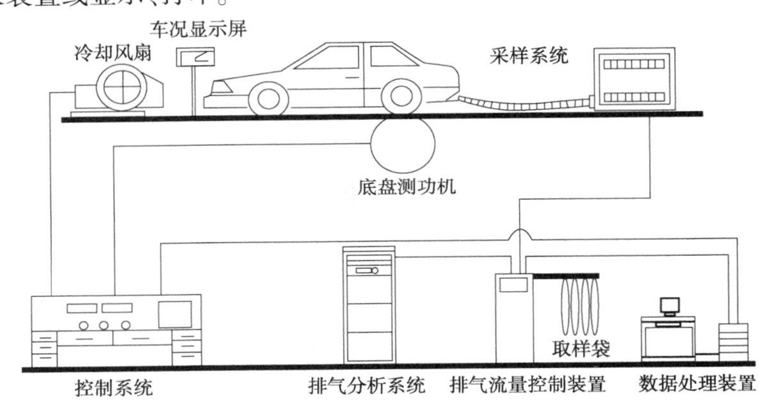

图3-1 整车台架测量系统示意图

2)发动机台架测量系统

发动机台架测量系统利用测功机将从车上拆下的发动机按照试验要求的转速-转矩工况运转,模拟车辆发动机的不同运行状态,对每种状态下的污染物浓度和排气量等参数进行测量;最后再计算出整个试验过程中各种污染物的排放量。如图3-2所示,用于排放测试的发动机台架测量系统与常规发动机性能台架试验系统非常相似,主要设备均为用于工况模拟的测功机;只不过在开展排放测试时还需要额外的排气污染物采样和分析系统。

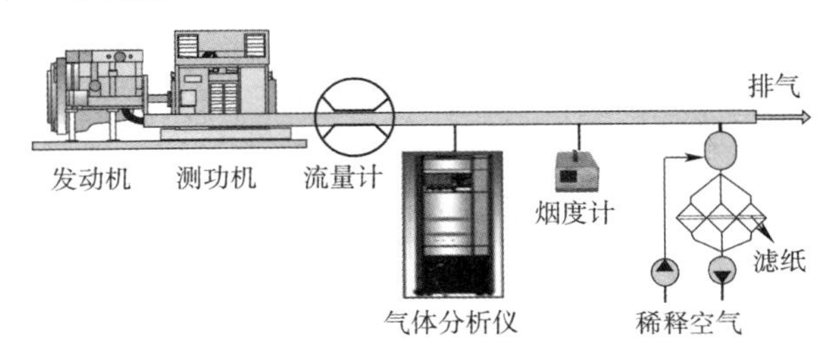

图3-2 发动机台架测量系统示意图

2. 实际行驶测量系统

尽管台架试验中采用的标准行驶工况(试验循环)是根据车辆在典型道路上的实际运行状态数据编制得到的可以近似地再现车辆在实际道路运行条件下的污染物排放水平,但是由于底盘测功机自身性能的限制,模拟行驶时所能达到的最大速度和加速度均远低于实际情况;并且随着汽车保有量和道路设施的快速发展,标准工况与车辆的实际运行工况之间依然存在很大的差异。因此,汽车排放法规中的测试方法逐渐由实验室内的台架模拟测试过渡到实际道路行驶测试。

实际行驶测量系统也称为便携式排放测量系统(Portable Emissions Measurement Systems,简称 PEMS),它是一种车载排放测量装置。PEMS 的主要功能是测试实际行驶条件下汽车尾气中的气态污染物、颗粒物质量(PM)和颗粒物数量(PN)等。图 3-3 展示了其主要组成。为了得到各种污染物与汽车行驶工况的逐秒对应关系,测试过程中还应记录车辆运行信息、尾气流量、环境信息和车辆位置等。其中车辆运行信息中的发动机转矩、转速、加速踏板位置、燃油流量、进气流量和温度、排气温度、冷却液温度和机油温度等既可采用传感器测量,也可从汽车车载自动诊断系统(On Board Diagnostics,简称 OBD)口读取 ECU 信息获得;车辆运行信息中的污染控制装置再生情况和实际挡位等一般直接从汽车 OBD 口读取;排气流量通常采用排气质量流量传感器(EFM)测量,也可由实时测得的发动机运转参数推算得到;环境温度、湿度和大气压采用传感器测量;车辆位置的经度、纬度和海拔高度采用全球定位系统(Global Positioning System,简称 GPS)或北斗卫星定位系统测量。测试过程中,PEMS 通过控制模块进行系统控制、数据记录和匹配计算,操作人员可通过计算机用户界面查看实时的测量数据和设备运转情况。

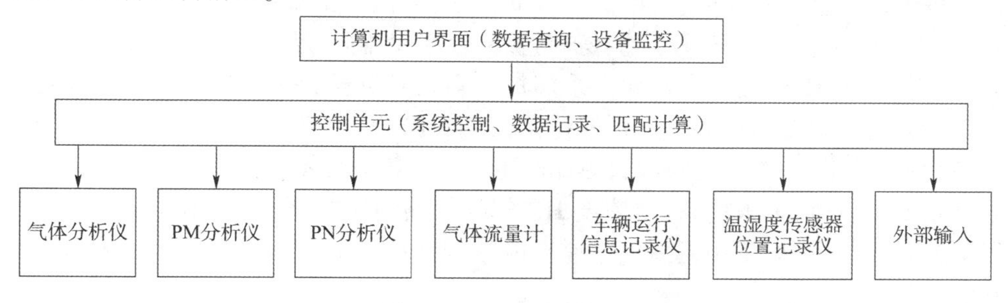

图 3-3　PEMS 的主要组成

PEMS 虽然有上述的复杂组成,但由于车辆空间有限,因此 PEMS 对各个模块均进行了小型化和集成设计。图 3-4 为日本 Horiba 公司生产的 OBS-ONE 型 PEMS 及其安装图,可以看到,PMES 设备的体积和质量相比于台架测量系统要小很多。因此在测试时,PEMS 可以方便地安装在车外,也可以放置在车辆行李舱内或后排座位上。

图 3-4　OBS-ONE 型 PEMS 及其安装图

二、汽车排放污染物取样方法

由于排放标准所规定的有害气体成分的浓度较低,在采样过程中,排气在管路中的凝聚和吸附现象所造成的损失以及排气成分本身的变化都将影响所测量污染物含量的准确性。因此,在对汽车或发动机排放污染物进行分析时,首先应保证所采集的样气能尽可能地反映全部排气的平均状态。目前,排放法规中采用的排气取样方法有直接取样法和稀释取样法两种。

1. 直接取样法

直接取样法将取样探头直接插入排气管内,通过气泵抽取一定量的尾气样气,气样不经过稀释就直接进入分析仪器中进行成分分析;取样时根据检测目的的不同可以连续取样,也可以间歇式取样。该取样法的流程如图 3-5 所示,气样由气泵吸入分析仪,但在进入分析仪前,需经过滤清、冷凝等预处理,以除去杂质和水分。

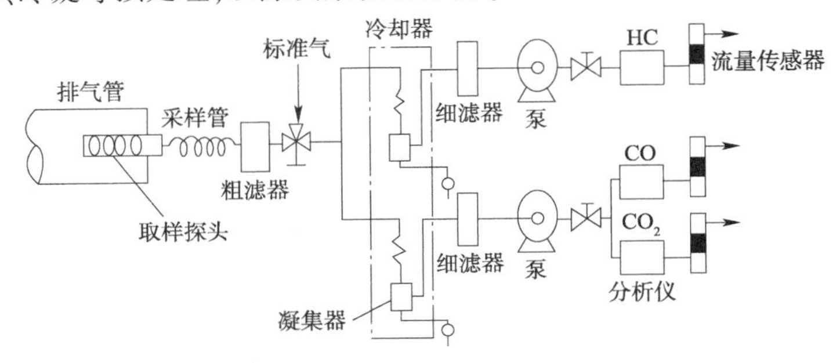

图 3-5 直接连续取样法流程图

取样探头材料一般采用不锈钢,其结构如图 3-6 所示。探头一般要求头部封死,样气由探头四周均匀分布的小孔进入;另外为了保证所采集样气具有代表性,探头插入排气管内的深度、取样位置和管路长度等在排放标准中均有相应的规定或推荐值。需要注意的是,在取样系统中安装凝集器,对去除气样中的水分固然必要,但在常温或低温时,那些蒸气压低的高沸点物质(如高沸点的碳氢化合物、氨等)极易在凝集器内凝缩而溶于水,从而导致测量误差增大。为了减小测量误差,通常还需采用加热系统对取样探头和管路加热保温使测定汽油机和柴油机排气成分时的温度分别保持在(130 ± 10)℃和(190 ± 10)℃。此外,当排气成分浓度变化时,其也会被管路所吸附,由此产生的拖延解吸现象会造成仪表反应迟缓。为了避免这些情况的发生,常采用高、低浓度 HC 气样管路系统分开,并用不同量程分析仪进行测量的方法,同时也可以采用提高气流速度或减少气流通道所出现的死区等措施来提高测量精度。

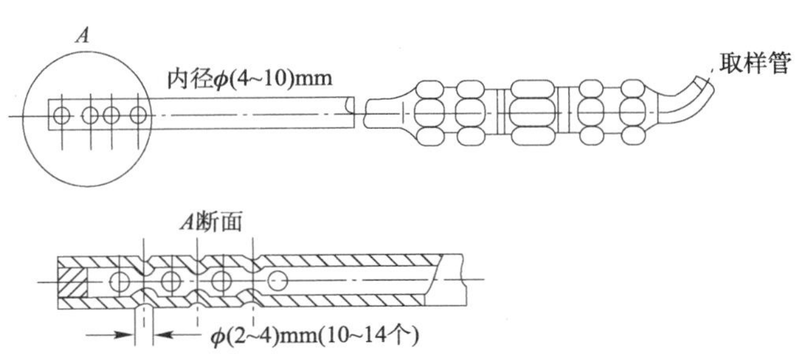

图 3-6 取样探头结构示意图

直接取样法设备简单、操作方便,适合连续观察排气组成的变化,目前广泛用于新车排放测试中的气态污染物采样和在用车排放检查(如双怠速和稳态工况试验)。但是该方法一般不用于针对颗粒物的排放试验,这是因为一方面直接取样法通常会采用过滤器滤除样气中的颗粒物杂质,另一方面更主要的原因是样气中高浓度的颗粒物会对采样系统和后续的分析仪器造成腐蚀甚至损坏。

2.稀释取样法

稀释取样法可有控制地用清洁空气对汽车或发动机排气进行连续混合稀释，再将稀释后的样气引入分析仪器中进行成分分析。对汽车排气进行稀释具有以下优点：

(1)排气在稀释通道中被清洁空气稀释后再采样和分析，这一过程尽量模拟了排气从尾气管扩散到大气中的稀释和冷却过程，减少了尾气样气中出现的污染物凝集、吸附等问题引起的测量误差，使得后续的分析结果更接近实际状态。

(2)稀释后的排气温度可以下降到合理的温度(露点以上)，因此不需要冷凝器就可以防止水蒸气的凝结以及其他挥发性气体凝聚带来的测量误差，取样更加合理。

(3)排气被稀释后降低了其中的颗粒物浓度，有效避免了直接取样法中颗粒物浓度过高对采样和分析仪器的伤害。

鉴于稀释取样的以上优点，该方法在20世纪70年代开始应用于排放法规中。根据稀释排气量的多少，稀释取样又分为全流稀释取样法和部分流稀释取样法两种，其中最先发展的是全流稀释取样法。

1)全流稀释取样法

全流稀释取样法将全部排气引入稀释通道中，使用经过空气滤清器过滤的清洁空气进行稀释，并通过一定的限流装置形成恒定流量(定容)的稀释排气，因此又称为全流稀释定容取样法，通常人们将其称为定容取样(Constant Volume Sampling，简称CVS)法。目前，中国、美国、日本、欧盟等的轻型新车排放法规的台架试验中均规定采用CVS法取样。

CVS系统根据对稀释排气定容方式的不同分为容积泵式(PDP-CVS)、临界流量文丘里管式(CFV-CVS)、亚音速文丘里管式(SSV-CVS)和超声波流量传感器式(UFM-CVS)等。这里以图3-7所示的CFV-CVS系统为例来说明全流稀释取样系统的组成与原理。CFV-CVS系统以流体力学中关于临界流量的原理为基础，文丘里管出口处的压力在鼓风机的作用下不断下降，当出口压力与进口压力的比值低于临界值(空气的临界压力比为0.53)时，气体在文丘里管内的流动达到超临界流动状态(即保持声速流动)，此时流经文丘里管的稀释样气的体积流量保持不变，而其质量流量只与进口处的温度和压力相关。因此，通过控制文丘里管进口处的温度和压力维持气体密度不变，就可以实现对质量流量的恒定控制和比例取样。

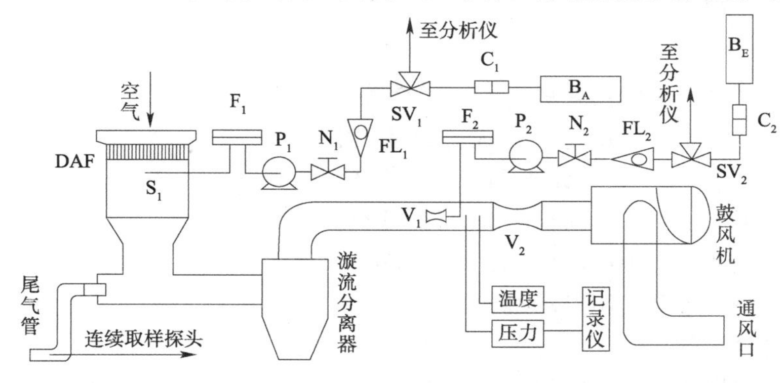

图3-7 CFV-CVS系统组成

B_A-稀释空气取样袋；B_E-稀释排气取样袋；C_1、C_2-卡头；DAF-稀释空气滤清器；F_1、F_2-滤清器；FL_1、FL_2-流量传感器；N_1、N_2-针阀；P_1、P_2-取样泵；S_1-取样口(收集稀释空气的定量样气)；SV_1、SV_2-转换阀；V_1-取样用文丘里管；V_2-主文丘里管测试时，汽车排气管与取样系统的连接管应尽可能短，绝热和非绝热连接管的最大长度一般不超过6.1m和3.6m，以免对排气污染物浓度产生影响。排气进入系统后，便与经过稀释空气滤清器(DAF)滤清的空气混合而被稀释。稀释排气的温度通过热交换器和温度控制系统控制在设定值的±6℃以内，以维持气体密度不变。之后，取样用文丘里管(V_1)收集部分排气进入稀释排气取样袋(B_E)内用于后续的组分分析，同时对样气流量进行计量；主文丘里管(V_2)则用来计量流过管中的稀释排气总流量；两个文丘里管进口的压力和温度相等，从而使得取样容积与总容积之比保持恒定。取样袋通常用聚乙烯-聚酰胺多层薄膜或氟化聚烃材料制成，其足量的容积，可以避免影响排气的化学组成。

需要注意的是，采样时对排气的稀释度不能过高，以免造成浓度过低而给后续的成分分析带来较大的测量误差；而且稀释度升高会使排气出口处产生吸引效应，当汽车行驶工况多变时，稀释度稍有变动就会得到不同的测量值。因此，一般规定采用8倍以上的稀释度，其目的在于使稀释空气与排气的比例接近于汽车排气扩散到大气中的实际状态，以提高测量精度。此外，当排气的污染物浓度较低而稀释度较高时，环境空气中微量的HC、CO、NO_x也会使稀释排气取样袋内低浓度样气的分析出现误差。因此，一方面稀释时应尽可能引入清洁空气，如在稀释空气滤清器(DAF)内加装活性炭层以吸附空气中的HC，使引入空气的HC含量降至15×10^{-6}(体积分数)以下。另一方面，为了检查环境空气污染对测量的影响程度，还可以采用大致相同的取样速率将用于稀释排气的空气引入稀释空气取样袋(B_A)中同时进行分析，以便及时修正环境空气污染对测量造成的附加误差。

全流稀释取样法根据稀释级数的不同又分为单级稀释取样(图3-8)和二级稀释取样(图3-9)。气态污染物一般在一级稀释通道中取样，但当排气的稀释率和温度等不能满足颗粒物的取样条件时，则需要对排气再次进行稀释后取样。

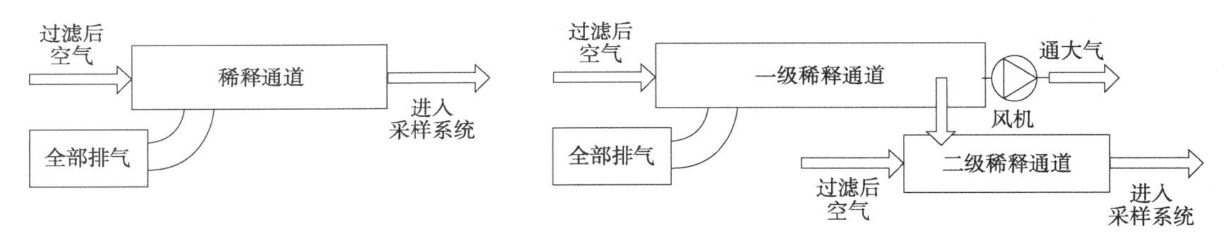

图3-8　单极稀释取样系统　　　　图3-9　二极稀释取样系统

2)部分流稀释取样法

全流稀释取样系统虽然具有很高的采样准确度，但是为了满足排放法规对稀释比的要求，往往需要大量的稀释空气，这会造成稀释通道管径大、吸气泵流量大，整个系统体积庞大，造价昂贵。尤其是对于大排量的重型车用发动机，其气态污染物还可以采用直接取样法，但对颗粒物，由于稀释比的问题很难对其应用全流稀释系统进行取样。部分流稀释取样法按照一定的比例从排气中抽取部分气体进行稀释后再取样分析，很好地克服了上述不足。该方法早期主要针对重型车用发动机台架试验中的颗粒物取样研发，目前也广泛应用于新车的实际行驶排放测试。

部分流稀释取样法的工作原理如图3-10所示，抽取全部排气的一部分通入稀释通道和洁净空气进行混合稀释，同时测量总的发动机排气流量，将测得的此流量作为控制取样阀取样比例的依据。在此类取样系统中，按照汽车排气流量比例取样并且定比稀释，通过调整比例使稀释后的气体浓度有利于后续成分分析仪器进行分析。由于只抽取部分气体作为样本气体来进行稀释，因此只需要很少量的稀释空气，甚至可以实现采用零空气（如纯 N_2）作为稀释气体，这样将完全消除背景空气中污染物的干扰。此外，由于只对排气中的一部分进行稀释，故需要对采样比进行精确和稳定地控制，因此部分流稀释取样法对取样控制的要求比较高，尤其对系统响应时间和排气流量实时监测的精度有很高的要求。

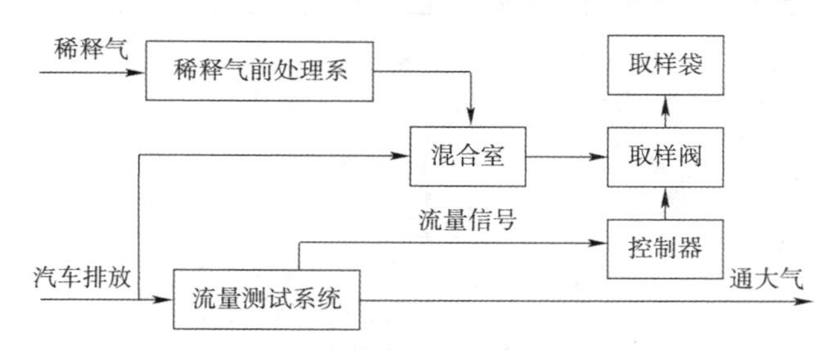

图 3-10 部分流稀释取样法工作原理

图 3-11 展示了部分流稀释取样系统的结构组成。根据对稀释样气取样量的多少，系统又分为全取样和部分取样两种。二者在工作原理上基本相同，只是相比于全取样，部分取样法从稀释样气中仅抽取部分气体进行污染物采集和分析。

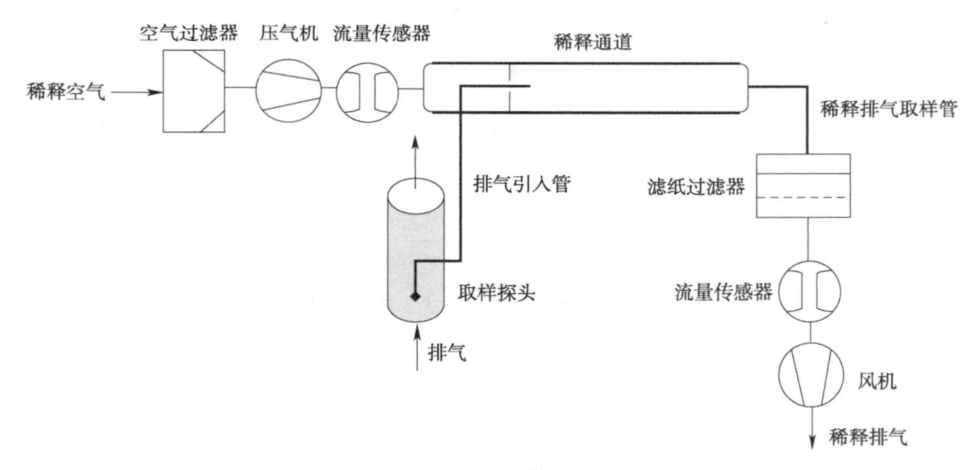

a)部分流稀释全取样系统

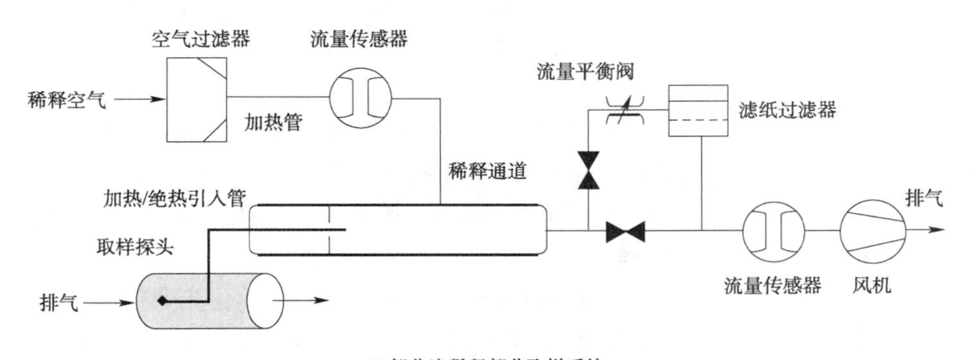

b)部分流稀释部分取样系统

图 3-11 部分流稀释取样系统结构组成

三、汽车排放污染物检测方法

我国排放法规中要求检测的污染物种类及检测方法见表3-1。下面分别以气态污染物、颗粒物和炭烟烟度为例，讲述各种污染物主要检测方法的工作原理和仪器结构。

我国排放标准中规定的污染物种类及检测方法　　表3-1

污 染 物	检 测 方 法
一氧化碳（CO）	非色散式红外分析法
总碳氢化合物（THC）	①氢火焰离子化分析法； ②非色散式红外分析法
非甲烷碳氢化合物（NMHC）	①氢火焰离子化分析法＋气象色谱分析法； ②氢火焰离子化分析法＋非甲烷截止器
氮氧化合物（NO_x，包括NO和NO_2）	①化学发光分析法； ②非色散式紫外分析法； ③非色散式红外分析法
氧化亚氮（N_2O）	①气象色谱分析法＋电子捕获检测器； ②激光红外光谱法； ③傅里叶变换红外分析法； ④非色散式红外分析法
氨气（NH_3）	①二极管激光光谱法； ②傅里叶变换红外分析法
颗粒物质量（PM）	滤纸称重法
颗粒物数量（PN）	微粒计数法
炭烟烟度	不透光烟度法

1. 气体成分分析方法

1）非色散式气体分析法

光的色散指复色光分解为单色光的现象，这种现象也称为光的分散或分光。非色散（亦称不分光、非分散）式仪器按其工作波长区段不同可分为非色散红外分析仪和非色散紫外分析仪两类。由于这种仪器采用的入射光不通过棱镜和衍射光栅等分开，而采用同一光源发出的光测量气体成分，故称为非色散式分析仪，反之则称为色散式分析仪。非色散式分析仪具有结构简单、价格便宜、灵敏度较高等优点。

仪器工作原理为比耳-朗伯定律（亦称吸收定律）。吸收定律是分光光度法的定量基础，以某一确定波长的平行单色光透过待测气体时，会发生被待测气体分子所吸收的光吸收现象。待测气体浓度、厚度越大，光被吸收也就越多，透过的光也就越弱。比耳-朗伯定律定量地描述了这一物理现象。当一束平行单色光通过图3-12所示的测量容器时，单色光被待测气体吸收的光量与被测气体的浓度、容器中气柱长度以及入射光的强度等因素有关。由比耳-朗伯定律可得下式：

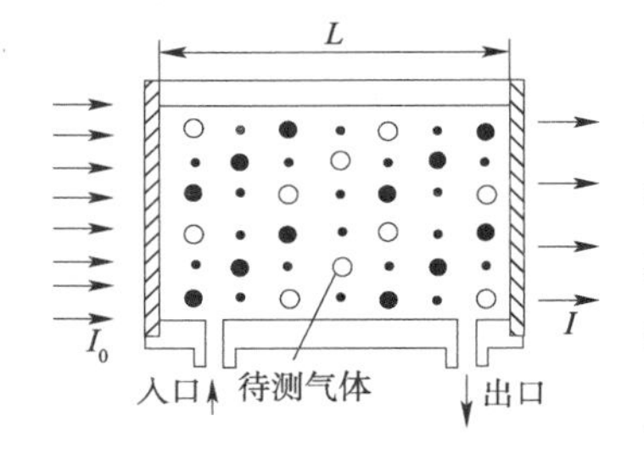

图3-12　光吸收原理示意图

$$\lg\left(\frac{I_0}{I}\right) = KcL \tag{3-1}$$

式中：I_0——入射单色光的强度；

I——透过光的强度；

K——吸光系数；

c——容器中待测气体的浓度；

L——气柱长度。

如果光完全不被吸收，则 $I_0 = I$，$\lg(I_0/I) = 0$；如果光会被吸收，吸收程度越大，则 $\lg(I_0/I)$ 值也就越大。光度分析中常将 I_0/I 称为透光度，透过光越弱，I 越小，则透光度值越大；反之亦然。故当透光度和吸光系数 K 为已知时，则可由下式求出被测物质的浓度 c，即：

$$c = \frac{\lg\left(\frac{I_0}{I}\right)}{KL} \tag{3-2}$$

（1）非色散式红外分析法。

红外线是波长介于微波与可见光之间的电磁波，波长在 760nm ~ 1mm 之间。非色散式红外分析仪（Non-dispersive Infrared Analyzer，简称 NDIR）的工作原理基于待测气体对特定波长红外辐射能的吸收程度与其浓度成比例这一物理性质。除了单原子气体（如 Ar、Ne）和相同原子的双原子气体（如 H_2、O_2、N_2）外，大多数非对称分子都有吸收红外线的能力，并且不同气体在红外波段内都有其特定波长的吸收带。由于每一种气体吸收的波长范围是唯一的，故可利用不同原子组成的双原子分子或多原子分子的这一特性测量其体积分数。

NDIR 的基本组成如图 3-13 所示。两个几何形状和物理参数相同的红外光源由恒定电流加热至 600 ~ 800℃，发出 2 ~ 7μm 波长的红外辐射。两部分红外线分别由两个抛物面反射镜聚成两束平行光束，再经滤光片和截光器后进入测量室及比较室。同步电机带动截光器转动，将红外线调制成频率为 10Hz 左右的断续红外辐射。其中一路通过测量室后到达检测室的前室；另一路通过比较室后到达检测室的后室。前、后两室是两个几何形状几乎完全相同的红外线接收室，其中充满纯的气体，并加以密封。前、后两室之间由微通道连接，微通道中安装流量传感器。样气可以连续进入测量室以供分析，比较室可封入氮气。当测量室没有测量气体或通过不吸收红外线的惰性气体时，检测器前、后两室所吸收的红外线光能相等，前、后两室压力相同而保持平衡状态；检测器中连接前、后两室的微通道中无气体通过，流量传感器输出为零；当有测量气体通过测量室时，特定波长内的红外辐射能被待测气体吸收，穿过测量室和比较室的红外线分别加热前、后室中的气体，由于比较室内的辐射能没有被吸收，于是连接比较室的后室接收的辐射能多，其压力升高较大，气体通过微通道流向前室，流量传感器便有信号输出。被测气体浓度越高，测量室内吸收的红外能也越多，两室所接收辐射能的差值也越大，致使两室的压力差也越大，流量传感器输出信号越大。由于待测成分的浓度与待测气体吸收的红外线辐射能百分数成正比，所以流量传感器输出信号与测量室中待测气体的浓度成正比。

目前测定 CO 的最好方法是利用 NDIR，它也是汽车排放法规中规定的 CO 和 CO_2 测试仪器。其测量上限为 100%，下限可进行微量（10^{-6}）级以至痕量（10^{-9}）级分析；在一定量程范围内，即使气体浓度有极小变化也能检测出来；并且当 CO 排放浓度较高时，排气中干扰成分对测定值的影响可略去不计。此时,NDIR 与连续取样系统同时使用,能实时观察到随发动机运转条件变化而引起的排气组成的变化。由于 NDIR 便携方便,当测试精度要求不高时,也被普遍用于怠速时 HC 排放的测定。值得注意的是,在测定 HC 时,测定的结果以正己烷当量浓度表示。这种仪器对不同的烃类有不同的敏感度,其中以饱和烃(甲烷除外)敏感度最高,不饱和烃和芳香烃敏感度较差。因此,NDIR 并不能测出排气中各种烃类的总含量,而主要是测定其中的饱和烃含量。

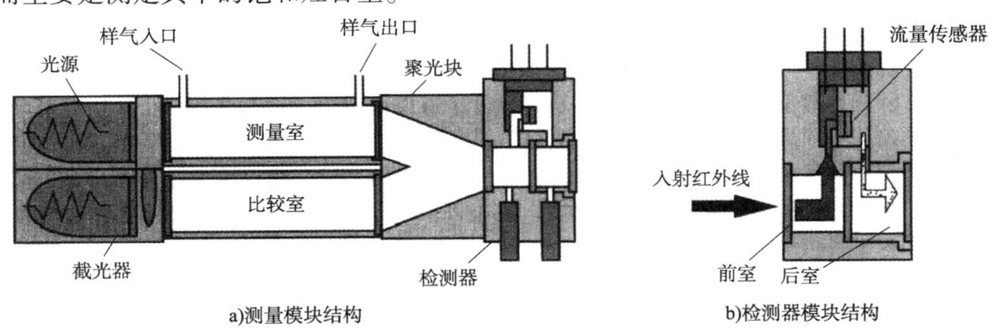

图 3-13　NDIR 的基本组成

(2)非色散式紫外分析法。

非色散式紫外分析仪(Non-dispersive Ultraviolet Analyzer,简称 NDUV)也称紫外线吸收式分析仪,其与 NDIR 的区别主要为工作波长不同。图 3-14 为紫外线吸收式臭氧分析仪工作原理示意图,该仪器以低压水银灯为光源,经滤光片得到 254nm 左右的窄束光入射至长光程测量室。样气分为两路:一路通过电磁阀进入测量室;另一路先经臭氧分解器(装有活性炭或石灰、苏打等),使样气中所含臭氧分解,并将样气转化为可作参比的零气。当样气不通过臭氧分解器直接通过电磁阀进入测量室时,样气中的臭氧将吸收紫外线的光能,使紫外线的强度因臭氧分子吸光而衰减,光电管接收透射光并经放大器放大的信号与样气中臭氧的浓度成正比,因此根据检测到的紫外线透光度或衰减程度(称吸光度),即可推算出样气中的臭氧含量。当样气通过臭氧分解器后再通过电磁阀进入测量室时,可进行仪器的零点标定。

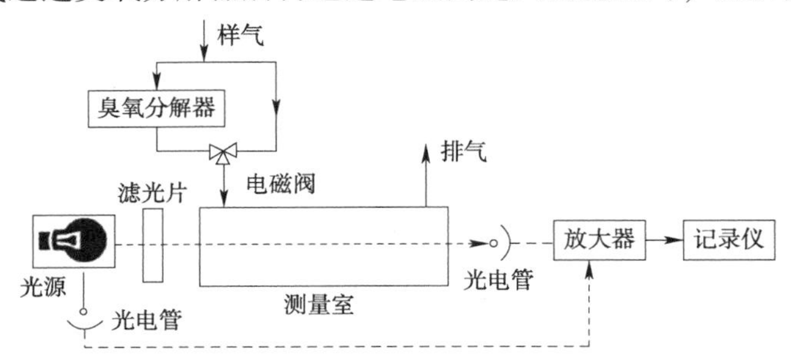

图 3-14　紫外线吸收式臭氧分析仪的工作原理

NDUV 还可以用于汽车排气中 NO 和 SO_2 等可吸收紫外线污染物的测定,也是排放法规中规定的 NO_x 测量仪器之一。由于测试结果不受水蒸气、CO 和 CO_2 等多种组分共存的影响,因而被广泛使用。但是气体成分的紫外线吸收具有受激振动-转动的精细结构,因而非色散式紫外分析法必须按选定的波长来对应待测组分,并由此来选用合适的滤光片。

2)氢火焰离子化分析法

氢火焰离子化分析仪(Flame Ionization Detector,简称 FID)是目前测定排气中碳氢化合物(HC)最有效的方法,也是排放法规中规定的 HC 测量仪器。其体积分数的检测极限最小可达 10^{-9} 量级,有很高的灵敏度,对环境温度及大气压力也不敏感。因产生火焰使用的燃料为氢气(H_2),故称为氢火焰离子化分析仪。

FID 基于大多数有机碳氢化合物在氢火焰中会产生大量电离现象的原理来测定排气中的 HC 浓度。因电离度与引入火焰中的碳氢化合物分子中的碳原子数成正比,故此方法对不同类型的烃没有选择性,所测 HC 浓度经常用碳当量体积分数(ppmC)表示。FID 通常由燃烧器组件、离子收集器及测量电路组成,其结构如图 3-15 所示。试验时,含有 HC 的样气随氢气进入中心毛细管,经喷嘴喷出后与另一路进入毛细管的助燃气体(一般为 O_2 或空气)汇合,并与引入的助燃剂形成可燃混合气。此时用火花塞点燃,样气中的 HC 便在氢火焰中形成碳离子。由于在喷嘴和集电极之间有 90～200V 的电压,于是 HC 燃烧产生的离子便在集电极和喷嘴之间形成离子流,这个离子流(电流)的强度与 HC 中的 C 原子数成正比。因此,只要测出这个离子电流的大小,就可得到 HC 的浓度。由于收集到电极的离子信号很微弱,故需经静电放大器放大后送入指示或记录仪表。

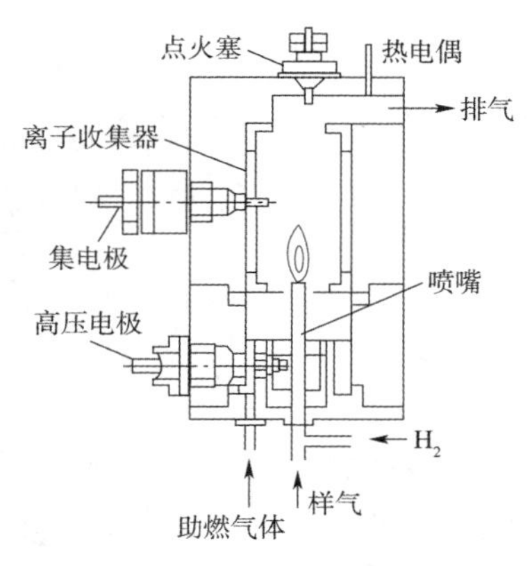

图 3-15　FID 的结构组成

FID 所用氢气和空气应纯净,以免产生干扰信号。整个系统应加电磁屏蔽,以避免外界电磁造成的干扰。此外,仪表的灵敏度还会受到样气与氢气流速的影响,故应按使用要求予以正确控制。为了避免高沸点 HC 在取样过程中产生凝结和防止水蒸气冷凝后堵塞毛细管,一般还需对包括检测器在内的整个附加设备进行保温处理。

FID 可直接用于轻型汽油车排气污染物中 HC 的排放测定,但在柴油车、车用柴油机或车用汽油机排气污染台架试验中 HC 的测量应采取加热方式,使除取样探头外的其余部分温度保持在(190±10)℃(柴油车和柴油机)或(130±10)℃(汽油机)的范围内。采用这种方式的仪器称为加热式氢火焰离子化分析仪(Heated Flame Ionization Detector,简称 HFID)。

3)化学发光分析法

化学发光分析法是目前测定 NO_x 的最好方法,也是汽车排放法规中规定的 NO_x 测量方法之一(我国国家标准中规定 NO_x 的测量也可采用 NDUV 或 NDIR 法)。采用化学发光分析法的仪器称为 CLD(Chemiluminescent Detector),CLD 具有灵敏度高(约 0.1×10^{-6})、反应速度快(2～4s)、在 $0 \sim 10000 \times 10^{-6}$ 范围内输出特性呈线性关系、适用于低浓度连续分析等优点。化学发光分析法长期被用来研究化学反应机理和化学反应动力学,之后被用于大气环境监测,主要监测 NO_x、O_3 和 SO_2 等气体。

需要注意的是,化学发光分析法只能直接测定 NO,但不能直接测量 NO_2。通常利用 NO 与 O_3 的化学反应来检测 NO 的浓度。NO 和过量的 O_3 在反应器中混合后,便产生电子激发态分子 NO_2^*;当 NO_2^* 衰减到基态时就放射出光子,其化学发光的反应机理可表示为:

$$NO + O_3 = NO_2^* + O_2$$

$$NO_2^* = NO_2 + h\nu$$

其中,h 表示普朗克常数,ν 表示光子的频率。

NO_2^* 衰减到基态时相对发光强度与波长的关系如图 3-16 所示。NO_2^* 发射光的波长范围非常广，这既给测量带来了困难，也带来了优势。其优势是光电转换元件可接收光的波长选择范围大，只要避开反应气体中其他一些化学发光反应产生的干扰波长即可。化学发光强度与 NO 和 O_3 两种反应物浓度的乘积成正比，由于在正常工作情况下 O_3 浓度大，相对于 NO 而言，其浓度变化率很小，绝对值几乎不变，故化学发光强度近似正比于 NO 的浓度。化学发光反应所产生的光子，由光电倍增管转换成电信号后，经放大器放大送入记录器检测。

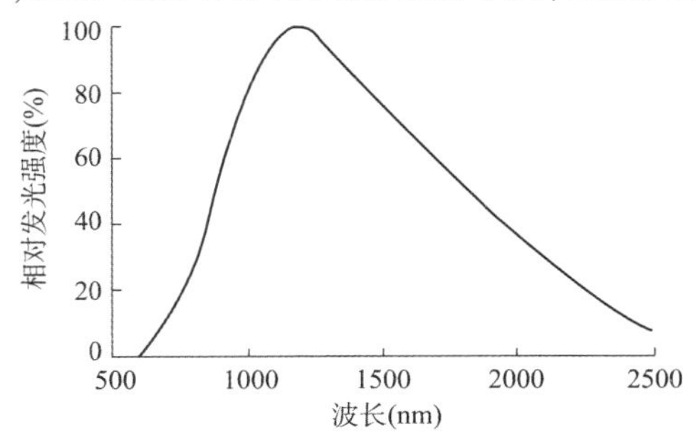

图 3-16 $NO_2{}^*$ 衰减到基态时相对发光强度与波长的关系

典型的 CLD 结构组成如图 3-17 所示，主要由臭氧发生器、NO_2/NO 转换器、反应室、光电倍增管、高压电源、输出电流放大器和记录仪表等组成。臭氧发生器是一种放电装置，使用经过压力和流量调节后的空气或氧气产生 O_3。NO_2/NO 转换器利用转换器的表面热反应(加热到 600℃)使样气中的 NO_2 分解成 NO。反应室是含 NO 样气与 O_3 发生反应和产生化学发光的场所，其内部的压力范围为 10 ~ 100kPa。在反应室中需要使用滤光片分离给定的光谱区域，以避免反应气体中一些其他化学发光反应的干扰；虽然 $NO_2{}^*$ 发射的波长为 590 ~ 2500nm，但研究表明 CLD 的滤波器窗口允许 600 ~ 900nm 的光通过即可得到理想的测量精度。透过窗口的透射光经光电倍增管转化为电信号，再经放大器放大后进入指示仪，即可得到样气中的 NO 浓度。CLD 虽然只能直接测定 NO 的浓度，但如果先在 NO_2/NO 转换器中把 NO_2 转化成 NO，则可以测定 NO 和 NO_2 的浓度之和 NO_x 的浓度；再利用测定的 NO_x 和 NO 浓度的差值，就可以得到 NO_2 的浓度。

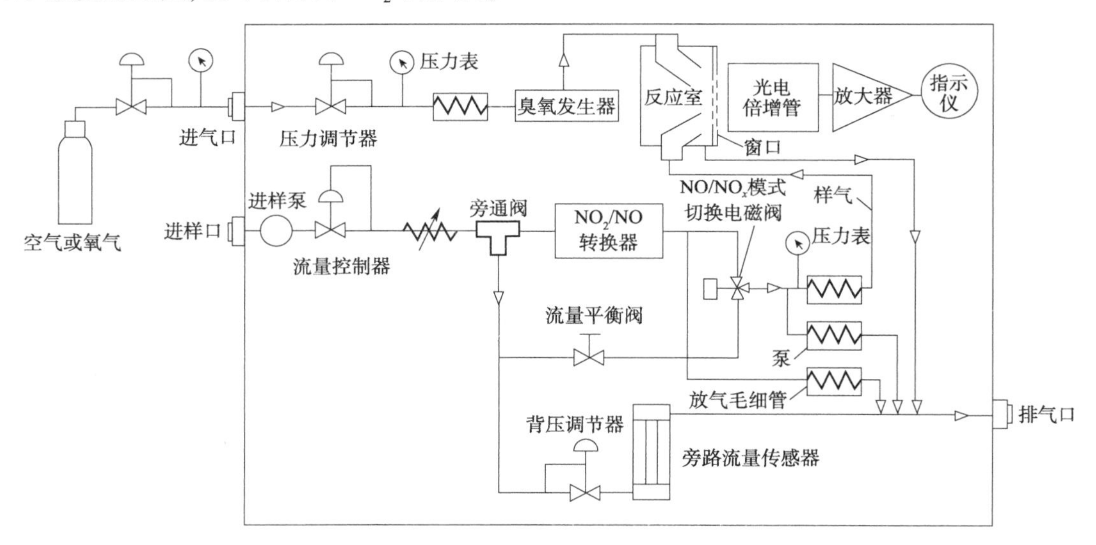

图 3-17 典型的 CLD 结构组成

4)气相色谱分析法

气相色谱(Gas Chromatography,简称GC)分析法是众多色谱法中的一种,它是建立在吸附、溶解、离子交换、分子间亲和力或分子大小等差异基础上的组分分离方法。试样中待分离的两种或两种以上组分在色谱柱(也称分离柱)中进行分离。色谱柱中相对静止的相称为固定相,而另一个相对运动的相称为流动相,气相色谱中的流动相是气体,故称为气相色谱法。利用被分离组分在两相间的吸附能力等性质的微小差异,经过连续多次的传质过程,即可产生很好的分离效果,从而达到分离各组分的目的。

气相色谱分析法的工作原理如图3-18所示,色谱柱内的填充物常用吸附性固体,如硅胶、活性炭、氧化铝及高分子多孔聚合物等。经过调整压力和流量的载气携带由进样口进入的试样一起进入色谱柱,试样中各组分在流动相(载气+试样)和固定相(分离柱的填充物)间通过溶解-挥发、吸附-脱附或其他亲和性能的差异而得以分离。经过一定时间后,在色谱柱出口端的检测器中即可先后接收到各个组分,从而得到如图3-19所示的色谱曲线及其特征参数图。图中平行于时间轴的直线称为基线,由色谱仪未进样时的检测器输出信号得到;t_0称为死时间,指载气流经色谱柱的时间,在死时间内流经色谱柱的载气体积称为死体积;t_R称为保留时间,指从进样开始至色谱曲线信号出现最大值所需时间,该过程通过的载气体积称为保留体积;t'_R称为调整保留时间,指扣除死时间t_0后的时间。色谱曲线主要参数有区域宽度W、峰高h、半峰宽高度$h_{w/2}$等,理想的色谱峰形状通常具有正态分布特性。

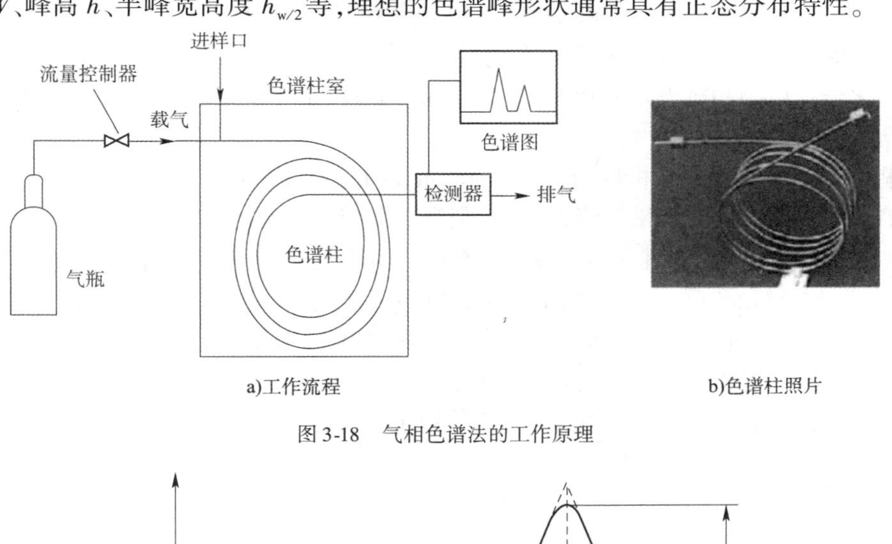

a)工作流程　　b)色谱柱照片

图3-18　气相色谱法的工作原理

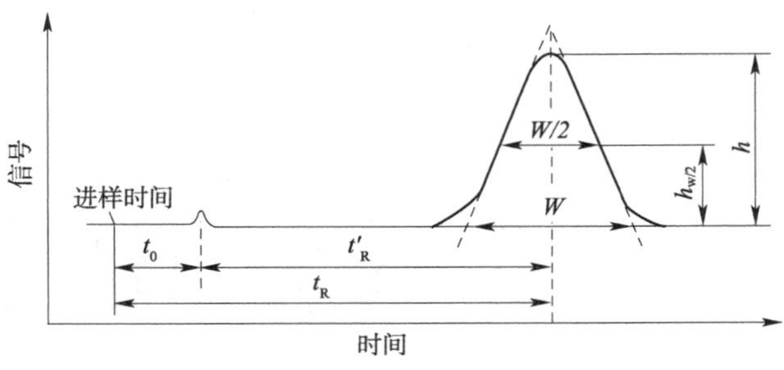

图3-19　色谱曲线及其特征参数图

在使用气体色谱仪得到不同组分的色谱图后,根据试验前采用标准样气测得的各种成分流至色谱柱出口(检测器)的时间,即可判定出每个色谱峰所代表的成分。图3-20所示为含有C_{14}~C_{24}烷烃气体的色谱图测定实例。C_{14}~C_{24}烷烃的色谱曲线先后出现,互不重叠,随着碳原子数增加，色谱曲线的峰值变小，保留时间增长。气相色谱仪一般都附带自动积分装置，可以精确计算色谱曲线与基线围成的面积（简称色谱面积）。根据组分 i 含量与其色谱面积成正比的关系即可由测得的组分 i 的色谱面积得到该组分的含量。

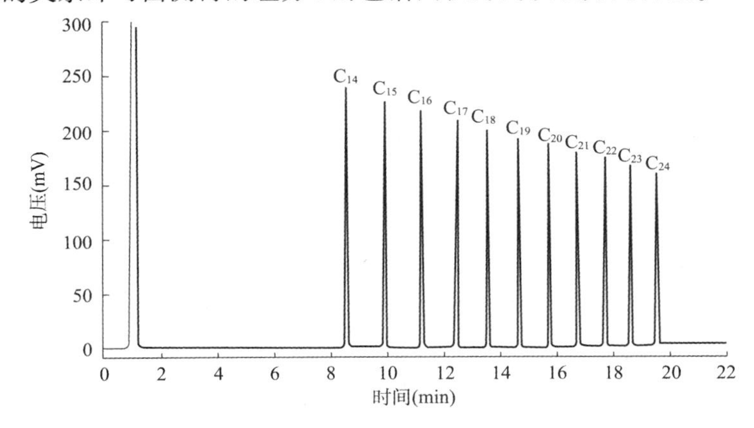

图 3-20　含有 $C_{14}\sim C_{24}$ 烷烃气体的色谱图

气相色谱分析法特别适合测量污染物中的多种成分组成，在工业废气测量和汽车排气成分分析中有广泛的应用。例如，《空气和废气监测分析方法》中列出的用气相色谱法分析的污染物就有一氧化碳、二氧化碳、总烃（THC）、非甲烷烃（NMHC）、芳香烃（苯系物等）、苯乙烯、甲醇、低分子量醛、丙酮、酚类化合物等，总数约 20 项。此外，我国汽车排放法规中非甲烷碳氢化合物（NMHC）以及氧化亚氮（N_2O）的测量也都用到了气相色谱分析法。

5）傅里叶变换红外分析法

傅里叶变换红外光谱分析仪（Fourier Transform Infrared Spectrometer，简称 FTIR）的结构如图 3-21 所示，主要由红外平行光源、半反射镜、固定反射镜、可移动反射镜、检测室和检测器组成。测量时，汽车排气进入检测室，光源发射的平行光通过半反射镜，分成透射光和反射光两部分。透射光和反射光分别由固定镜和移动镜反射，返回到半反射镜，再次合成，产生干涉波；干涉波通过检测室后进入检测器，经傅里叶变换即可得到红外光谱。FTIR 的原理就是通过得到的傅里叶光谱区分不同待测组分产生的干涉波。因此，可以说 FTIR 是一种双光束干涉仪，它利用双光束产生的干涉波的傅里叶光谱对红外线进行区分。

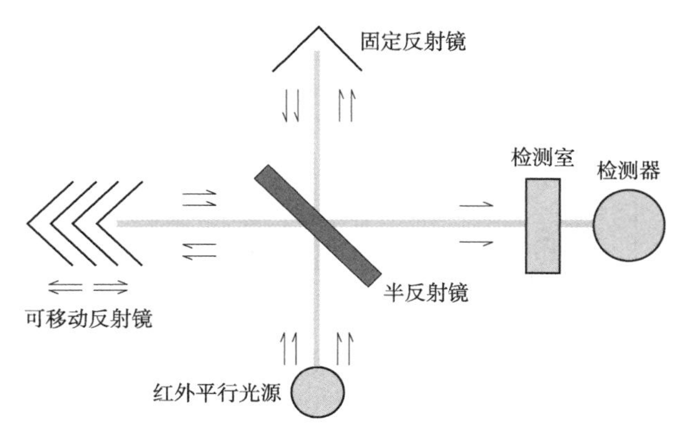

图 3-21　FTIR 的结构组成

检测仪器中的实际光路更为复杂，图 3-22 为 FTIR 的光学系统示意图。光源发出的红外线通过干涉仪成为干涉光，干涉光通过测量室后，进入检测器。在检测器中对获得的信号（干涉图）进行快速傅里叶变换，即可得红外线的光谱（功率谱）。FTIR 通过测量红外区域的吸收光谱和多变量分析，可以同时且连续地测量在检测区域中吸收的多组分气体的浓度及其瞬态变化。图 3-23 所示为气体吸收率随波数的变化。可以看出，不同气体的红外线吸收率对应的波数不同。获得的光谱是多组分光谱的叠加，基于气体吸收光谱和多变量分析方法即可计算出各组分的浓度值。

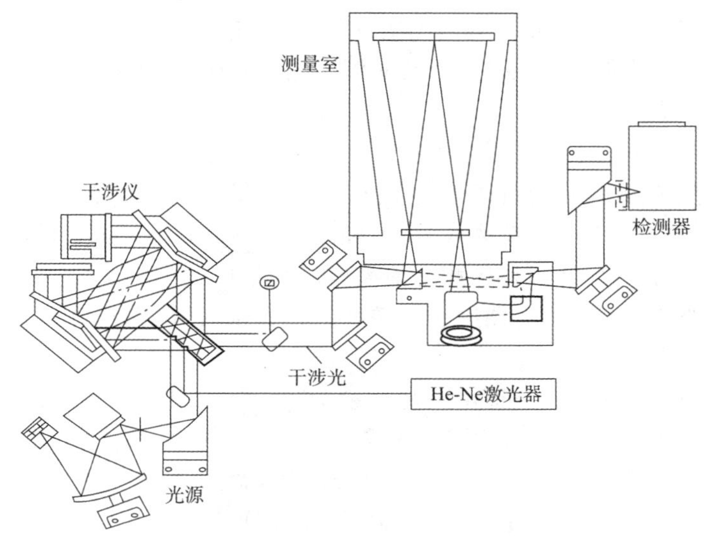

图 3-22 FTIR 的光学系统

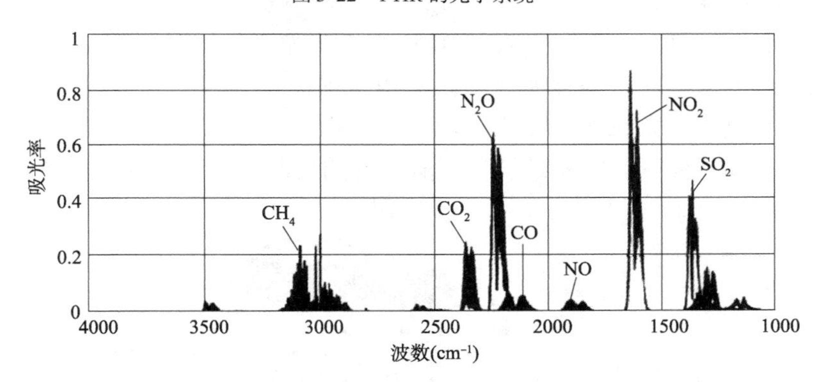

图 3-23 气体吸收率随波数的变化

FTIR 是汽车排放法规中规定的氧化亚氮（N_2O）和氨气（NH_3）的测量仪器之一。汽车排气分析仪生产商也开发了多种型号的 FTIR，如 AVL 公司开发的汽车排气多组分测量系统（SESAM i60FT）的测量对象多达 20 余种。FTIR 的主要优点是：①可以通过移动反射镜进行多波长检测；②信噪比（S/N）高；③波数分辨率高，通过延长移动镜的移动距离可以提高波数分辨率；而延长移动反射镜的移动距离，则可以将相邻波数的光分离为独立的波。

2. 颗粒物测量方法

1）颗粒物质量测量方法

汽车排放的颗粒物指排气经洁净空气稀释后，温度不超过 325K（约 52℃）时，在规定的过滤介质上收集到的所有物质。颗粒物质量（Particulate Mass，简称 PM）的测量通常采用滤纸过滤后再称重的方法(简称滤纸称重法),首先把全部或部分排气在稀释通道内用洁净空气进行稀释,然后用规定材质和规格的滤纸进行样气取样及过滤;PM 的测量根据过滤前后滤纸的质量变化称量得到。

我国第六阶段的轻型汽车排放标准中要求采用碳氟化合物涂层的玻璃纤维滤纸或以碳氟化合物为基体(薄膜)的滤纸,滤纸形状应是圆形且其过滤区域面积不小于 $1075mm^2$。取样完成后,颗粒物取样滤纸应在 1h 内送到称重室,放入一个防止灰尘进入的开口盘中静置至少 1h,然后再进行称重。称量一般使用微克级天平,精度至少为 2μg,分辨率至少为 1μg。滤纸称重时的温度应控制在(22 ±2)℃,相对湿度应控制在(45 ±8)%。

2)颗粒物数量测量方法

由于汽车排放颗粒物中的可溶性有机成分(SOF)和硫酸盐等挥发性成分会凝缩产生新的颗粒物,并且新产生颗粒物的数量与气体排出后的稀释条件密切相关,导致其数量变化很大。因此,排放法规规定对于颗粒物数量(Particulate Number,简称 PN)的测量只采用微粒计数器检测固体微粒的数量;并且在检测之前需要对采集样气利用旋流器和挥发性粒子去除装置进行一定的处理。其中旋流器用于颗粒物的粒径选取,挥发性粒子去除装置用于去除颗粒物中的挥发性成分。

图 3-24 所示为排放法规中推荐的 PN 测量系统的结构组成,来自稀释通道的样气首先经旋流器进行粒径分类,将 2.5μm 以上的微粒分离出去,并把 2.5μm 以下的不稳定微粒(表面附着有 SOF 和硫酸盐等挥发成分)引入加热式稀释器,稀释空气温度为 150℃以上,其目的是阻止 SOF 和硫酸盐等形成新的挥发性微粒;接着样气被引入温度为 300 ~400℃的蒸发管,使微粒中的 SOF 和硫酸盐等挥发成分气化;之后样气进入冷却式稀释器,在室温下对气化后的微粒进行再稀释以防止气化的挥发性微粒再凝缩;气流经过挥发成分的微粒去除装置(加热稀释器 + 蒸发管 + 冷却稀释器)后排气中的颗粒物即变成了稳定微粒,其数量几乎不再变化;最后样气进入微粒计数器进行 PN 的测量。一般来说,加热式稀释器的稀释倍数为 10 ~700 倍;冷却式稀释器的稀释倍数为 10 ~50 倍;进入微粒计数器的样气中挥发性微粒的去除率应在 99% 以上。

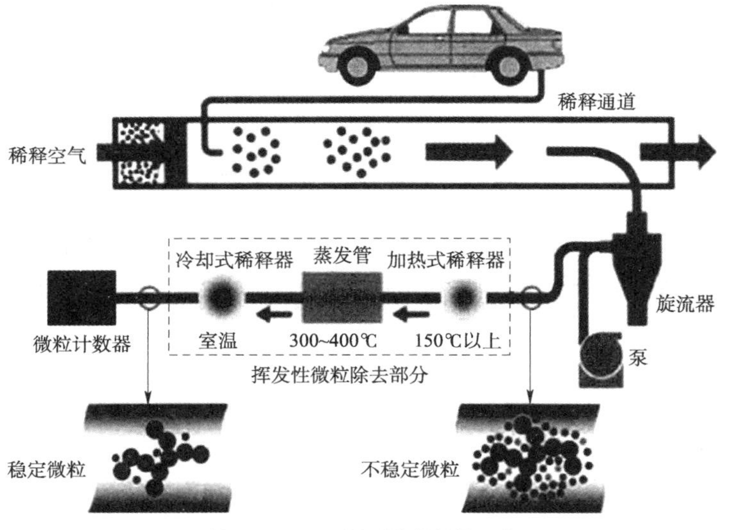

图 3-24 PN 测量系统的结构组成

排放法规规定微粒计数器可检出微粒粒径的下限为23nm，其工作原理随种类不同而异。常见的PN测量仪器有电子低压冲击仪(Electric Low Pressure Impactor，简称ELPI)和扫描迁移率粒子测量仪(Scanning Mobility Particle Sizer，简称SMPS)等。图3-25所示为SMPS测量原理示意图，整个仪器由微分迁移谱仪(Differential Mobility Analyzer，简称DMA)和凝结粒子计数器(Condensation Particle Counter，简称CPC)两部分组成。DMA的作用是按照粒径对粒子进行分类，并将特定粒径范围的粒子传送到CPC。DMA的中心电极电压为-20～-10000V，外壳为正电压。当带正电粒子和保护空气进入测试室后，过小的粒子流向中心电极，过大的粒子将随剩余气体排出。最后的结果是，在较窄的迁移范围内仅有特定尺寸的带正电粒子作为单分散气溶胶集中到出口流出；并且施加的电压不同，作为单分散气溶胶集中到出口流出的粒子直径也不同。CPC主要由乙醇、加热饱和器、激光二极管和光接收器等组成，其作用有两个：一是让颗粒物进入温度约为30℃的加热饱和器，然后进入温度约13℃的凝结部，使乙醇蒸气凝结在颗粒物表面，以增加颗粒物尺寸，提高颗粒物计数精度，减少有关颗粒尺寸的信息丢失；二是让浓缩颗粒经过激光二极管的聚光点发生激光散射现象，用光接收器接收散射光，进而推算冷凝颗粒的数量。

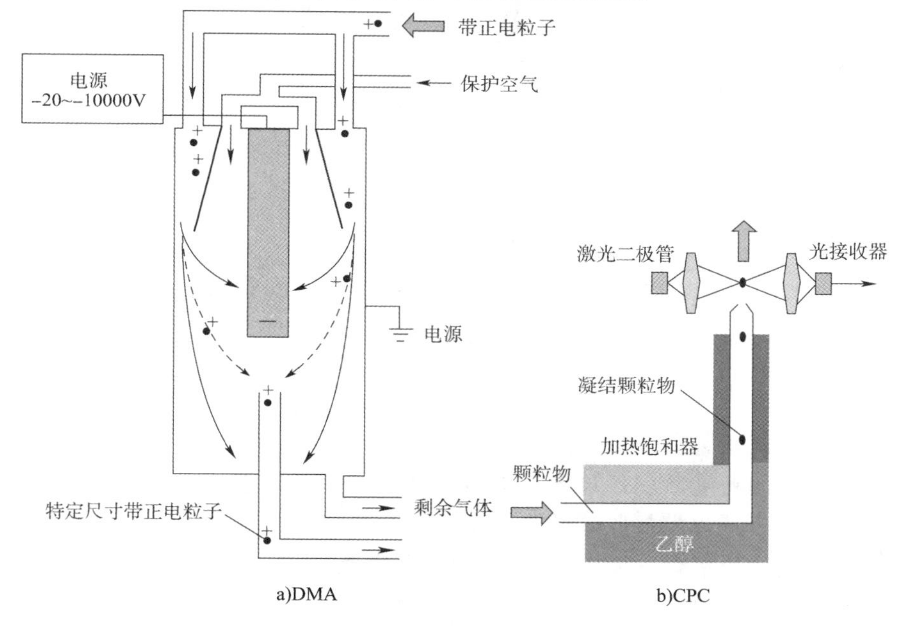

图3-25 SMPS测量原理示意图

3.排气烟度测量方法

目前，许多国家的排放标准都对新车排放的颗粒物提出了限值要求，但是由于颗粒物的采集和测量通常需要昂贵的设备，试验的准备及测量过程也十分复杂，费时费力。因此，一种快速、简便的测定与评价汽车炭烟排放量的仪器，即烟度计就被广泛应用；我国的在用车标准也要求对柴油车等压燃式发动机汽车的排气烟度进行测量。

排烟指悬浮在汽车排气流中的微粒和雾状物，其会阻碍光线通过并反射和折射光线，导致能见度下降。显然，排烟中颗粒物含量越大，其烟度值也会越大。因此，可以认为颗粒物的排放量与炭烟排放量有关。但需要注意的是，二者的含义是有区别的，排放量的单位也不同。柴油车排烟量的传统衡量指标为烟度，烟度越大，表示排烟量越大。常用的排气烟度测量仪器有两种，一种是滤纸式烟度计，另一种是不透光烟度计。目前，我国在用车法规中规定使用的烟度测量仪器是不透光烟度计。

1）烟度计组成及工作原理

不透光烟度计又称为透光式烟度计、消光式烟度计等，其工作原理如图 3-26 所示，是利用透光衰减率来测量排气烟度。光源一般选用色温在 2800 ~ 3250K 范围内的白炽灯或光谱峰值在 550 ~ 570nm 之间的绿色发光二极管。测定前，用两只风扇向测量室吹入干净空气，进行零点校正。测量时，风扇停止工作，让排气连续不断地由入口进入测量室。光源发射的光线经过半反射透镜和透镜变为平行光后进入充满排气的测量室，到达对面的反射镜后被反射回的光线再次经过透镜和半反射透镜后由光电转化器转化为电信号输出，该信号强弱与排气烟度的大小成比例。如果由入口进入测量室的是全部排气，则称为全流式烟度计；否则，称为部分流式烟度计。不透光烟度计可以进行稳态和非稳态下的烟度测定，不仅能测定排气中的黑烟，也能显示排气中蓝烟和白烟的烟度，但是光学系统易受污染，必须注意清洗，以免影响测量精度。

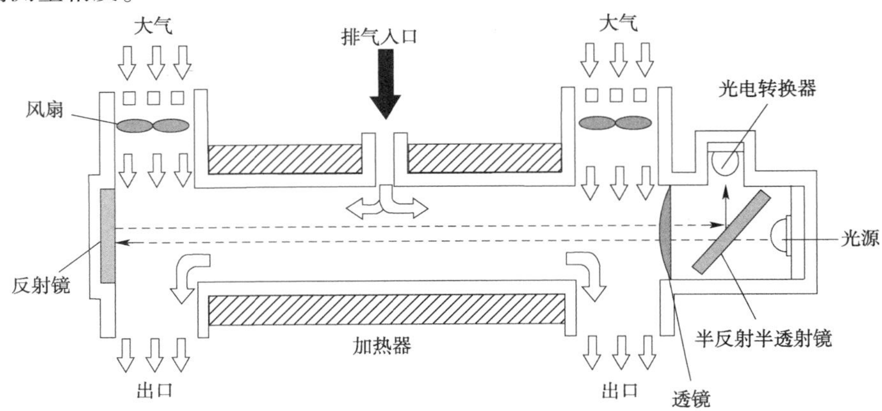

图 3-26　不透光烟度计的工作原理

2）烟度计的测量参数和计量单位

不透光烟度计的测量参数有如下三种：①透光度也称为透射比，指光透过一条被烟变暗的通道时到达观察者或仪器接收器的百分率，常用 T 表示，单位为%。②不透光度，指光源传来的光中不能到达观察者或接收器的百分数，常用 N 表示，单位为%。③光吸收系数，指光束被排烟衰减的系数，是单位容积的微粒数 n、微粒的平均投影面积 a 和微粒的消光系数 Q 三者的乘积，常用 K 表示，单位为 m^{-1}。

不透光烟度计一般仅采用上述三种测量参数中的两种作为排气烟度的计量单位：一种为光吸收系数 K，范围为 0 ~ $10m^{-1}$；另一种为不透光度 N，范围为 0 ~ 100%。两种计量单位的量程，均应以光全通过时为 0，全遮挡时为满量程。

不透光度 N 和光吸收系数 K 均可基于透光度 T 计算得到。当入射光的强度为 I_0，透射光强度为 I 时，透光度 T 的计算式为：

$$T = \frac{I}{I_0} \times 100 \tag{3-3}$$

而不透光度 N 的计算式为：

$$N = 100 - T \tag{3-4}$$

此外,当光通道有效长度 L 已知时,透光度 T 或不透光度 N 与光吸收系数 K 之间为指数关系(遵从比尔-朗伯定律):

$$T = e^{-KL} \times 100 \tag{3-5}$$

$$N = 100 - T = 100(1 - e^{-KL}) \tag{3-6}$$

因此,光吸收系数 K 的计算式为:

$$K = -\frac{1}{L}\ln\left(\frac{T}{100}\right) = -\frac{1}{L}\ln\left(1 - \frac{N}{100}\right) \tag{3-7}$$

第三节 新车排放标准

一、新车排放标准发展历程

我国自 1983 年开始制定汽车排放标准,之后经历了标准的初期制订、探索、借鉴学习到自我发展的过程,逐渐形成了自己的排放标准体系。在借鉴学习的过程中,我国汽车排放标准的污染物限值和测试规范基本上沿用了欧盟的标准。2001 年是我国汽车排放污染控制的一个关键年份,国家质量技术监督局和国家环境保护总局在该年联合发布了三项排放标准。其中《轻型汽车排气污染物限值及测量方法(Ⅰ)》(GB 18352.1—2001)相当于欧Ⅰ标准水平,《轻型汽车排气污染物限值及测量方法(Ⅱ)》(GB 18352.2—2001)相当于欧Ⅱ标准水平,《车用压燃式发动机排气污染物排放限值及测量方法》(GB 17691—2001)包含一、二两个阶段(国Ⅰ和国Ⅱ),分别对应欧Ⅰ和欧Ⅱ水平。2002 年 11 月,我国又颁布了《车用点燃式发动机及装用点燃式发动机汽车 排气污染物排放限值及测量方法》(GB 14762—2002),同样包含一、二两个阶段(国Ⅰ和国Ⅱ),分别与欧Ⅰ和欧Ⅱ水平相当。这四个标准的制定和颁布标志着我国的排放标准体系在借鉴欧洲排放法规的基础上走向成熟,正式实现了与国际接轨。自此开始,我国的新车排放标准形成了相对稳定的框架体系,开始分阶段逐步加严,追赶欧洲的排放控制水平。

2005—2018 年,我国陆续颁布了第三阶段(国Ⅲ)到第六阶段(国Ⅵ)的排放标准,分别对应欧洲的欧Ⅲ到欧Ⅵ水平。随着国Ⅵ标准的颁布与实施,我国的新车排放控制水平实现了与欧洲同步。自 2001 年我国形成覆盖汽车排放控制各主要方面的排放标准框架体系,并逐步实施分阶段的排放标准以来,各阶段排放标准的实施进度如图 3-27 所示。

车型		年份(年) 2001–2020
轻型汽车	柴油车	国Ⅰ → 国Ⅱ → 国Ⅲ → 国Ⅳ → 国Ⅴ → 国Ⅵ
	汽油车	国Ⅰ → 国Ⅱ → 国Ⅲ → 国Ⅳ → 国Ⅴ → 国Ⅵ
	气体燃料车	国Ⅰ → 国Ⅱ → 国Ⅲ → 国Ⅳ → 国Ⅴ → 国Ⅵ
重型汽车	柴油车	国Ⅰ → 国Ⅱ → 国Ⅲ → 国Ⅳ → 国Ⅴ → 国Ⅵ
	汽油车	国Ⅰ → 国Ⅱ → 国Ⅲ → 国Ⅳ
	气体燃料车	国Ⅰ → 国Ⅱ → 国Ⅲ → 国Ⅳ → 国Ⅴ → 国Ⅵ

图 3-27 我国新车排放标准实施进度

表 3-2 列出了目前我国现行的新车排放标准,这些标准可以分为两大类。其中第一类标准用于汽车制造商获得新车型制造和批量生产的许可检验,该类标准中的在用符合性检查虽然也延伸到了在用车,但其更多考虑的是汽车企业生产的新车是否满足排放要求,这也是我国新闻报道和电视广播中宣传的第六阶段排放标准,可将其归为新车标准。第二类标

准用于新生产车辆的下线检验、注册登记检验以及在用汽车检验，该类标准虽然也适用于新车的下线抽测，但更多考虑的是车辆使用过程中的排放监督与管理，可将其归为在用车标准。

我国现行的新车排放标准　　表3-2

类别	标准编号	标准名称	适用对象	
			新车	在用车
第一类	GB 14763—2005	装用点燃式发动机重型汽车　燃油蒸发污染物排放限值及测量方法(收集法)	√	
	GB 11340—2005	装用点燃式发动机重型汽车曲轴箱污染物排放限值	√	
	GB 20890—2007	重型汽车排气污染物排放控制系统耐久性要求及试验方法	√	
	GB 14762—2008	重型车用汽油发动机与汽车排气污染物排放限值及测量方法(中国Ⅲ、Ⅳ阶段)	√	
	GB 18352.6—2016	轻型汽车污染物排放限值及测量方法(中国第六阶段)	√	
	GB 17691—2018	重型柴油车污染物排放限值及测量方法(中国第六阶段)	√	
第二类	GB 18285—2018	汽油车污染物排放限值及测量方法(双怠速法及简易工况法)	√	√
	GB 3847—2018	柴油车污染物排放限值及测量方法(自由加速法及加载减速法)	√	√

二、排放标准常用术语

排放标准常用术语包括车辆有关术语、污染有关术语和排放试验有关的术语，详细可查阅表3-2中标准原文。

三、轻型汽车排放标准

目前我国轻型汽车执行的排放标准是《轻型汽车污染物排放限值及测量方法(中国第六阶段)》(GB 18352.6—2016)，包括型式检验、生产一致性检查和在用符合性检查三部分内容。

1.型式检验

型式检验是汽车排放标准中最为关键的部分，生产一致性检查和在用符合性检查均需要参照其规定的测试方法和排放限值来开展。型式检验覆盖了汽车造成排放污染的各个方面，包括常温下冷起动后污染物排放试验(Ⅰ型试验)、实际行驶污染物排放试验(Ⅱ型试验)、曲轴箱污染物排放试验(Ⅲ型试验)、蒸发污染物排放试验(Ⅳ型试验)、污染控制装置耐久性试验(Ⅴ型试验)、低温下冷起动后污染物排放试验(Ⅵ型试验)、加油过程蒸发污染物排放试验(Ⅶ试验)和OBD系统验证试验共8个项目。需要注意的是，每种类型车辆并不是都要进行全部8个项目的试验。汽车所需进行的型式检验项目种类随其装备发动机类型的不同而异，表3-3列出了不同类型发动机汽车需要开展的型式检验项目。

不同类型发动机汽车的型式检验项目 表3-3

试验项目	装用点燃式发动机的汽车(包括混合动力电动汽车)			装用压燃式发动机的汽车(包括混合动力电动汽车)
	汽油车	两用燃料车	单一气体燃料车	
Ⅰ型-气态污染物	进行	进行	进行	进行
Ⅰ型-颗粒物	进行	进行(汽油)	不进行	进行
Ⅱ型	进行	进行(汽油)	进行	进行
Ⅲ型	进行	进行(汽油)	进行	进行
Ⅳ型①	进行	进行(汽油)	不进行	不进行
Ⅴ型②	进行	进行(气体燃料)	进行	进行
Ⅵ型	进行	进行(汽油)	进行	进行
Ⅶ型	进行	进行(汽油)	不进行	不进行
OBD系统	进行	进行	进行	进行

注:①试验前,还应按要求对炭罐进行检测。

②对于使用规定的劣化系数/修正值通过Ⅰ型、Ⅳ型和Ⅶ型检验的车型,不进行此项试验。

1)常温下冷起动后污染物排放试验(Ⅰ型试验)

(1)排放限值。

Ⅰ型试验需要测量的排气污染物共七种,其限值分两个阶段执行。6a和6b阶段的排放限值分别见表3-4和表3-5。与国Ⅴ标准不同,国Ⅵ标准中Ⅰ型试验的排放限值采用了燃料中立原则,即不管采用何种燃料(汽油、柴油、气体燃料等),车辆排放均应满足同样的排放限值要求。

Ⅰ型试验的污染物排放限值(6a阶段) 表3-4

车辆类别		测试质量TM (kg)	排放限值						
			CO (mg/km)	THC (mg/km)	NMHC (mg/km)	NO_x (mg/km)	N_2O (mg/km)	PM (mg/km)	PN (个/km)
第一类车		全部	700	100	68	60	20	4.5	6.0×10^{11}
第二类车	Ⅰ	TM≤1305	700	100	68	60	20	4.5	6.0×10^{11}
	Ⅱ	1305 < TM≤1760	880	130	90	75	25	4.5	6.0×10^{11}
	Ⅲ	TM > 1760	1000	160	108	82	30	4.5	6.0×10^{11}

Ⅰ型试验的污染物排放限值(6b阶段) 表3-5

车辆类别		测试质量TM (kg)	排放限值						
			CO (mg/km)	THC (mg/km)	NMHC (mg/km)	NO_x (mg/km)	N_2O (mg/km)	PM (mg/km)	PN (个/km)
第一类车		全部	500	50	35	35	20	3.0	6.0×10^{11}
第二类车	Ⅰ	TM≤1305	50	35	35	20	3.0	4.5	6.0×10^{11}
	Ⅱ	1305 < TM≤1760	65	45	45	25	3.0	4.5	6.0×10^{11}
	Ⅲ	TM > 1760	80	55	50	30	3.0	4.5	6.0×10^{11}

所有类型车辆均需进行Ⅰ型试验,其中两用燃料车应分别进行两种燃油条件(汽油和气体燃料)下的气态污染物排放试验,并且两种条件下的排放均应达到排放限值要求。可外接充电的混合动力电动汽车需要在电量消耗和电量保持两种模拟下分别进行测试,并且每次测试的结果均应达到排放限值要求;不可外接充电的混合动力电动汽车则在电量保持状态下进行测试。

(2)试验循环。

为了在全球范围内统一车辆排放测试程序,同时解决实验室认证油耗与实际使用油耗差距逐年增加的问题,联合国欧洲经济委员会在世界汽车法规协调论坛发起了全球统一轻型车测试规程的制定工作,并建立了全球统一的轻型车试验循环(Worldwide Harmonized Light Vehicles Test Cycle,简称 WLTC)。我国作为 1998 年联合国《全球汽车技术法规协定书》的签约国,已经积极参与到联合国世界车辆法规协调论坛组织的全球技术法规的讨论和制定中。此外,为了保障我国汽车工业参与国际竞争,也要求我国未来的排放标准要与国际接轨。因此,第六阶段排放标准中利用 WLTC 取代了第五阶段的新欧洲试验循环(New European Driving Cycle,简称 NEDC)作为Ⅰ型试验的标准测试工况。

WLTC 属于瞬态行驶工况,如图 3-28 所示,其理论行驶里程为 23.27km,平均速度为 46.5km/h。整个工况由低速段、中速段、高速段和超高速段四部分组成,持续时间共 1800s。其中,低速段 589s,中速段 433s,高速段 455s,超高速段 323s。

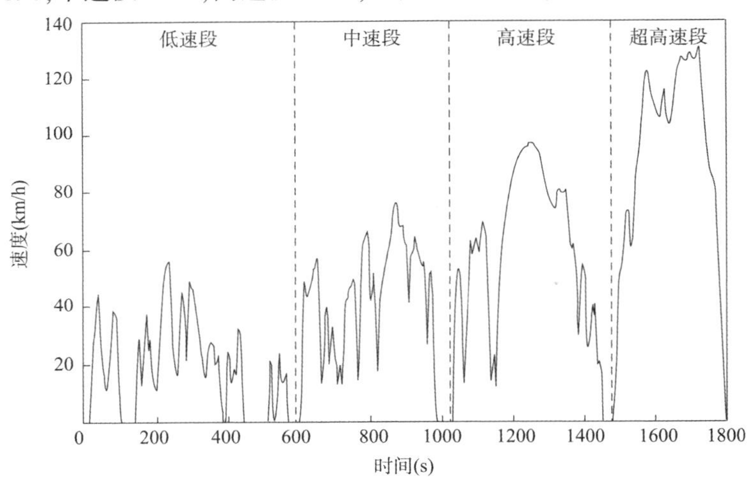

图 3-28 WLTC 试验循环

(3)试验装置。

Ⅰ型试验在实验室内的整车台架测量系统上展开,车辆在底盘测功机上进行行驶工况的模拟,排气取样使用全流稀释定容取样(CVS)系统,并采用下列仪器对排气成分进行分析:①CO 和 CO_2——非色散式红外分析仪(NDIR);②THC——柴油车采用加热式氢火焰离子化分析仪(HFID),柴油车以外的其他燃料车采用氢火焰离子化分析仪(FID);③NMHC——氢火焰离子化分析仪(FID)+气相色谱仪(GC)、氢火焰离子化分析仪(FID)+非甲烷截止器(NMC);④NO_x——化学发光分析仪(CLD)、非色散式紫外分析仪(NDUV);⑤N_2O——气相色谱仪(GC)+电子捕获检测器(GC-ECD)、激光红外光谱仪、傅里叶变换红外分析仪(FTIR)、非色散式红外分析仪(NDIR);⑥PM——滤纸+精密天平;⑦PN——粒子计数器(PNC)。

(4)试验程序。

首先按规定准备测试车辆。试验车辆的机械状况应良好,并按规定选择轮胎型号、确定轮胎压力和加注试验用燃料;试验前车辆应磨合3000km,并对充电式电量储存系统(REESS)进行充分充电。

实验室内的浸车区和试验区的环境温度应控制在(23±5)℃。开始测试前,车辆应在浸车区进行6~36h的浸车,保证汽车的传动系统、发动机和排气后处理系统等均匀冷却。浸车也可采用强制冷却的方式(如风扇强化冷却)将车辆冷却到设定的温度点。浸车结束后,在不起动发动机的情况下将车辆推到底盘测功机上,并按规定设定底盘测功机的当量惯量和荷载,同时对取样系统和分析仪器按规定进行标定或校正。

然后,起动发动机,车辆在底盘测功机上按照WLTC循环运转,同时进行排气取样和污染物成分分析。测试期间,应关闭车辆所有辅助设备(或令其处于失效状态);对装有周期性再生系统的汽车,再生装置应处于稳定加载状态,即再生装置在试验期间没有进行再生。

试验结束后,测试结果应采用Ⅴ型试验(污染控制装置耐久性试验)确定的排放劣化系数/修正值进行修正,并将修正后的污染物排放量与排放限值进行对比,来判断车辆排放是否达标。

2)实际行驶污染物排放试验(Ⅱ型试验)

尽管Ⅰ型试验中采用的WLTC工况可以近似地再现车辆在实际道路运行条件下的污染物排放水平,但是研究发现,模拟工况与车辆在实际道路上的行驶状态仍然存在一定的差别,并且随着汽车保有量和道路设施的快速发展,标准工况与车辆的实际运行工况之间的差异会越来越明显。基于此,国Ⅵ标准紧跟国际发展趋势,在台架试验基础上增加了实际行驶污染物排放(Real Driving Emission,简称RDE)试验。Ⅱ型试验测量的污染物有3个,法规要求车辆的RDE测试结果不得超过Ⅰ型试验排放限值与符合性因子之积,即排放限值为Ⅰ型试验排放限值与表3-6中规定的符合性因子的乘积。

符合性因子①　　表3-6

发动机类别	NO_x	PN	CO③
点燃式	2.1②	2.1②	—
压燃式	2.1②	2.1②	—

注:①2023年7月1日前仅监测并报告结果。

②2022年7月1日前评估确认。

③在RDE测试中,应测量并记录CO试验结果。

Ⅱ型试验需要利用便携式排放测量系统(PEMS)在实际道路上开展,所有仪器均集成在该测量系统中。其中,污染物的取样通常采用部分流稀释取样系统,气态污染物也可以采用直接取样系统;污染物的分析仪器与Ⅰ型试验的规定相同。测试之前,应先对测量系统进行泄漏检测、标定和校正等工作。安装PEMS时,应尽可能减少其对车辆排放和性能的影响(如PEMS应由外部电源供电等);并尽可能减轻安装设备的质量,以降低其对车辆空气动力学特性的潜在影响。安装完毕后,即可开始进行RDE试验。由于各地的交通条件差异很大,为了保证测试结果的可重复性和可对比性,法规对开展RDE试验时的测量条件作出了详细规定。

（1）车辆条件。测试车辆的基本荷载应包含驾驶员、试验人员（如适用）和试验装备等，并且基本荷载和附加荷载的总和不得超过车辆最大荷载的 90%。此外，车辆应使用规定的燃料，所使用的润滑油和反应剂也应符合生产企业推荐消费者使用的指标。

（2）环境条件。环境条件有温度和海拔两个方面的要求。试验许可的海拔有普通海拔、扩展海拔和进一步扩展海拔条件三种，对应的海拔依次为不大于 700m、700～1300m 和 1300～2400m；并且试验开始点和结束点之间的海拔高度之差不得超过 100m。试验许可的温度条件有普通温度条件和扩展温度条件两种，其中普通温度条件的范围为 0～30℃；扩展温度条件的范围为 -7℃～0℃或 30～35℃。

（3）行驶路线。行驶路线应覆盖市区道路、市郊道路和高速公路三种类型道路，并应选择铺装的路面或街道。整个试验的持续时间应在 90～120min 之间，试验车辆在各类道路上的行驶距离均应不低于 16km，并且行驶速度不应超过 120km/h。各类道路上的行驶速度和距离比例要求具体如下：

①在市区道路的行驶速度应低于 60km/h，平均速度在 15～40km/h 之间；停车阶段（实际车速低于 1km/h）应占市区行驶时间的 6%～30%，但单次停车时间不应超过 180s；此外，市区道路的行驶距离比例应控制在 34% 左右，并且不低于 29%。

②在市郊道路的行驶速度应在 60～90km/h 之间，并且行驶距离比例应在 33% 左右。

③在高速公路的行驶速度不应低于 90km/h，其中车速高于 100km/h 的时间应不低于 5min；行驶距离比例控制在 33% 左右。

（4）试验要求。测试开始前，车辆应避免长时间怠速运转。测试过程中，车辆应在实际道路上按照正常的驾驶模式、状态和荷载行驶。PEMS 应使用独立于车辆的排气质量流量测量装置，并应由外部电源进行供电，不能直接或间接从试验车辆的发动机处获取电能。两用燃料车采用汽油模式行驶，混合动力电动汽车在电量保持模式下行驶；并且车辆空调装置和其他辅助设备的运行方式应与使用者在道路上实际驾驶时一致。对于装有周期性再生系统的汽车，如果试验期间发生再生，则认为试验结果无效，在生产企业的要求下可以重复进行一次试验。生产企业应确保车辆在第二次试验前已完成再生，并且已经进行了适当的预处理。

3）曲轴箱污染物排放试验（Ⅲ型试验）

（1）排放限值。Ⅲ型试验用于检测车辆运行时，发动机的曲轴箱通气孔或润滑油系统的开口处是否会产生污染物排放。所有类型车辆均需进行该试验，其中两用燃料车仅燃用汽油进行试验；混合动力电动汽车仅使用纯发动机模式进行试验。法规要求曲轴箱通风系统不允许有任何污染物排入大气中，即曲轴箱污染物的排放限值为 0。此外，对于没有采用曲轴箱强制通风系统的汽车，应在Ⅰ型试验中将曲轴箱气体引入 CVS 系统，计入排气污染物总量。

（2）试验装置和测试程序。Ⅲ型试验需将车辆放置在底盘测功机上按照表 3-7 规定的运转工况进行测试。测试期间，一般不对污染物进行取样和分析，而是采用压力传感器测量曲轴箱通风口处的压力，将测量值与大气压进行对比来判断排放是否达标。测量时，发动机的缝隙或孔应保持原状，并在适当位置测量曲轴箱内的压力（如使用倾斜式压力计在机油标尺孔处进行测量），测量准确度应在 ±0.01kPa 以内。如果车辆在各运转工况下，曲轴箱内的压力测量值均未超过测量时的大气压力，则认为该车的曲轴箱污染物排放满足要求。

Ⅲ型试验的车辆运转工况　　表3-7

工况号	车速(km/h)	底盘测功机的吸收功率
1	怠速	无
2	50±2(3挡或前进挡)	相当于Ⅰ型试验50km/h下的调整状况
3	50±2(3挡或前进挡)	2号工况的设定值乘以系数1.7

4)蒸发污染物排放试验(Ⅳ型试验)

(1)排放限值。

汽车产生的蒸发排放污染物可分为燃料系统蒸发和加油过程蒸发两大类,Ⅳ型试验用于测量汽车燃料(汽油)系统产生的蒸发污染物排放量。燃料系统的蒸发污染物来自热浸损失、昼夜换气损失和行驶损失,我国标准中主要考虑了热浸损失和昼夜换气损失排放,排放限值见表3-8。对于行驶损失排放,则通过提高热浸试验的起始温度(高温浸车和高温行驶)来间接考虑和控制。除单一气体燃料车外,所有装用点燃式发动机的汽车均应进行此项试验,两用燃料车仅燃用汽油进行试验。

Ⅳ型试验的污染物排放限值　　表3-8

车辆类型		测试质量TM(kg)	排放限值(g/试验)
第一类车		全部	0.7
第二类车	Ⅰ	TM≤1305	0.7
	Ⅱ	1305<TM≤1760	0.9
	Ⅲ	TM>1760	1.2

(2)试验程序。

Ⅳ型试验整体共分为4个阶段,具体步骤又随燃油蒸发排放控制系统[整体控制系统、非整体控制系统和非整体仅控制加油排放炭罐系统(简称NIRCO)]的不同而略有差异。装备整体控制系统或非整体控制系统(NIRCO除外)的汽车蒸发排放测试步骤如图3-29所示,测试中预处理行驶和高温行驶采用的运转循环均由WLTC循环的低速段、中速段和两个高速段组成。此外,图中对于行驶期间混合动力电动汽车的电池电荷状态也作出了规定,其中OVC和NOVC分别表示可外接充电和不可外接充电的混合动力电动汽车。

Ⅳ型试验的所有步骤中,热浸试验和2日昼夜换气试验是最为关键的两个步骤。热浸试验用于测量热浸损失。当车辆在(38±2)℃环境温度下运转完毕之后,应立即关闭发动机,关闭发动机舱盖并移除汽车与试验台之间的所有连接件,打开车窗和行李舱。在发动机熄火后7min内将车辆以最低的节气门开度或手动方式移到密闭室,关闭并密封密闭室门,开始进行热浸试验。根据密闭室内初始和最终的碳氢化合物浓度、密闭室温度和压力读数以及密闭室的有效容积即可计算出热浸损失。2日昼夜换气试验用于测量昼夜换气损失。试验前,应打开风扇清理密闭室。在发动机熄火、车窗和行李舱打开的情况下将汽车从浸车区移至密闭室内,关闭并密封密闭室门,开始进行2日昼夜换气试验。昼夜换气损失排放通过碳氢化合物浓度、密闭室温度和压力的初始与最终读数,以及密闭室的有效容积等参数计算得到。

汽车燃料系统蒸发污染物排放的测试结果为热浸损失与昼夜换气损失之和,其中昼夜换气损失取2天中较大一天的值。此外,测试结果还应采用Ⅴ型试验(污染控制装置耐久性试验)确定的排放劣化修正值进行相加校正,并将校正后的污染物排放量与排放限值进行对比,来判断车辆排放是否达标。

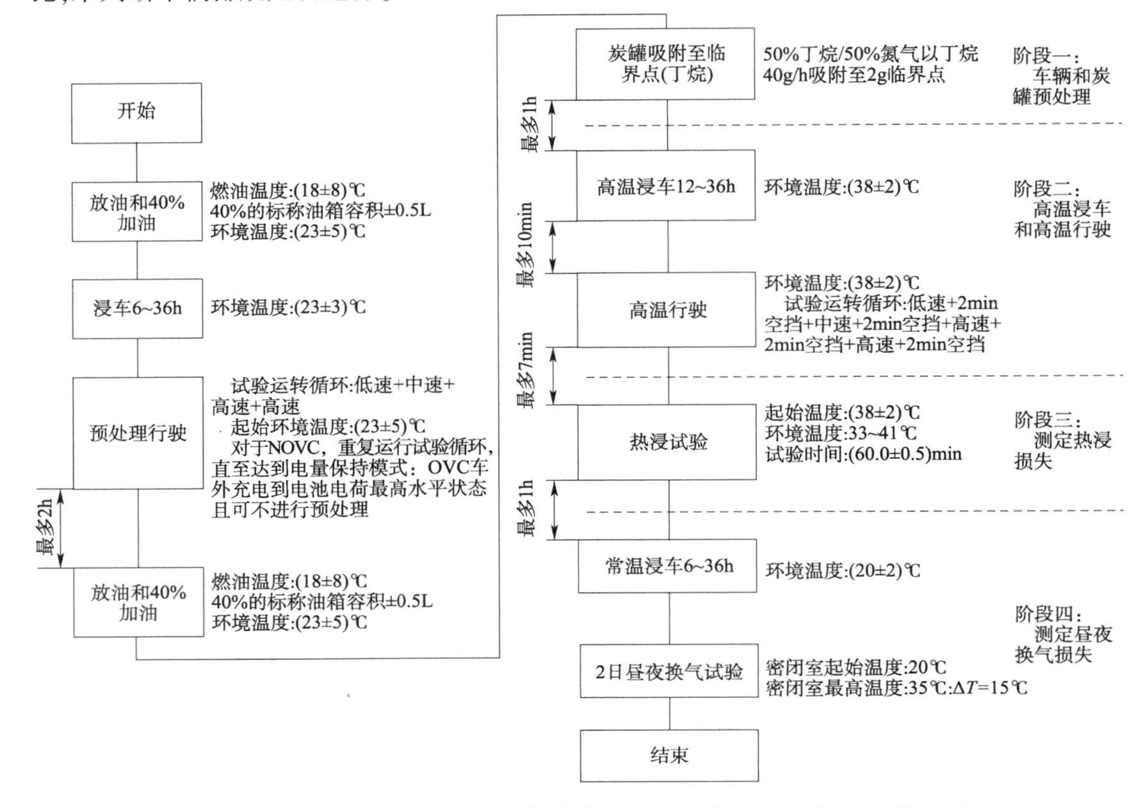

图 3-29 装备整体控制系统或非整体控制系统(NIRCO 除外)的汽车蒸发排放测试步骤

(3)试验装置。

Ⅳ型试验在进行预处理行驶和高温行驶时均需要在底盘测功机上模拟运转。燃油蒸发污染物主要指的是碳氢化合物,通常采用氢火焰离子化分析仪(FID)进行检测。Ⅳ型试验的关键设备是密闭室,其结构组成如图 3-30 所示。

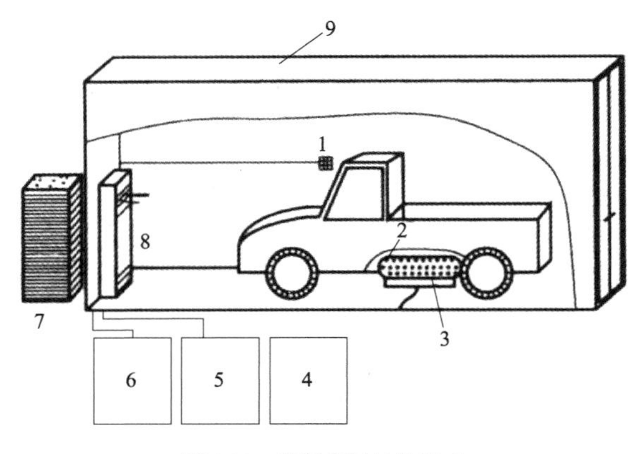

图 3-30 密闭室的结构组成

1-温度传感器;2-燃油箱;3-加热板;4-氢火焰离子化分析仪(FID);5-油箱温度控制器;6-记录仪;7-冷却器;8-送风器;9-密闭室

密闭室是一个使汽车能方便地接近各侧面且可用来容纳汽车的气密性良好的矩形测量室,其内表面一般由不渗透碳氢化合物并不与其发生反应的材料组成。密闭室配备了温度调节系统,可依据规定的温度-时间变化曲线调节内表面温度。在热浸试验期间,内表面温度不应低于20℃或高于52℃;在昼夜换气试验期间,密闭室的内表面温度不应低于5℃或高于55℃。密闭室一般设置有气体出口和入口各一个,以保证试验期间可以从密闭室内抽出空气和向密闭室补充空气。补充空气用于平衡抽出的气体,并且补充空气应经活性炭过滤,以减少对碳氢化合物浓度测量的影响。根据容积是否可调,密闭室分为定容积和变容积两种。定容积密闭室采用刚性板建造,以保持容积固定;可变容积密闭室一般配备有一种适应密闭室内部容积变化的装置(如移动板或风箱),可通过调节容积大小来控制内部气体与外部大气之间的压力差。

5)污染控制装置耐久性试验(Ⅴ型试验)

(1)耐久性里程和排放劣化系数/修正值。

污染控制装置的耐久性包括排放耐久性(Ⅰ型试验)、蒸发排放耐久性(Ⅳ型试验)和加油排放耐久性(Ⅶ型试验)三个方面。法规规定6a和6b阶段污染控制装置的耐久性里程分别为16万km和20万km,即车辆在该行驶里程范围内,污染物排放量应始终满足Ⅰ型、Ⅳ型和Ⅶ型试验的排放限值要求。

表3-9和表3-10分别为法规规定的Ⅰ型试验排放劣化系数和劣化修正值,Ⅳ型和Ⅶ型试验的排放劣化修正值见表3-11。汽车生产企业可以使用法规规定的排放劣化系数/修正值对Ⅰ型、Ⅳ型和Ⅶ型试验的测试结果进行修正,从而确认这些车辆的污染物排放是否满足对应试验的排放限值要求。对于使用规定的劣化系数/修正值通过Ⅰ型、Ⅳ型和Ⅶ型检验的车型,可以不再进行Ⅴ型试验;同时生产企业也可以申请开展耐久性试验来获得实测的劣化系数/修正值,并用实测值代替法规规定值。

Ⅰ型试验的排放劣化系数 表3-9

发动机类别	排放劣化系数						
	CO	THC	NMHC	NO_x	N_2O	PM	PN
点燃式	1.8	1.5	1.5	1.8	1.0	1.0	1.0
压燃式	1.5	—	—	1.5	1.0	1.0	1.0

Ⅰ型试验的排放劣化修正值 表3-10

发动机类别		排放劣化修正值(mg/km)						
		CO	THC	NMHC	NO_x	N_2O	PM	PN
点燃式	6a	150	30	20	25	0	0	0
	6b	110	16	10	15	0	0	0
压燃式	6a	150	—	—	25	0	0	0
	6b	110	—	—	15	0	0	0

Ⅳ型和Ⅶ型试验的排放劣化修正值 表3-11

试验项目	排放劣化修正值
Ⅳ型试验(热浸+昼夜换气)	0.06g
Ⅶ型试验(加油排放)	0.01g/L

(2)试验循环。

耐久性试验既可以在道路或底盘测功机上进行整车测试,也可以在发动机台架上进行发动机测试。其中整车耐久性试验采用的里程累积循环(AMA),如图 3-31 所示。整个循环由 11 个运行循环组成,每个循环的行驶里程为 6km,各循环的循环车速要求见表 3-12。此外,汽车生产企业也可以使用标准道路循环(SRC)代替 AMA 进行汽车老化。SRC 循环由 7 个运行循环组成,每个循环的行驶里程也为 6km,各循环的车速要求如图 3-32 所示。

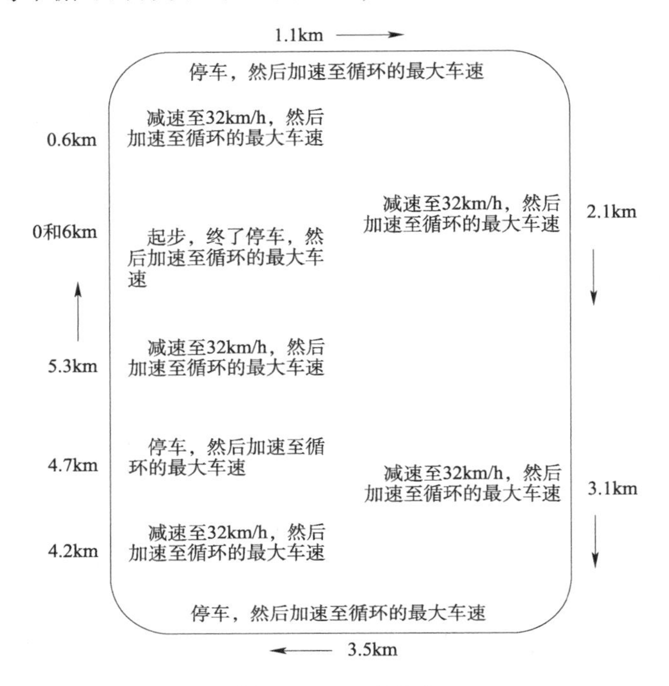

图 3-31　AMA 的组成

里程累积循环(AMA)中的循环车速(单位:km/h)　　表 3-12

循环编号	1	2	3	4	5	6	7	8	9	10	11
循环车速	64	48	64	64	56	48	56	72	56	89	113

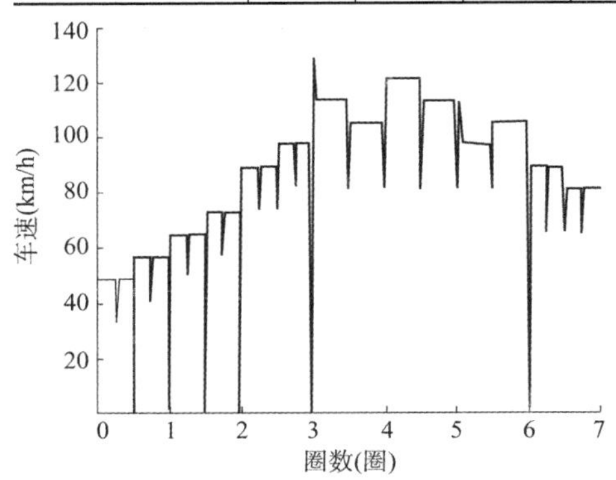

图 3-32　SRC 的车速要求曲线

(3)试验程序。

用于耐久性试验的车辆应处于良好的机械状态,发动机和污染控制装置应是新的并进行了必要的磨合和预处理。整个试验过程中,车辆需按照 AMA 或 SRC 循环周而复始地行驶,直到行驶里程达到耐久性里程(16 万 km 或 20 万 km)。试验期间车辆的维护、调整和污染控制装置的使用应符合制造厂的规定。

对于Ⅰ型试验,车辆在老化期间,从试验开始(0km),每隔(10000 ± 400)km 或更短的行驶里程,以固定的间隔直到耐久性里程终点,按照Ⅰ型试验的要求开展排放试验,得到不同里程下的污染物排放量。对于Ⅳ型和Ⅶ型试验,车辆在老化期间,分别在里程达到 3000km、3 万 km、6 万 km、9 万 km、12 万 km 和耐久性里程终点处按照Ⅳ型和Ⅶ型试验的要求开展排放测试,得到各里程下的污染物排放量。

试验结束后，将污染物排放测试结果作为行驶距离的函数进行绘图，利用线性回归法建立一条最佳拟合直线来反映汽车排放的劣化特点。其中Ⅰ型试验的排放劣化系数为耐久性里程终点处的排放量与6400km处排放量的比值，排放劣化修正值则是两者之差。Ⅳ型和Ⅶ型试验的排放劣化修正值为耐久性里程终点处的排放量与3000km处排放量之间的差值。

6）低温下冷起动后污染物排放试验（Ⅵ型试验）

（1）排放限值。

Ⅵ型试验用于检测车辆在低温下冷起动后排气中的CO、THC和NO_x排放是否达标，污染物排放限值见表3-13。所有类型车辆均需进行Ⅵ型试验，其中两用燃料车仅测试燃用汽油条件下的排放；混合动力电动汽车仅测试电量保持模式下的排放。

Ⅵ型试验的污染物排放限值 表3-13

车辆类型		测试质量TM (kg)	排放限值(g/km)		
			CO	THC	NO_x
第一类车		全部	10	1.2	0.25
第二类车	Ⅰ	TM≤1305	10	1.2	0.25
	Ⅱ	1305＜TM≤1760	16	1.8	0.50
	Ⅲ	TM＞1760	20	2.1	0.80

（2）试验装置和测试程序。

Ⅵ型试验的试验装置、试验程序以及测试结果的处理与Ⅰ型试验基本相同，不同点主要有以下两个方面：①测试工况仅选取了WLTC循环中的低速段和中速段；②实验室内的浸车区和试验区的环境温度应控制在（-7 ± 3）℃，并且浸车时间为12～36h。

7）加油过程蒸发污染物排放试验（Ⅶ型试验）

（1）排放限值。

Ⅶ型试验用于测量汽车加油时产生的蒸发污染物排放量，排放限值为0.05g/L。除单一气体燃料车外，所有装用点燃式发动机的汽车均应进行此项试验，两用燃料车仅燃用汽油进行试验。

（2）试验程序。

Ⅶ型试验整体共分为3个阶段，具体步骤又随燃油蒸发排放控制系统（整体控制系统、非整体控制系统和NIRCO）的不同而略有差异。装备整体控制系统的汽车加油蒸发排放测试步骤如图3-33所示，测试中采用的行驶试验循环为WLTC循环或其部分速度段。此外，图中对于行驶期间混合动力电动汽车的电池电荷状态也作出了规定，其中OVC和NOVC分别表示可外接充电和不可外接充电的混合动力电动汽车。

加油蒸发污染物排放量由密闭室内碳氢化合物浓度、密闭室温度和压力的初始与最终读数，以及密闭室的有效容积等参数计算得到。测试结果还应采用Ⅴ型试验（污染控制装置耐久性试验）确定的排放劣化修正值进行加和校正，并将校正后的污染物排放量与排放限值进行对比，来判断车辆排放是否达标。

（3）试验装置。

Ⅶ型试验使用的设备包括底盘测功机、氢火焰离子化分析仪（FID）和密闭室。加油排放测试所使用密闭室的结构与Ⅳ型试验（蒸发污染物排放试验）基本相同。其不同点在于，加油排放测试时密闭室应配备一个或多个由低渗透材料制成的手套操作箱(图 3-34),以便测试人员在密闭室封闭状态下操作加油枪给车辆加油。

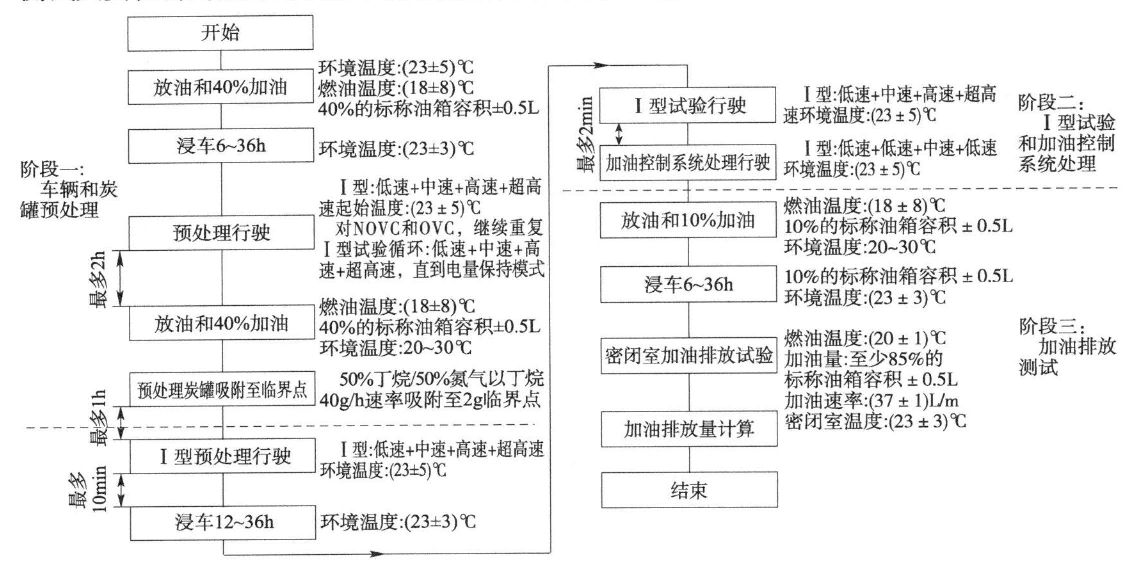

图 3-33　装备整体控制系统的汽车加油蒸发排放测试步骤

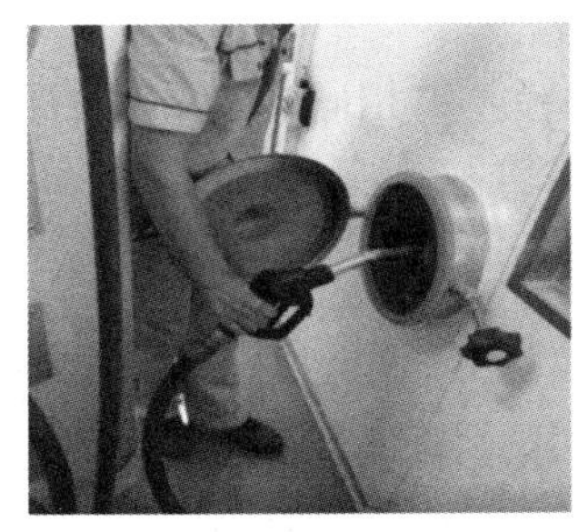

图 3-34　密闭室的手套操作箱

8)OBD 系统试验

(1)OBD 阈值。

OBD 系统试验用于检查安装在汽车上 OBD 的功能是否满足法规要求,检测 OBD 系统是否能够随时监控发动机的运行状况、排气后处理系统的工作状态以及车辆实际运行中的污染物排放。当相关部件或系统出现故障导致排放超过表 3-14 规定的阈值时,OBD 系统应能及时点亮故障指示灯,同时存储故障代码以识别所监测到的故障。

OBD 阈 值 表 3-14

车辆类型		测试质量 TM (kg)	OBD 阈值(g/km)		
			CO	$NMHC + NO_x$	PM
第一类车		全部	1.9	0.260	0.012
第二类车	Ⅰ	TM≤1305	1.9	0.260	0.012
	Ⅱ	1305 < TM≤1760	3.4	0.335	0.012
	Ⅲ	TM > 1760	4.3	0.390	0.012

(2)试验程序。

OBD 系统需要监测的零部件和项目很多,对于 OBD 系统的验证测试,法规要求进行不超过五项的试验项目,其中催化器、前氧传感器和失火检验是点燃式发动机车辆的必选测试项;而 NO_x 催化转换器、EGR(Exhaust Gas Recirculation,废气再循环系统)以及 DPF(Diesel Particulate Filter,柴油车颗粒捕集器)检验是压燃式发动机车辆的必选测试项;剩余的两项试验从 OBD 系统的其他监测项目中任选。

OBD 系统验证测试中选取的试验项目不同,采用的诊断策略也不同,对应的试验方法和测试设备也会有一定差异,如不同的试验循环、不同的故障模拟方法和故障模拟器等。图 3-35 展示了 OBD 系统验证试验的基本流程。

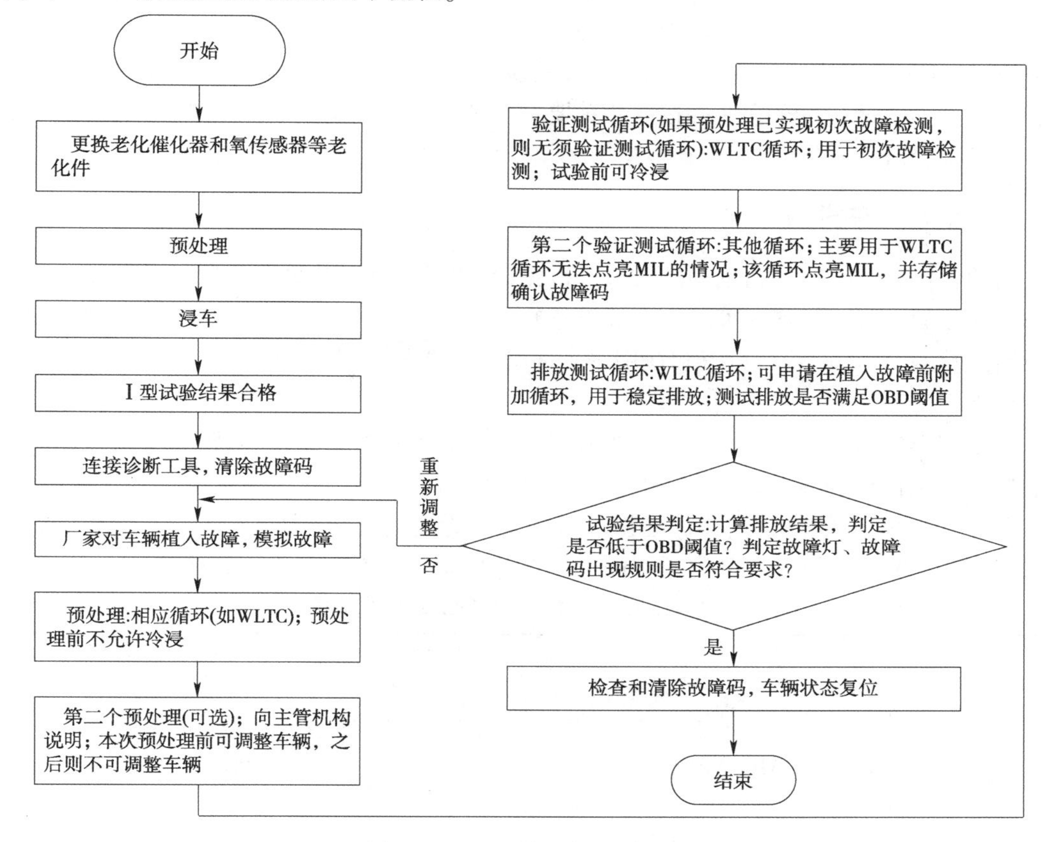

图 3-35　OBD 系统试验的基本流程

2. 生产一致性检查

生产一致性检查用于检验批量生产汽车与型式核准定型时汽车的性能状态是否一致,从而判断批量生产汽车的排放是否达标。

在车型通过型式检验之前,汽车企业应按照环保主管部门的要求对每个车型系列制订生产一致性保证计划,并报主管部门审批。车型通过型式检验后,汽车企业按照保证计划开展生产一致性自查,自查试验可不进行型式检验中的Ⅱ型和Ⅴ型试验项目。

环保主管部门对汽车企业的生产一致性保证计划实施情况进行定期审核。审核时,检查人员可按照规定的比例随机抽取汽车样品开展生产一致性试验,试验内容包括型式检验的全部或部分试验项目。当试验结果不能满足任一试验项目的排放要求时,主管部门应采取一定的措施(如暂停或撤销车型生产、销售许可证),督促企业对已生产或销售的相关车辆采取必要的补救措施,并尽快恢复生产一致性。

3. 在用符合性检查

在用符合性检查是对已通过排放型式核准和生产一致性检查的车型,要求制造企业采取适当措施,确保其排放控制装置在正常使用条件下和汽车正常寿命期内始终有效运行。

汽车企业每年应进行至少一次在用符合性自查,并确保 8 年内完成对低里程(1 万 ~

6万km)、中里程(6万~11万km)和高里程(11万~16万km)车辆的全部检查,自查试验可不进行型式检验中的Ⅴ型和Ⅵ型试验项目。检查结果应上报环保主管部门,其中在检查过程中发现的故障频率超标(>4%)部件应在30个工作日内上报。

环保主管部门对使用不超过16万km(或12年,以先到为准)的汽车进行在用符合性抽查,抽查试验包括型式检验的全部或部分试验项目。如果经检查发现试验结果不合格,则判定相关车型不达标。汽车企业应按照相关要求对不达标车型和存在同样缺陷的扩展车型采取补救措施,环保主管部门根据补救措施的执行情况判断是否暂停或撤销不合格车型。

四、重型汽车排放标准

目前我国重型汽车执行的最新排放标准是《重型柴油车污染物排放限值及测量方法(中国第六阶段)》(GB 17691—2018),该标准适用于市场占有率较高的柴油车和气体燃料车,包括型式检验、生产一致性检查和在用符合性检查三部分。

1. 型式检验

重型汽车的型式检验项目包括标准循环试验、非标准循环试验、曲轴箱排放试验、排放控制装置耐久性试验、OBD系统验证试验和 NO_x 控制验证试验,其中标准循环试验分为稳态工况试验和瞬态工况试验,非标准循环试验又分为发动机台架非标准循环试验和整车车载法(PEMS)试验。表3-15列出了不同类型发动机需要开展的型式检验项目。

不同类型发动机需要开展的型式检验项目　　表3-15

<table>
<tr><th colspan="3">试验项目</th><th>柴油机</th><th>单一气体燃料机</th><th>双燃料发动机</th></tr>
<tr><td rowspan="8">标准循环</td><td rowspan="4">稳态工况(WHSC)</td><td>气态污染物</td><td rowspan="4">进行</td><td rowspan="4">不进行</td><td rowspan="4">进行</td></tr>
<tr><td>颗粒物(PM)</td></tr>
<tr><td>粒子数量(PN)</td></tr>
<tr><td>CO_2 和油耗</td></tr>
<tr><td rowspan="4">瞬态工况(WHTC)</td><td>气态污染物</td><td rowspan="4">进行</td><td rowspan="4">进行</td><td rowspan="4">进行</td></tr>
<tr><td>颗粒物(PM)</td></tr>
<tr><td>粒子数量(PN)</td></tr>
<tr><td>CO_2 和油耗</td></tr>
<tr><td rowspan="3">非标准循环</td><td rowspan="2">发动机非标准循环(WNTE)</td><td>气态污染物</td><td rowspan="2">进行</td><td rowspan="2">不进行</td><td rowspan="2">进行</td></tr>
<tr><td>颗粒物(PM)</td></tr>
<tr><td colspan="2">整车车载法(PEMS)试验</td><td>进行</td><td>进行</td><td>进行</td></tr>
<tr><td colspan="3">曲轴箱通风</td><td>进行</td><td>进行</td><td>进行</td></tr>
<tr><td colspan="3">耐久性</td><td>进行</td><td>进行</td><td>进行</td></tr>
<tr><td colspan="3">OBD</td><td>进行</td><td>进行</td><td>进行</td></tr>
<tr><td colspan="3">NO_x 控制</td><td>进行</td><td>不进行</td><td>进行</td></tr>
</table>

除了PEMS试验外,重型车的型式检验一般在发动机台架试验台上进行。污染物的取样通常采用部分流稀释取样系统,条件允许时也可采用CVS系统,气态污染物也可采用直接取样系统。与轻型车标准相比,重型车在标准循环试验中加入了对 NH_3 的测试要求,并规定

采用二极管激光光谱仪或傅里叶变换红外分析仪进行检测;其他污染物的检测方法和仪器与轻型车相同。

1)发动机标准循环试验

发动机标准循环试验的排放限值与发动机类型有关,其中压燃式发动机需进行稳态工况和瞬态工况两项试验,考虑的污染物共六种;点燃式发动机只需开展瞬态工况试验,考虑的污染物共七种。发动机标准循环排放限值见表3-16。

发动机标准循环排放限值 表3-16

试验工况	CO [g/(kW·h)]	THC [g/(kW·h)]	NMHC [g/(kW·h)]	CH_4 [g/(kW·h)]	NO_x [g/(kW·h)]	NH_3 (ppm)	PM [g/(kW·h)]	PN [个/(kW·h)]
稳态工况(压燃式)	1500	130	—	—	400	10	10	8×10^{11}
瞬态工况(压燃式)	4000	160	—	—	460	10	10	6×10^{11}
瞬态工况(点燃式)	4000	—	160	500	460	10	10	6×10^{11}

注:1ppm = 1×10^{-6}。

与轻型车标准相似,第六阶段的重型车标准也采用了全球统一的发动机测试循环。其中稳态工况为全球统一的稳态循环(World Harmonized Stationary Cycle,简称WHSC),瞬态工况为全球统一的瞬态循环(World Harmonized Transient Cycle,简称WHTC)。

WHSC循环包括13个工况,共1895s,每个工况的转速和转矩规范值(百分值)见表3-17。WHTC循环如图3-36所示,包括1800s逐秒变化的转速和转矩百分值,其中负值表示发动机由电机拖动运转。在进行试验时,需要根据发动机的瞬态性能曲线将百分值转化为实际值,以形成基准循环(实际转速和转矩)来完成测试。

WHSC试验循环工况基本情况 表3-17

工况序号	转速规范值(%)	转矩规范值(%)	工况时间(s)
1	0	0	210
2	55	100	50
3	55	25	250
4	55	70	75
5	35	100	50
6	25	25	200
7	45	70	75
8	45	25	150
9	55	50	125
10	75	100	50
11	35	50	200
12	35	25	250
13	0	0	210
合计	—	—	1895

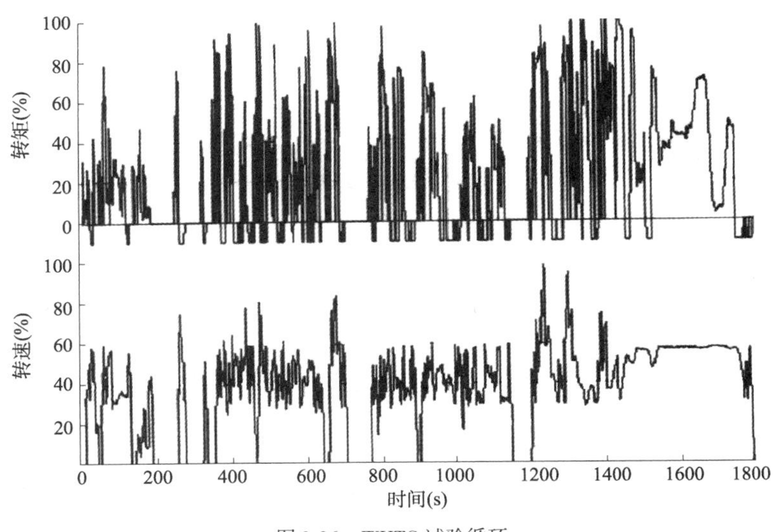

图 3-36 WHTC 试验循环

2)发动机非标准循环(WNTE)试验

发动机非标准循环试验仅适用于压燃式发动机,试验循环为 WNTE 工况,污染物排放限值见表 3-18。

发动机非标准循环污染物排放限值 表 3-18

试验工况	CO[g/(kW·h)]	THC[g/(kW·h)]	NO_x[g/(kW·h)]	PM[g/(kW·h)]
WNTE 工况	2000	220	600	16

WNTE 工况是由多个工况点随机组成的一个试验循环。测试时发动机的转速和转矩应位于图 3-37 中所示的 WNTE 控制区域内(阴影部分)。WNTE 控制区由 5 条线段围合而成,其中区域左边界 n_{30}为包括怠速在内的所有转速频率累积的 30% 所对应的发动机转速,右边界 n_{hi}为 70% 最大净功率时对应的最高发动机转速,上边界为各转速下的最大转矩线;下边界有两段线,左段为 30% 最大功率时的发动机转速-转矩变化曲线,右段为 30% 最大转矩时对应的发动机转矩。当发动机的额定转速小于 3000r/min 时,将 WNTE 控制区域依据转速和转矩划分成 9 个网格;当发动机的额定转速大于或等于 3000r/min 时,分为 12 个网格;具体划分原则如图 3-38 所示。试验时,随机挑取其中的 3 个网格,每个网格中各选择 5 个随机测试点,共计 15 个工况点,这些测试点即构成一个渐变的稳态试验循环。

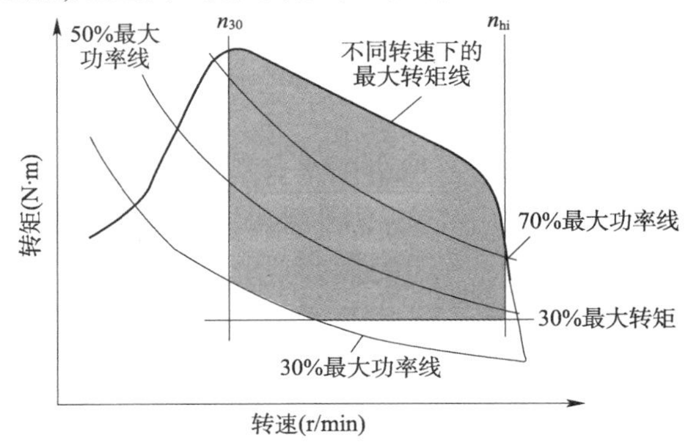

图 3-37 WNTE 控制区域示例

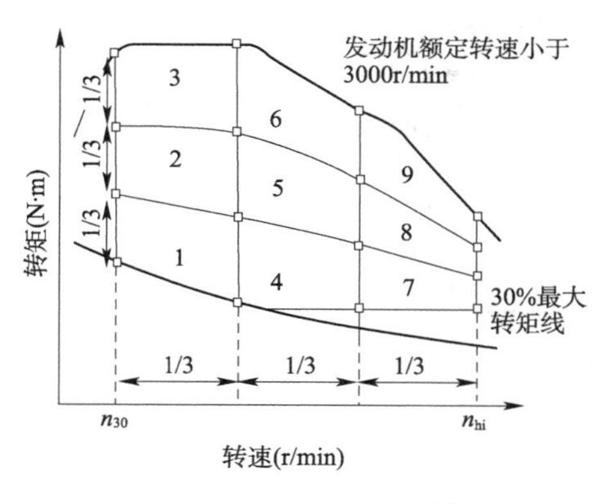

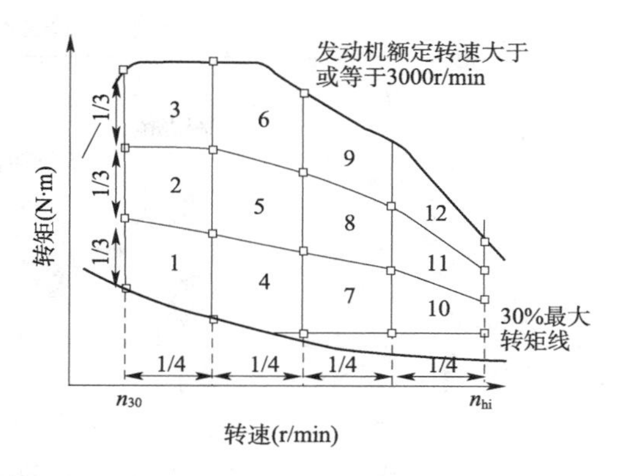

图 3-38　WNTE 控制区域的网格划分

3）整车车载法（PEMS）试验

重型车的 PEMS 试验与轻型车的 RDE 试验类似，污染物排放限值见表 3-19。其中双燃料发动机汽车在双燃料模式和柴油模式下的测试结果均应满足排放限值要求。

整车车载法试验排放限值　　表 3-19

发动机类型	CO[g/(kW·h)]	THC[g/(kW·h)]	NO_x[g/(kW·h)]	PN①[个/(kW·h)]
压燃式	6000	—	690	1.2×10^{12}
点燃式	6000	240(LPG) 750(NG)	690	—
双燃料	6000	1.5×WHTC 限值	690	1.2×10^{12}

注：①PN 限值从 6b 阶段开始实施。

开展 PEMS 试验时，测试条件应符合下列规定。

（1）车辆条件。测试车辆的荷载应选择该车辆最大荷载的 50% ~100%（6a 阶段）或 10% ~100%（6b 阶段）。润滑油、燃料和反应剂应满足生产企业要求。在测试开始时发动机冷却液温度不得超过 30℃；如果环境温度高于 30℃，测试开始时发动机冷却液温度不得高于环境温度 2℃。

（2）环境条件。环境条件有温度和海拔两个方面的要求。其中环境温度应不低于 266K（-7℃）；6a 阶段海拔高度不高于 1700m，6b 阶段海拔高度不高于 2400m。此外，试验开始点和结束点之间的海拔高度之差不得超过 100m。

（3）行驶路线。整个试验过程中车辆的加速、减速、匀速和怠速的时间占比应基本保持在 26.9%、22.6%、38.1%和 12.4%。行驶路线应覆盖市区道路、市郊道路和高速公路三种类型道路，车辆在三种道路上的行驶时间比例要求见表 3-20，各类道路上的行驶速度要求具体如下：

①在市区道路的行驶速度应在 15 ~30km/h 之间。

②在市郊道路的行驶速度应在 45 ~70km/h 之间，其中 M_1 和 N_1 类车辆的平均车速为 60 ~90km/h。

③在高速公路的行驶速度应高于 70km/h，其中 M_1 和 N_1 类车辆的平均车速应大于 90km/h。

测试路线在各类道路上的行驶时间比例 表 3-20

车辆类型	行驶时间占比		
	市区道路	市郊道路	高速公路
M_1 和 N_1 类车	34%	33%	33%
M_2、M_3 和 N_2 类车	45%	25%	30%
N_3 类车(城市车辆除外)	20%	25%	55%
城市车辆	70%	30%	—

4)曲轴箱排放试验

对于闭式曲轴箱,不允许曲轴箱内的任何气体排入大气,即曲轴箱污染物的排放限值为0。如果在所有运转工况下,曲轴箱排放均被引入排放后处理器的上游排气中,则认定曲轴箱排放满足要求。对于开式曲轴箱,应将曲轴箱污染物引入到排气中,与尾气排放一起进行测量。如果排放测试结果满足标准循环试验的排放限值要求,则认定曲轴箱排放满足要求。

5)排放控制装置耐久性试验

(1)有效寿命期和排放劣化系数。

排放控制装置的耐久性应满足表 3-21 规定的有效寿命期(行驶里程或使用年限),并且污染物排放在有效寿命期内应始终满足标准循环试验的排放限值要求。汽车生产企业可以使用表 3-22 中指定的排放劣化系数对标准循环试验的测试结果进行修正,从而确认发动机的污染物排放是否满足要求;同时生产企业也可以开展耐久性试验来获得实测的劣化系数,并用实测值代替法规指定值。

有效寿命期 表 3-21

车辆类型	有效寿命期①	
	行驶里程(km)	使用年限(年)
M_1、N_1 和 M_2 类车	20 万	5
N_2 类车;最大设计总质量不超过 18t 的 N_3 类车; M_3 类中的Ⅰ级、Ⅱ级和 A 级车,以及最大设计总质量不超过 7.5t 的 B 级车	30 万	6
最大设计总质量超过 18t 的 N_3 类车; M_3 类中的Ⅲ级车,以及最大设计总质量超过 7.5t 的 B 级车	70 万	7

注:①有效寿命期中的行驶里程和实际使用时间,两者以先到者为准。

排放劣化系数 表 3-22

试验循环	CO	THC①	NMHC②	$CH_4$②	NO_x	NH_3	PM	PN
稳态工况(WHSC)	1.3	1.3	1.4	1.4	1.15	1.0	1.05	1.0
瞬态工况(WHTC)	1.3	1.3	1.4	1.4	1.15	1.0	1.05	1.0

注:①用于压燃式发动机。

②用于点燃式发动机。

(2)试验程序。

耐久性试验可以在安装了试验发动机的整车上进行,也可以在发动机台架上进行。生产企业应根据工程经验,选择合适的耐久性试验方式(整车或发动机)、耐久试验行驶里程(或发动机运行时间)以及耐久循环。耐久性试验行驶里程可以比有效寿命短,但是不能低于法规规定的最短行驶里程。

车辆在老化期间,以均匀的间隔里程选择至少5个试验点(包括试验起点和终点)分别进行标准循环试验(WHSC或WHTC),得到不同里程下的污染物排放量。试验结束后,将污染物排放测试结果作为行驶距离的函数进行绘图,利用最小二乘法建立线性回归方程。每种污染物的劣化系数为有效寿命终点和耐久性试验起点的排放量之比。

2. 生产一致性检查

生产一致性检查包括汽车生产企业的一致性自查和环保主管部门的监督抽查。整车生产企业应按照规定的抽样方法和抽样比例选取下线车辆开展污染物排放自查,自查时采用整车车载法(PEMS)进行排放试验。环保主管部门定期对新生产车和发动机进行抽查,其中新生产车抽查采用整车车载法试验,发动机抽查则可采用型式检验中的标准循环试验或发动机台架非标准循环试验。

3. 在用符合性检查

在用符合性检查包括生产企业自查、自查报告审核以及环保主管部门抽查。汽车生产企业应在完成型式检验的车辆首次注册后18个月内,开始进行在用符合性自查。自查按照整车车载法(PEMS)试验进行,测试车辆的行驶里程至少应为1万km。环保主管部门随机抽取3辆车,同样采用整车车载法开展在用符合性的抽查。

第四节　在用车排放标准

一、排放标准常用术语

(1)在用汽车:指已经登记注册并取得号牌的汽车。

(2)在用汽车检验:指对已经注册登记的汽车进行的检验,包括在用汽车定期检验、监督性抽检及在用汽车办理变更登记和转移登记前的检验。

(3)额定转速:指发动机发出额定功率时的曲轴转速,单位为r/min。

(4)轮边功率:指汽车在底盘测功机上运转时驱动轮输出功率的实际测量值。

(5)光吸收系数(K):表示光束被单位长度排烟衰减的一个系数,它是单位体积的微粒数n、微粒的平均投影面积a和微粒的消光系数Q三者的乘积。

(6)实测最大轮边功率时的转鼓线速度(VelMaxHP):指在规定的功率扫描试验中,实际测量得到的最大轮边功率时的转鼓线速度。

二、汽油车排放标准

目前我国汽油车执行的排放标准是《汽油车污染物排放限值及测量方法(双怠速法及简易工况法)》(GB 18285—2018)。该标准既适用于在用汽油车,同时也适用于其他装用点燃式发动机的汽车。标准规定在用车可以采用双怠速法、稳态工况法、瞬态工况法或简易瞬态工况法四种方法进行排放检测,其中后三种方法统称为简易工况法。

1. 双怠速法

1)排放限值和试验装置

双怠速试验的排放限值见表3-23,分为限值a和限值b两种。各地方城市可在限值a

和限值 b 之间根据当地情况进行选择。其中限值 a 是基本要求,对于汽车保有量达到500万辆以上,或机动车排放污染为当地首要空气污染源,或按照法律规定设置低排放控制区的城市,可以提前采用限值 b。双怠速试验属于无负载测量,因此测试时不需要底盘测功机。污染物取样采用直接取样系统,CO和HC的检测均采用非色散式红外分析仪(NDIR)。

双怠速试验排放限值　　表3-23

类　别	怠　速		高　怠　速	
	CO(%)	HC(ppm)	CO(%)	HC(ppm)
限值 a	0.6	80	0.3	50
限值 b	0.4	40	0.3	30

注:对以天然气为燃料的点燃式发动机汽车,HC为推荐性要求。

2)试验循环和测试程序

双怠速试验包括怠速工况和高怠速工况两种发动机运转状态。其中怠速工况指汽车发动机处于无负荷运转状态,即离合器处于接合位置、变速器处于空挡位置(对于自动变速器的车应处于"停车"或"P"挡位)、加速踏板处于完全松开位置。高怠速工况指满足上述(除最后一项)条件的情况下,用加速踏板将发动机转速稳定控制在50%额定转速或制造厂技术文件中规定的高怠速转速。轻型汽车的高怠速转速一般为(2500±200)r/min,重型汽车的高怠速转速为(1800±200)r/min。

双怠速法的测试循环如图3-39所示。对于轻型车,发动机从怠速状态加速至70%额定转速或3500r/min;平稳运行30s之后,发动机转速降至高怠速状态[50%额定转速或(2500±100)r/min]进行高怠速排放测试;在高怠速工况运行45s后,转速再降低到怠速工况运行45s完成怠速工况测试。重型车的测试循环与轻型车基本一样,区别在于重型车应首先从怠速加速到70%额定转速或2500r/min,并且其高怠速为(1800±100)r/min。整个双怠速试验首先进行高怠速工况下的排放检测,测试合格后再进行怠速工况下的排放测试,最终要求两个工况下的污染物排放均不应超过排放限值。

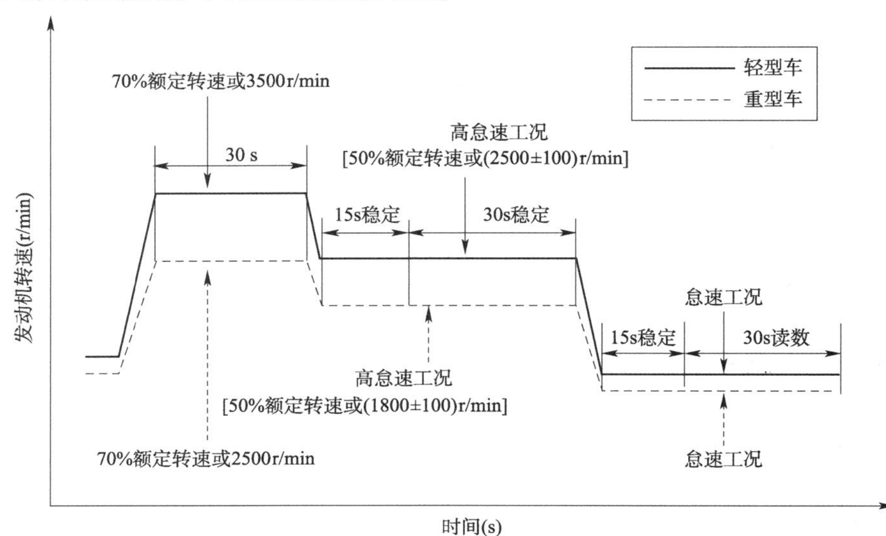

图3-39　双怠速法测试循环

2. 稳态工况法

1) 排放限值和试验装置

稳态工况试验的排放限值见表 3-24,包括 CO、HC 和 NO 三种污染物。稳态工况试验属于有负载测量,因此需要在底盘测功机上进行。其中用于轻型车测试的底盘测功机至少应能测试最大轴重为 2750kg 的车辆,而用于重型车测试的底盘测功机至少应能测试最大轴重为 8000kg 的车辆。污染物取样采用直接取样系统。CO 和 HC 的检测采用非色散式红外分析仪(NDIR);NO 检测既可采用 NDIR,也可采用非色散式紫外分析仪(NDUV)或化学发光分析仪(CLD)。

稳态工况试验排放限值 表 3-24

类别	ASM5025			ASM2540		
	CO(%)	HC(ppm)	NO(ppm)	CO(%)	HC(ppm)	NO(ppm)
限值 *a*	0.50	90	700	0.40	80	650
限值 *b*	0.35	47	420	0.30	44	390

注:对以天然气为燃料的点燃式发动机汽车,HC 为推荐性要求。

2) 试验循环和测试程序

稳态工况也称加速模拟工况(Acceleration Simulation Mode,简称 ASM),包括 ASM5025 和 ASM2540 两个基本测试工况,具体测试循环如图 3-40 所示。其中 ASM5025 工况的设定车速为 25km/h,测功机以加速度为 1.475m/s^2 时输出功率的 50% 对被测车辆进行加载;ASM2540 工况的设定车速为 40km/h,测功机以加速度为 1.475m/s^2 时输出功率的 25% 对被测车辆进行加载。除了一个 5s 的稳定时间,两个工况的开始阶段还包含一个 10s 左右的分析仪预置时间;每个工况的试验时间最短为 20s,最长为 90s。

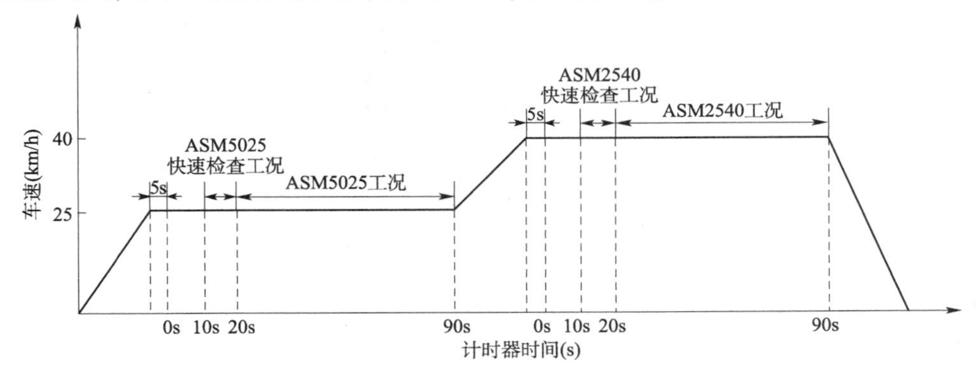

图 3-40 稳态工况法测试循环

试验时先进行 ASM5025 工况测试。在完成 10s 的分析仪预置后,首先是 10s 的快速检查,每秒测量一次。如果连续 10s 测量的排放平均值经修正后小于或等于排放限值的 50%,则判定测试合格,排放检测结束;否则应继续测试 70s 完成整个 ASM5025 工况。若在此期间内所有检测污染物连续 10s 的平均值经修正后均小于或等于排放限值,则判定测试合格,排放检测结束;如果任何一种污染物连续 10s 的平均值经修正后超过排放限值,则应继续进行 ASM2540 工况测试。ASM2540 工况检测同样也分为 10s 的快速检查和额外 70s 的完整测试,排放结果的判定原则与 ASM5025 工况相同。最终,测试车辆只要在 ASM5025 和 ASM2540 两个工况中任一工况下的排放达标,则判定其排放测试合格。

3. 瞬态工况法

1)排放限值和试验装置

瞬态工况试验的排放限值见表3-25,包括CO、HC和NO_x三种污染物。与双怠速试验和稳态工况试验不同,该试验的污染物评价指标由排放浓度(%或ppm)变为了排放质量(g/km)。瞬态工况试验需要在底盘测功机上进行,测功机应能测试最大总质量不超过3500kg的M类和N类车辆,因此该试验仅适用于轻型在用车的排放检测。污染物取样采用全流稀释定容取样(CVS)系统。CO检测采用非色散式红外分析仪(NDIR);HC检测采用氢火焰离子化分析仪(FID);NO_x检测则采用化学发光分析仪(CLD)。

瞬态工况试验排放限值　　表3-25

类　别	CO(g/km)	HC + NO_x(g/km)
限值 *a*	3.5	1.5
限值 *b*	2.8	1.2

2)试验循环

瞬态工况试验采用的测试循环为图3-41所示的ECE工况,完成一次试验的运行时间为195s,因此瞬态工况试验也称为IM195。ECE工况共包含15个运行工况(怠速、加速、匀速和减速),因此也称ECE15工况。该工况的理论行驶里程为1.013km,平均车速为19km/h。

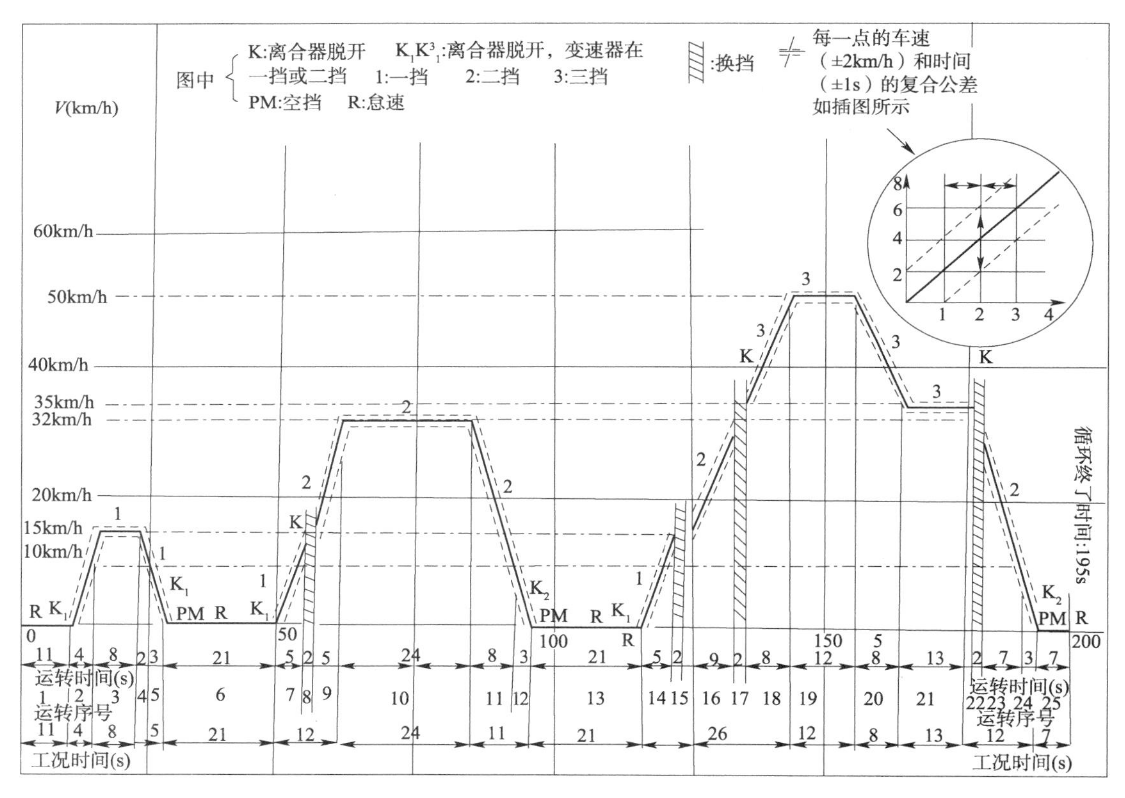

图3-41　瞬态工况法测试循环

4. 简易瞬态工况法

简易瞬态工况试验的排放限值见表3-26,包括CO、HC和NO_x三种污染物,污染物的评价指标为排放质量(g/km)。与瞬态工况法相同的是,简易瞬态工况法同样仅适用于轻型在用车的排放检测,并且测试循环也是195s的ECE15工况,因此简易瞬态工况试验也称为IG195。与瞬态工况法不同的是,简易瞬态工况试验中污染物的取样采用直接取样系统;CO和HC检测均采用非色散式红外分析仪(NDIR);NO_x的检测可采用NDIR,也可采用非色散式紫外分析仪(NDUV)或化学发光分析仪(CLD)。

简易瞬态工况试验排放限值　　表3-26

类　别	CO(g/km)	HC(g/km)	NO(g/km)
限值 a	8.0	1.6	1.3
限值 b	5.0	1.0	0.7

注:对以天然气为燃料的点燃式发动机汽车,HC为推荐性要求。

三、柴油车排放标准

目前我国柴油车执行的排放标准是《柴油车污染物排放限值及测量方法(自由加速法及加载减速法)》(GB 3847—2018)。该标准既适用于在用柴油车,同时也适用于其他装用压燃式发动机的汽车。标准规定在用车可以采用自由加速法或加载减速法进行排放检测。

1. 自由加速试验

自由加速试验只对排气烟度进行测量,烟度限值见表3-27。这是一种非稳态的烟度测量,其测试循环如图3-42所示。测试时,车辆由怠速运转状态迅速但不猛烈地加速,使喷油泵供给最大油量并保持该位置,发动机一旦达到最高转速,立即松开加速踏板,使车辆恢复至怠速运转状态。整个测试循环由至少6个这样的自由加速工况组成,前3个(或3个以上)的自由加速工况用于吹净排气系统;之后使用不透光烟度计测量最后连续3个工况下的烟度值,并取平均值作为最终测量结果。

自由加速和加载减速试验排放限值　　表3-27

类　别	自由加速法	加载减速法	
	光吸收系数(m^{-1})或不透光度(%)	光吸收系数(m^{-1})或不透光度(%)	NO_x(ppm)
限值 a	1.2(40)	1.2(40)	1500
限值 b	0.7(26)	0.7(26)	900

注:①海拔超过1500m的地区,加载减速法按照海拔每增加1000m,烟度值增加0.25m^{-1}幅度调整,但总调整不得超过0.75m^{-1}。

②2020年7月1日前,NO_x限值 b 的过度值为1200ppm。

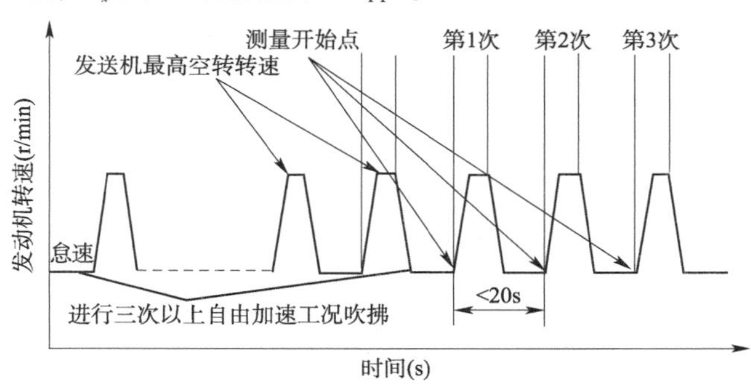

图3-42　自由加速法测试循环

2. 加载减速试验

加载减速试验考虑的污染物除了炭烟,还包括 NO_x,两种污染物的排放限值见表 3-27。该试验属于有负载测量,因此需要在底盘测功机上进行。其中用于轻型车测试的底盘测功机应能测试最大单轴质量不超过 2000kg 或最大总质量不超过 3500kg 的车辆,而用于重型车测试的底盘测功机应能测试最大单轴质量不超过 8000kg 或最大总质量不超过 14000kg 的车辆。污染物取样采用直接取样系统。炭烟烟度测量采用不透光烟度计;NO_x 检测既可采用非色散式红外分析仪(NDIR),也可使用非色散式紫外分析仪(NDUV)或化学发光分析仪(CLD)。

加载减速试验没有统一的测试循环,全程在自动控制程序下进行,整个试验由功率扫描段和测量段组成。在功率扫描段,测试车辆选择合适的挡位使车速保持在 70 ~ 100km/h 之间,并使加速踏板处于全开位置;发动机转速稳定后,将此时的发动机转速设为最大发动机转速(MaxRPM)。之后从 MaxRPM 开始进行功率扫描,以获得吸收功率随发动机转速变化的实时关系曲线,并通过该曲线确定最大轮边功率以及最大轮边功率时的转鼓线速度(VelMaxHP)。功率扫描结束后,开始进行排放检测。首先利用测功机进行加载,并保持转鼓线速度稳定在 VelMaxHP;自动控制系统依次完成 VelMaxHP 和 80% VelMaxHP 两个速度段下的检测。其中 VelMaxHP 速度段仅检测炭烟烟度,80% VelMaxHP 速度段则同时检测烟度和 NO_x 浓度。每个检测点的转鼓线速度应至少稳定 3s 后读取 9s 内的排放平均值。最终,如果两个速度段下的测量结果均未超过排放限值,则判定车辆测试合格。

第四章　汽车排放污染物净化技术

第一节　概　　述

减少汽车污染物排放的基本方法一般可归纳为两大类。一是从源头上着手的降低技术，称为源头控制技术，如把燃烧污染物消灭在燃料化学能转化为机械能的过程之中的有关技术。由于燃料化学能转化为机械能通常发生在发动机的汽缸内，故这种方法又称为机内净化技术。但是，源头控制的效果是有限的，并不是所有的问题都可以在源头解决。因此，经常采取一些措施减少已产生的汽车环境公害，通常把与此相关的技术称为后处理技术。汽车排放控制的基本方法见表4-1。

汽车排放控制的基本方法　　表4-1

源头控制技术	改进策略	使用稀燃发动机、缸内直喷汽油发动机、连续可变气门正时系统、新型汽油发动机、直喷柴油发动机天然气汽车、清洁燃料等，降低摩擦损失、改善传动系统效率、降低行驶阻力、轻量化、空调用新型制冷剂、制冷剂的循环使用
	改良策略	使用混合动力电动汽车
	替代策略	使用纯电动汽车、燃料电池电动汽车等
	合理使用	采用自动停止怠速和起动法、合理（生态）驾驶技术等
后处理技术		使用三元催化转换器、吸附还原（NO）催化净化器、柴油车颗粒捕集器（DPF，分为强制再生方式、连续再生方式、非再生方式等）和氧化催化器、汽油车颗粒捕集器（Gasoline Particulate Filter，简称GPF）等

第二节　机内净化技术

一、车用汽油机机内净化技术

1.电控燃油喷射技术

电控燃油喷射系统由于能够更加精确且柔性地满足发动机不同工况下燃油喷射的优化要求，实现排放性、经济性和动力性的协调统一，进而在过去的30年时间里得到了全面的普及。目前电子燃油喷射系统已经全面应用于汽油车。除此之外，使用电控燃油喷射系统的另一个原因是与三元催化转换器的配合，因为三元催化转换器的工作原理决定了发动机只有在很窄（空燃比）的高效排放转化区间内才能实现清洁排放。因此，必须使用控制精确而且可靠的电控燃油喷射系统来进行燃油供给。

此外，可变进气系统、可变配气相位、可变压缩比、可变排量、稀薄燃烧以及缸内真喷式燃烧方法等新技术，在改善汽油机动力性和经济性的同时，也能够不同程度地改善汽油机的

CO、HC 和 NO_x 排放情况。

当前,汽油机的机内净化技术并不是非常复杂,这主要是由于随着 20 世纪 90 年代三元催化转换器的普及,目前几乎所有汽油机采用的都是闭环电喷加三元催化转换器的技术路线,三元催化转换器在达到起燃温度后对三种主要污染物的转化能力可达 95% 以上,因而大大减轻了对机内净化技术的需求,燃烧过程的组织仍可以动力性和经济性指标作为主要的优化目标。不过随着近年来排放标准的快速加严,汽油机的机内净化技术也变得越来越重要,特别是对于直喷式汽油机颗粒物排放的控制。

2. 废气再循环(EGR)

EGR 的工作原理是设法将一部分已燃废气留在或重新导入下一个工作循环,从而利用已燃气体对发动机新鲜充量进行稀释,起到降低缸内氧浓度、抑制燃烧反应速率、控制缸内燃烧温度的目的,进而实现降低氮氧化物排放的目的。如果是采用调整进排气门相位的方法将一部分已燃气体“封存”在燃烧室内,一般称为内部 EGR;而将一部分已经排出的气体(通常还经历冷却)重新导入进气系统的则称为外部 EGR。根据已燃气体是否经过额外冷却,EGR 还可以分为冷 EGR 和热 EGR。

虽然点燃式内燃机的氮氧化物排放会随着废气再循环率的增加而显著降低,但当废气再循环率过高时也会对缸内的燃烧过程产生负面影响,包括发动机的额定功率下降、中等负荷下燃油经济性变差且 HC 排放量增加、小负荷及怠速条件下发动机的平顺性恶化,甚至出现失火等。为了避免这一系列问题,通常点燃式内燃机仅会在完全暖机后的中等负荷条件下使用 EGR,即便如此,所使用的废气再循环率也不超过 20%,但此前的研究结果表明,这已能够削减 50% ~70% 的氮氧化物排放。

为了精确地控制废气再循环率,现代发动机均已采用电子控制的 EGR 阀作为执行器。为了实现对氮氧化物的进一步减排,需要更低的缸内燃烧温度,因而在废气再循环率不变的前提下,可借助冷 EGR 实现。为了缓解使用废气再循环时发动机动力性和经济性的恶化程度,可配合高涡流进气道和燃烧室设计以及双火花塞点火等燃烧稳定措施。

事实上,废气再循环的效果不一定需要 EGR 阀来实现,也可以通过改变配气相位、增大缸内的残余废气量来实现。与采用 EGR 阀的外部废气再循环相对应,这种把废气留在缸内的方法,称为内部废气再循环。

3. 推迟点火提前角

推迟点火提前角简单易行且没有硬件成本,因此它是应用最为广泛的一种机内排放控制技术。一方面,推迟汽油机的点火提前角能够降低缸内的最高燃烧温度,从而达到控制氮氧化物排放浓度的目的;另一方面,推迟点火提前角还会强化后燃,使排气温度升高加速不完全氧化产物的后期氧化,从而降低 HC 排放。但是需要说明的是,推迟点火提前角必须是在综合考虑发动机的动力性和燃油经济性平衡的前提下进行的,过度推迟点火提前角会导致发动机的动力性和经济性双双恶化,甚至有烧毁后处理器的可能。此前的经验表明,在不过分牺牲动力性和经济性的前提下,通过优化点火提前角可以减少 10% ~30% 的 NO_x 排放。

4. 提高点火能量

提高点火能量可通过适当增大点火操作时火花塞电极间的电压差、调大火花塞间隙和延长放电时间来实现。采用高能点火系统有助于强化电火花形成初期火核的稳定性,避免失火现象的发生,减小发动机的循环变动,扩大缸内混合气的着火界限,从而减少未燃烧 HC 的排放。

二、车用柴油机机内净化技术

1. 推迟喷油提前角

与汽油机推迟点火提前角类似,在柴油机上,推迟喷油提前角也可以有效地抑制氮氧化物的生成。不过需要注意的是,随着柴油机喷油提前角的推迟,在氮氧化物排放下降的同时,发动机的燃油经济性和颗粒物排放会在一定程度上恶化。

尽管方法类似,但是推迟柴油机喷油提前角使氮氧化物排放下降的机理与汽油机推迟点火提前角并不完全相同。推迟喷油提前角的主要作用机制有两个,一是使燃烧过程避开上止点进行,燃烧的等容度下降后,燃烧室内的温度有所降低;二是越接近上止点喷油,燃料被喷入缸内时的背景温度越高,从而有利于缩短滞燃期、降低燃烧初期的放热率,达到控制缸内最高燃烧温度的目的。在这两种机制的共同作用下,缸内的氮氧化物生成速率可得到有效抑制。

2. 废气再循环(EGR)

由于使用稀混合气的柴油机排气中的氧含量相比使用当量混合气的汽油机要高得多,而 CO_2 浓度则相应低得多,因而需要使用较高比例的废气再循环才能够有效地降低柴油机氮氧化物排放。通常,汽油机的废气再循环率不会超过 20%,而直喷式和非直喷式柴油机的废气再循环率可分别超过 40% 和 25%。

废气再循环能降低柴油机氮氧化物排放的原因,除了大量惰性气体减缓了缸内燃烧速度,加之混合气的比热容增大使燃烧温度降低外,其对进气的加热和稀释作用造成实际过量空气系数下降也是一项十分关键的因素。不过作为代价,随着废气再循环率的增大,柴油机的炭烟排放和燃油消耗率也会随之恶化。针对该问题,可采用与汽油机类似的思路,使用冷 EGR 配合相对较低的 EGR 率来达到相同的控制效果。

EGR 对发动机性能的负面影响,在中大负荷条件下最为显著,小负荷时相对较好。因此,在实际使用 EGR 时,有必要随着发动机工况的变化而制定合理的 EGR 率调整策略。

由于柴油中含有一定的硫,故会在柴油机尾气中出现一定浓度的 SO_2,而 SO_2 会进一步生成硫酸。硫酸对 EGR 系统的管路、阀体以及汽缸壁面均有腐蚀作用,并加速润滑油性质的劣化。此外,排气中的一部分颗粒物成分也会随着废气再循环流回汽缸,附着在摩擦副表面上或混入润滑油中,上述因素都会导致汽缸套、活塞环以及配气机构的异常磨损,其磨损量甚至高达没有废气再循环时的 4~5 倍。为此,必须降低柴油中的硫含量。随着近年来对环保要求的不断强化,目前我国车用柴油中的硫含量已经降低至 10ppm,与欧洲标准持平且低于美国 15ppm 的标准。

3. 增压及增压中冷

进气增压可以大幅提高柴油机的进气密度,并在足够大的过量空气系数条件下保证燃料尽可能地充分燃烧,因而能够起到抑制炭烟和颗粒物产生的作用,同时 CO 和 HC 排放也会得到一定的改善。根据增压器性能的差异,增压可将柴油机的功率密度提高 30%~100%。由于燃料的燃烧完善度更高,加之有增压器后,泵气功由负功变为正功,因而增压柴油机的燃油经济性也更加优越。

然而，增压也使压缩行程结束时缸内温度升高和可用氧含量进一步提高，这都有利于氮氧化物生成量的增加。针对于此，可以采用增加中冷器的方法降低进气温度，以防止氮氧化物排放出现严重恶化。对于国Ⅲ以前的发动机，通常使用的是水-空中冷的方式对增压器进行冷却，因为这种结构更为廉价、紧凑。但是随着重型发动机排放法规的不断加严，水-空中冷的降温能力已经不能满足当前的排放控制需求，目前普遍采用的是空-空中冷装置。

4. 改善喷油特性

(1)可以用“初期缓慢，中期急速、后期快断”来概括满足现代柴油机动力性和排放性设计需求的理想喷油规律。如果以喷油器的瞬时喷油量作为纵轴，以时间或者曲轴转角作为横轴，这种理想的喷油规律的形状近似于一只靴子，因此也被称作“靴形规律”。具体地讲，控制燃油喷射初期的喷油速率主要是为了限制在滞燃期内准备的可燃混合气量，从而确保在预混燃烧期的末端，缸内的峰值压力和温度不至于过高，起到抑制氮氧化物生成和柴油机噪声的目的。

在燃油喷射的中期，应借助提高喷射压力、改进喷孔等方法尽可能地提高燃油的喷射速率并保证良好的雾化水平，以提高扩散燃烧期内的油气混合速率和扩散燃烧速率，一方面有助于提高发动机的经济性和动力性，另一方面也能够惠及颗粒物排放的控制。在喷射末期，应当干脆利落地使喷油器落座，避免出现尾喷或者滴油的现象。此时，活塞已经开始或行将下行，缸内的主燃期已经完成，缸内的压力和温度均开始下降，如果在这一阶段还有燃油进入燃烧室，不仅对燃油经济性不利，还很有可能因为燃油的雾化和混合质量太差而导致局部浓区的出现，使颗粒物排放增加。

早期柴油机上对喷油规律的优化是通过改变喷油泵凸轮型线来实现的。但是，随着近年来电控喷油技术和高压共轨技术的普遍应用，现在改变柴油机的喷油规律已经完全利用电控化手段实现。采用电控高压燃油喷射系统的另一大优势在于，在机械泵上很难实现的“靴形规律”和多次喷射已经随着喷油器技术的进步而成为现实。

除“靴形规律”外，燃油预喷射也是一种被广泛采用的可限制滞燃期内可燃混合气准备量的方法。所谓预喷射是指在主喷射期开始前，首先将少量的燃油预先喷入燃烧室内，有限的可燃混合气使得柴油机燃烧初期的放热率比较低，但其对缸内背景气的预热作用有助于加速主喷射期前段燃油的雾化和混合，从而压缩主喷射期的滞燃期，也能起到避免预混燃烧期内过快的缸压和温度上升，抑制缸内氮氧化物合成速率的作用。在预喷射的基础上，如果喷油器能够实现短时间内针阀的多次抬起和落座，还可以发展出多次喷射的方法，其作用是加速主燃期后半段缸内可燃混合气的形成速率，提高扩散燃烧的燃烧品质，从而实现较低的颗粒物排放。

(2)柴油机电控喷油系统。为了更加精密地掌控柴油机的缸内燃烧过程，实现动力性、经济性、平顺性和排放性的多元平衡，当今的柴油机已经不可避免地使用电控喷油系统。与机械泵式的供油系统相比，电子喷油系统在成本和耐硫以外的各方面都展现出绝对优势。

(3)提高喷油压力。良好的燃油雾化和油气混合质量无论对于预混燃烧期还是扩散燃烧期都格外重要。若要提高油气混合的均匀性，设法增大燃料液滴与周围空气间的接触面积是最根本的途径，这就要求尽可能地将燃油喷雾的液滴细化，提高燃油的喷射压力是最有效的解决手段。目前已经普及的电控喷射系统已经能够喷射压力提高至200MPa，商品化系统采用120～160MPa的喷射压力已经非常普遍。相比于传统机械泵最高只有30～50MPa

的喷射压力，现代柴油机的燃油雾化水平已不可同日而语。加之喷油器设计和制造工艺的进步，不断缩小的孔直径使燃油喷雾的索特平均直径（SMD）由过去的0.03～0.04mm减小到目前的0.01mm左右。除了油气接触面积的显著增大外，高压喷射带来的燃油高速运动还能对周围的空气产生一种卷吸作用。在湍流的促进下，混合气的形成速度进一步加快，混合气的浓度分布更趋均匀，滞燃期也缩短。燃料到达自燃温度时，自燃点出现的位置也由过去的集中在喷油器附近向燃烧室壁面方向扩散，这有利于改善颗粒物排放。

但是，在不采取配套技术措施的前提下，单纯地升级高压喷射可能会导致氮氧化物排放的增加，因此有必要充分利用电控燃油喷射系统的精细调控能力，对滞燃期和预混燃烧期内的燃料燃烧进行有效的干预，才能实现氮氧化物和颗粒物排放的同步降低。

5. 改进燃烧方法和燃烧室

设计合理的喷油规律就是为了实现合理的混合气形成和燃烧过程。因此，同"靴形规律"想达到的目的是一致的，理想的缸内燃烧过程可以概括为：滞燃期内不宜形成过多的混合气，合理组织涡流和湍流运动，加强燃烧后期的扰流，寻求油、气、燃烧室三者间的协调适配，以获得动力性、经济性、平顺性和排放性的平衡。

6. 改善燃料特性，使用清洁代用燃料

柴油的十六烷值过低将导致着火性能变差、滞燃期过长，滞燃期内准备的可燃混合气量过多，预混燃烧期内燃烧剧烈、放热量增大，最终导致燃烧噪声和氮氧化物排放的增加。目前，我国的柴油十六烷值在40～50，今后低排放柴油要求十六烷值达到55以上。

燃料的H:C原子比越小，分子结构越稠密，生成炭烟排放的趋势越强。在柴油的各类组分中，烷烃是饱和烃，生成炭烟的倾向最小，而芳香烃、炔烃内部由于存在大量的C=C双键，生成炭烟的趋势最强。因此降低柴油中芳香烃、烯烃和炔烃含量也是控制柴油机颗粒物排放的一种有效手段。

柴油中硫含量的增加，会导致颗粒物排放中硫酸盐成分的增加，还会降低催化剂的使用寿命，腐蚀高压共轨系统中的喷油器等关键零部件。因此，供应低硫柴油是实现柴油机清洁化的必要保障。

若燃油分子中含有氧，将有助于促进燃料的完全燃烧并降低炭烟、CO和HC排放的生成趋势。含氧燃料通常被认为是低排放燃料。已被人们熟知的含氧燃料有醇类、醚类以及生物柴油等。除了较清洁的排放外，含氧燃料的另一个优势在于，大多数含氧燃料以可再生资源为生产原料，所以它们全生命周期内的CO_2排放比传统的化石燃料低很多。

第三节　后处理净化技术

一、汽油车的排气后处理技术

排放后处理技术是指在不影响或少影响发动机其他性能的同时，在排气系统中安装各种净化装置，采用物理和化学的方法降低排气中的污染物最终向大气环境的排放。

专门对发动机排气进行后处理的方法是将净化装置串接在发动机的排气系统中，在废气排入大气前，利用净化装置在排气系统中对其进行处理，以减少排入大气的有害成分。车用汽油机采用后处理装置较多。这些装置主要有三元催化转换器、热反应器、二次空气喷射系统和汽油机颗粒捕集器(GPF)等。

1. 三元催化转换器

三元催化转换器是目前应用最多的车用汽油机排气后处理净化装置。当发动机工作时,废气经排气管进入催化器,其中氮氧化物与废气中的一氧化碳、氢气等还原性气体在催化作用下分解成氮气和氧气;而碳氢化合物和一氧化碳在催化作用下充分氧化,生成二氧化碳和水蒸气。三元催化转换器的载体一般采用蜂窝结构,蜂窝表面有涂层和活性组分,与废气的接触表面积非常大,所以其净化效率高,当发动机的空燃比在理论空燃比附近时,三元催化剂可将90%的碳氢化合物和一氧化碳及70%的氮氧化物同时净化,因此这种催化器被称为三元催化转换器。目前,电子控制汽油喷射加三元催化转换器已成为国内外汽油车排放控制技术的主流。

1)三元催化转换器的组成

三元催化转换器的基本构造如图4-1所示,它由壳体、垫层、三元催化剂和陶瓷载体四部分组成。通常把催化剂涂层部分或载体和涂层称为三元催化剂。

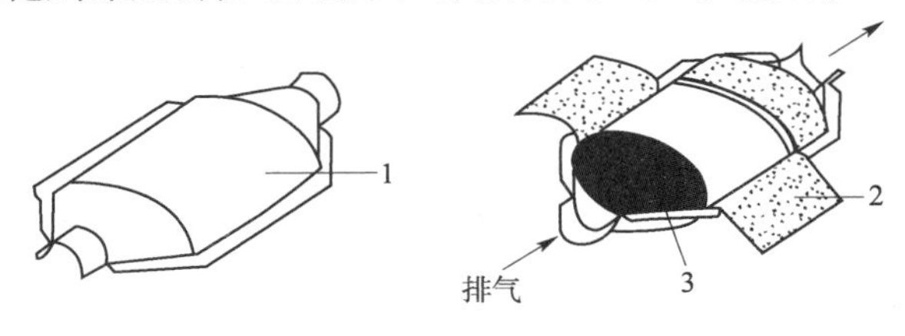

图4-1　三元催化转换器的基本构造

1-壳体;2-垫层;3-三元催化剂

(1)壳体。

壳体是整个三元催化转换器的支承体。壳体的材料和形状是影响催化转换器转化效率和使用寿命的重要因素。目前用得最多的壳体材料是含铬、镍等金属的不锈钢,这种材料具有热膨胀系数小、耐腐蚀性强等特点,适用于催化转换器恶劣的工作环境。壳体的形状设计,要求尽可能减少;经催化转换器气流的涡流和气流分离现象,防止气流阻力增大;要特别注意进气端形状设计,要保证进气流的均匀性,废气尽可能均匀分布在载体的端面上,使附着在载体上的活性涂层尽可能承担相同的废气注入量,让所有的活性涂层都能对废气产生加速反应的作用,以提高催化转换器的转化效率和使用寿命。

三元催化转换器壳体通常做成双层结构,并用奥氏体或铁素体镍铬耐热不锈钢板制造,以防因氧化皮脱落造成催化剂的堵塞。壳体的内外壁之间填有隔热材料。这种隔热设计可以防止发动机全负荷运行时由于热辐射使催化器外表面温度过高,并加速发动机冷起动时催化剂的起燃。为减少催化器对汽车底板的热辐射,防止进入加油站时因催化器炽热的表面引起火灾,避免路面积水飞溅对催化器的激冷损坏以及路面飞石造成的撞击损坏,在催化器壳体外面还设有半周或全周的防护隔热罩。

(2)垫层。

为了使载体在壳体内位置牢固,防止它因振动而损坏,以及补偿陶瓷与金属之间热膨胀性的差别,保证载体周围的气密性,在载体与壳体之间加有一块由软质耐热材料构成的垫层。垫层具有特殊的热膨胀性能,可以避免载体在壳体内部发生窜动而导致载体破碎。

另外,为了减小载体内部的温度梯度,以减小载体承受的热应力和壳体的热变形,垫层还应具有隔热性。常见的垫层有金属网和陶瓷密封垫层两种形式,其中陶瓷密封垫层在隔热性、抗冲击性、密封性和高低温下对载体的固定力等方面比金属网要优越,是主要的应用垫层;而金属网垫层由于具有较好的弹性,能够适应载体几何结构和尺寸的差异,在一定的范围内也得到了应用。

陶瓷密封垫层一般由陶瓷纤维(硅酸铝)、蛭石和有机黏合剂组成。陶瓷纤维具有良好的抗高温能力,使垫层能承受催化转换器中较为恶劣的高温环境,并在此条件下充分发挥垫层的作用。蛭石在受热时会发生膨胀,从而使催化转换器的壳体和载体连接更为紧密,还能隔热以防止过高的温度传给壳体,保证催化转换器使用的安全性。

(3)三元催化剂。

①三元催化剂的组成。

三元催化剂是三元催化转换器的核心部分,它决定了三元催化转换器的主要性能指标,其组成如图4-2所示。

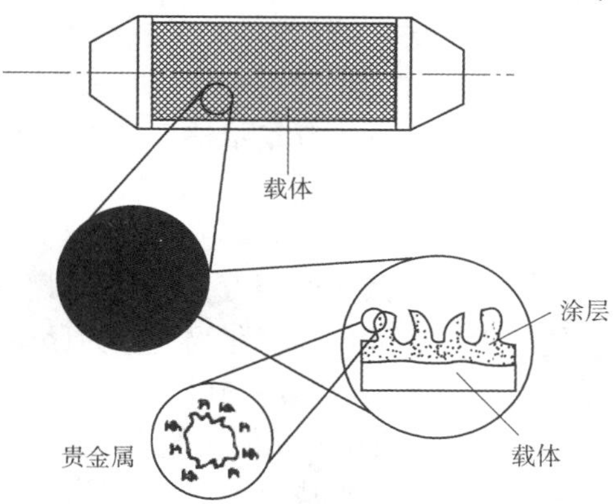

图4-2　三元催化剂的组成

a.载体。

蜂窝状整体式载体具有排气阻力小、机械强度大、热稳定性好和耐冲击等优良性能,故能被广泛用作汽车催化剂的载体。目前市场上销售的汽车排气净化催化剂商品均采用蜂窝状整体式载体,其基质有两大类,即堇青石陶瓷和金属,前者约占90%,后者约占10%。

汽车用蜂窝状整体式陶瓷载体一般用堇青石制造,它是一种铝镁硅酸盐陶瓷,其化学组成为 $2Al_2O_3 \cdot 2MgO \cdot 5SiO_2$,熔点在1450℃左右,在1300℃左右仍能保持足够的弹性,以防止在发动机正常运转时发生永久变形。一般认为堇青石蜂窝状整体式陶瓷载体的最高使用温度为1100℃左右。为增大蜂窝陶瓷载体的几何面积,并降低其热容量和气流阻力,载体采用的孔隙度已从早期的47孔/cm^2 到62孔/cm^2 再到93孔/cm^2,孔壁厚也由0.3mm到0.15mm再到0.1mm。因此,在不增加催化转换器体积的情况下,单位体积的几何表面积由2.2m^2/L增加到2.8m^2/L再到3.4m^2/L,从而大大提高了净化效率。

蜂窝状整体式金属载体的优点是起燃温度低、起燃速度快、机械强度高、比表面积大、传热快、比热容小、抗震性强和寿命长,可适应汽车冷起动排放的要求,并可采用电加热。在外部横断面相同的情况下,金属载体提供给排气流的通道面积较大,从而可降低排气阻力15%~25%,使发动机功率提高2%~3%。相同直径的蜂窝状整体式金属载体和陶瓷载体达到相同三效转化率时,金属载体的体积比陶瓷载体的体积小18%。但由于其价格比较昂贵,目前主要用于空间体积相对较小的摩托车以及少量汽车的前置催化转换器中,后者的主要目的是改善发动机的冷起动排放。

b.涂层。

由于蜂窝陶瓷载体本身的比表面积很小,不足以保证贵金属催化剂充分分散,因此常在其壁上涂覆一层多孔性物质,以提高载体的比表面积,然后再涂上活性组分。多孔性的涂层物质常选用氧化铝 Al_2O_3 与 SiO_2、MgO、CeO_2 或 ZrO_2 等氧化物构成的复合混合物。理想的涂层可使催化剂有合适的比表面积和孔结构,从而改善催化剂的活性和选择性,保证助催化剂和活性组分的分散度和均匀性,提高催化剂的热稳定性。同时,还可节省贵金属活性组分的用量,降低催化剂生产成本。

对于蜂窝状整体式金属载体,涂底层的方法并不适用,而是通常采用刻蚀和氧化的方法在金属表面形成一层氧化物,然后在此氧化物表面上浸渍具有催化活性的物质。

c. 活性组分。

汽车尾气净化用催化剂以铑(Rh)、铂(Pt)、钯(Pd)三种贵金属为主要活性组分,此外还含有铈(Ce)、镧(la)等稀土元素作为助催化剂。催化剂各组分的作用如下:

(a)铑。铑是三元催化剂中催化氮氧化物还原反应的主要成分。它在较低的温度下将氮氧化物还原为氮气,同时产生少量的氨,具有很高的活性。所用的还原剂可以是氢气也可以是一氧化碳,但在低温下氢气更易反应。氧气对此还原反应影响很大,在氧化型气氛下,氮气是唯一的还原产物;在无氧的条件下,低温时和高温时主要的还原产物分别是氨和氮气。但当氧浓度超过一定计量时,氮氧化物就不能再被有效地还原。此外,铑对一氧化碳的氧化以及烃类的水蒸气重整反应也有重要的作用。铑可以改善一氧化碳的低温氧化性能。但其抗毒性较差,热稳定性不高。在汽车催化转换器中,铑的典型用量为0.1~0.3g。

(b)铂。铂在三元催化剂中主要用来催化一氧化碳和碳氢化合物的氧化反应。铂对一氧化氮有一定的还原能力,但当汽车尾气中一氧化碳的浓度较高或有二氧化硫存在时,它没有铑有效。铂还原氮氧化物的能力比铑差,在还原性气氛中很容易将氮氧化物还原为氨气。铂还可促进水煤气反应,其抗毒性能较好。铂在三元催化剂中的典型用量为1.5~2.5g。

(c)钯。钯在三元催化剂中主要用来催化一氧化碳和碳氢化合物的氧化反应。在高温下它会与铂或铑形成合金,由于钯在合金的外层,会抑制铑的活性的充分发挥。此外,钯抗铅毒和抗硫毒的能力不如铂和铑,因此全钯催化剂对燃油中的铅和硫的含量控制要求更高。但钯的热稳定性较高,起燃活性好。

在汽车尾气净化用三元催化剂中,各个贵金属活性组分的作用是相互协同的,这种协同作用对催化剂的整体催化效果十分重要。

(d)助催化剂。助催化剂是加到催化剂中的少量物质,这种物质本身没有活性,或者活性很小,但能提高活性组分的性能——活性、选择性和稳定性。车用三元催化剂中常用的助催化剂有氧化镧和氧化铈,它们具有多种功能:储存及释放氧,使催化剂在贫氧状态下更好地氧化一氧化碳和碳氢化合物,以及在过剩氧的情况下更好地还原氮氧化物;稳定载体涂层,提高其热稳定性,稳定贵金属的高度分散状态;促进水煤气反应和水蒸气重整反应;改变反应动力学,降低反应的活化能,从而降低反应温度。

②三元催化剂的劣化机理。

三元催化剂的劣化机理是一个非常复杂的物理、化学变化过程,除了与催化转换器的设计、制造、安装位置有关外,还与发动机燃烧状况、汽油和润滑油的品质及汽车运行工况等使用过程有着非常密切的关系。影响催化剂寿命的因素主要有四类,即热失活、化学中毒、机械损伤以及催化剂结焦。在催化剂正常使用的条件下,催化剂的劣化主要是由热失活和化学中毒造成的。

a. 热失活。

热失活是指催化剂由于长时间工作在850℃以上的高温环境中,涂层组织发生相变、载体烧熔塌陷、贵金属间发生反应、贵金属氧化及其氧化物与载体发生反应而导致催化剂中氧化铝载体的比表面积急剧减小、催化剂活性降低的现象。高温在引起主催化剂性能下降的同时,还会引起氧化铈等助催化剂的活性和储氧能力的降低。

引起热失活的原因主要有三种:发动机失火,如突然制动、点火系统不良、进行点火和压缩试验等,使未燃混合气在催化器中发生强烈的氧化反应,温度大幅升高,从而引起严重的热失活;汽车连续在高速大负荷工况下行驶、产生不正常燃烧等,导致催化剂的温度急剧升高;催化器安装位置离发动机过近。催化剂的热失活可通过加入一些元素来减缓,如加入锆、镧、钕、钇等元素可以减缓高温时活性组分的长大和催化剂载体比表面积的减小,从而提高反应的活性。

b. 化学中毒。

催化剂的化学中毒主要是指一些毒性化学物质吸附在催化剂表面的活性中心不易脱附,导致尾气中的有害气体不能接近催化剂进行化学反应,使催化转换器对有害排放物的转化效率降低的现象。常见的毒性化学物主要有燃料中的硫、铅以及润滑油中的锌、磷等。

(a)铅中毒。铅通常是以四乙基铅的形式加入汽油中,以增强汽油的抗爆性。它在标准无铅汽油中的含量约为 1mg/L,以氧化物、氯化物或硫化物的形式存在。一般认为铅中毒可能存在两种不同的机理:一是在 700~800℃时,由氧化铅引起;二是在 550℃以下,由硫酸铅及铅的其他化合物抑制气体扩散引起。

(b)硫中毒。燃油和润滑油中的硫在氧化环境中易被氧化成二氧化硫。二氧化硫会抑制三元催化剂的活性,其抑制程度与催化剂种类有关。硫对贵金属催化剂的活性影响较小,而对非贵重金属催化剂活性影响较大。在常用的贵金属催化剂 Rh、Pt、Pd 中,Rh 能更好地抵抗二氧化硫对 NO 还原的影响,Pt 受二氧化硫影响最大。

(c)磷中毒。通常磷在润滑油中的含量约为 12g/L,是尾气中磷的主要来源。据估计汽车运行 8 万 km 大约可在催化剂上沉积 13g 磷,其中 93% 来源于润滑油,其余来源于燃油。磷中毒主要是磷在高温下可能以磷酸铝或焦磷酸锌的形式黏附在催化剂表面上,阻止尾气与催化剂接触所致,但向润滑油中加入碱土金属(Ca 和 Mg)后,碱土金属与磷形成的粉末状磷酸盐可随尾气排出,此时催化剂上沉积的磷较少,使 HC 的催化活性降低也较少。

c. 机械损伤。

机械损伤是指催化剂及其载体在受到外界激励负荷的冲击、振动乃至共振的作用下产生磨损甚至破碎的现象。催化剂载体有两大类:一类是球状、片状或柱状氧化铝;另一类是含氧化铝涂层的整体式多孔陶瓷体。它们与车上其他零件材料相比,耐热冲击、抗磨损及抗机械破坏的性能较差,遇到较大的冲击力时,容易破碎。

d. 催化剂结焦。

结焦是一种简单的物理遮盖现象,发动机不正常燃烧产生的炭烟都会沉积在催化剂上,从而导致催化剂被沉积物覆盖和堵塞,不能发挥其应有作用,但将沉积物烧掉后又可恢复催化剂的活性。

2)三元催化转换器的净化原理

三元催化转换器的净化原理是将理论比附近的 HC 氧化为 H_2O 和 CO_2,CO 氧化为 CO_2,NO 还原为 N_2,如图 4-3 所示。即通过有还原性成分的(HC、CO、H_2)和氧化性成分(NO、O_2)的化学反应产生无害成分(H_2O、CO_2、N_2),因此三元催化氧化系统的还原性气体和氧化性气体的量的平衡是最重要的条件。这些气体组成的平衡如果被破坏，即使用高活性的三效催化剂，也无法排出不能除去的多余有害成分。

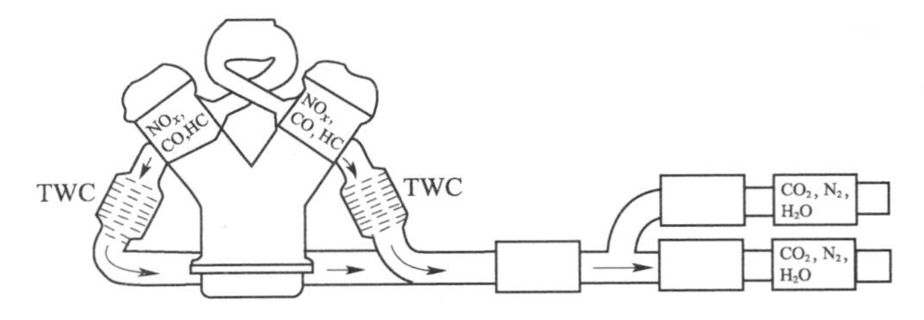

图 4-3　三元催化转换器净化原理示意图

3）三元催化转换器的性能指标

车用汽油机三元催化转换器的性能指标很多，其中最主要的指标是污染物转化效率和排气流动阻力。

污染物转化效率由下式定义：

$$\eta(i)=\frac{C_{\mathrm{i}}(i)-C_{\mathrm{o}}(i)}{C_{\mathrm{i}}(i)}\times 100\% \tag{4-1}$$

式中：$\eta(i)$——排气污染物 i 在催化器中的转化效率；

$C_{\mathrm{i}}(i)$——排气污染物 i 在催化器进口处的浓度或体积分数；

$C_{\mathrm{o}}(i)$——排气污染物 i 在催化器出口处的浓度或体积分数。

三元催化转换器对某种污染物的转化效率，取决于污染物的组成、催化剂的活性、工作温度、空间速度及流速在催化空间中分布的均匀性等因素，它们分别可用催化器的空燃比特性、起燃特性和空速特性表征；而催化器中排气的流动阻力则由流动特性表征。

（1）空燃比特性。

三元催化剂转化效率的高低与发动机可燃混合气的空燃比（A/F）或过量空气系数（φ_{a}）有关，转化效率随 A/F 或 φ_{a} 的变化称为催化器的空燃比特性。

当供给发动机的可燃混合气的空燃比严格保持为化学计量比时（$\varphi_{\mathrm{a}}=1.0$），三元催化剂几乎可以同时消除所有三种污染物。

如果发动机的可燃混合气浓度未保持在化学计量比时，三元催化剂的转化效率就会下降，如图 4-4 所示。对稀混合气（空气过量），NO 净化效率下降；对浓混合气（燃油过量），CO 和 HC 净化效率下降。

三元催化剂能理想工作的 φ_{a}“窗口”很窄，宽度只有 0.01 ~ 0.02（对应 A/F 窗口宽度 0.15 ~ 0.3），且并不相对 $\varphi_{\mathrm{a}}=1.00$ 对称，而是偏向浓的方向。在这个窗口工作，CO、HC 和 NO_x 的净化效率均可在 80% 以上。

（2）起燃特性。

三元催化剂转化效率的高低与温度密切相关，催化剂只有达到一定温度才能开始工作，这种特性称为起燃特性。起燃特性有两种评价方法：催化剂的起燃特性常用起燃温度评价，而整个催化转换器系统的起燃特性用起燃时间来评价。

图 4-5 所示为某催化剂的转化效率随气体入口温度 t_i 变化的情况。转化效率达到 50% 时所对应的温度称为起燃温度 t_{50}。起燃时间特性描述整个催化转化系统的起燃时间历程，将达到 50% 转化效率所需要的时间称为起燃时间 τ_{50}。

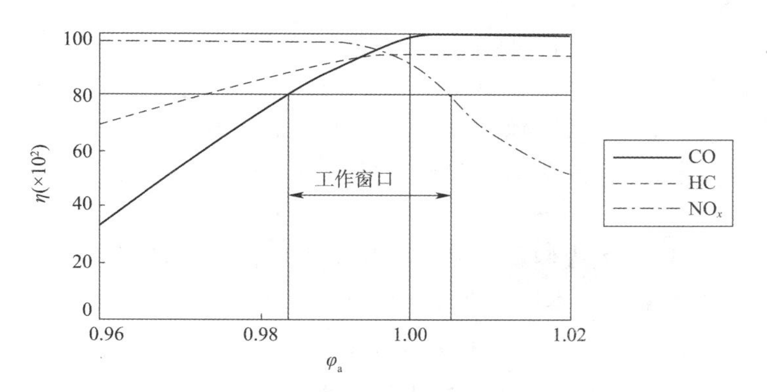

图 4-4 φ_a 对三元催化转换器转化效率 η 的影响

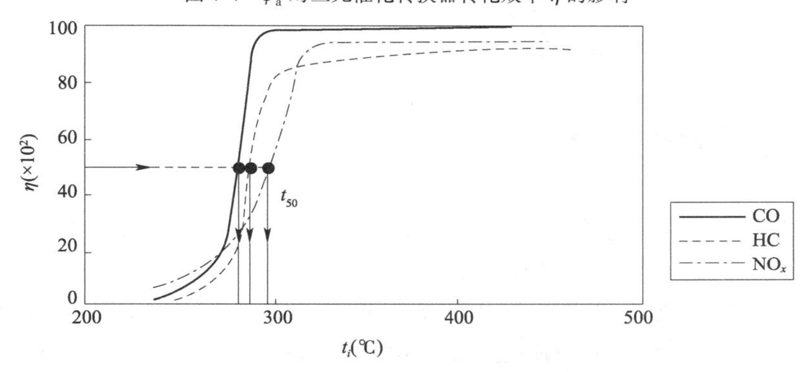

图 4-5 三元催化剂的起燃温度特性

起燃温度 t_{50} 和起燃时间 τ_{50} 评价的内容不完全相同。t_{50} 主要取决于催化剂配方，它评价的是催化剂的低温活性。而 τ_{50} 除与催化剂配方有关外，在很大程度上还取决于催化转换器系统的热容量、绝热程度以及流动传热传质过程，影响因素更复杂，但实用性更好。

到目前为止，起燃温度是最常用的起燃特性指标，其试验测定也简便易行。但为了满足未来更加严格的排放法规，必须重视对催化转换器起燃时间的研究。

(3)空速特性。

空速是空间速度的简称，其定义如下：

$$SV = \frac{q_v}{V_{cat}} \tag{4-2}$$

式中：SV——空速，s^{-1} 或 h^{-1}；

q_v——流过催化剂的排气体积流量(换算到标准状态)，L/s 或 L/h；

V_{cat}——催化剂体积，L。

空速的大小实际上表示了反应气体在催化剂中的停留时间 t_r(单位为 s)，两者的关系为：

$$t_r = \frac{\varepsilon}{SV} \tag{4-3}$$

式中：ε——催化床的空隙率，是由催化剂结构参数决定的常数。

空速 SV 越高，反应气体在催化剂中停留的时间 t_r 越短，会使转化效率降低；但同时由于反应气体流速提高，湍流强度加大，有利于反应气体向催化剂表面的扩散以及反应产物的脱附。因此，在一定范围内，转化效率对空速的变化并不敏感。

发动机在不同工况下运行时，催化器的空速会在很大范围内变化。怠速时 SV = 1 ~ 2s^{-1}，而在全速全负荷运行时，SV = 30 ~ 100s^{-1}。性能好的三元催化剂至少在 SV = 30s^{-1}内保持高的转化效率；而性能差的催化剂尽管在低空速(如怠速)时可以有很高的转化效率，但随空速的提高，其转化效率下降很快。因而，仅用怠速工况评价催化剂的活性是不充分的。

在催化剂的实际应用中，人们总希望用较小体积的催化剂实现较高的转化效率，以降低催化剂和整个催化转换器的成本。这就要求催化剂有很好的空速特性。一般来说，催化剂体积 V_{cat}与发动机总排量之比为0.5 ~1.0，即：

$$V_{cat} = (0.5 \sim 1.0) V_{st} \tag{4-4}$$

式中：V_{st}——发动机排量，L。

而贵金属用量与 V_{cat}的数值关系为：

$$m_{pm} = (1.0 \sim 2.0) V_{cat} \tag{4-5}$$

式中：m_{pm}——贵金属用量，g。

(4)流动特性。

催化转换器横截面上流速分布不均匀，不仅会使流动阻力增加，而且会使催化转换器转化效率下降和劣化加速。流速分布不均匀的表现一般是中心区域流速高，外围区域流速低，这样一来中心部分的温度过高，使该区催化剂很容易劣化，缩短了使用寿命；而外围温度又过低，使该区催化剂得不到充分利用，造成总体转化效率的降低。另外，流速分布不均匀还会导致载体径向温度梯度增大，产生较大热应力，加大了载体热变形和损坏的可能性。影响催化转换器流动均匀性的因素是多方面的，扩张管的结构、催化转换器的空速以及载体阻力等都对流动均匀性有很大影响。减小扩张管的扩张锥角，可以抑制气流在管壁的分离，从而可在减小气流局部流动损失的同时，改善气流在载体内的流动均匀性。对扩张管的形状、结构进行优化设计是改善催化转换器流动均匀性的一种有效方法。扩张管的扩张锥角不但影响气流沿横截面分布的均匀性，而且影响阻力。一般来说，90℃锥角是较好的选择。非圆截面催化器组织均匀流动较困难，必要时要采用复杂渐变的进口过渡段形状。采用增强型入口扩张管可以改善流速分布，降低催化转换器压力损失。采用合适的圆滑过渡型线的增强型入口扩张管，可以明显提高流速分布均匀性，并且气流基本上不发生边界层分离，但是圆滑过渡型线的增强型入口扩张管制造困难，且工艺较复杂，使制造成本增加，因此在设计时应综合考虑。

4)三元催化转换器的匹配

三元催化转换器与发动机以及汽车有一个非常重要的优化匹配问题。催化转换器性能再好，但如果系统不能给它提供一个合适的工作条件(如空燃比、温度及空速等)，催化转换器就不能高效地净化排气污染物。反之，催化器在设计时，也应根据具体车型原始排放水平的不同、要满足的排放法规的不同、对动力性和经济性等指标的要求不同等条件来确定设计方案。催化转换器的匹配主要包括以下几个方面：①催化转换器与发动机特性的匹配；②催化转换器与电控燃油喷射系统的匹配；③催化转换器与排气系统的匹配；④催化转换器与燃料及润滑油的匹配；⑤催化转换器与整车设计的匹配。催化转换器的匹配是一项交叉于汽车、材料和化学等不同领域的、涉及范围很广的技术，在此不做赘述。

2. 热反应器

1)热反应器的作用及 CO 与 HC 的氧化

(1)热反应器的作用。

热反应器是一种直接连接在汽缸盖上,促使排气中的 CO 和 HC 进一步氧化的装置,其结构示意图如图 4-6 所示。它除具有促进热的排气和喷入排气口的二次空气(在浓混气工况时)的混合外,还具有消除排气在成分和温度上的不均匀性,使气体保持高温,并增加 CO、HC 在高温中滞留时间的作用。

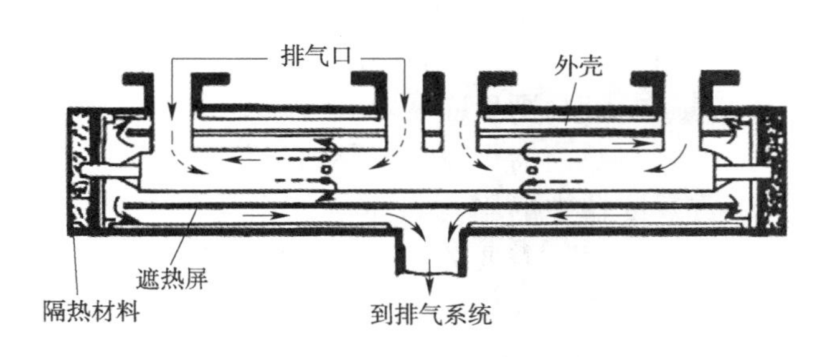

图 4-6 热反应器结构示意图

(2)CO 和 HC 的氧化条件。

当无催化剂存在时,氧化 HC 需要的温度约 600℃,需要的反应停留时间约 50ms;而 CO 氧化所需的反应温度则高达 700℃左右。汽油机排气温度的变化范围大致是:怠速时 300 ~ 400℃,中等负荷 400 ~ 600℃,全负荷时 900℃。可见,在大部分工况下,汽油机排气温度难以达到 HC 和 CO 氧化时所要求的 600 ~ 700℃的高温。

另外,普通汽油机常用混合气空燃比的范围为 11 ~ 18,稀燃汽油机的空燃比可达 18 以上,分层燃烧时平均空燃比可达 25 或更高。在稀混合气条件时,有足量的氧气氧化 HC 和 CO;但在浓混合气工况,无富余的氧气氧化 HC 和 CO,此时,还需要解决氧气的问题。

2)热反应器的设计要求与结构特点

(1)热反应器的设计要求。

为了实现 CO 和 HC 的氧化,应该保证热反应器内有 600 ~ 700℃的高温、CO 和 HC 能与氧气相遇,并有反应所需的停留时间。可见,热反应器必须具有保温措施、比排气直接排出时更长的流动路径和使气体在其中进一步均匀混合的功能。反应器的有效性取决于运行温度、过量空气系数和反应气体良好混合及反应器中高温流动路径长短。其中,运行温度取决于反应器进口处的温度、热损失以及反应器内燃烧的 HC、CO 和 H_2 的数量。特别是后一因素十分重要,如 1.5% 的 CO 燃烧可引起约 220℃的温度升高量。可见,浓混合气运行条件时,反应器的中心温度容易达到 CO、HC 的氧化温度;但在稀混合气运行条件时,则存在一定困难,因而净化效果很不理想。

浓混合气运转条件下热反应器的净化效率取决于引入氧气的多少及其在反应器中心部位与排气的充分混合。氧化 HC 和 CO 所需的氧气通常采用“二次空气”方案,引入二次空气的多少由汽油机工作的混合比决定。若热反应器中的平均过量空气系数在 1.1 ~ 1.2 范围内,则认为此时引入的二次空气量是合适的。另外,设计热反应器时应有效地利用热反应净化器的内部空间,综合考虑排气滞留时间和排气阻力两方面的影响。

(2)热反应器的结构特点。

热反应器主要由保温装置、混合装置和二次空气装置组成。反应器两端采用隔热材料保温,径向采用多层壁面和防热辐射材料。

常见的热反应器的保温措施是采用防辐射壁面防止辐射放热和采用绝热材料(如石棉等)隔热等。如采用石棉保温时,需要大约20mm厚的填充层。热反应器中实现排气和二次空气混合的措施主要有两个:一是合理设计热反应器和使用导流片,使排气和二次空气在反应器中形成湍流和速度差,如在钢板反应器内套上开设小孔等;二是使二次空气的入口应迎着排气流动方向。常见的二次空气的供给方式有利用排气管内排气压力脉动式及压差(利用气泵或压缩空气)式两种。二次空气量对HC净化率的影响如图4-7所示,当供给的"二次空气"过少时,则反应器中氧气供给不足;当"二次空气"过多时,反应器中氧气过剩,温度降低,反应速率降低。在反应器中的平均过量空气系数约1.15时,HC净化率最大。但需要注意的是,并不是反应器中的平均过量空气系数大于1,就能保证HC达到100%的氧化率,这主要是因为无法实现二次空气和排气的完全混合。

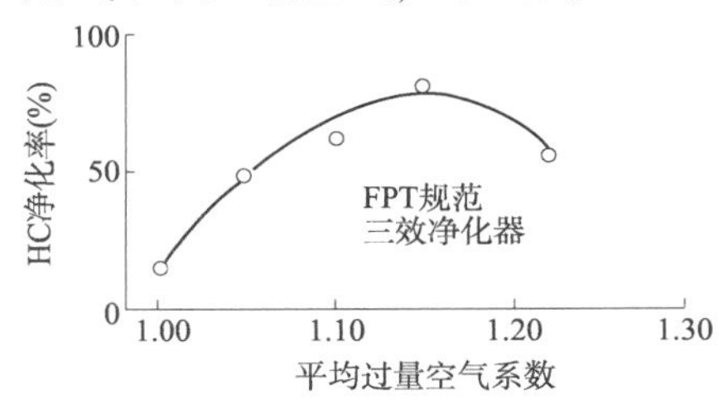

图4-7 二次空气量对HC净化率的影响

3)热反应器的净化效果

三菱公司在缸内直喷汽油机采用了热反应器式排气管,目的是增加排气在排气管中滞留时间,使其与空气产生氧化反应,并使膨胀行程后期的二段燃烧在排气管中可以继续进行,缩短催化剂启燃时间。无热反应器式排气管的发动机起动后达到催化剂工作温度(250℃)需要100s以上(图4-8),采用二段燃烧后,达到这一温度的时间缩短了50%。

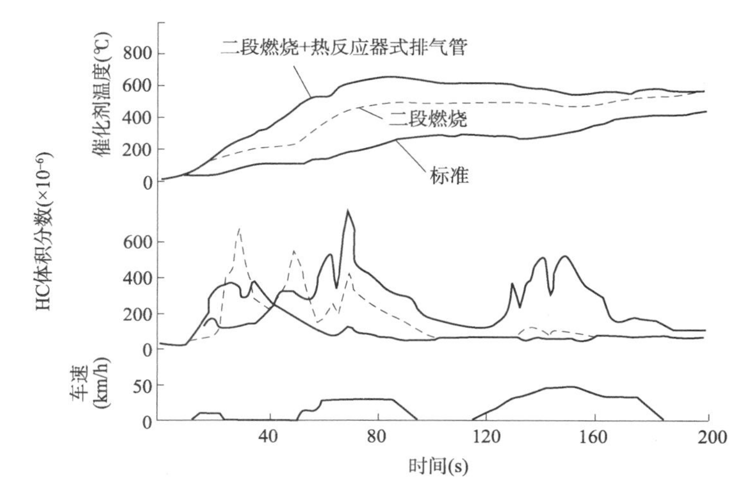

图4-8 热反应器在降低HC排放中的效果

使用热反应式排气管后,时间缩短到约20s,从而大幅减少了发动机起动后的HC排放。可见,热反应器对降低HC排放非常有效。

3. 二次空气系统

二次空气系统主要用于浓混合气燃烧产物中CO和HC的氧化,即为氧化催化器提供氧气。图4-9所示为丰田发动机使用的二次空气系统的组成及其在车辆上的安装位置示意图。二次空气系统主要由共振室、弹簧阀、止回阀、真空开关阀和连接软管等组成,二次空气系统的三个接头分别与进气管、排气管和空气滤清器相连。二次空气系统与排气管的连接位置位于催化转换器上游,二次空气系统与进气管的连接位置位于节气门之后。当真空开关阀打开时,弹阀在排气压力脉冲的作用下打开,使二次空气进入反应器上游,达到净化 CO 和 HC 的目的。

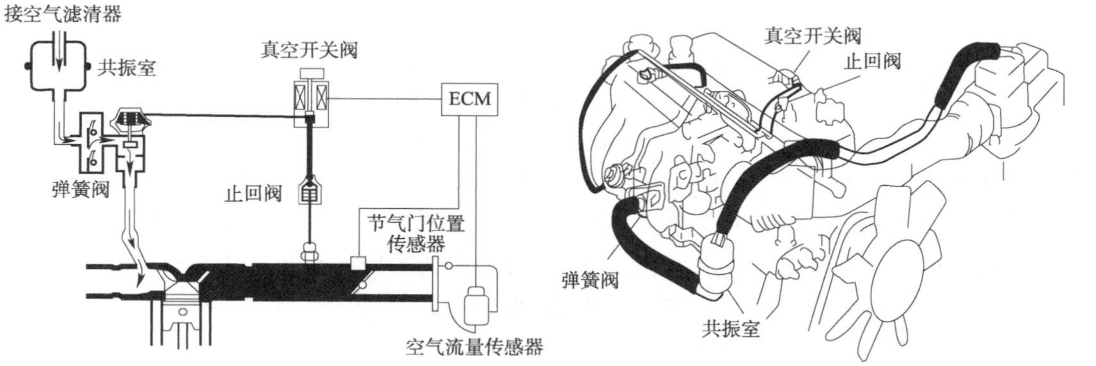

图 4-9 二次空气系统组成及其在车辆上的安装位置示意图

4. 汽油机颗粒过滤器(GPF)

与普通工作于理论空燃比的传统进气道喷射(Port Fuel Injection,简称 PFI)汽油机相比,缸内直喷(Gasoline Direct Injection,简称 GDI)汽油机由于可以精确计量进入汽缸的燃油,快速改变汽油机工作所需空燃比和提高冷起动时的排气温度,加之采用更高的压缩比和多种燃烧模式,因而其发动机动力性和燃油经济性较好,瞬态响应快,气体污染物排放少。

基于以上优势以及近年来汽车碳排放控制目标加严的实际,GDI 汽车的市场份额快速增大,GDI 也因此成为汽油乘用车市场的主流技术。但 GDI 汽油车也面临着颗粒物排放增多的技术问题亟待解决。欧洲运输与环境联合会的报告表明,GDI 发动机颗粒质量排放比 PFI 发动机多 10 倍,颗粒数量超过 100 倍。安装汽油颗粒过滤器(GPF)的汽车按照 NEDC、WLTP 和美国 US06 驾驶循环行驶时,GDI 汽车颗粒排放减少 99% 以上。因此,安装 GPF 后处理装置是降低 GDI 汽油机排气颗粒物最为有效的措施。

GPF 设计及工作原理与 DPF 差别较大,主要表现在:一是 GPF 多用于轻型汽车,要求结构紧凑,过滤体体积较小,易于布置;二是汽油机排气温度高,GPF 可以采用被动再生,可以用主动再生系统;三是汽油机颗粒物粒径小,GPF 滤芯材料的平均微孔直径等应与 DPF 有所区别。大量研究表明,GDI 汽油车安装 GPF 后,既可有效减少颗粒物排放量,也可降低排气噪声。

GPF 与 DPF 结构非常相似,并且以类似的方式工作。GPF 也具有蜂窝结构,通常由合金、堇青石陶瓷等制成,具有交替密封的入口和出口通道。GPF 的性能参数与 DPF 类似,主要有过滤效率、压降、微粒物最大允许堆积量、最高再生温度和可靠性等。排气流过过滤器的多孔过滤壁面时,颗粒物被截留在多孔壁面表面或内部微孔中,气体从出口通道排出,GPF 的通道密度几乎与 DPF 相同,一般为 31 ~ 54 个/cm^2。GPF 与 DPF 的主要区别在于 GPF 的过滤材料更轻(微孔直径大)、孔隙率更高、排气通过过滤壁面的压降更小。

二、柴油车的排气后处理技术

与汽油机一样,仅依靠对缸内燃烧过程的优化很难使柴油机满足日益严格的排放法规。

事实上，由于其独特的燃烧特点，现代柴油机对排气后处理技术的依赖程度远超汽油机。排气后处理系统的成本甚至已经占据现代柴油机生产成本中的绝大部分。鉴于巨大的市场潜力，在过去的20年时间里，市场上出现了各种各样的柴油机后处理技术路线，但应用最为广泛的仍然以柴油机氧化催化转换器(DOC)、柴油车颗粒过滤器(DPF)和选择性催化还原(SCR)为主。

1. 柴油机氧化催化转换器(DOC)

柴油机氧化催化转换器常用英文 Diesel Oxidation Catalysts 的首字母 DOC 表示，它是柴油车最早应用和最常见的后处理装置。DOC 的结构与汽油车的 TWC(Three Way Catalytic Converter，三元催化转换器)基本相同，催化剂涂覆于 DOC 的多孔陶瓷载体上，气体流过涂覆了催化剂的涂层的孔道。DOC 的涂层主要用于提高催化剂的活性和高温稳定性，常见的材料有 Al_2O_3、SiO_2、CeO_2、TiO_2、ZrO_2、V_2O_5、La_2O_3 和沸石类等。粗糙多孔的涂层表面可大大增加载体壁面的实际催化反应表面积，一般要求催化剂的比表面积大于 $100m^2/g$。DOC 的贵金属或金属氧化物催化剂，以及作为助催化剂的金属材料被均匀地分散在涂层表面，涂层材料和涂层的制备工艺与催化器性能密切相关。

DOC 的贵金属催化剂主要有 Pt、Pd 等，氧化催化剂多为 Pt 和 Pd 按质量比 5:2 配制的混合物，负载量为 1.77～2.47g/L。Pd 的催化活性虽然不如 Pt，但产生的硫酸盐要少得多，价格便宜，因此 Pd 作为 DOC 的催化剂得到广泛应用。当使用 Pt 系催化剂时，燃烧产物中的 SO_2 将被催化氧化为 SO_3 并产生大量的硫酸盐，附着在 PM 上或在排气过程形成新的 PM，使 PM 排放总量比未使用催化剂时增加。特别是使用高硫含量燃料时，PM 排放量明显增大。使用 Pd 系催化剂，可溶性有机物成分(Soluble Organic Fraction，简称 SOF)排放明显降低、硫酸盐的生成量也不大，颗粒排放总量相比使用 Pt 可降低约 1/3。

DOC 作为 DPF 和 USCR(柴油机后处理系统)前置催化器在柴油车上广泛使用，其主要功用是将排气中的 NO 氧化为 NO_2，增加排气中 NO_2 的含量，促进 USCR 中 NO 还原反应的快速进行和降低颗粒物的着火温度、提高 PM 的氧化燃烧速率、降低 DPF 的再生能耗。当然，DOC 也兼备单独安装于柴油机时具备的减少 PM、HC 和 CO 三种污染物的基本功用。

DOC 在部分柴油车上也作为 USCR 的后置催化器使用，这种 DOC 的主要功用就是催化氧化 SCR 系统泄漏的氨气，故也称氨捕集器等，经常用英文缩写 ASC(Ammonia Slip Catalyst)表示。

DOC 的历史可以追溯到 20 世纪 70 年代，它最早应用于地下开采机械的柴油机上。20 世纪 80 年代后期，DOC 被用于轻型汽车柴油机的 HC 和 CO 排放控制，大众公司最早把 DOC 用于轻型柴油车，在 1989 年大众的柴油动力高尔夫环境(Umwelt)轿车上安装了 DOC，但仅作为选配装置推荐使用。DOC 更大范围内的应用始于 1996 年欧Ⅱ标准的实施，成为标准配备则始于 2000 年欧Ⅲ实施以后。随着 PM 和 NO_x 排放限值的加严，进入 21 世纪以后，DOC 作为 USCR 的前、后置催化器以及 DPF 前置催化器的应用越来越广泛。目前我国、欧洲、美国、日本等国家和地区市场的新柴油乘用车以及轻型和重型柴油车一般均装备了 DOC。

DOC 作为柴油车后处理装置单独使用时的主要不足是不能除去 PM 中的炭粒部分；燃用高硫柴油时，催化剂易中毒失效，并且会把含硫燃料燃烧产生的 SO_2 氧化为 SO_3，增加排气中硫酸或硫酸盐的含量，导致颗粒物排放总质量增加和排气毒性增大；不能净化排气中的

NO_x,反而增加了 NO_x 中毒性更大的 NO_2 的比例。

2. 柴油车颗粒捕集器(DPF)

柴油机颗粒的各种净化技术各有优缺点,要有效地降低柴油机微粒排放,应合理地利用各种净化技术的优点,并从燃料、燃烧、进气、燃油喷射以及后处理等各方面综合考虑。通过对多种捕集柴油机排气微粒途径的比较,普遍认为较为可行的方案是采用过滤材料对排气进行过滤捕集,即颗粒捕集器法。柴油机颗粒捕集器(DPF)被公认为是柴油机颗粒排放后处理的主要方式。国际上对颗粒捕集器的研究始于20世纪70年代,现已逐步形成商品化产品。第一辆使用颗粒捕集器的汽车是1985年德国奔驰公司生产的出口到美国加利福尼亚的轿车。随着排放法规的日趋严格,如今发达国家安装颗粒捕集器的柴油车逐渐增多,如奥迪、帕萨特和奔驰等部分乘用车安装了颗粒捕集装置。目前,比较成熟且应用较多的产品是美国康宁(Corning)公司和日本NGK公司生产的壁流式蜂窝陶瓷颗粒捕集器。美国Johnson Matthey公司开发的连续催化再生颗粒捕集器以高的捕集效率和再生效率受到关注。颗粒捕集器的关键技术是过滤材料的选择与过滤体的再生,其中又以后者尤为重要。下面主要介绍颗粒捕集器的过滤机理、过滤体材料及其结构、过滤体再生技术三方面内容。

1)过滤机理

通过对柴油机排气颗粒各种捕集途径的研究,宜采用多孔介质或纤维过滤材料对排气进行过滤,目前应用最多的是壁流式蜂窝陶瓷。在过滤过程中,颗粒的特性、排气的相关参数和过滤材料的性能要素(如过滤体的几何尺寸、过滤体各结构元件的尺寸和结构元件的分布排列、过滤体的孔隙率等)分别对颗粒的捕集产生影响。一个好的过滤体既要过滤效率高,又要压力损失小。

颗粒捕集过程可以按过滤体结构特征不同分为表面过滤型和体积过滤型两种。前者主要用比较密实的过滤表面阻挡颗粒,后者主要用比较疏松的过滤体积容纳颗粒。表面过滤型过滤体一般单位体积的表面积很大,材料壁薄,既可获得较高的过滤效率,又具有较小的流动阻力,但过滤体形状复杂,在高的温度和温度梯度下易损坏。体积过滤型过滤体一般很难兼顾高效率和低阻力,但由于结构均匀,不易产生很大的热应力。

采用不同过滤材料的颗粒捕集器结构可能各不相同,但过滤机理基本一致。当用由细孔或纤维构成的过滤体来捕集柴油机排气中的颗粒时,存在以下四种过滤机理:扩散机理、拦截机理、惯性碰撞机理和重力沉积机理,如图4-10所示。由于柴油机排气颗粒质量小、流速快、通常可以忽略重力的影响,所以一般可不考虑重力沉积机理对颗粒捕集效率的影响。

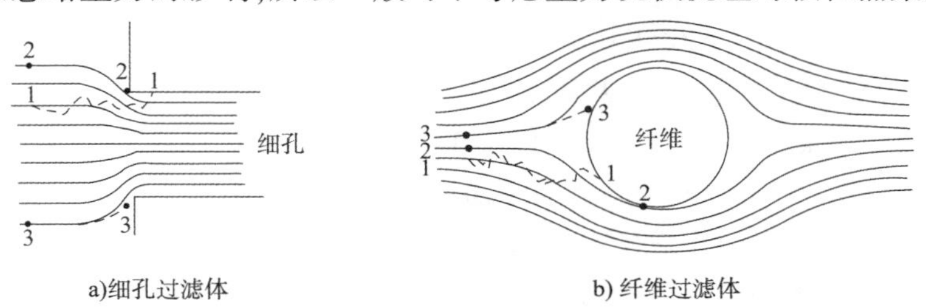

a)细孔过滤体　　b)纤维过滤体

图4-10　颗粒沉积的三种原理

1-扩散机理颗粒;2-拦截机理颗粒;3-惯性碰撞机理颗粒

在介绍各种过滤机理之前,先作下列假设:

①把壁流陶瓷过滤体简化为由许多微观过滤单元构成的组合体,将壁流陶瓷的壁面拟

成一系列直的平行毛细管，且各毛细管各自独立，气流的流动互不干扰。毛细管的长度等于壁厚值，管半径等于实际壁上微孔的平均半径 R。

②颗粒与过滤表面的碰撞效率为 1，即颗粒一旦触及过滤表面就被捕集。

③沉积的颗粒对于过滤过程没有进一步的影响。

(1)扩散机理。

在排气气流中，颗粒由于受到气体分子热运动的碰撞而做布朗运动，使颗粒的运动轨迹与流体的流线不一致。初始排气中的颗粒浓度分布是均匀的，布朗运动不会引起颗粒的宏观输运，即颗粒浓度分布的均匀性不会发生改变。但是，当流场中出现捕集物后，捕集物对颗粒的运动起到了汇集的作用，从而造成排气中颗粒分布的浓度梯度，引起颗粒的扩散输运，使颗粒脱离原来的运动轨迹向捕集物运动而被捕集。在壁流陶瓷的壁面和微孔内的空间，细小的颗粒在布朗运动作用下扩散至壁面和微孔的内表面。颗粒的尺寸越小，排气温度越高，则布朗运动越剧烈，扩散沉积作用越明显。

扩散捕集效率与颗粒尺寸半径 r、过滤体壁厚、壁面平均微孔径 R 以及微孔内的平均流速 V 有关。由图 4-11 可以看出，当颗粒直径小于 1μm 时，需要考虑颗粒的扩散作用；当颗粒的直径小于 0.1μm 时，扩散作用已经十分显著。由于大部分柴油机排气颗粒属于亚微米范畴，因此对于柴油机排气颗粒的过滤，扩散捕集是十分重要的。对于扩散作用剧烈的细小颗粒，其扩散捕集仅发生在微孔内距入口很近的范围内，减小平均微孔径可以提高颗粒的扩散沉积效率，但是这会导致过滤体压力损失的上升。由于排气流速决定了颗粒在过滤体内的滞留时间，因此排气流速对扩散捕集效率的影响非常明显，排气流速越低，扩散捕集效率越高。降低流速是提高扩散沉积效率的有效方法，由于柴油机的排气流量随其工况在一定范围内变化，因此可通过增大总过滤表面积和壁面孔隙率来降低微孔内的平均流速。

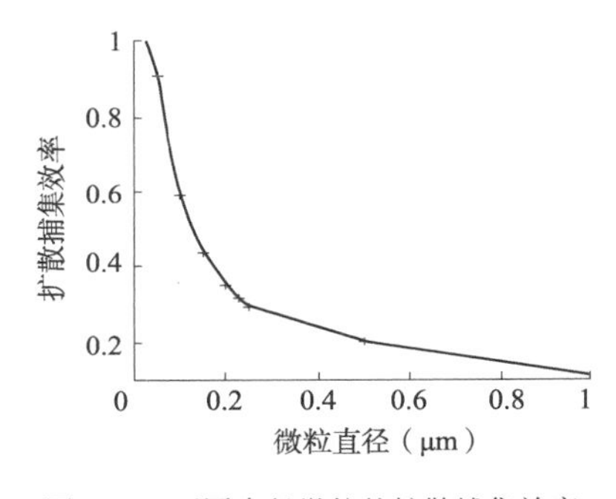

图 4-11　不同直径微粒的扩散捕集效率

(2)拦截机理。

拦截机理与颗粒的尺寸有关，认为颗粒只有大小而没有质量，不同大小的颗粒都将随流线绕捕集物流动。当颗粒接近过滤表面，一旦颗粒与过滤表面的距离小于或等于其半径，即颗粒半径大于或等于过滤微孔直径时，颗粒就被拦截捕集，过滤体起了筛子的作用，这就是拦截机理。过滤体的拦截机理在颗粒的捕集中扮演着十分重要的角色，但这并不意味着过滤体本身具有较强的拦截作用。事实上，过滤体的平均微孔直径最小也有数微米，而 90% 以上的柴油机颗粒直径在 1μm 以下，显然不满足拦截条件。但由于各沉积机理综合的作用，颗粒会在过滤体表面堆积，其效果等同于减小过滤体微孔孔径，使拦截作用加强。如图 4-12 所示，这种拦截机理是过滤体后期非稳态过滤的主要捕集机理。

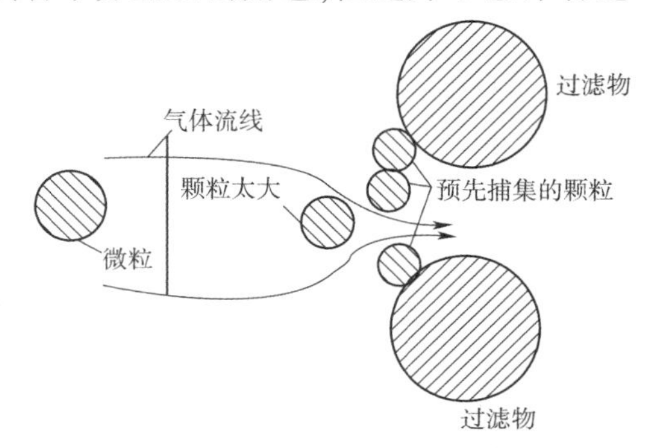

图 4-12　微粒的拦截过滤

(3)惯性碰撞机理。

在惯性碰撞机理中，一般把颗粒理想化为只有质量而没有体积的质点。当气流流入微孔内时,气流收缩导致流线弯曲,由于颗粒的质量是气体微团的几十倍甚至上百倍,当气流转折时,颗粒仍有足够的动量按原运动方向继续对着捕集物前进而偏离流线,偏离的结果使一些颗粒碰撞到捕集物而被捕集分离,这就是所谓的惯性碰撞机理。

由于柴油机颗粒质量太小,其扩散作用要强于惯性作用,所以过滤体对柴油机颗粒的惯性捕集效率较扩散捕集效率低。因柴油机颗粒浓度分布主要集中在直径 0.1μm 左右,在这个粒径范围内,过滤体的平均微孔径和孔隙率以及表观流速的变化对颗粒惯性沉积作用的影响十分微弱,所以通过改变过滤体微观过滤单元的分布尺寸和气流的表观流速来提高柴油机微粒的惯性沉积效率意义不大。

(4)综合过滤机理。

在颗粒的过滤过程中,扩散、拦截和惯性碰撞通常是组合在一起同时起作用的,但这三种机理并不是完全独立的。事实上,一个被捕集的颗粒到底由哪种机理捕集得到是很难分清的,因为它可能同时满足两种捕集机理的条件,因此简单地将三种捕集机理的效率相加,会导致计算结果比实际效率高,甚至超过1,这显然是不合理的。如果扩散、拦截和惯性碰撞三种机理同时作用,理论上存在透过性最大的颗粒直径,若颗粒直径小于这个直径,则扩散作用占主导,总的捕集效率随直径的减小而降低;若颗粒直径大于这个直径,则拦截和惯性碰撞作用占主导,总的捕集效率随直径的增大而提高。

2)过滤体材料及其结构

过滤材料的结构与性能对整个颗粒捕集系统的性能(如压力损失、过滤效率、强度、传热和传质特性等)有很大的影响。颗粒捕集器对过滤材料的要求是:具有高的颗粒过滤效率、小的排气阻力、高的机械强度和抗振动性能,并且还须具备抗高温氧化性、耐热冲击性和耐腐蚀性。其中高的过滤效率与小的排气阻力是一对矛盾因素,选择材料时要综合考虑这两方面的性能。另外,柴油机的相关参数(如排量、排气温度、流速和颗粒含量等)、柴油机的运行环境和匹配对象等因素也影响到材料的选用。目前国内外研究和应用的过滤材料主要有陶瓷基、金属基和复合基三大类。

(1)陶瓷基过滤材料。

目前,国内外研究和应用最多的是陶瓷基过滤材料,它们通常由氧化物或碳化物组成,具有多孔结构,在700℃以上能保持热稳定,比表面积大于 $1m^2/g$,主要结构包括蜂窝陶瓷、泡沫陶瓷及陶瓷纤维毡。

蜂窝陶瓷常用热膨胀系数低、造价低廉的堇青石($2MgO \cdot 2Al_2O_2 \cdot 5SiO_7$)制成,这种材料开发最早,使用最广,有壁流式、泡沫式等多种结构。目前在颗粒捕集器过滤体上研究使用较多的是壁流式蜂窝陶瓷,NGK、Coming 与 JM 等公司生产的颗粒捕集器主要采用这种材料。壁流式蜂窝陶瓷具有多孔结构,相邻两个孔道中,一个孔道入口被堵住,另一个孔道出口被堵住,如图 4-13 所示。这种结构迫使排气从入口敞开的进气孔道进入,穿过多孔的陶瓷壁面进入相邻的出口敞开的排气孔道,而颗粒就被过滤在进气孔道的壁面上,这种颗粒捕集器对颗粒的过滤效率可达 90% 以上。可溶性有机物成分(SOF,主要是高沸点 HC)也能被部分捕集。近年来,蜂窝陶瓷在制造技术上取得明显的突破,壁厚减薄,开口横截面积增大,从而降低了压力损失,扩大了使用范围。常用堇青石蜂窝陶瓷的技术指标见表 4-2。但是,该种陶瓷受温度影响较大,排气温度较低时沉积在壁面的 HC 成分将在排气温度升高时重新挥发出来并排向大气，造成二次污染。若采用热再生，导热系数小的堇青石容易受热不均而局部烧融或破裂。为此，人们研究改性堇青石、莫来石以及 SiC 等新型材料来弥补这一缺陷。其中 SiC 以其更好的热稳定性和更高的导热率越来越受到重视，它具有良好的机械性能，散热均匀，解决了热再生难的问题，但较大的热膨胀系数使它在高温下易开裂。SiC 与堇青石作为蜂窝过滤材料的特性比较见表 4-3。

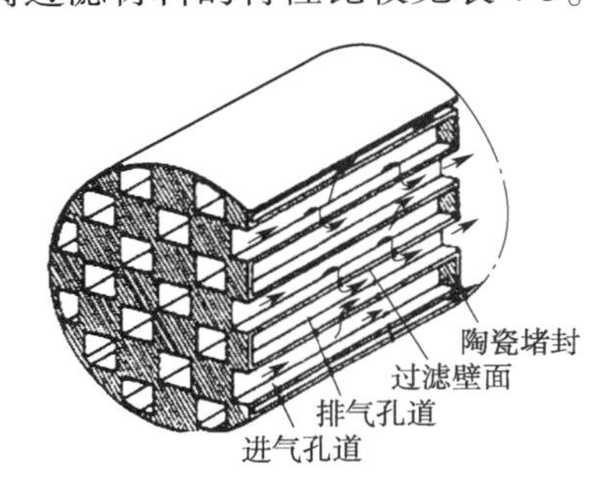

a)壁流式蜂窝陶瓷整体结构

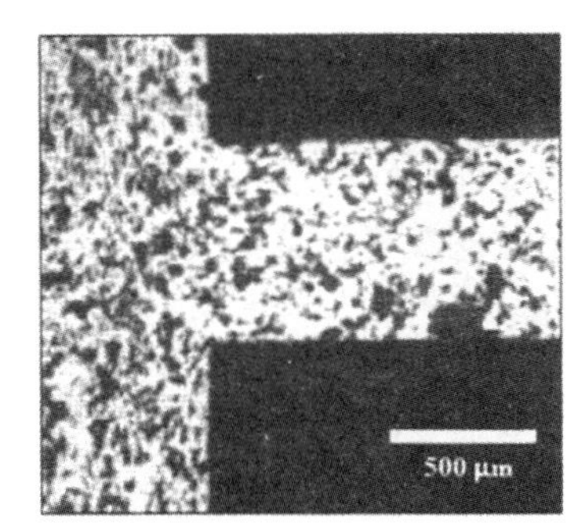

b)多孔陶瓷微观结构

图 4-13　壁流式蜂窝陶瓷结构

堇青石蜂窝陶瓷技术指标　　表 4-2

指标项目	单位	指标取值	指标项目	单位	指标取值
主晶相含量	%	≥85	吸水率	%	20 ~ 40
孔数	$cell/inch^2$	100 ~ 400	热膨胀系数	$\times10^{-6}$/℃	1.0 ~ 2.0
壁厚	mm	0.2 ~ 0.6	熔化温度	℃	1340
开孔面积	%	60 ~ 80	抗压强度	MPa	轴向≤12，径向≤4
容重	g/cm^2	0.4 ~ 0.6	比表面积	m^2/g	≤1
气孔率	%	25 ~ 50	气孔率	mm	柱形≤φ240 × 240，方形≤200 × 200 × 250
微孔平均孔径	μm	2 ~ 40			

注：$1inch^2 \approx 6.45cm^2$。

SiC 与堇青石作为蜂窝过滤材料的特性比较　　表 4-3

过滤体材料特性	SiC	堇青石	过滤体材料特性	SiC	堇青石
体积密度(g/cm^3)	1.8	1.0	断裂模量(MPa)	19.5	3.5
空隙率(%)	50	46	25℃时的热导率(W/m℃)	11	<0.5
孔密度(cm^{-2})	8	16	630℃时的热导率(W/m℃)	7	<0.5
通孔尺寸(mm)	2.5 × 2.5	2.1 × 2.1	热膨胀系数($\times10^{-6}$/℃)	4.6	1.0
弹性模量(GPa)	85	5	熔点/分解温度(℃)	2300	约 2300
泊松比	0.16	0.26			

以壁流式蜂窝陶瓷作为过滤体的颗粒捕集器产生的压力损失主要包括陶瓷壁面产生的压力损失、炭烟颗粒层产生的压力损失、进排气孔道内部流动摩擦引起的沿程损失、进气孔道入口处流动面积突然变小产生的局部损失和排气孔道出口处由于流动面积突然变大产生的局部损失。一般应用于颗粒捕集器的蜂窝陶瓷过滤体的体积至少等于柴油机的排量，对

于尺寸限制不太重要的重型车用柴油机来说，有时用体积等于排量两倍的过滤体把阻力限制到合理的水平（约 10kPa）。大型柴油机可用多个过滤体并联工作的方案，因为尺寸过大的过滤体在热再生时可能因热应力过大而损坏。

泡沫陶瓷与蜂窝陶瓷相比，可塑性大大增强，孔隙率大（80% ~90%），且孔洞曲折，其显微结构如图 4-14 所示。泡沫陶瓷的这种结构可改善反应物的混合程度，有利于表面反应；它的热膨胀系数各向同性，具有更好的热稳定性，因此近些年被用作柴油机排气颗粒的过滤材料，但需解决捕集效率较低及烟灰吹除难等问题。泡沫陶瓷的工作原理主要是深床过滤，部分颗粒物渗入多孔结构中，有利于颗粒物与催化剂的接触。氧化锆增韧氧（ZTA）化铝是一种广泛研究的泡沫陶瓷材料，相对于堇青石等其他陶瓷材料，ZTA 基本上不与催化剂发生反应，因而更可取。催化剂一般为 Cs_2O、MoO_3、V_2O_5 和 Cs_2SO_4 的低熔共晶混合物，沉积在泡沫陶瓷表面，可将炭烟的起燃温度降低到 375℃，有利于过滤材料的再生。

陶瓷纤维材料不受固定尺寸的限制，给过滤体的孔形状和孔分布提供了广泛的选择余地，通过改变各种设计参数可使应用效果最佳。陶瓷纤维毡具有高度表面积化的特点，过滤体内纤维表面全是有效过滤面积，过滤效率可高达 95%，其结构如图 4-15 所示。美国 3M 公司生产的颗粒捕集器采用该材料，它能承受再生时的较高温度。但陶瓷纤维是一种脆性的耐高温材料，生产工艺较复杂且易损坏。

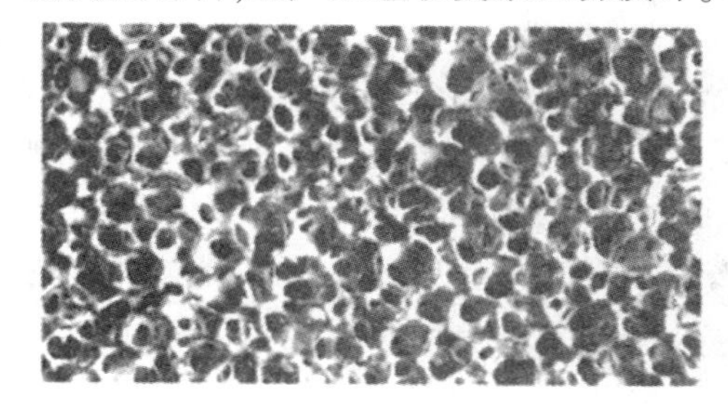

图 4-14　泡沫陶瓷的显微结构

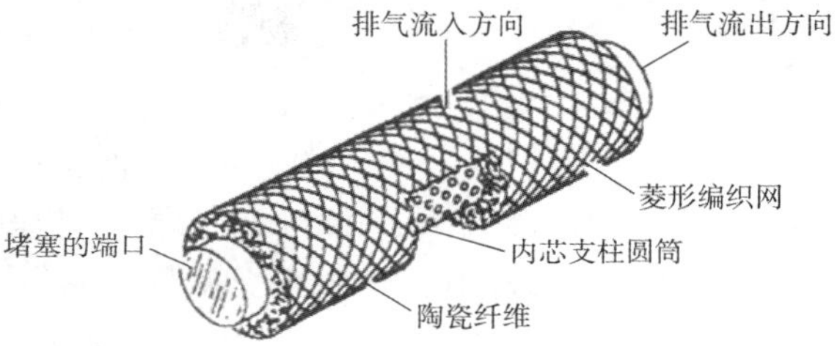

排气流入方向
排气流出方向
菱形编织网
堵塞的端口
内芯支柱圆筒
陶瓷纤维

图 4-15　陶瓷纤维毡过滤体结构

（2）金属基过滤材料。

金属基过滤材料的强度、韧性、导热性等方面有陶瓷无法比拟的优势。铁铬铝（Fe-Cr-Al）是一种耐热耐蚀高性能合金，具有热容小、升温快的特点，有利于排气颗粒快速起燃，且抗机械振动和高温冲击性能好，近年来受到广泛重视。用它制造的壁流式蜂窝体，与同等尺寸的堇青石蜂窝体相比，壁厚可减小 1/3，大大降低了压力损失，已成功地应用在三元催化转换器上。但其构成金属蜂窝体的箔片表面平滑，不是多孔材料，过滤效率较低，在柴油机颗粒捕集器方面应用较少。目前研究较多的结构形式主要是泡沫合金、金属丝网及金属纤维毡。

泡沫合金是一种具有三维网络骨架的材料，HUS 与 SHW 等公司采用该材料制成过滤体，该过滤体由泡沫合金骨架焊接而成，与壁流式蜂窝陶瓷的结构相似，它们的过滤效率相当。日本住友电工公司将泡沫合金用于制备颗粒捕集器过滤体已有数年，起初曾采用泡沫镍作为过滤材料，但镍的抗蚀性差，为改善其在高温环境和含硫气氛中的抗蚀性，采用耐热耐蚀的镍铬铝（Ni-Cr-Al）和铁铬铝（Fe-Cr-Al）高温合金，合金表面是结构牢固的 α-氧化铝（α-Al_2O_3），可在 800℃的高温下静置 200h 基本上不受侵蚀。这种泡沫合金的热导率高，可兼作热再生装置的辐射加热器，热度分布均匀，再生时过滤体不会开裂与熔化。

泡沫合金的主要优点是：具有大孔径和薄骨架结构；表面易被熔融铝液浸透并覆盖，退火处理后得到保护层;由于合金骨架的机械强度高,可大大改善过滤材料的抗震性能;应用粉末冶金技术制造泡沫合金,可以降低生产成本。

金属丝网成本相对较低,且孔隙大小沿气流方向可任意组合,使捕获的颗粒在过滤体中沿过滤厚度方向分布均匀,提高了过滤效率并延长了过滤时间。但单纯金属丝网过滤体的捕集效率相对较低,只有20% ~50%。利用金属丝网的良好导电性,在过滤体上游加电晕荷电装置,使微粒荷电,带电微粒在经过金属丝网时由于静电作用吸附在金属丝网上,可使综合过滤效率提高到50% ~70%。

金属纤维毡与陶瓷纤维毡相比具有强度高、使用寿命长、容尘量大等特点;与金属丝网相比具有过滤精度高、透气性好、比表面大和毛细管功能等特点,尤其适用于高温、有腐蚀介质等恶劣条件下的过滤,因此是一种很有前途的柴油机颗粒过滤材料。美国RYPOS公司生产的颗粒捕集器采用金属纤维毡,结合电加热再生,具有很高的捕集效率与再生效率。其结构如图4-16所示。柴油机排气从外圈进入,由金属纤维毡过滤后从内圈排出,利用金属纤维自身的导电性采用电加热再生。采用这种结构的另一个好处是可以根据柴油机排量,方便地增减过滤体单元的数目。

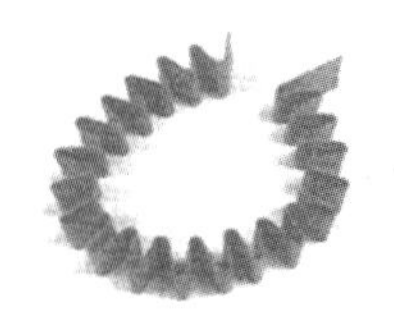

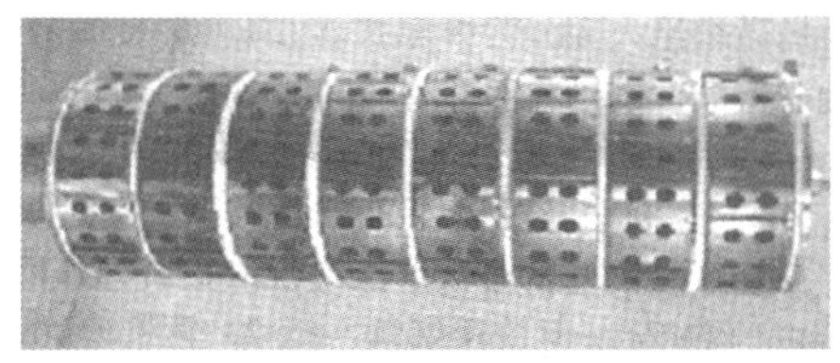

图4-16 RYPOS TPAP金属纤维毡过滤体结构

(3)复合基过滤材料。

由于陶瓷基过滤材料与金属基过滤材料都有不可避免的缺陷,目前研究人员正在研究复合基增强型过滤材料,且主要集中在纤维毡结构上。为了解决在再生过程中燃烧引起的局部过热导致过滤材料熔融破裂或残留烟灰黏附在过滤材料上使颗粒捕集器失效的问题,NHK Spring公司发明了一种新型过滤材料,这种过滤体的单元由叠层金属纤维毡和氧化铝纤维毡组成。金属纤维毡材料是Fe-18Cr-3Al,最高耐热温度达到1100℃,氧化铝纤维毡材料是$70Al_2O_3$-$30SiO_2$,最高耐热温度达到1400℃。从排气入口到出口,叠层纤维毡的密度越来越大,保证了颗粒可被均匀捕获,过滤效率可达到80% ~90%,同时还能起到消声器的作用。

3)过滤体再生技术

颗粒捕集器采用一种物理性降低排气颗粒的方法,在过滤过程中,颗粒会积存在过滤器内,导致柴油机排气背压增加。某壁流式蜂窝陶瓷的压力损失与颗粒沉积量关系如图4-17所示。当压力损失达到20kPa时,柴油机工作开始明显恶化,导致动力性、经济性等性能降低,必须及时除去沉积的颗粒,才能使颗粒捕集器继续正常工作。除去颗粒捕集器内沉积颗粒的过程称为再生,这是颗粒捕集器能否在柴油机上正常使用的关键技术。实用化再生技术应满足以下条件:

①能在各种工况下正常工作,具有较高的捕集效率;

②产生的排气背压低,对柴油机动力性和经济性等性能的影响小;

③不应对环境产生二次污染;

④具有良好的可靠性和耐久性,耐久性在8万km以上;

⑤具有较强的再生能力和较高的再生效率,再生控制操作方便;

⑥寿命和价格应能被用户接受。

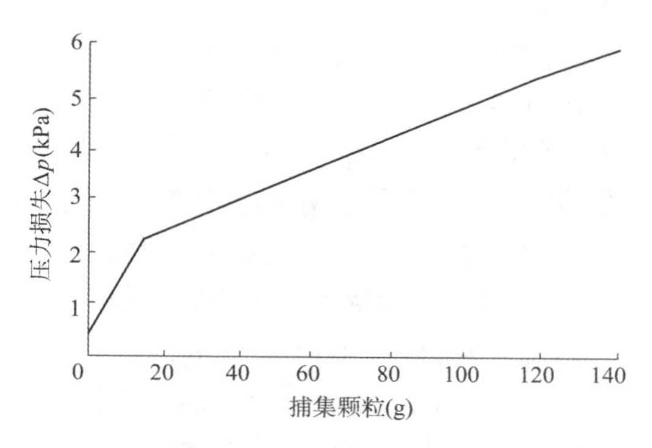

图 4-17　壁流式蜂窝陶瓷的压力损失与颗粒沉积量的关系

由于柴油机排气中的颗粒绝大部分为可燃物，因此定期将捕集的颗粒烧掉看来是最简单可行的办法。柴油机排气颗粒通常在 560℃以上时开始燃烧，即使在 650℃以上时，颗粒的氧化也要经历 2min。而实际柴油机排气温度一般低于 500℃，一些城市公交车排气温度甚至在 300℃以下，排气流速也很高，因而在正常的条件下难以烧掉颗粒。在颗粒捕集器开发的早期曾经采用脱机再生的方法解决再生问题。脱机再生对再生周期足够长的公交车用柴油机有一定的实用性，但使用麻烦。近 20 年来，国外对柴油机颗粒捕集器再生技术进行了大量细致的研究工作，提出了多种再生技术，并有不少再生技术已进入实车使用阶段。

再生系统根据原理和再生能量来源的不同可分为主动再生系统与被动再生系统两大类。根据柴油机的使用特点和使用工况合理选择再生技术，对于颗粒捕集器的安全有效再生具有重要的意义。

(1) 主动再生系统。

主动再生系统是通过外加能量将气流温度提高到颗粒的起燃温度使捕集的颗粒燃烧，达到再生过滤体的目的。主动再生系统通过传感器监视颗粒在过滤器内的沉积量和产生的背压，当排气背压超过预定的限值时就启动再生系统。根据外加能量的方式不同，这些系统主要有喷油助燃再生系统、电加热再生系统、微波加热再生系统、红外加热再生系统以及反吹再生系统。

①喷油助燃再生系统。

喷油助燃再生系统已开发了用丙烷或柴油作燃料、用电点火的燃烧器来引发颗粒捕集器的再生。柴油燃烧器采用与柴油机相同的燃料，比较方便，但燃烧过程的组织比较困难，尤其在冷启动时可能导致燃烧不良，造成二次污染。用丙烷作为燃烧器的燃料，容易保证完全燃烧，但需单独的高压丙烷气瓶。

燃烧器技术是一种成熟的技术，但用于实现捕集器的再生还有不少困难。已沉积在过滤体中的颗粒的燃烧必须尽可能迅速和完全，但不能使陶瓷过滤体过热而碎裂或熔融。

这就要求在燃料流量、助燃气流流量和氧浓度、燃烧器工作时间与已沉积的颗粒质量之间进行优化匹配。

燃烧器喷出的火焰温度应尽可能均匀，平均温度在 700～800℃，以便可靠点燃颗粒。再生周期取决于颗粒沉积速度。再生时如果过滤体中的颗粒量太少，则燃烧过程缓慢且不能彻底燃烧；如果颗粒量过多，则颗粒一旦燃烧，其峰值温度可能上升过高，导致过滤体损坏。过滤体中的颗粒沉积量在过滤体已定的情况下，取决于柴油机的工况和对应的排气背压。

如图 4-18a）所示，带再生燃烧器的颗粒捕集器串联在排气管中，结构简单，柴油机的排气一直流经过滤器，且柴油机的排气还可用作再生燃烧器工作时的助燃气体（因为柴油机的排气一般都含有 5% ~10% 以上的氧），看来似乎是个很好的方案，但实际上，由于柴油机工况的变化很大，燃烧器串联在排气流中工作会在燃烧控制方面有很大困难。当排气流量很大时，要把它全部加热到再生的起燃温度需要燃烧器消耗大量的燃料，所以实际上常在柴油机怠速时进行过滤体的再生，此时排气流量小，节省燃料，排气含氧量高，可促进颗粒的氧化。如在过滤体前设置一旁通排气管，如图 4-18b）所示，当排气背压达到限值时，排气转换阀关闭捕集器的排气进口，让柴油机的排气经旁通排气管不经过滤直接排入大气，这样可以大大减少再生燃烧器的燃料消耗。由于颗粒捕集器的再生时间（一般为 5 ~10min）与再生周期（一般为 10h 以上）相比很短，排气旁通阀使颗粒总排放量的增加不会超过 1%。这时颗粒捕集器的再生燃烧器除了通过燃烧器燃料供给系供给燃料、通过电子点火器点火外，还要通过空气供给系供给空气，使燃烧器稳定产生预定的含氧燃气，高效而可靠地引发捕集器中的颗粒燃烧。如图 4-18c）所示，如果在柴油机排气系统中安装两套颗粒捕集器，由排气转换阀让它们轮流工作，那么不仅排气不经过过滤的情况不会发生，而且颗粒捕集器的寿命将延长。在这种情况下，由于没有必要追求尽可能长的再生周期，所以每一个捕集器的尺寸可适当缩小。实际上，并联的两套微粒捕集器在再生期间以外也可以同时工作。

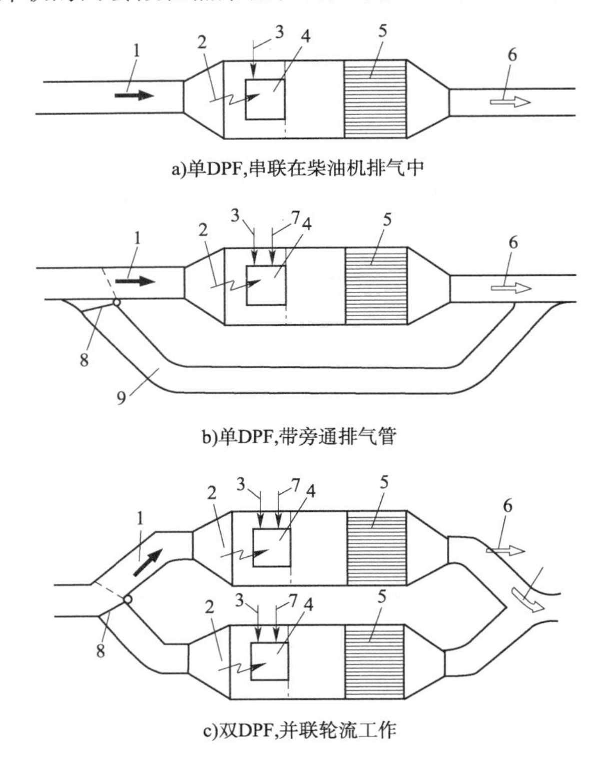

图 4-18　DPF 在排气系统中的布置

1-柴油机排出的未过滤排气；2-电子点火器；3-燃烧器燃料供给系；4-再生燃烧器；5-陶瓷过滤体；6-已过滤排气；7-燃烧器空气供给系；8-排气转换阀；9-旁通排气管

②电加热再生系统。

电加热再生在颗粒捕集器工作一段时间后，采用电热丝或其他电加热方法，周期性地对

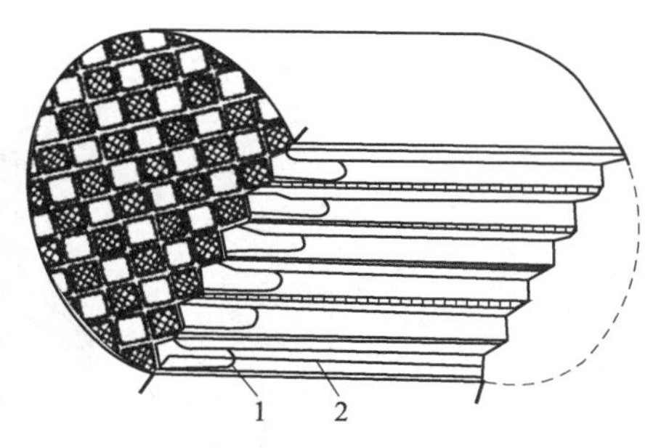

图 4-19 蜂窝陶瓷再生加热电阻丝结构
1-回形电阻丝;2-螺旋形电阻丝

颗粒捕集器加热使颗粒燃烧。用电加热再生可避免采用复杂昂贵的燃烧器,同时电加热可消除二次污染。为了提高电加热再生效率,一般力求使电阻丝与沉积的颗粒直接接触。一种结构形式是把螺旋形电阻丝塞入进气道中,如图 4-19 所示。由于蜂窝陶瓷过滤体的孔道数量很多,因此结构复杂;另一种结构形式是将回形电阻丝布置在各进气道的入口段。再生时,通电的电阻丝直接点燃颗粒,捕集器前部颗粒燃烧的火焰随着排气向捕集器的尾部传播,将整个通道内的颗粒燃烧完毕。

电加热再生系统由车载蓄电池供电,为了节省蓄电池的电力消耗,电加热再生系统一般都采用增加旁通排气管方案或是应用两套捕集器的方案。再生时向捕集器内供给少量的空气以促进颗粒的燃烧,流动的空气还能将前端火焰传播到后端。为了减小蓄电池的电功率,电阻丝可以分区连接成若干组,各组先后相继通电实现分区再生。电加热再生系统的功率一般为 3 ~6kW,通电 30 ~60s 就可引发再生。电加热再生系统结构简单,使用方便、安全可靠,但再生时热量利用率和再生速率低,消耗能量较多。

③微波加热再生系统。

上述的喷油助燃再生系统与电加热再生系统一样,均有突然加热过滤体而浪费能量的缺点,实际有效的能量是把已沉积的颗粒本身加热到起燃温度,于是可尝试利用微波独具的选择加热及体积加热特性再生颗粒捕集器。颗粒可以 60% ~70% 的能量效率吸收频率为 2 ~10GHz 的微波,由于陶瓷的损耗系数很低,对微波来说实际上是透明的,所以微波并不会加热陶瓷过滤体。此外,颗粒捕集器的金属壳体会约束微波,防止微波外逸并把它反射回过滤体上。因此,可把一个发射微波的磁控管放在过滤体的上游,并用一个轴向波导管把它与过滤体相连。再生时把排气流部分旁通,磁控管提供 1kW 功率,在过滤体内部形成空间分布的热源,对过滤体上沉积的颗粒进行加热,历时 10min 左右,把炭烟颗粒加热到起燃温度,然后把排气流恢复原状以助颗粒燃烧。再生时,也可把排气完全旁通,并喷入适量助燃空气,这样再生过程可以控制得更加完善。实验表明,再生过程中过滤体内部温度梯度小,热应力引起的过滤体损坏的可能性减小,再生窗口宽,再生过程易于控制,但加热的均匀性有待进一步改善。微波加热再生效率高,没有二次污染,是很有前途的热再生技术。

④红外加热再生系统。

当物体的温度高于绝对零度时,物体向外放射辐射能且辐射能在某一温度范围内可达到最大。在柴油机颗粒捕集器的再生过程中,加热器的辐射能量主要集中在红外波段。利用这一原理,选择控制温度所对应辐射能大的波长范围内的红外辐射材料,将其涂覆在基体上,当基体受热并达到所选择的温度和波长范围时,涂层便放射出最大辐射能。由于炭是自然界中较好的一种灰体,因此对辐射能的吸收能力较强。而堇青石陶瓷是热的不良导体,因此辐射传热是其主要的加热形式。由于金属材料的辐射能力较强,因此在红外再生过程中,首先由加热器加热具有较强辐射能力的红外涂层,然后再由红外涂层通过辐射方式加热过滤器中捕捉到的颗粒物,如图 4-20 所示。红外加热再生提高了加热速率和热量利用率,从而使被加热物体迅速升温而达到快速加热的目的,减少再生过程的能量消耗。

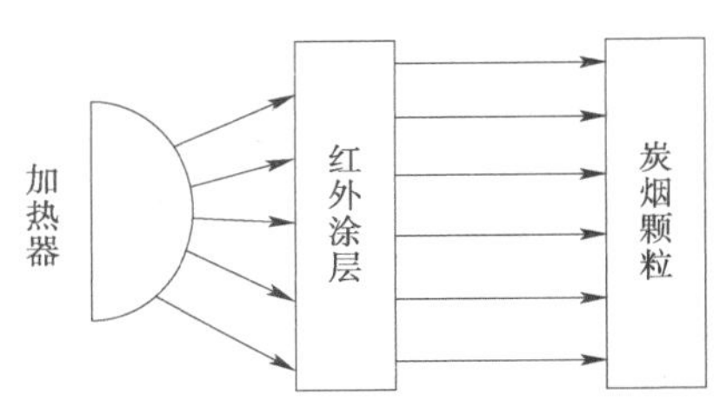

图 4-20 红外加热再生原理图

⑤反吹再生系统。

为了提高柴油机颗粒过滤及再生系统的可靠性和使用寿命,将颗粒的燃烧与过滤体分离是一种有效途径。反吹再生技术正是根据这一设想开发出来的。该再生技术的最大特点是能将过滤体与颗粒燃烧分开,因此该系统不存在过滤体由于与颗粒燃烧而产生破裂和烧熔等问题,另外也解决了不燃物质在过滤器内累积的问题。当过滤体需要再生时,排气从旁通管流出或流经另一套颗粒捕集器,高压气流从需要再生的颗粒捕集器的排气出口端高速喷入,逆向流动的气流将颗粒从过滤体表面清除并落入颗粒漏斗。收集在漏斗里的颗粒由漏斗内的电加热器燃烧。

(2)被动再生系统。

被动再生系统利用柴油机排气自身的能量使颗粒燃烧,达到再生颗粒捕集器的效果。一方面可通过改变柴油机的运行工况提高排气温度达到颗粒的起燃温度使颗粒燃烧;另一方面可以利用化学催化的方法降低颗粒的反应活化能,使颗粒在正常的排气温度下燃烧。运用排气节流等方法可以提高排气温度使捕集到的颗粒在高温下烧掉,但这些措施使燃油经济性恶化。目前看来较为理想的被动再生方法是利用化学催化的方法,一些贵金属、金属盐、金属氧化物及稀土复合金属氧化物等催化剂对降低柴油机炭烟颗粒的起燃温度和转化有害气体均有很大的作用。在催化再生过程中,过滤体受到的热负荷较小,因此提高了过滤体的寿命及工作可靠性。催化剂的使用方法有两种,一是在燃油中加入催化剂,二是在过滤体表面浸渍催化剂。催化再生技术的研究重点在于寻找能有效促进颗粒在尽可能低的温度下氧化的催化剂。

①大负荷再生。

柴油机的排气温度是随其工况变化而变化的。在高速大负荷运行时,排气温度可以达到500℃以上,在此温度下,沉积在过滤器内的颗粒可以自行燃烧,从而达到过滤器再生的目的。这种方法不用附加任何辅助系统,因此比较简单。然而柴油机排气温度只有在接近最高转速、最大负荷的工况时,在靠近汽缸盖上排气口的位置才能达到使过滤体内沉积的炭烟能自燃的温度。而车用柴油机在实际运行中很少在这样的工况下工作,尤其是在城市中,汽车基本上以低速运行,柴油机的平均排气温度更低。因此,大负荷再生技术对某些应用场合,尤其是车用场合是不适用的。

②排气节流再生。

节流再生是出现较早的技术,也称强制再生,它实际上是通过某种节流方法控制柴油机的进气量,即进气节流或排气节流,以提高排气温度,使过滤体中的颗粒着火燃烧。节流提高排气温度主要通过两条途径:一是提高排气压差,增加泵功损失,而这一部分能量最后以热量方式转移到排气中,这样就增加了废气的焓;二是排气节流降低柴油机的容积效率,使混合气中燃油浓度增大,进而提高了排气温度。节流程度取决于所需达到的最高燃烧温度,不能过度地影响柴油机的动力性以及不过多地增大柴油机的排气烟度。节流技术拓宽了过滤体利用排气进行再生的工况范围,对于再生时机也可进行控制。但是由于泵功的增加以及容积效率的降低,使得柴油机在再生过程中动力性和经济性有很大程度的下降,并且由于节流,使得汽缸盖、活塞、节气门等零部件的热负荷增加,缩短了柴油机的使用寿命。

在颗粒捕集器的使用过程中,大多数的过滤体破损是由于在再生过程中缺乏对再生过程的控制,使过滤体过热所致。为了克服一般节流再生技术所存在的不足,人们又相继提出了稳态节流再生技术以及旁通节流再生技术。稳态节流再生是在柴油机以最大转速空转运行时对过滤体进行节流再生。它的优点是能够对整个再生过程进行控制,且对柴油机零部件产生的热负荷很小。旁通节流再生技术一方面可以通过改变参与再生过程的废气数量,提高预加热过程的过滤体温度响应;另一方面在再生过程中可以通过旁通装置使过滤体与废气隔绝。节流再生技术难以在公交车等长时间低速行驶的车辆上使用。

③催化再生。

催化再生是在过滤体的表面浸渍催化剂,催化器与捕集器是同一整体,这种颗粒捕集器对颗粒的捕集与过滤体的再生是同时进行的,是一种连续再生的方法。在使用过程中,常用铂作为催化剂,当排气温度达到400℃左右时,颗粒就能开始氧化。还有的催化系统能先将排气中的 NO 氧化成 NO_2,再由 NO_2 氧化颗粒物(也包括 CO)。氧化过程中,NO_2 作为反应的中间介质,实现了催化剂与颗粒物的非直接接触,提高了反应速度和效率,同时还能净化排气中的 NO_x。美国的 JM(Johnson Matthey)公司开发出一种采用催化再生的颗粒捕集系统(Continuous Regeneration Trap,简称 CRT),如图 4-21 所示。柴油机排出的废气首先经过一个氧化催化器,在 CO 和 HC 被净化的同时,NO 被氧化成 NO_2,NO_2 本身是化学活性很强的氧化剂,在随后的颗粒捕集器中,NO_2 与颗粒进行氧化反应,该反应在 250℃左右即可进行。但当排气温度高于 400℃时,化学平衡条件趋于产生 NO 而难以产生 NO_2,不能使颗粒捕集器中的颗粒起燃,再生效率急剧下降。

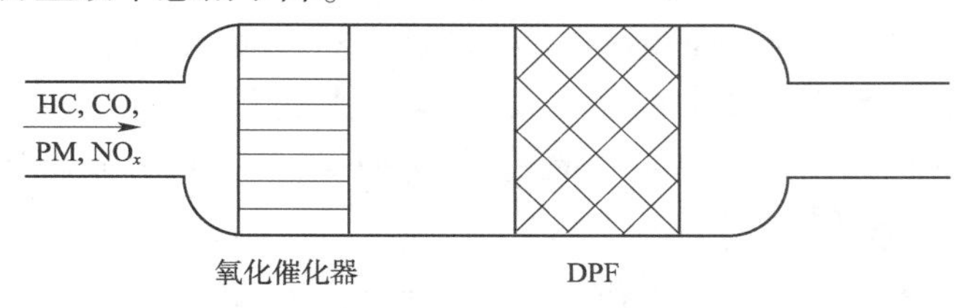

图 4-21 CRT 系统示意图

应用催化再生的主要缺点是固体颗粒与催化剂的接触反应极不均匀,很难进行完全再生。另外,由于柴油机排气中的颗粒含量很大,随着时间的推移,催化剂的作用会逐渐减弱甚至完全消失,即催化剂中毒,从而影响到过滤体的有效再生和对其他有害气体的催化净化效果。催化再生系统受燃油含硫量、运行工况、排放物水平以及催化剂的价格等因素的限制,仍然没有得到大范围推广。但是催化再生过程无须人为干预,没有另外的设备和投入,特别对于颗粒排放很低的柴油机来说,颗粒物能及时氧化掉,再生过程容易实现。而且,发动机运行过程中背压较低,再生耗能较少,发动机油耗也较低,这些明显的优点使它被普遍看好,在未来若干年有望成为柴油机颗粒净化的实用技术。

催化再生颗粒捕集器系统目前要解决的主要问题是:在柴油机的各种运转条件下不发生炭粒堵塞现象和避免催化剂中毒,以确保炭粒净化率的长期稳定性,提高其使用寿命。SO_2 是使催化剂中毒的主要因素,它与催化剂载体的主要材料——氧化铝相互作用并封锁催化剂铂,使反应区的质量交换条件恶化。俄罗斯汽车研究所在这方面的研究走在世界前列,他们从两方面着手:一方面开发一种不与二氧化硫发生反应的催化载体——采用氧化硅或涂有氧化硅保护层的氧化铝;另一方面寻找一种具有很高的抗二氧化硫的活性成分——

基本成分选用钯的催化活性剂。结果表明,催化剂的催化效率在较长时间内能得到保证。

④燃油添加剂再生。

燃油添加剂再生系统实际上也是一种催化再生系统,只不过是催化剂的存在方式不一样。燃油添加剂再生系统是在燃油中加入金属催化剂(如金属铈),添加剂与燃油一起在汽缸内参与燃烧,燃烧后生成的金属氧化物对颗粒起催化作用,降低颗粒起燃温度,从而在较低的排气温度下不需外部能源,过滤体能自行再生。这种方式能够保证金属催化剂与颗粒物的紧密接触,为氧化反应创造条件。当排气温度低于300℃时,颗粒物开始燃烧的温度取决于颗粒上吸附的高沸点 HC 的含量,因为这一温度区域炭烟的催化氧化速度极低,颗粒物要靠 HC 的催化燃烧来点燃。当排气温度在300~400℃时,发动机排气中的 HC 含量较低,再生较困难。而在排气温度高于400℃时,再生速度随温度的升高而加快。

使用燃油添加剂再生方法的最大优点在于可以极大地降低颗粒物的再生温度,结构简单,不需要人为控制,使用方便。但是这种方法仍然存在以下两个问题:

a.添加剂的使用量不易控制,过少会使微粒再生不完全,过多则会造成浪费。

b.由于再生不是人为控制,当排气温度较高时,容易对过滤体造成热损伤。

3.选择性催化还原(SCR)

选择性催化还原也称 SCR(Selective Catalytic Reduction)方法,SCR 转换器的催化作用具有很强的选择性:NO_x 的还原反应被加速,还原剂的氧化反应则受到抑制。选择性催化还原系统的还原剂可用各种氨类物质或各种 HC。氨类物质包括氨气(NH_3)、氨水(NHOH)和尿素[$(NH_2)_2CO$];对于 HC,则可通过调整柴油机燃烧控制参数使排气中的 HC 增加,或者向排气中喷入柴油或醇类燃料(甲醇或乙醇)等方法获得。催化剂一般用 V_2O_5-TiO_2、Ag-Al_2O_3,以及含有 Cu、Pt、Co 或 Fe 的人造沸石(Zeolite)等。这种系统的工作温度范围为250~500℃,其总量反应式如下:

$$4NO + 4NH_3 + O_2 = 4N_2 + 6H_2O$$

$$6NO + 4NH_3 = 5N_2 + 6H_2O$$

$$2NO_2 + 4NH_3 + O_2 = 3N_2 + 6H_2O$$

$$6NO_2 + 8NH_3 = 7N_2 + 12H_2O$$

当温度过低时,NO_x 还原反应不能有效进行;温度过高不仅会造成催化转换器过热损伤,而且还会使还原剂直接氧化而造成较多的还原剂消耗和新的 NO_x 生成。有关总量反应式如下:

$$7O_2 + 4NH_3 = 4NO_2 + 6H_2O$$

$$5O_2 + 4NH_3 = N_2O + 6H_2O$$

$$2O_2 + 2NH_3 = 4N_2O + 3H_2O$$

$$3O_2 + 4NH_3 = 4N_2 + 6H_2O$$

与其他催化方法一样,使用 SCR 降低 NO_x 要求柴油含硫量越低越好。因为硫会通过 $S \rightarrow SO_2 \rightarrow SO_3 \rightarrow NH_4HSO_4$ 或者 $(NH_4)_2SO_4$ 的途径生成硫酸氢铵或硫酸铵,它们沉积在催化剂表面上会使其失活。

以氨水作为还原剂的 SCR 系统，可以降低柴油机 NO_x 排放 95% 以上，但柴油机需要一套复杂的控制还原剂喷射量的系统。对于柴油机来说，用氨水作为还原剂并不合适，因为氨的气味会使人感到难受。以尿素作为还原剂比直接用氨水方便。尿素的水溶液在高于 200℃时产生 NH_3，即：

$$(NH_2)_2CO + H_2O \longrightarrow 2NH_3 + CO_2$$

第四节　非排气污染物净化技术

一、曲轴箱污染物净化装置

曲轴箱污染物净化装置的净化原理是：利用进气系统的真空，把从燃烧室漏入曲轴箱的未燃 HC 吸出曲轴箱，使其重新进入燃烧室燃烧，并生成无害的燃烧产物。曲轴箱污染物净化装置通常称为曲轴箱通风系统。

早期的曲轴箱通风系统如图 4-22 所示，其特点是加注机油口盖是通大气的，故称为开式曲轴箱通风系统。图 4-22a）所示开式系统的特点是曲轴箱与空气滤清器用直径一定的连接管相连；其主要缺点是不能完全有效地控制曲轴箱污染物排放。另外，当发动机处于冷态时，发动机曲轴箱的蒸气经连接管进入空气滤清器后会附在空气滤清器上，限制空气流动；当窜缸气体流量超过连接管的流通能力时，窜缸气体将通过曲轴箱的空气入口处排入环境空气；还有可能使汽缸内的混合气变稀，影响发动机工作的稳定性。

图 4-22b）所示开式系统的特点是连接管的阀门是由曲轴箱真空度控制的，通过曲轴箱通风连接管路的气体流量取决于发动机的窜缸气体量；其主要缺点是当窜缸气体控制阀门达到最大开度时，窜缸气体将通过曲轴箱通风空气入口进入大气。

图 4-22c）所示开式系统的特点是窜缸气体的控制由 PCV（Positive Crankcase Ventilation，曲轴箱强制通风）阀执行；其主要缺点是当窜缸气体大于 PCV 阀流通能力时，窜缸气体将通过加油口盖进入大气。

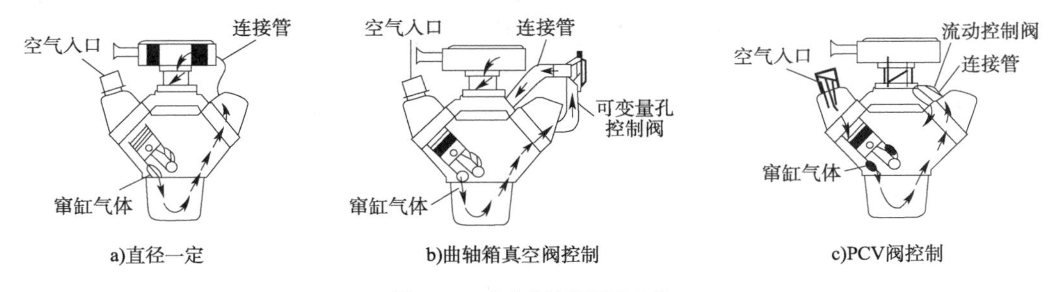

图 4-22　开式曲轴箱通风系统

现代汽车普遍使用的是图 4-23 所示的曲轴箱强制通风系统，该系统的特点是采用了密封式加油口盖，加注机油口盖不通大气，故称为闭式曲轴箱通风系统。美国大约从 1968 年起开始采用这种系统，随后在其他地区逐步普及。

该系统的 PCV 阀由壳体、阀体和回位弹簧组成，如图 4-24 所示。进入进气管气体流量的多少由阀体的位移控制，使强制通风装置正常、稳定工作。发动机处于不同工况时，PCV 阀的阀体所处位置不同。在发动机部分负荷正常工况时，曲轴箱内的所有窜缸气体通过

PCV 阀进入进气管。在怠速或低速时，进气管中相对真空度较高，阀体移动使气体流量较小，即真空吸力与弹簧力平衡，阀体处只允许有少量曲轴箱蒸气混合气通过。当发动机转速或负荷加大时，节气门开度增大，进气管真空度下降，吸力减小，阀体在弹簧的作用下移到新的平衡位置，允许较多的气体通过。当发动机全负荷工作时，PCV 阀的弹簧使阀门开启到最大流量状态。当窜缸气体量大于阀门的流通动力时，曲轴箱中过量的窜气量将通过空气滤清器连接管[图 4-24b)]进入空气滤清器，进入汽缸再次燃烧。

当发动机回火时，PCV 阀还可起保护作用，如图 4-24c)所示。回火时进气管中的压力骤增，迫使 PCV 阀中的阀体移动顶住进气口，这样就关闭了全部通道，避免了回火火焰通过 PCV 阀和连接软管进入曲轴箱点燃窜缸气体，发生损坏发动机的现象。PCV 阀控制流量大小由发动机曲轴箱窜气量多少及发动机有关参数而定。典型的 PCV 阀的最小控制流量速率为 $0.028 \sim 0.085m^3/min$，而最大控制流量速率 $0.085 \sim 0.17m^3/min$。

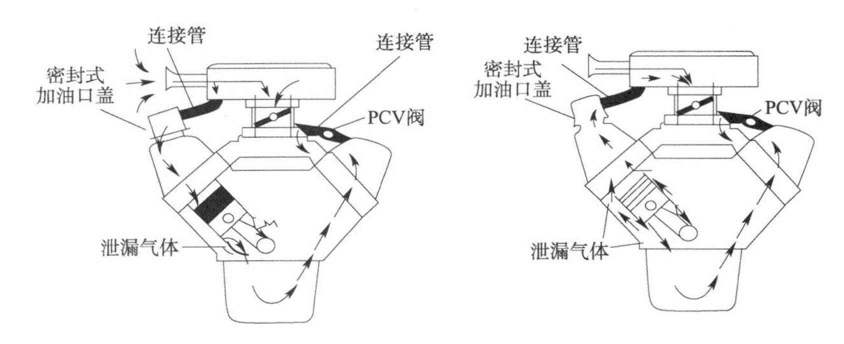

图 4-23　闭式曲轴箱通风系统简图

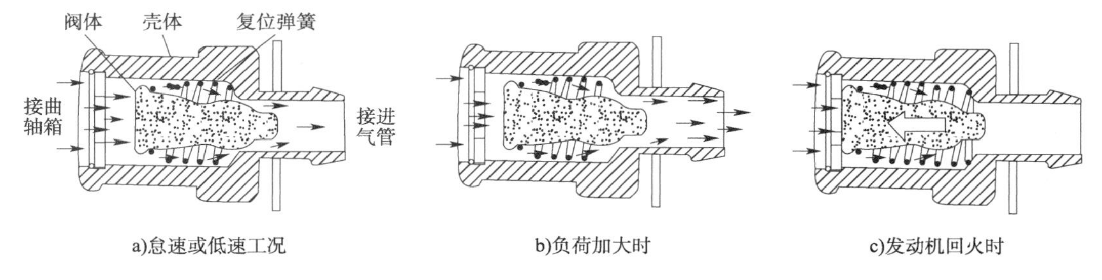

图 4-24　PCV 阀的工作原理

二、汽油蒸发污染物净化装置

燃料蒸发污染物净化装置常见的有温控真空阀(Thermo Vacuum Valve，简称 TVV)式和 ECM 控制真空开关阀(Vacuum Switching Valve，简称 VSV)式两种。两种燃料蒸发污染物净化装置的组成分别如图 4-25 和图 4-26 所示，两个系统的最大区别是前者活性炭罐的净化依靠 TVV 执行，后者依靠 ECM 控制的真空开关阀执行。系统主要由活性炭罐、净化孔、油箱盖单向阀、新鲜空气入口和连接管等组成。当燃料箱中压力变大时，燃料蒸汽进入活性炭罐，并被吸附。当汽油机工作时，TVV 和 ECM 就会根据汽油机冷却液温度和负荷等，在合适的时候连通活性炭罐和净化孔，使被吸附在活性炭上的燃料和经过活性炭罐的空气一起被吸入进气系统，最后进入汽缸中燃烧生成无害的产物，从而避免燃油蒸汽排入大气。

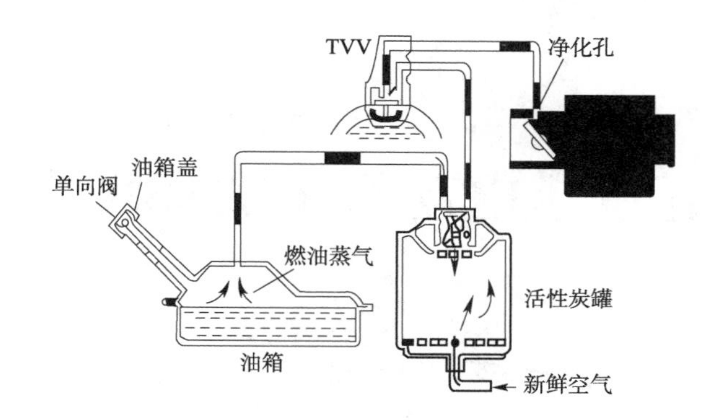

图 4-25 TVV 式燃料蒸发净化装置组成

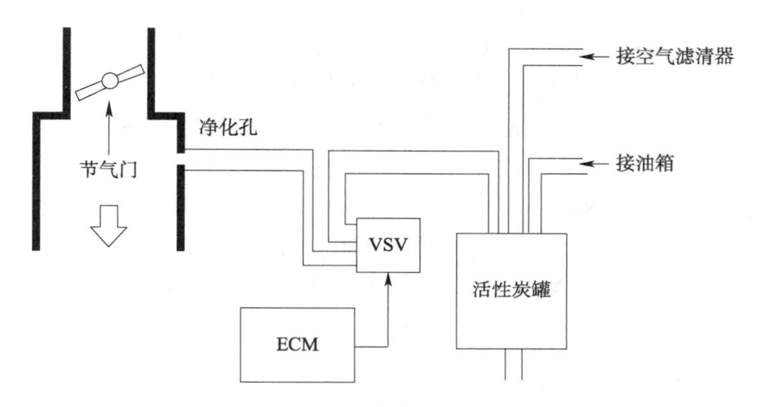

图 4-26 VSV 式燃料蒸发净化装置组成

第五章　电动汽车的环境影响

第一节　电动汽车概述

城镇和工业的快速发展大大增加了人们对交通工具的需求,并迅速导致石油、天然气等资源的大量使用,同时急剧增长的汽车尾气排放又给已经恶化的空气质量带来更大的伤害。近年来,全球能源与环境气候的矛盾日益严峻,尤其在发展中国家,这一问题表现得更为突出,能源安全和环境保护问题已经成为全世界汽车工业面临的共同挑战。目前,大力发展以电动汽车为代表的新能源汽车已成为全球汽车工业的共识。

电动汽车是指以车载电源为动力,用电机驱动车轮行驶的汽车。按照电动汽车的车辆驱动原理和技术现状,一般将其划分为纯电动汽车(Battery Electric Vehicle,简称 BEV)、混合动力电动汽车(Hybrid Electric Vehicle,简称 HEV)和燃料电池电动汽车(Fuel Cell Electric Vehicle,简称 FCEV)三种类型。

一、纯电动汽车

纯电动汽车是指驱动能量完全由电能提供的、由电机驱动的汽车。电机的驱动电能来源于车载可充电储能系统或其他能量储存装置。典型纯电动汽车的组成结构如图 5-1 所示。

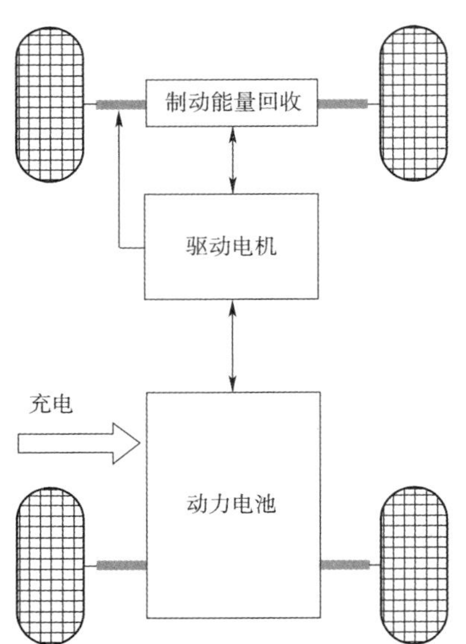

图 5-1　典型纯电动汽车的组成结构

二、混合动力电动汽车

混合动力电动汽车是指能够至少从可消耗的燃料和可再充电能/能量储存装置两类车载储存的能量中获得动力的汽车。其混合形式有油电混合、气电混合等,以油电混合为主。油电混合电动汽车是一种以汽(柴)油机和驱动电机单独或共同驱动的汽车,将内燃机、驱动电机、能量储存装置(蓄电池)组合在一起,它们之间的良好匹配和优化控制可充分发挥内燃机和驱动电机的优点,避免各自的不足,是最具实际开发意义的低排放、低燃油消耗汽车。

根据动力耦合方式不同,油电混合可分为以下几种:

(1)串联式混合动力(图 5-2)。发动机直接带动发电机发电,产生的电能通过动力控制单元传送到动力电池,再由动力电池传送给驱动电机转换为动能,最后通过变速机构驱动汽车。该系统的优点是续驶里程较长;缺点是动力路线较长,多次能量转换导致传动效率较低。

(2)并联式混合动力(图 5-3)。发动机和驱动电机共同驱动汽车,也可以单独工作,驱动电机作为辅助动力。该系统的优点是结构简单、成本较低;缺点是发动机效率无法充分利用。

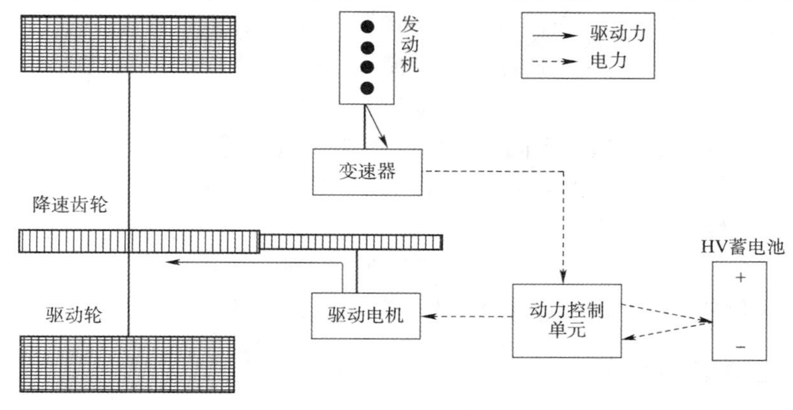

图 5-2　串联式混合动力系统

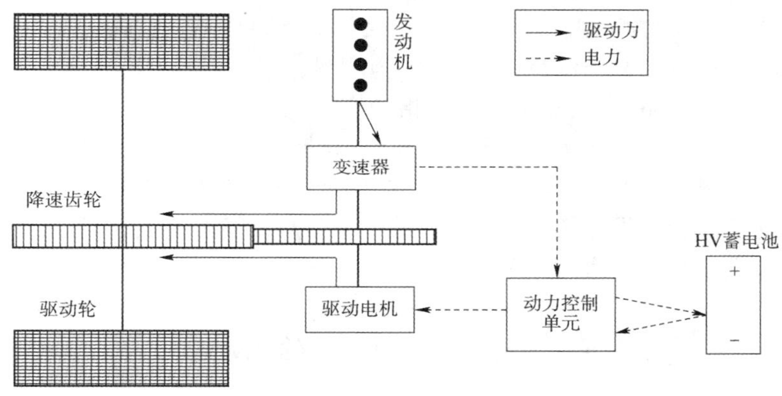

图 5-3　并联式混合动力系统

(3)混联式混合动力(图 5-4)。发动机和驱动电机共用一套机械变速机构,两者通过动力分配装置(离合器或行星齿轮机构)连接,从而综合调节发动机与驱动电机之间的转速关系。与并联式混合动力系统相比,混联式混合动力系统可以更加灵活地根据工况调节发动机和驱动电机的功率输出。该系统的优点是节能效果理想;缺点是结构复杂、成本高、控制较难。

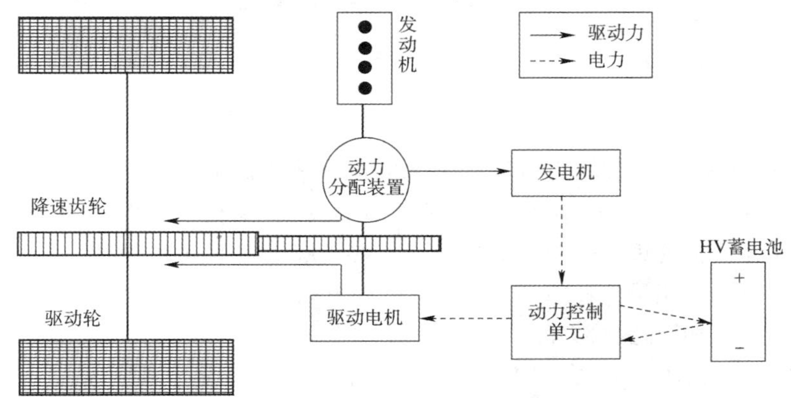

图 5-4　混联式混合动力系统

另外,根据可否外接充电,一般将混合动力电动汽车分为常规混合动力电动汽车和插电式混合动力电动汽车两类。

插电式混合动力电动汽车(Plug-in Hybrid Electric Vehicle,简称 PHEV)在常规混合动力电动汽车基础上,兼有纯电动汽车的基本功能特征,其控制原理比纯电动汽车复杂。在日常使用过程中,它又可以当作一台纯电动汽车来使用,只要单次使用不超过电池可提供的续驶里程(一般可以达到 50km 以上),它就可以做到零排放和零油耗。

混合动力电动汽车定价稍高于同级别的内燃机车型,但是价格差异可以通过节省的燃油来补偿,另外,税收减免政策也鼓励消费者购买可替代燃料或者先进技术的汽车。混合动力电动汽车相比于纯电动汽车,续驶里程更长,对电池的性能要求不高,其燃油消耗和排放均低于内燃机汽车,生产成本低于纯电动汽车,动力性能更接近内燃机汽车,是介于纯电动汽车和内燃机汽车之间的产物。它结合了两者的优点,并逐渐被公众接受。

三、燃料电池电动汽车

燃料电池电动汽车是指以燃料电池系统作为单一动力源或者是以燃料电池系统与可充电储能系统作为混合动力源的电动汽车。其所携带的燃料经电化学反应产生电能并传给驱动电机,从而驱动汽车行驶。氢燃料电池以氢为燃料,是目前燃料电池的主要形式,也是汽车工业领域可行的技术路线,因此本章中所指的燃料电池电动汽车特指氢燃料电池电动汽车。燃料电池电动汽车本质上属于纯电动汽车,并且燃料电池电动汽车加氢时间短,一次加氢续驶里程长。燃料电池电动汽车目前主要采用质子交换膜燃料电池,通过氢气和氧气的电化学反应将化学能转换为电能。其储氢方式可分为高压气态储氢、低温液态储氢、金属氢化物固态储氢和碳纳米管吸附储氢等。

第二节　纯电动汽车的环境影响

纯电动汽车行驶过程中的零尾气排放,使人们产生了一种零污染的电动汽车是普通燃油汽车完美替代品的错觉。但电作为一种二次能源,电动汽车的电能生产过程伴随着碳和污染物排放。现阶段我国能源结构仍以化石能源为主,电力生产中的碳和污染物排放不容小觑。因此,本节将分别从纯电动汽车电耗、燃料周期环境影响及车辆噪声、辐射等几方面展开介绍。

一、纯电动汽车电耗

1. 概述

纯电动汽车行驶时,车载动力电池是唯一的能量输入源。实际道路测试条件下纯电动汽车的能耗评价指标为百公里电耗。与传统车的"百公里油耗"相似,纯电动汽车在实际道路行驶时的能耗用"百公里电耗"表示,即车辆行驶 100km 所消耗的电池电量。

依据《电动汽车　能量消耗率和续驶里程　试验方法》(GB/T 18386—2017)及《电动汽车能量消耗量和续驶里程试验方法　第 1 部分:轻型汽车》(GB/T 18386.1—2021),轻型车及重型车分别采用 CLTC 工况及 NEDC 工况试验循环测试结束后,对车辆进行充电,从电网获取的能量除以试验过程中的续驶里程即为电耗:

$$C = E/D \tag{5-1}$$

式中:C——能量消耗率(电耗);

E——充电期间来自电网的能量,kW·h;

D——试验期间行驶的总距离,即续驶里程,km。

《电动汽车能量消耗率限值》(GB/T 36980—2018)规定了电动汽车能量消耗率限值。该标准适用于最大设计总质量不超过3500kg的M_1类纯电动汽车。本标准于2019年7月1日开始实施,标准中分2个阶段(第一阶段和第二阶段),其限值沿用了乘用车燃油消耗量限值的表达方式,同样是按整车整备质量分段,具体限值见表5-1。

能量消耗率限值 表5-1

整车整备质量CM (kg)	车型能量消耗率限值(第一阶段) (kW·h/100km)	车型能量消耗率限值(第二阶段) (kW·h/100km)
CM≤750	13.1	11.2
750<CM≤865	13.6	11.6
865<CM≤980	14.1	12.1
980<CM≤1090	14.6	12.5
1090<CM≤1250	15.1	13.0
1250<CM≤1320	15.7	13.4
1320<CM≤1430	16.2	13.9
1430<CM≤1540	16.7	14.3
1540<CM≤1660	17.2	14.8
1660<CM≤1770	17.8	15.2
1770<CM≤1880	18.3	15.7
1880<CM≤2000	18.8	16.1
2000<CM≤2110	19.3	16.6
2110<CM≤2280	20.0	17.1
2280<CM≤2510	20.9	17.9
CM>2510	21.9	18.8

电动汽车能量消耗率限值是强制性的。对于整备质量为1.465t的电动汽车,车型能量消耗率限值(第一阶段)为16.7kW·h/100km,车型能量消耗率限值(第二阶段)14.3kW·h/100km。也就是说,1.465t的乘用车,现阶段的电量消耗必须低于16.7kW·h/100km才可上市,到第二阶段时(具体时间由主管部门根据第一阶段限值实施情况另行确定),则须低于14.3kW·h/100km才允许销售。

2.纯电动汽车电耗随车型的变化

新能源乘用车可划分为A00-CAR、A0-CAR、A0-SUV、A-CAR、A-SUV、B-CAR以及MVP 7个车辆类型。图5-5所示为2019年典型企业不同类型车百公里电耗具体表现,可以看出,A00-CAR车型百公里电耗为12.30kW·h,为新能源乘用车百公里电耗最低的车型,同比2018年减少5.40%;A0-CAR车型百公里电耗为13.45kW·h,同比减少3.90%;A0-SUV车型百公里电耗为15.81kW·h,同比减少4.90%;A-CAR车型百公里电耗为14.42kW·h,同比减少5.90%;A-SUV车型百公里电耗为18.80kW·h,同比减少10.20%;B-CAR车型为百公里电耗达 19.59kW·h,同比减少 4.60%;MVP 车型百公里电耗同比降速为 17.25%,达 17.25kW·h,为百公里电耗最大降速车型。

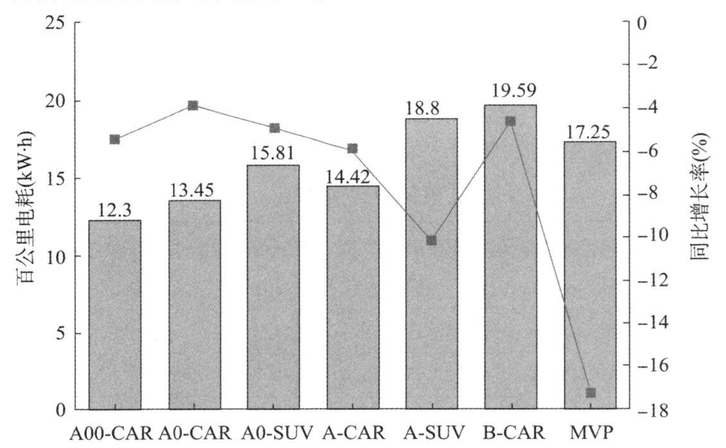

图 5-5　2019 年典型企业不同类型车辆平均百公里电耗及同比增长率示意图

电动汽车能耗控制因素除自身质量外,也受到动力系统的传动效率、车身的迎风面积等影响。除了车身轻量化之外,汽车企业及零部件企业需攻克的技术还有很多。比如,提高电池能量密度,即降低电池质量;发展充电基础设施,增加充电桩密度使得车辆适当少装电池,从而降低整车质量而降耗;提高智能化驾驶水平从而降低无谓的制动耗能等。

根据《节能与新能源汽车技术路线图 2.0》,到 2035 年,我国纯电动乘用车的整车轻量化系数降低 35%。未来还将以纯电驱动总成、插电式基电耦合总成、商用车动力总成、轮毂/轮边电机总成为重点,以基础核心零部件国产化为支撑,提升我国电驱动总成集成度与性能水平。预计 2035 年,我国新能源汽车电驱动系统产品总体达到国际先进水平。其中,乘用车电机比功率达到 7.0kW/kg,乘用车电机控制器功率达到 70kW/L;纯电驱动系统比功率达到 3.0kW/kg,综合使用效率 90%。

3. 纯电动汽车电耗随工况的变化

大多数电动汽车的经济时速在 40～60km 之间,当电动汽车高速行驶时,续驶里程会比在市区低速行驶时更短。而且,同一辆车在不同时间在同一条路上行驶,续驶里程也会发生变化。影响电动汽车高速续驶里程的因素如下:

(1)车速。在售纯电动汽车通常没有变速器。车辆行驶速度直接由驱动电机转速来控制。一方面,驱动电机转速越高,车速越高。但驱动电机特性导致高转速时放电功率始终处于恒定的最大值,而转矩随着转速的提升不断减小,导致需要更多的电能来维持高速转速,造成耗电量增加。另一方面,车速的增加造成车身所受空气阻力越大,车辆所需要的动能也要相应增加,所以电池电量消耗也会增加。所以,要想提高电动汽车高速行驶里程,可以适当降低车速,比如将时速从 120km 降到 100km。

(2)车辆负重。研究表明,车身质量每减轻 10kg,电动汽车续驶里程就能延长 2.5km。车辆前进时,除了需要克服来自前方的空气阻力,还要克服来自车身的压力和车轮摩擦力。因此,车辆负重越大,车轮摩擦力也就越大,车辆前进需做的功也越大。所以,减轻车辆负重,能有效延长车辆续驶里程,同时减少车辆的磨损。

(3)温度。电动汽车动力电池最佳的工作温度是 25℃左右,高于或低于这个温度,电池性能都会有所下降,尤其是低温对电池性能的影响最大。研究表明,当温度由18℃下降到0℃时,150A·h锂电池包的内阻增加一倍。在0℃以下,锂电池包放电容量下降加快。当温度下降到-10℃时,锂电池包内阻增加两倍。内阻其实就是电流流过电池内部所受到的阻力,内阻加大,会使电池放电工作电压降低,放电时间缩短,续驶里程自然缩短。

(4)胎压。胎压决定了轮胎与路面的接触面积,影响着来自车轮的摩擦力。保持正常的胎压,能使车辆摩擦力适中,延长车辆续驶里程,而且还有利于行车安全。

(5)电器使用。电动汽车动力电池所携带的电量是一定的,如果电器耗电量过大,分配给驱动车辆前进的电量就会变少,车辆续驶里程也会减少。空调是电动汽车耗电量最大的电器。

(6)其他因素。其他因素包括天气条件、驾驶习惯、电池容量等。比如雨雪天气,车辆续驶里程会减少。电动汽车动力电池性能是会随着充电周期的增加而衰减的。电池衰减,意味着充放电量的减少,续驶里程因此缩短。对于不同的电动汽车而言,电池容量是决定其高速行驶里程最大的因素。

二、纯电动汽车使用环节的环境影响

1.燃料周期环境影响

车辆的生命周期评价可以分为燃料周期评价和材料周期评价。燃料周期又分为从油井到油箱(Well to Tank,简称WTT)和从油箱到车轮(Tank to Wheels,简称TTW)两个阶段。前者即上游阶段,包括了原料开采、燃料生产、燃料运输和储存及燃料的加注等过程;后者即下游车辆行驶阶段。材料周期包括了汽车原材料的获取、材料加工和制造、汽车零部件的生产、车辆装配、车辆报废和回收等过程。对于多数车辆/燃料路径,汽车全生命周期的能源消耗和温室气体排放主要集中在燃料周期(占70%~90%),而材料周期所占比重相对较小,本节重点关注燃料周期的环境影响。

我国电力行业以煤电为主,煤电是我国温室气体排放最大的行业,也是我国大气污染物排放最大的行业之一。2020年,我国总发电量为7.5万亿kW·h,是美国发电量的1.7倍。其中火电、水电、核电、风电和太阳能发电占比分别为69%、17%、4.9%、5.5%和3.7%。电力行业二氧化碳排放约为40亿t,占我国碳排放总量的40%左右。同时,燃煤伴随的二氧化硫、氮氧化物和细颗粒物排放也是造成我国大气污染的主要原因之一。2019年,我国单位火电发电量烟尘、二氧化硫、氮氧化物排放分别约0.038g/kW·h、0.187g/kW·h、0.195g/kW·h。根据2017年全国区域电网电力构成计算得到的电力上游阶段的温室气体与大气污染物排放因子见表5-2。

全国平均及分电网纯电动汽车燃料周期上游阶段的温室气体与大气污染物排放因子 表5-2

污染物	地区						
	全国	华北	华中	华东	南方	东北	西北
VOCs(g/kW·h)	0.061	0.106	0.057	0.072	0.044	0.073	0.095
NO_x(g/kW·h)	0.511	0.895	0.483	0.590	0.357	0.616	0.807
一次PM2.5(g/kW·h)	0.135	0.236	0.128	0.149	0.090	0.183	0.217
SO_2(g/kW·h)	0.271	0.479	0.258	0.301	0.183	0.333	0.439
GHGs(gCO_2eq/kW·h)	725	1318	701	840	505	916	1196

虽然纯电动乘用车运行阶段气体污染物排放因子接近0,但由电能消耗引入的间接排放成为使用环节最主要的排放源,纯电动汽车依然会产生可观的环境影响。

以下为乘用车燃料周期(WTW)的温室气体和大气污染物排放评价。

1)温室气体

根据汽车燃料周期上游排放因子(全国平均电力构成)以及车辆运行阶段温室气体排放因子,结合汽油乘用车和纯电动乘用车的百公里能耗,分别计算得出其燃料周期温室气体排放因子,得到两类车型的能耗与燃料周期的温室气体排放因子关系(图5-6)。可以看出,仅考虑当前汽车燃料周期的情况下,汽油乘用车和纯电动乘用车的温室气体排放因子与相应能耗水平呈线性关系;总体上纯电动乘用车的温室气体排放因子要低于汽油乘用车,但高电耗的纯电动乘用车的温室气体排放因子仍可能高于节能汽油乘用车。根据车队平均燃料消耗量水平核算(2018年汽油乘用车平均燃料消耗量为6.6L/100km,纯电动乘用车平均能量消耗量为14.5kW·h/100km),得到对应的汽油乘用车和纯电动乘用车燃料周期(WTW)车队平均的温室气体排放因子(图5-6中的三角形标记)。可以看出,仅考虑汽车燃料周期,纯电动乘用车的车队平均温室气体排放因子可比汽油乘用车降低约50%。

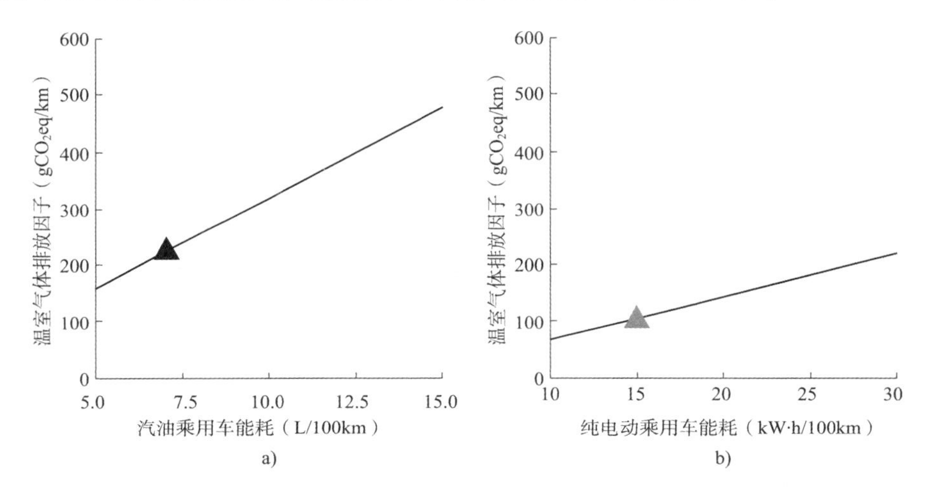

图5-6 汽油乘用车与纯电动乘用车的能耗与燃料周期的温室气体排放因子关系图

2)大气污染物

根据上述燃料上游及运行阶段的大气污染物排放因子,计算得到汽油乘用车和纯电动乘用车燃料周期的VOCs、NO_x、一次PM2.5和SO_2的排放因子,如图5-7所示。

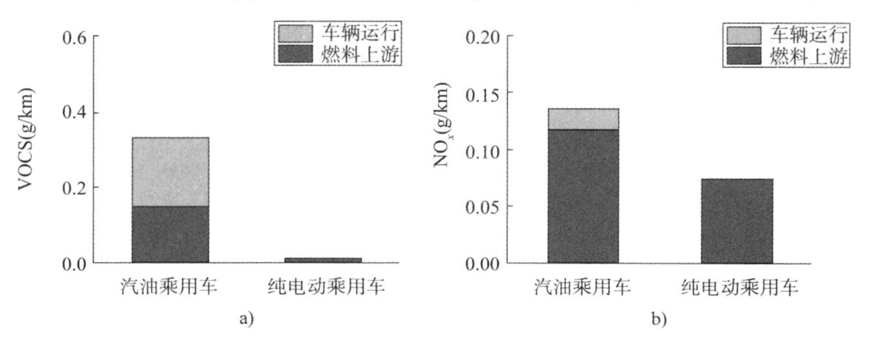

图 5-7

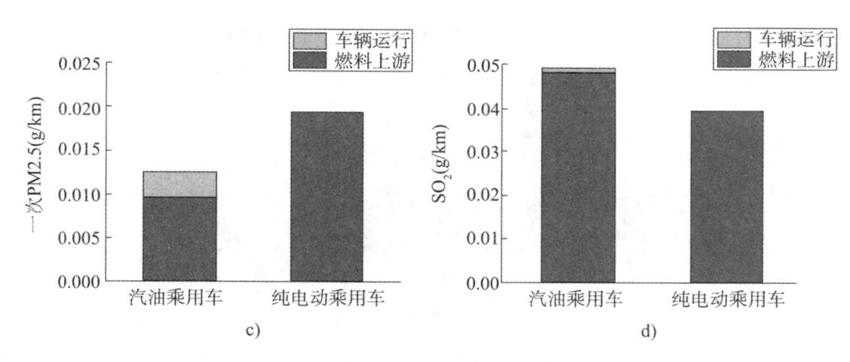

图 5-7 汽油乘用车与纯电动乘用车的燃料周期大气污染物排放因子

从车队平均的燃料周期大气污染物排放因子来看,纯电动乘用车相比于汽油乘用车,对于形成二次颗粒物的两种关键前体物 VOCs 和 NO_x 具有显著削减作用,削减比例分别为 98% 和 46% 。而对于一次 PM2.5 尚不具备削减效果,这主要是由于电力生产过程排放所致。需要说明的是,PM2.5 的来源包括直接排放(一次 PM2.5)和二次生成(二次 PM2.5),PM2.5 的二次生成是指排放到大气中的气态污染物通过多种化学物理过程被转化为硫酸盐、硝酸盐、铵盐和二次有机气溶胶等细颗粒物。在我国中东部地区,二次 PM2.5 对 PM2.5 的贡献率常常高达 60% ,在成霾时二次 PM2.5 所占比例往往更高。因此,削减 VOCs 和 NO_x 对导致灰霾爆发的重要来源——二次 PM2.5 具有重要作用。此外,纯电动乘用车的燃料周期 SO_2 排放水平相比汽油乘用车也有所降低,降幅为 20% 。

2. 纯电动汽车的噪声

车辆驱动系统的电气化会引起车辆声学特性的巨大变化。驾乘人员普遍认为车辆的主要噪声源是发动机。如果使用纯电动驱动,车内噪声理所当然地要比传统发动机车辆的噪声小很多,但事实是有人感受到电动汽车安静的"哼哼"声,也有人感受到了像 V8 发动机的轰隆声。当然,人们对噪声的感受实际上取决于他们是在评价哪一种电动汽车的运行工况。因为不同的运行工况,纯电动汽车的噪声特性是不一样的。纯电动汽车的噪声特性与传统燃油发动机车辆的噪声有许多不同之处。纯电动汽车的噪声不仅在幅值上不同于传统发动机车辆,其噪声的频率特性也不同于传统发动机车辆。

人们一般认为,电动汽车与传统动力的燃油车相比在怠速时应该安静的,因为没有发动机在怠速运转。但实际数据显示,电动汽车在怠速时并不是最安静的。现代乘用车的怠速噪声可以低至 32 ~ 34dB(A),这与纯电动汽车在怠速时的最低噪声是一致的。纯电动汽车在怠速时最大的噪声源很可能是暖风与空调装置的风扇噪声与通风口吹风的噪声,也不排除在定置时风扇或冷却系统启动导致噪声过大的现象。对于货车而言,除了空调噪声特性外,还有提供空气制动的供气系统的噪声与振动。供气系统的工作独立于发动机工作状态,只与车辆制动时的工作状态有关,因此,它的噪声具有其独立的特性。此外,纯电动汽车上所有的辅助设备都是由电机驱动的,如电池冷却泵制动助力系统的真空泵、电动转向助力系和 ABS 模块/泵等辅助设备的噪声源等,在设计车身时需要予以考虑。

实际驾驶中,当车辆以 120km/h 以上的速度在平坦道路上运行时,发动机或电机的驱动噪声、路噪声与风噪声相比较小,此时风噪声成为主导噪声。产生风噪声的主要原因是空气在车身、风窗玻璃和车门玻璃等外观部件上产生的空气动力学噪声,通过这些部件传到车身内部。尤其是车窗靠近驾驶员的左耳与副驾驶的右耳,驾驶员的左耳对风噪声感受最敏感。

因此，纯电动汽车与传统燃油汽车的风噪声基本上是没有区别的。

当车辆以 88km/h 的速度运行时，风噪声、发动机噪声与路噪声相比，路噪声占主导地位。

3. 纯电动汽车的辐射

根据世界卫生组织的调查研究，电磁辐射可能是导致人体心血管疾病、糖尿病、癌突变的主要诱因，也可能造成人体生殖系统、神经系统、免疫系统等的损害。当前，汽车正逐渐向电动化、智能化、网联化方向发展，车载电子电气设备日益增加，车辆内部的电磁环境更加复杂，对于车辆及电动汽车充电系统的电磁辐射是否会对人体健康产生危害也是大家比较关注的问题。2019 年 7 月，国标《车辆电磁场相对于人体曝露的测量方法》（GB/T 37130—2018）正式实施，意味着车辆内电磁辐射测试有据可依，对于有效保护车辆内人体健康、进一步促进新能源汽车的发展有着重要意义。

相较传统汽车，电动汽车的结构发生了很大的改变，电动汽车采用电作为能源，蓄电池、控制器、整车动力电源网的供电线（直流母线）、驱动电机的电源线（三相线）等设备的工作环境也更加复杂，各种不同能量、不同频段的电磁波充斥于汽车内部的各个角落，而电动汽车绝大多数负载为感性或容性负载，并非纯阻性负载，所以考虑电动汽车的电磁场问题，我们不能简单地把它当作直流电来考虑。电动汽车电压等级相对较低，产生的低频电场强度也较弱，所以主要应考虑由电动汽车大电流产生的低频磁场。极低频（ELF）磁场在人体内产生感应电场和电流，可能直接影响人体健康。这些电磁能量对人的影响程度与强度、频率、作用时间、环境等因素有关，尤其对长期处于车内的驾驶员身体健康的危害更值得警惕。

目前针对电动汽车车内电磁环境的调查和污染防治研究依然不足。常见降低电磁辐射危害的手段可分为降低电磁辐射源强度或增强电磁辐射防护措施两类。在降低电磁辐射源强度方面，由于电动汽车的电磁辐射主要由动力装置产生，不能单纯依靠降低辐射源电流来降低电磁辐射污染，而可以通过改变动力母线的布线方式减小闭合回路面积来降低辐射源发射强度。在增强电磁辐射防护措施方面，可以借鉴辐射防护的三大方法，即距离、时间、屏蔽。在距离防护方面，通过增加动力电池与驾驶室的距离是距离防护的有效方法。在屏蔽防护方面，通过改变电机与驾驶室的屏蔽材料是屏蔽防护的有效方法。在时间防护方面，乘车时间相对固定，通过减少受辐射时间来降低辐射量较困难。

综上所述，要想降低汽车车内电磁环境水平，减少车内电磁环境污染，电动汽车低频电磁环境防治对策建议如下：

（1）优化设计。优化线缆走线设计，尤其是车身内部的线缆，必须合理走线，避免大面积的环路存在。

（2）距离防护。汽车内电磁场最大值都出现在各监测位置的脚部，整体呈现监测高度越高强度越低的趋势。增加人体与汽车底板的距离，将明显降低汽车内电磁场作用。

（3）屏蔽防护。汽车金属壳体对电磁场有显著的屏蔽作用，一些明显的干扰源（电机、电池、线缆等）应避免放置在车身内部，并加强汽车底板屏蔽，优化底板材料的屏蔽效果。

随着人们对健康的日益关注，电磁辐射对人体的影响，引发很多人的担忧。对于电动汽车有这样的忧虑是可以理解的，但不能单纯用体积来衡量，不能想当然地以为体型更大的电动汽车辐射更强。实际上，很多电动汽车的辐射强度甚至低于我们日常使用的手机。

三、纯电动汽车生产环节的环境影响

1. 整车生产总工艺流程及产排污情况

下面以某年产15万辆纯电动汽车的生产基地为例，介绍纯电动汽车整车生产各环节产排污情况(其他类型车辆生产环节也可参考)。该项目覆盖A0、SUV、轿车三种车型，生产工艺包括冲压、焊装、涂装、底盘安总装、调试及检测等。项目生产阶段总体工艺流程及产污节点可参考图5-8。

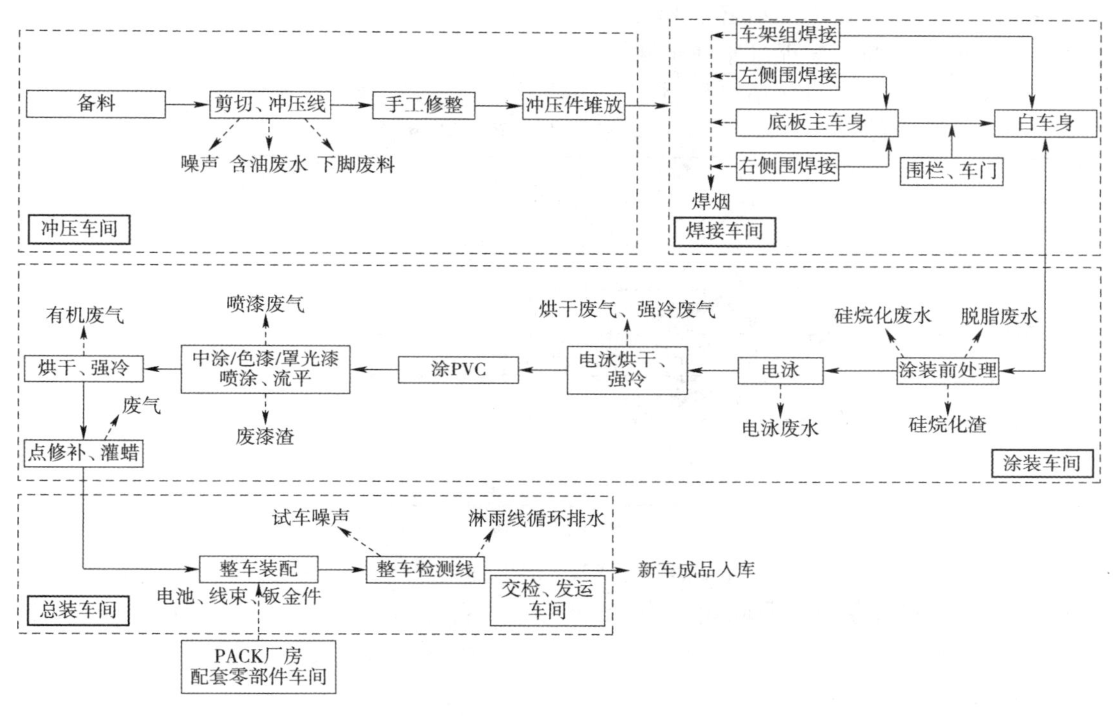

图5-8 总工艺流程及产污节点图

各环节污染物来源与类型如下：

(1)冲压车间。冲压车间主要产生的污染物有废水、固体废物和噪声。其中废水为间歇排放的模具清洗废水，而固体废物主要类型为废金属料、废塑料布、废棉纱布、工业擦布、废黏性擦布及废油。

(2)焊装车间。焊装车间主要产生的污染物有废气、固体废物和噪声。其中废气主要来源于焊接烟气。焊接烟尘采用集气罩捕集后(捕集率≥80%)经布袋除尘器(处理效率≥99%)处理后经车间顶部排气筒达标排放。其余点位采用移动焊接烟尘收集处理装置处理。固体废物为废棉纱布、工业擦布等。

(3)涂装车间前处理工段。涂装车间前处理工段主要产生的污染物有废水、固体废物和噪声。产生的废水包括各类连续排放的水洗废水、各类槽定期排放的槽液以及清槽产生的废水。其中，脱脂槽、硅烷化槽液循环使用无须更换，定期倒槽、清槽，仅在倒槽过程中产生清槽水。固体废物主要是预清理擦拭白车身产生的废抹布、脱脂工序油水分离器产生的废油脂。

(4)涂装车间电泳线工段。涂装车间电泳线工段主要产生的污染物有废气、废水、固体废物和噪声。产生的废气为电泳烘干废气和电泳强冷废气。废水包括各类连续排放的水洗废水、超滤装置排水,各类槽定期排放的槽液以及清槽产生的废水,间歇排放的少量打磨废水。固体废物为电泳槽过滤器产生的水性漆渣和废打磨材料(废砂纸等)。

(5)涂装车间喷漆工段。涂装车间喷漆工段主要产生的污染物有废气、废水、固体废物和噪声。废气主要为喷漆、流平废气、烘干/闪干废气和强冷废气。其中,调漆间废气并入罩光漆、喷漆废气,洗枪液废气分别计入中涂、色漆喷漆废气,洗枪液(溶剂型)废气计入罩光漆喷漆废气。喷漆废气是本项目首要废气污染源,也是汽车行业的主要环境问题。废水包括打磨废水及喷漆水幕系统循环水池定期排放水。固体废物主要是漆渣。

根据各生产环节产排污情况预测,生产过程中该项目总体废气、废水排放量见表5-3。

项目污染物(废气、废水)排放预测量(单位:t/年) 表5-3

总量控制污染物		污染物排放总量(进入环境)
废气	烟尘	1.55
	SO_2	4.80
	NO_x	14.29
	VOCs	119.13
	二甲苯	2.30
废水	COD_{cr}	13.6
	NH_3-N	1.4

2.动力电池生产环节的环境影响

动力电池是纯电动汽车的重要组成部分。常见锂离子动力电池主要由电芯、电解液、正负极材料、电池管理系统以及隔膜组成,负极通常为石墨材料,但正极材料却各有不同,因此,可形成的不同性能的锂离子动力电池。按电池正极材料不同又可分为磷酸铁锂电池、锰酸锂电池和三元锂电池等。

在动力电池的生产过程中,原材料的获取和加工阶段依然是碳排放的主要来源,约占其全生命周期碳排放的70%。

以三元锂电池为例,其生产单位质量原材料的平均碳排放强度见表5-4。相较制造车身的主要材料——钢铁,生产单位质量锂、钴、镍和石墨的碳排放普遍更高。从电池的类型来看,生产磷酸铁锂电池和三元锂电池的碳排放强度分别为109.3kgCO_2/(kW·h)和104kgCO_2/(kW·h)。以现在市面上比较常见的容量约为60kW·h的动力电池为例,生产一块电池的碳排放超过8t。

三元锂电池生产单位质量原材料的平均碳排放强度

(以电量为26.6kW·h的电池为例) 表5-4

原材料	铝	钴	铜	石墨	碳酸锂	镍	钢铁
生产单位质量原材料的平均碳排放强度[kgCO_2/(kW·h)]	3.17	5.89	3.41	2.69	3.06	7.79	1.80

据有关文献预测,2025年动力电池生产所需锂、铝、铜、镍和钴5种有色金属的合计量达18.23万t。此外,伴随着动力电池产量增加,不仅资源耗竭潜力日渐增大,还需消耗大量能

源,排放温室气体导致环境恶化。与此同时,动力电池中的电解液、正负极阶段若处理不当,也将对生态环境产生负面影响,如最为常见的 LiPF6 电解液在电池拆解过程中分解,产生对眼睛、皮肤、肺部等有毒副作用的 PF5;电池外壳破损易引发火灾或爆炸事故等。

第三节 氢燃料电池电动汽车的环境影响

氢燃料电池电动汽车只需要加氢 3 ~ 5min 就可连续行驶 500km 以上,且排放物是水,不污染环境。同时,燃料电池因不受卡诺循环的限制,其能量转化效率已高达 55%,未来随着技术的进步,理论上可高达 85%。目前氢燃料电池电动汽车因加氢时间短、续驶里程长、环保和能量转化效率高的优点已经逐渐投入使用。虽然氢燃料电池电动汽车使用环节的排放物是无污染的水,但在氢气的制备、运输、储存、使用环节等环节仍存在能源消耗和污染物排放。

本节将对氢燃料电池电动汽车的效率、能耗水平进行讨论,介绍氢气消耗量的测量方法,对氢燃料电池电动汽车"油井到车轮"生命周期的能效以及使用环节的噪声进行简要介绍。

一、氢燃料电池电动汽车氢气消耗量测量方法

目前氢燃料电池电动汽车燃料以气态氢气为主,同传统燃油车相比具有显著差异。燃料电池电动汽车氢气消耗量测量时应额外将气体体积易随温度、压力变化的物理性质纳入考量。现有测量方法包括压力温度法、质量分析法和流量法三种[参见《燃料电池电动汽车 氢气消耗量 测量方法》(GB/T 35178—2017)]。

在测量开始前,应按照相关规定应对试验车辆进行磨合,且磨合里程不小于 1000km,并且在试验前的 7 天内建议至少行驶 300km。试验过程中使用外部供氢,切断车载燃料供应管路。对于轻型及重型测试车辆的荷载、起动、测试工况以及速度偏差,应分别满足《轻型汽车污染物排放限值及测量方法(中国第五阶段)》(GB 18352.5—2013)及《重型混合动力电动汽车能量消耗量试验方法》(GB/T 19754—2015)的规定。

1. 压力温度法

试验用储氢罐安装在车辆外部,作为燃料电池电动汽车的燃料供应源。因此,可以通过测量前与检测完成时试验用储氢罐的气体压力和气体温度来确定氢气消耗量。

式(5-2)给出了氢气消耗量的计算方法:

$$w = m \times \frac{V}{R} \times \left(\frac{P_1}{Z_1 \times T_1} - \frac{P_2}{Z_2 \times T_2} \right) \tag{5-2}$$

式中:w——测量时间内的燃料消耗量,g;

m——氢分子摩尔质量,2.016g/mol;

V——燃料罐中高压部分和附件的总容积(减压阀、管路等),L;

R——共同气体常量,$R = 0.0083145$MPa · L/(mol · K);

P_1——检测开始时罐体内气体分子压力,MPa;

P_2——检测结束时罐体内气体分子压力,MPa;

T_1——检测开始时罐体内气体分子温度,K;

T_2——检测结束时罐体内气体分子温度,K;

Z_1——在 P_1,T_1 条件下的氢气压缩因子,按照式(5-3)的方法求解;

Z_2——在 P_2,T_2 条件下的氢气压缩因子,按照式(5-3)的方法求解。

当试验前后的气体温差过大时,为了避免可预知的试验误差,应使车辆充分浸车,直到罐内气体温度和环境温度一致,进而通过浸车后气体温度和压力确定燃料消耗量。当试验用储氢罐与独立的燃料供应管一起使用时,所有管路的气体压力应相等,使得管路切换时不能有气体的输入和输出。

式(5-3)给出了适用范围压力 0.1 ~ 100MPa、温度 220 ~ 500K(−53 ~ 227℃)的氢气压缩因子的求解方法:

$$Z = \sum_{i=1}^{6}\sum_{j=1}^{4} v_{ij} P^{i-1} \frac{100}{T}^{j-1} \tag{5-3}$$

式中:Z——氢气压缩因子;

v_{ij}——常数;

P——压力,MPa;

T——温度,K。

对于一组确定的温度 T 和压力 P,利用式(5-3)可以求出一个相应的压缩因子 Z。

2. 质量分析法

质量分析法是通过测量前后外置储氢罐的质量差来确定氢气消耗量。在试验前和试验后分别用称重设备测量试验用储氢罐的质量时,应提供适当的措施减轻振动、对流、环境温度等因素的影响,例如设置衰减板、风挡玻璃等。

把试验前后测得试验用储氢罐质量代入式(5-4),可计算出氢气质量消耗量:

$$w = g_1 - g_2 \tag{5-4}$$

式中:w——在测量时间内的燃料消耗量,g;

g_1——试验开始时试验用储氢罐质量,g;

g_2——试验开始时试验用储氢罐质量,g。

3. 流量法

流量法的原理是通过流量传感器测量车外供应源被消耗的氢气的体积或者质量,流量传感器可以是体积流量传感器,也可以是质量流量传感器。

(1)把测得的流量值代入式(5-5),计算测量时间内的氢气消耗量:

$$w = \frac{m}{22.414}\int_0^t Q_b \mathrm{d}t \tag{5-5}$$

式中:w——测量时间内的氢气消耗量,g;

m——氢分子摩尔质量,2.016g/mol;

Q_b——试验中的气体体积流量,L/s。

(2)把测得的质量流量值代入式(5-6),计算氢气质量消耗量:

$$w = \int_0^t Q_m \mathrm{d}t \tag{5-6}$$

式中:w——测量时间内的氢气消耗量,g;

Q_m——试验中的气体体积流量,L/s。

二、氢燃料电池电动汽车的能量转化效率

氢燃料电池电动汽车的能量转化效率高低直接影响车辆使用及其背后潜在的环境影响与资源消耗量。与燃油车的油耗类似，氢燃料电池电动汽车的能量转化效率也受到诸多因素的影响。本书将燃料电池电动汽车的能量转化效率定义为电力输出能量与系统的氢输入能量的比值。为了方便评价氢燃料电池电动汽车的效率，定义如下三个效率：

（1）燃料电池电堆效率，指只考虑电堆本身的能量转换效率，即从计算区间的开始到结束产生的功率和（即电堆总输出能量）/期间消耗的氢气的总流量反应生成水后释放的能量（按低热值计算）。

（2）燃料电池系统效率，指考虑电堆及其相关辅助元件带来的功率消耗，即电堆功率减去辅件功率在测量区间内的功率和（系统总输出能量）/期间消耗的氢气的总流量反应生成水后释放的能量（按低热值计算）。

（3）车辆效率，指全驾驶周期内车轮输出机械功与车辆所消耗燃料能量的比值。

1. 工况对燃料电池电动汽车能耗的影响

根据美国环境保护署（EPA）对不同燃料电池电动汽车燃料经济性的测试结果（表5-5）可知，2011—2019年，城市驾驶循环的车辆效率从50%左右提高到65%或更高。

燃料电池电动汽车典型工况的综合效率和能耗水平 表5-5

车型（车辆年份）	未经调整的能耗		车辆效率	
	FTP城市循环（W·h/km）	HWFET高速循环（W·h/km）	FTP循环车辆效率（%）	HWFET循环车辆效率（%）
本田FCX Clarity（2011—2014）	254	248	54	51
梅赛德斯-奔驰（2011—2012）	284	275	40	35
现代图森燃料电池电动汽车（2015—2017）	311	294	51	51
丰田Mirai（2016—2019）	220	220	65	58
本田FCX Clarity（2018—2019）	218	220	67	57
现代Nexo（2019）	245	269	66	58
现代Nexo蓝（2019）	222	251	68	59

为进一步探究氢燃料电池中氢耗随驾驶状态的关系，美国阿贡（Argonne）国家实验室分别采用美国环保局建立的美国城市道路循环工况（UDDS）、高速工况（Highway）及激烈驾驶工况（US06）对丰田Mirai进行了测试。

结果表明，工况越缓和，燃料电池电堆和燃料电池系统效率越高，其中工况对电堆效率的影响较小，而对燃料电池系统效率影响较大。相比于UDDS，US06工况下的燃料电池电堆的效率下降仅约3%。工况的变化使燃料电池系统效率下降了近23%（图5-9）。

需要注意的是，燃料电池系统的低功耗要求使燃料电池系统的平均效率在UDDS和高速公路周期中保持在61%以上。相比之下，US06循环对燃料电池系统的功率要求更高并导致燃料电池系统的平均效率低于50%。

2. 温度对燃料电池电动汽车能耗的影响

温度同样是燃料电池电动汽车能耗的影响因素之一，不同温度下的氢耗有显著的差异。

研究表明，-7℃条件下燃料电池的功耗要大于25℃及35℃，因为在低温下汽车冷起动的能耗要远远高于在正常温度时的能耗，同时在低温下，需要使用电加热器以便在寒冷的环境内保持车厢的温度。

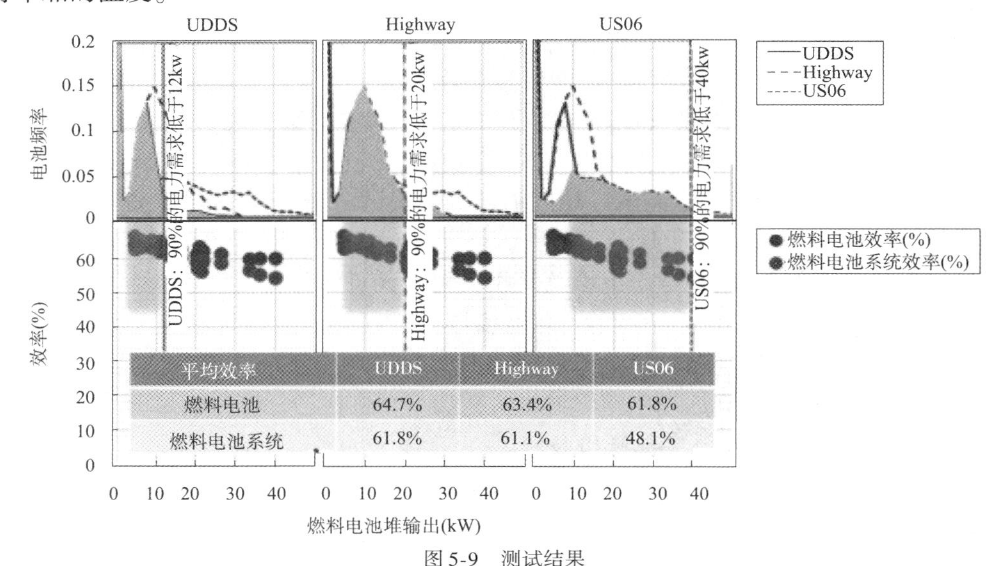

图 5-9　测试结果

在运行工况的功耗组成中可以看到，不管是高温还是低温都会在一定程度上增加燃料电池电动汽车的功耗。高温会导致 DC/DC 转换器效率的降低和空气压缩机功耗的升高，另外高温时车内的空调也会造成额外的能耗。低温虽然不会导致 DC/DC 转换器效率降低，但是它会使车辆运行时车辆驱动所需的功耗增加，加上低温时开启的空调，会导致低温时车辆的功耗高于常温(25℃)时的功耗。综上所述，在 UDDS 和 US06 工况下，低温会导致燃料电池电动汽车的功耗变大。

三、氢燃料电池电动汽车使用环节的环境影响

同纯电动汽车相似，氢燃料电池电动汽车以氢为燃料、蓄电池的电能为动力，排放物中无污染物，其环境影响主要来自氢的生产、储存、运输和氢燃料电池整车生产环节。氢的储存、运输需要远比电、油更高的成本和能源消耗，需要恒温、高压设备，危险性更高。

1.“油井到车轮”(Well To Wheel)生命周期能效分析

在考虑整体车辆的能源效率时，通常使用“油井到车轮”(WTW)生命周期分析法。这可以分为两个阶段，即“油井到油箱”和“油箱到车轮”(图 5-10)。前者通常是指从原料到将其运输到车辆的燃料储存装置的燃料生产环节，而后者是指车辆运行阶段的能量消耗。在考虑不同车型时，其主要 WTW 能量转换阶段可作如下划分：

(1)对于燃料电池电动汽车，氢燃料生产、运输和储存到车辆氢气罐，以及燃料电池电动汽车运行中的燃料电池使用。

(2)对于纯电动汽车，发电，通过电网输电，给纯电动汽车电池充电，以及在电动汽车运行中的用电。

(3)对于传统燃油车，汽油/柴油开采、精炼、运输到加油站，以及车辆运行过程中的燃料消耗。

能源效率	油井→油箱 生产	油井→油箱 运输	油箱→车轮 使用	“油井到车轮”整体能源效率
燃料电池电动汽车	(1)23%~69%; (2)转换效率范围来源于不同的制氢方式; (3)生产效率=原料提取效率×燃料制氢效率	(1)54%~80%; (2)能量损失来自压缩、运输、储存过程中的能量损耗	(1)36%~45%; (2)氢能转化为电能,电能转化为机械能; (3)与纯电动汽车运行相比,其产生额外的能量损失是由于多出的氢气到电能的转化步骤	4%~25%
纯电动汽车	(1)35%~60%; (2)转换效率范围的不同取决于不同的发电方法,以及在不同国家之间差异极大的电网建设	(1)81%~84.6%; (2)输电过程中的平均转化率为90%~94%; (3)充电过程中具有90%的能源转换效率	(1)65%~82%; (2)车辆运行时在电能转换过程中的能量损耗包括电机、交流转换、辅助部件和传动系统的损耗,不包括充电过程	18%~42%
燃油车	(1)82%~87%; (2)矿物燃料开采、精炼过程中13%~18%的能量损失	(1)约99%; (2)在运输过程中,由于蒸发、溢出或附着在容器上而造成的少量能量损失	(1)17%~21%; (2)大部分能量以热的形式损失; (3)作为目前主流的车辆类型,经过多年的改进,目前的效率已经接近内燃机的极限	14%~18%

图5-10 车辆“油井到车轮”生命周期分析框架(按动力方式划分)

燃料电池电动汽车的整体能源效率很大程度上受氢气的生产和运输,以及在将氢能转化为动能的燃料电池技术的影响。由于制氢方式不同,氢生产过程中的转换效率范围为23%~69%;氢气运输过程中的能量损失最大可以达到80%,主要来自压缩、运输、储存过程中的能量损耗;燃料电池实用阶段的能量损耗可达36%~45%,与纯电动汽车相比额外的能量损耗是由于多出了氢气到电能的转化步骤。

综合而言,从“油井到车轮”整体能源效率来看,纯电动汽车的效率最高,燃料电池电动汽车受限于燃料的生产效率,其整体能源效率与燃油车差距不大。纯电动汽车在生产、使用上都有显著的优势;燃油车虽然运输环节效率高,但是由于其使用效率低下,导致其整体能源效率较低。

反对燃料电池电动汽车的人会争辩说,氢能源汽车本质上不如电池汽车,因为氢必须从电(通过电解)中产生,然后再转换回电,这其中必然会有能量损耗。然而,当我们更详细地研究氢能源的产业链时会发现情况并非如此。例如,氢也可以从天然气中产生,而相关的碳可以被捕获和回收。

据氢能理事会统计,由天然气通过SMR制氢(“油井到油箱”阶段)的CO_2排放量约为75g/km,约占燃料电池电动汽车生命周期CO_2排放量的60%。因此,制氢环节是保证燃料电池电动汽车低碳性能的关键环节。由于能源效率和原料转化时温室气体排放的不同,不同制氢途径的总能耗和温室气体排放是不同的。不同制氢途径的生命周期产生的温室气体排放是不同的,电网电解水制氢排放温室气体的范围最广,可再生能源电解水制氢最环保。

2. 氢燃料生产、储存、运输过程的环境影响

近年来,在欧盟、日本、韩国、中国等主要经济体的积极推动下,氢能逐渐成为国际议程的新焦点,并获得快速发展。仅2020年,就有欧盟、德国、西班牙、加拿大等11个国家和地区发布氢能发展战略。氢能应用场景日渐丰富,交通领域应用规模稳步提升,工业、建筑等领域应用方兴未艾。

燃料电池是氢能高效利用的重要途径。氢燃料电池原理就是在氢与氧结合生成水的同时将化学能转化为电能和热能。该过程不受卡诺循环效应的限制，理论效率可达90%以上，具有很高的经济性。燃料电池的阳极和阴极中间有一层坚韧的隔膜以隔绝氢气和氧气，从而有效规避了氢气和氧气直接接触发生燃烧和爆炸的危险。氢气进入燃料电池的阳极，在催化剂的作用下分解成氢离子和电子。随后，氢离子穿过隔膜到达阴极，在催化剂的作用下与氧气结合生成水，电子则通过外部电路向阴极移动形成电流。不同于传统的铅酸蓄电池、锂电池等储能电池，燃料电池类似于“发电机”，且整个过程不存在机械传动部件，没有噪声和污染物排放。

其中，如满足低碳氢的碳排放阈值的氢气同时满足制备能源为可再生能源的条件，则该氢气可定义为“绿氢”。2020年12月，中国氢能联盟提出的团体标准《低碳氢、清洁氢与可再生氢标准与评价》(T/CAB 0078—2020)正式发布，这是全球首次从正式标准角度对氢的碳排放进行量化。该标准运用生命周期评价方法建立了低碳氢、清洁氢和可再生氢的量化标准及评价体系，从源头出发推动氢能全产业链绿色发展。该标准指出，在单位氢气碳排放量方面，低碳氢的阈值为14.51$kgCO_2e/kgH_2$，清洁氢和可再生氢的阈值为4.9$kgCO_2e/kgH_2$，可再生氢同时要求制氢能源为可再生能源(表5-6)。

中国低碳氢、清洁氢及可再生氢标准(单位：$kgCO_2e/kgH_2$)　　表5-6

项目名称	指标		
	低碳氢	清洁氢	可在生氢
单位氢气碳排放量	不超过14.51	不超过4.9	不超过4.9
制氢所消耗的能源必须为可再生能源	否	是	否

虽然氢燃料电池电动汽车一直被认为是一种绿色新能源汽车，在其运行过程中只会产生水，但是氢的生产、储存、运输和加氢的过程会产生温室气体，对环境造成影响。

目前，氢的制取产业主要有以下三种较为成熟的技术路线：

(1)化石能源重整制氢。煤制氢技术路线成熟高效，可大规模稳定制备，是当前成本最低的制氢方式。但是该方式伴生的二氧化碳排放问题却“不能容忍”。特别是在碳减排的迫切需求下，煤炭制备1kg氢气约产生11kg二氧化碳。二氧化碳捕集与封存技术(CCS)是有望实现化石能源大规模低碳利用的新技术。不过，由于技术尚处探索和示范阶段，还需通过进一步开发推动成本及能耗下降。

(2)工业副产提纯制氢。工业副产氢是产品生产过程的副产物，因副产氢纯度较低、成分复杂，目前通常只有燃烧等低效利用途径，甚至直接送到火炬排空。这类氢气广泛存在于焦化、氯碱、丙烷脱氢(PDH)和轻烃裂解等行业，成本低廉、不会产生额外碳排放且在全国各地均有分布，将这一类氢气作为燃料电池的氢源，有利于解决燃料氢气的成本和大规模储运问题，真正做到变废为宝。

(3)电解水制氢。电解水制氢具有绿色环保、生产灵活、纯度高(通常在99.7%以上)以及副产高价值氧气等特点，但其单位能耗为4～5$kW\cdot h/m^3H_2$，制取成本受电价的影响很大，电价占到总成本的70%以上。若采用市电生产，制氢成本为30～40元/kg，且考虑火电占比较大，电解水制氢依旧面临碳排放问题。按照当前我国电力的平均碳强度计算，电解水制得1kg氢气的碳排放为35.84kg，是化石能源重整制氢单位碳排放的3～4倍。

3.氢燃料电池电动汽车的噪声

燃料电池电动汽车是一种使用质子交换膜燃料电池作为驱动电源的新能源汽车。由于消除了内燃机这一噪声源，且燃料电池的电化学反应并不依赖机械运动，燃料电池电动汽车通常被认为具有效率高、噪声低、无污染物排出等优点。然而，试验表明燃料电池电动汽车与传统内燃机汽车相比，总体声压级并无明显优势，并且声品质较差。进一步分析显示，燃料电池电动汽车的噪声源主要来自空辅系统，尤其是空气压缩机产生的气动噪声。目前的燃料电池电动汽车用空气压缩机类型主要有罗茨式、螺杆式、涡旋式、滚动活塞式、旋叶式、活塞式、离心式等。通过调研不同类型压缩机在燃料电池系统中的应用情况发现，离心压缩机在增压比、振动噪声、整机效率以及尺寸、质量等方面，都是较为理想的选择，主流汽车制造商在新一代燃料电池电动汽车开发中也主要采用了离心压缩机。

1）噪声源分布

离心压缩机的噪声从来源上可分为由包括空气动力所产生的气动噪声和机械振动所产生的结构噪声，一般气动噪声相比其他噪声高10～20dB（A），是最主要的噪声源。离心压缩机的气动噪声源主要来自叶尖跨声速产生的激波噪声、旋转叶片表面压力脉动产生的叶片通过频率噪声和流动不稳定产生的涡脱落噪声。离心压缩机的噪声特性与运行工况存在明显相关性。在额定工况和大流量工况下，离散的叶片通过频率噪声占主导；在小流量工况下，无明显阶次特性的窄带涡脱落噪声占主导。

2）噪声控制方法

燃料电池电动汽车用离心压缩机的噪声控制方法主要有两种形式：一种是通过优化离心压缩机的内部通流部件进行流动稳定性控制，直接降低气动声源强度；另一种是通过消声、吸声、隔声等手段，对气动噪声的传递路径进行控制，降低最终传递至车身内部的噪声。

（1）气动声源流动控制。在进口流动稳定性控制方面，基于进口导叶和机匣处理是非常有效的方法；在出口流动稳定性控制方面，可通过扩压器调节实现。

（2）气动噪声传递路径控制。在气动噪声传递路径控制方面，最常见的方式为安装出口管道消声器。由于燃料电池电堆反应要求清洁空气，不易脱落的抗性消声器成为首选，如扩张腔、穿孔管、微穿孔管等。

除上述消声、吸声的噪声被动控制方法外，还可采用有源噪声控制方法。有源噪声控制又称主动噪声控制，指人为产生次级声源，引入一个与原噪声声波（初级声源）幅值大小相等而相位相反的次级声波，使其产生的噪声与原噪声在一定区域内相互抵消，达到降噪的目的。

第四节　混合动力电动汽车的环境影响

传统内燃机汽车与电动汽车各有各的特点。传统内燃机车辆基于石油燃料能量密度高的特点，可实现较长的行驶里程，但也存在燃油经济性差和环境污染等问题，而电动汽车则恰好与之相反。

虽然电动汽车的应用推广已进入快速发展阶段，但由于一些短时间难以突破的技术瓶颈，使得汽车产业无法短时间从传统内燃机汽车时代一步迈入全电动化时代。在此背景下，结合了传统内燃机车和电动汽车各自部分优点的混合动力电动汽车应运而生。混合动力电动汽车通常采用两个动力源（一个主动力源和一个辅助动力源）以达到节能、环保和使用便利性直接的平衡。本节将从混合动力电动汽车能耗试验方法、混合动力电动汽车的油耗和电耗、混合动力电动汽车使用环节的环境影响等方面展开，介绍混合动力电动汽车的环境影响。

一、混合动力电动汽车能耗试验方法

由于混合动力电动汽车结合了传统内燃机汽车和电动汽车的部分技术，因此，对于混合动力电动汽车的能耗数据获取比传统内燃机汽车和电动汽车都要复杂。不断涌现的汽车新技术、新概念推动检测产业不断发展。2021 年 3 月，《轻型混合动力电动汽车能量消耗量试验方法》(GB/T 19753—2021)正式发布。

在以往旧版测试法规中，试验采用的循环工况是稳态试验工况(NEDC)，而车辆在实际使用过程中工况是不断变化的。目前，国际主流技术法规中均已将试验工况切换为瞬态工况。因此，在新版测试法规中，试验采用的循环工况已更变为能更真实地反映车辆实际运行情况的 WLTC 工况循环。此外，在处理实验结果的计算过程中，引入了基于纯电利用系数 UF 的加权计算方法。最后，更重要的是，在新版测试法规中修改了驾驶模式的选择方法。

在新版标准中，驾驶模式分为四类，相对应测试流程有四种选项，包括单独进行电量消耗模式试验、单独进行电量保持模式试验、连续进行电量消耗模式试验和电量保持模式试验、连续进行电量保持模式试验和电量消耗模式试验。图 5-11 展示了完整的电量保持 + 电量消耗模式测试流程。

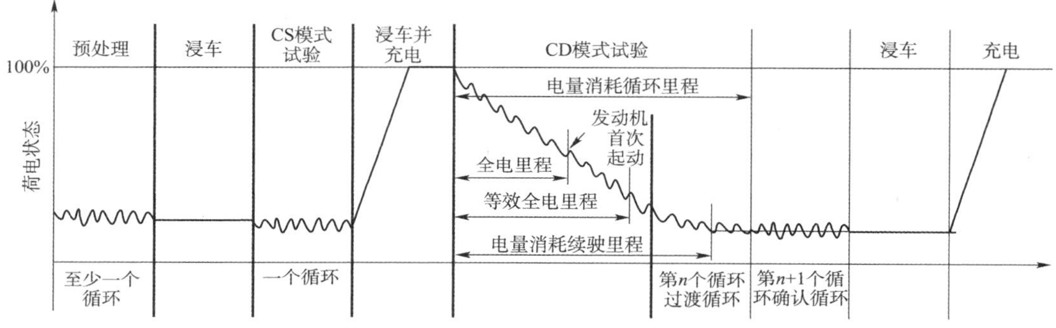

图 5-11　测试流程

对于混合动力电动汽车，其能量消耗计算包括两部分：一是燃料消耗量计算，二是电量消耗量计算。根据国标要求，生产企业需提供表 5-7 所列燃料消耗信息。

生产企业需提供燃料消耗信息　　表 5-7

车辆类型		申报综合值	意义
OVE-HEV(可外接充电式混合动力电动汽车)	CD 试验阶段(Charge Depleting，电量消耗)	①燃料消耗量 FC_{CD}，L/100km； ②电量消耗量 $EC_{AC,CD}$，W·h/100km； ③全电里程 AER，km； ④等效全电里程 EAER，km	全电里程即为从电量消耗模式试验开始直至发动机起动，车辆所行驶的距离。等效全电里程即为车辆的电量消耗循环里程中完全依靠电力驱动的里程部分
	CS 试验阶段(Charge Sustaining，电量维持)	燃料消耗量 FC_{CS}，L/100km	—
NOVC-HEV(不可外接充电式混合动力电动汽车)		燃料消耗量 FC_{CS}，L/100km	—

在燃料消耗量计算部分，根据试验时选择的模式不同，计算方法有所差异。首先对于CD模式，试验结果取每个循环原始结果，然后经过Ki修正（Ki修正是对所有装有周期性再生系统的车辆进行的一种燃料消耗计算方法，即在计算过程中引入规定的修正系数对计算结果进行处理）。在修正之后，通过碳平衡法计算出每个循环的油耗，之后利用纯电系数加权计算循环油耗。

CS模式与CD模式的不同之处在于最终通过燃料消耗量修正计算最终油耗。在电量消耗量计算部分，首先取每个循环基于储能系统电量变化的计算消耗量，之后通过纯电系数加权计算最终电量消耗量。

二、混合动力电动汽车的油耗和电耗

1. 插电式混合动力电动汽车的油耗和电耗

根据《插电式混合动力电动乘用车　技术条件》（GB/T 32694—2021）的相关规定，车辆的燃油消耗量不应超过车型相对应限值的45%。而在续驶里程方面，文件中规定车辆在WLTC试验循环下有条件的等效全电行驶里程不应小于43km。在商用车方面，国内自主掌握了插电式混合动力电动汽车多能源动力系统整车控制、高功率电机系统、混合动力自动变速器、增程式辅助功率发电单元等关键技术，双电机串并联、AMT（电控机械自动变速器）并联等不同技术路线具有不俗的市场表现。其中双电机串并联混合动力系统、串联式混合动力系统及AMT并联式混合动力系统，混合动力状态节油率最高可达40%，插电式混合动力电动公交车综合节油率超过50%。

采用美国环保局认证车辆排放测试程序FTP75［由冷态过渡工况（0～505s）、稳态工况（506～1370s）、600s热浸车和热态过渡工况（重复冷态过渡工况）构成］对插电式混合动力电动车辆的实际能量消耗进行测试，结果表明：当行驶距离小于4个循环工况（42.5km）时，车辆以纯电动模式运行，电能完全能够代替石油燃料；纯电动工况下总电能消耗约为7.1kW·h，相当于15.5kW·h/100km。随着行驶距离增加，电能维持模式所占的比例也随之上升，等效电能消耗的比例不断下降。如图5-12所示，对于9个连续循环工况（96km），燃油消耗约为7.42kW·h/100km。

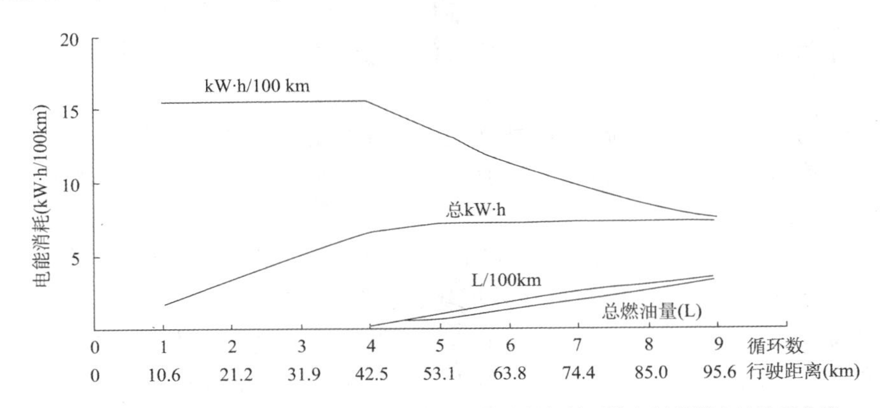

图5-12　基于FTP75城市循环工况的燃油和电能消耗与循环数和行驶距离的关系曲线

2. 增程式混合动力电动汽车的油耗和电耗

增程式混合动力电动汽车一般分为纯电模式和增程模式两种驾驶模式，动力电池

SOC 值(State of Charge,荷电状态,SOC=0 时表示电池放电完全,SOC=1 时表示电池完全充满)较高时采用纯电模式,相当于纯电动汽车。当 SOC 值低于设定的下限值时,增程器启动,发电机将发动机产生的能量转化为电能供应给驱动电机,并将多余的电能给动力电池充电。另外当整车急加速等工况需求较大的功率,而动力电池或增程器单独工作均无法满足需求时,由动力电池和增程器共同为驱动电机供电,以满足整车性能需求。

以某款增程式混合动力电动汽车为例,其增程器搭载的是一款四缸 1.5L 自然吸气发动机,增程器设计峰值功率 50kW,最大转矩 130N·m,最高转速 4500r/min。在增程模式下,为了保证发动机始终工作在最高效率点,根据发动机的万有特性曲线及整车的功率需求,确定发动机的五个工作点分别对应 10kW、20kW、30kW、40kW、50kW 五个输出功率,对应的发动机工作点参数(转速、转矩、燃油消耗率)见表 5-8。平均燃油消耗率为 252g/kW·h,始终处于发动机的高效区。

增程式发动机工作点参数 表 5-8

工作点	功率(kW)	转速(r/min)	转矩(N·m)	燃油消耗率[g/(kW·h)]
A	10	1500	64	264
B	20	2000	96	246
C	30	2500	115	248
D	40	3000	127	249
E	50	4000	119	255

3. 轻混式混合动力电动汽车的油耗和电耗

全混合动力驱动系的结构与传统驱动系完全不同。若要从传统驱动系转换到全混合动力驱动系,则需要投入大量的时间和金钱。可行的思路是开发一种折中方案,该方案的开发难度较低,但效率比传统驱动系统高。例如可在发动机后面放置一个小型电机,以构成所谓的轻度混合动力驱动系。这种小型电机可用作发动机起动机,也可用作发电机,当车辆需要高功率输出时可以为驱动系增加辅助功率,还可以将部分制动能量回收转换成电能。这种小型电机还有可能替代离合器或液力变矩器,因为后者在转差率较高时工作效率较低。

由于轻度混合动力驱动系统的电动机功率较小,因此,无须大功率的能量储存装置,42V 电气系统即可基本满足要求。其他如发动机、变速器和制动器等为传统车辆中原有的子系统,不需要太大改变。

图 5-13 所示为某轻度混合动力电动乘用车在 FTP75 城市循环工况下的仿真模拟结果。因为大多数时间发动机仍然工作在低负载区域,配置小型电机的轻度混合动力驱动系统并不能显著提高发动机工作效率。然而,由于消除了发动机怠速和低效率变矩器的影响,再结合再生制动功能,城市行驶过程中的总体燃油经济性得到提高。模拟结果显示,轻型混合动力电动汽车的油耗为 7.01L/100km,相应传统车辆的模拟燃油消耗为 10.7L/100km,而丰田凯美瑞(整备质量 1445kg,四缸/2.4L/117kW 发动机,配备自动变速器)的燃油经济性约为 10.3L/100km。上述结果表明,采用轻度混合动力技术,油耗可降低 30% 以上,且电机更多

工作在发电状态而非牵引状态，以支持辅助设备用电荷载并保持电池 SOC。

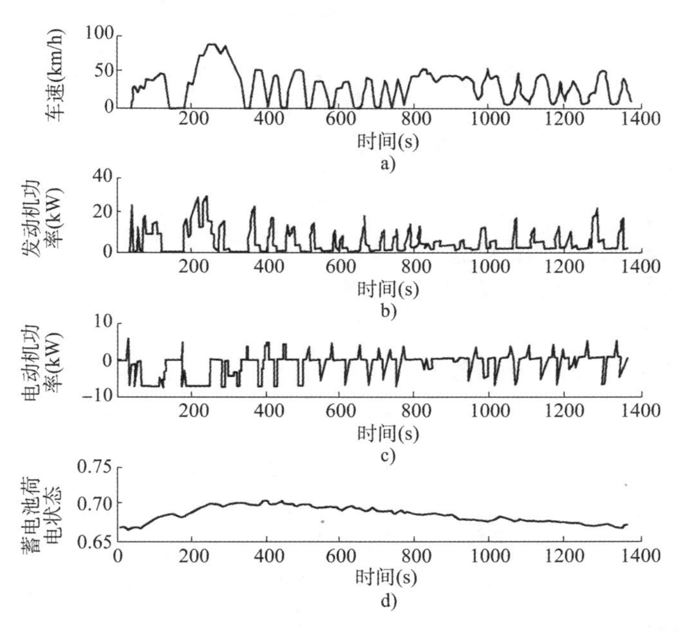

图 5-13 某轻度混合动力电动乘用车在 FTP75 城市循环工况下的仿真模拟结果

三、混合动力电动汽车使用环节的环境影响

1. 混合动力电动汽车污染物排放特征

汽车的尾气排放污染物一般分为三大类，碳氧化物、氮氧化物和颗粒物。其中二氧化碳占碳氧化物排放的大部分。汽车尾气排放中，二氧化碳的含量主要受发动机的燃烧温度以及混合汽空燃比的影响。另外，道路类型、交通状况等也对汽车的二氧化碳排放有重要影响。

相关学者（Jacek Pielecha 等）根据新版的欧盟排放法规（EU6D）中实际道路测试（RDE）的要求，利用 PEMS 设备对常规动力和混合动力电动汽车的实际污染物排放情况进行了测试。测试路线由市区道路（约 30km，车速不超过 60km/h）、郊区道路（约 30km，车速为 60～90km/h）及高速公路（约 30km，车速不低于 90km/h）组成，以涵盖人们日常出行的大多数道路情况。

图 5-14 展示了一氧化碳、氮氧化物和颗粒物实际道路排放测试结果。当分析台架试验一氧化碳排放时，可以观察到混合动力电动汽车的排放比传统汽油车低数倍，其降低的程度取决于电池充电状态。对于混合动力电动汽车荷电状态为 0% 的情况，降低约为 6～8 倍，荷电状态为 60% 时约 4～6 倍，荷电状态为 100% 为 80～90 倍。当分析实际道路驾驶时，观察到的降低要小得多。对于 0%、60% 和 100% 的充电状态，分别是 4～6 倍、2～3 倍和 3～4 倍。参考值是装有内燃机的车辆的道路排放平均值。通过对比得出，混合动力电动汽车在减小汽车排放方面有十分显著的效果。考虑到这是单车对比的结果，当混合动力电动汽车大规模推广之后，对于全国乃至全球环境的改善都有十分重要的意义。

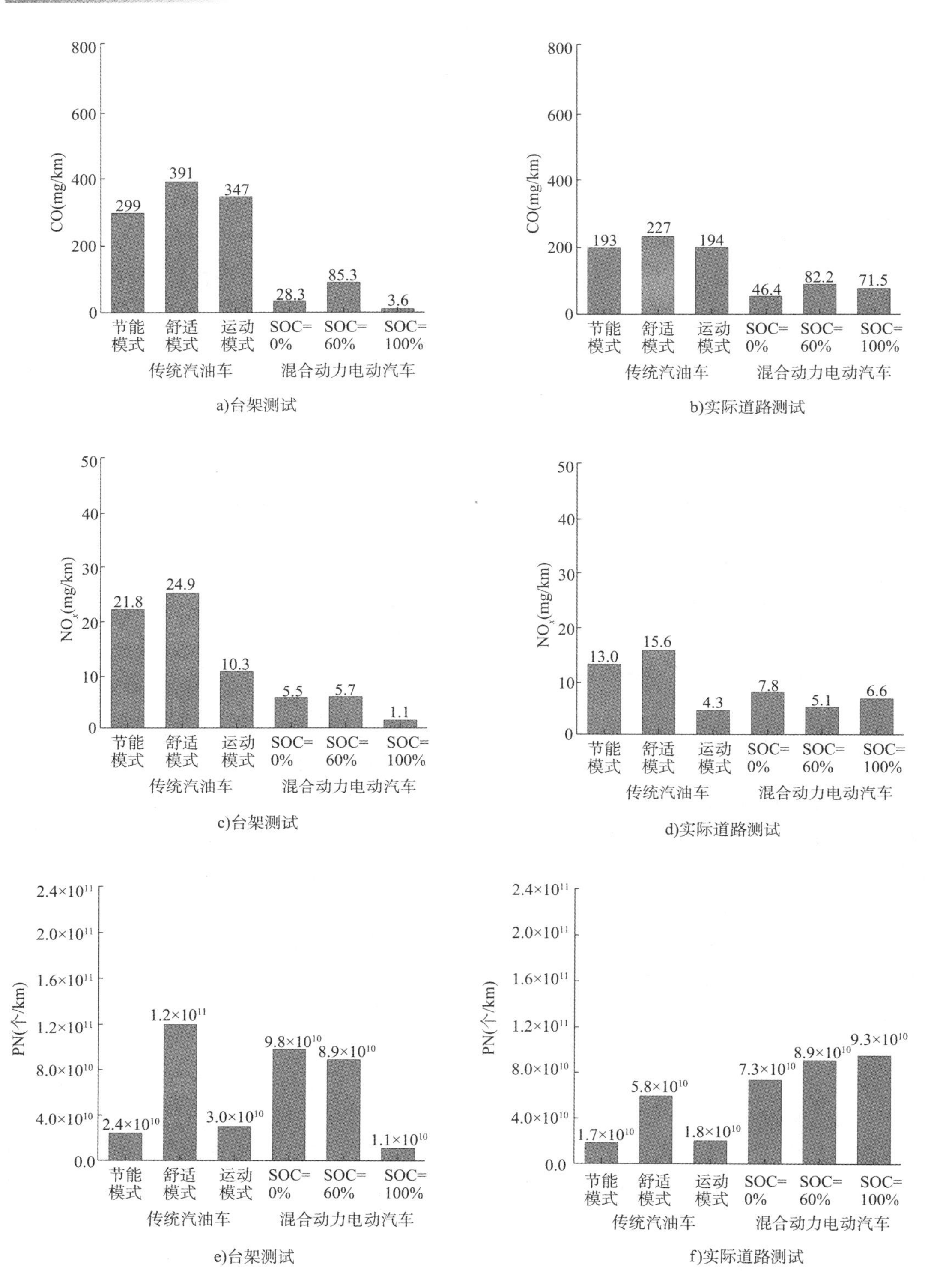

图 5-14　台架试验与实际道路测试车辆尾气污染物排放值

对氮氧化物而言具有相似的结论，但排放降幅度较小。在进行台架试验时，混合动力电动汽车的平均道路氮氧化物排放量大约低 4 ~ 5 倍。在实际行驶时比较该污染物的道路排放时,混合动力电动汽车的值低 1.5 ~2.5 倍。台架试验的颗粒物数浓度分析表明,混合动力电动汽车产生的这一成分大约减少 20%。而当我们从颗粒数量的角度分析实际道路驾驶时发现,混合动力电动汽车产生的颗粒数量大约是传统汽油车的 2 倍,这主要是由于这些车辆的运行特性造成的,在发动机起动过程中,短时间关闭发动机会产生大量颗粒。

2. 混合动力电动汽车的 NVH

与传统汽车相比,混合动力电动汽车的振动和噪声来源更为分散且多样化。传统内燃机车辆的振动与噪声源主要分布在发动机附近,而混合动力电动汽车的振动与噪声源分布在电动机、发电机、电池以及行李舱中。因此,在混合动力电动汽车的 NVH(Noise,Uibration,Harshness,噪声、振动与声振粗糙度)设计开发中,控制振动与噪声的难度加大,应特别要求进行车体结构与悬架装置的局部振动与声学阻抗设计。

随着混合动力电动汽车驱动方式的改变,产生的噪声与振动也是不一样的。在怠速或定置状态下,车辆常使用高性能电池的能量来完成基本功能,例如车辆的起停、空调的运行和充电时电池系统的冷却等,定置噪声主要是来自辅助系统的电驱动。在全电里程模式时,NVH 涉及的主要部件就是电机系统以及混合动力部件(例如逆变器开关频率等);而发动机工作状态下,如馈电状态或在高速公路行驶时,车辆的噪声与振动主要来自燃油发动机、风噪声与路噪声。

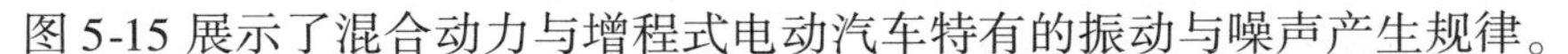
图 5-15 展示了混合动力与增程式电动汽车特有的振动与噪声产生规律。

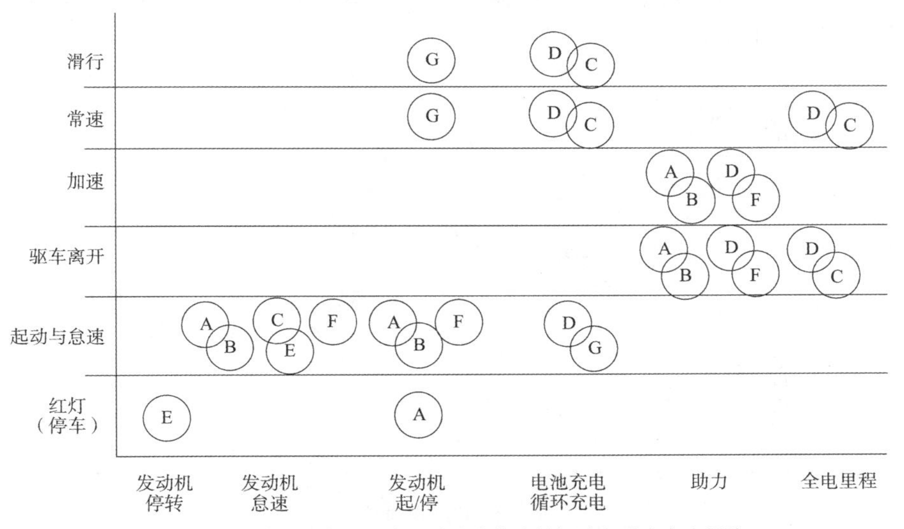

图 5-15 混合动力与增程式电动汽车特有的振动与噪声产生规律

A-整体动力系统振动;B-驱动线振动;C-混动部件噪声;D-电磁噪声(电动机/发动机);E-辅助系统噪声;F-变速器敲击声(内燃机与电机);G-噪声模式改变

在实际使用过程中,当混合动力电动汽车的电池荷电状态降低到某一个值时,发动机起动发电,起动转速较高,这时电动汽车内的噪声就会在短时间内有一个突然的升高。同时,这种突然起动还会引起转向盘振动的增加,并使驾驶员感受到。

图 5-16 所示为同一发动机起动过程驾驶员左耳的噪声频谱曲线。可以看到,对于发动机模式,驾驶员感受到的噪声比全电里程模式的噪声在 120km/h 时高出 12dB(A)。因此,在对混合动力与增程式电动汽车进行 NVH 设计开发时,应该对发动机的起/停模式对噪声

变化以及发动机噪声进行仔细研究。

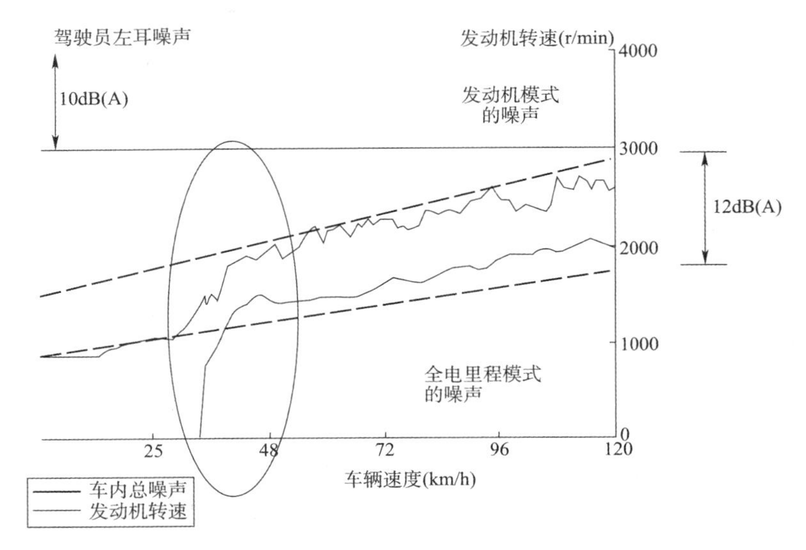

图 5-16 发动机起动时驾驶员左耳噪声频谱曲线

电动汽车与传统汽车一样,电机产生的噪声随着电机荷载的增加而增加。这种噪声的特性对于电动载货汽车尤其重要。从图 5-17 中可以看到:在速度为 64km/h 时,车辆轻载与满载时的噪声相差 10dB(A)。但是在低速运行时,噪声与荷载基本上是不相关的,而且轻载与满载时的噪声也相差无几。

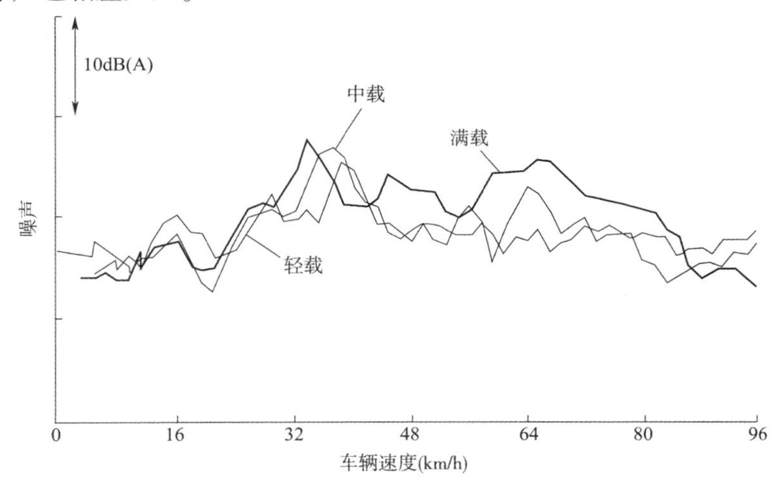

图 5-17 混合动力电动汽车在不同荷载时的噪声

此外,混合动力或增程式电动汽车的电驱动系统与动力电池系统在运行中会产生热量,都需要进行必要的冷却。冷却系统在没有发动机噪声的覆盖下也会产生令人讨厌的单频噪声。

第六章　报废汽车的环境污染与控制

伴随着经济的快速发展和消费者购买力的提高，汽车已成为绝大多数家庭的生活消费品，特别是 2008 年以后，汽车的产销量和保有量都迅速上升。从汽车产品的生命周期来看，2020—2025 年将到达汽车产品报废的高峰期。报废汽车所带来的安全、环保、资源回收和再利用等问题日益受到人们的重视，推动报废汽车回收产业的生态化运作已经成为我国发展循环经济和推进生态文明建设的重要环节。本章主要介绍了废旧汽车回收利用的循环经济、汽车工业的绿色设计、废旧汽车的有关法规和政策、废旧汽车污染物的危害和处理方法以及废旧电动汽车动力电池的梯次利用。

第一节　报废汽车概述

图 6-1 展示了我国 2008—2016 年实际汽车报废及回收情况。据中国再生资源回收协会统计，到 2018 年底，全国已形成了一条报废汽车“循环经济产业链”。然而在产业链中以正规渠道回收的报废汽车量仅为 167 万辆，回收率只有 30%，另有相当一部分报废汽车流入非法回收渠道，对社会造成严重危害。这表明，我国报废汽车回收利用生态链运行中存在着一定的脆弱性，影响了行业的健康发展。废旧汽车回收利用生态产业链是一个多层次、多要素的复杂系统，如何正确认识其运行中的制约因素，并有针对性地制定发展对策，对实现废旧汽车回收利用生态产业链的良性稳定运行具有一定的理论和现实意义。本节将从报废汽车回收与循环经济、汽车可回收利用性和相关政策几个方面介绍报废汽车的相关内容。

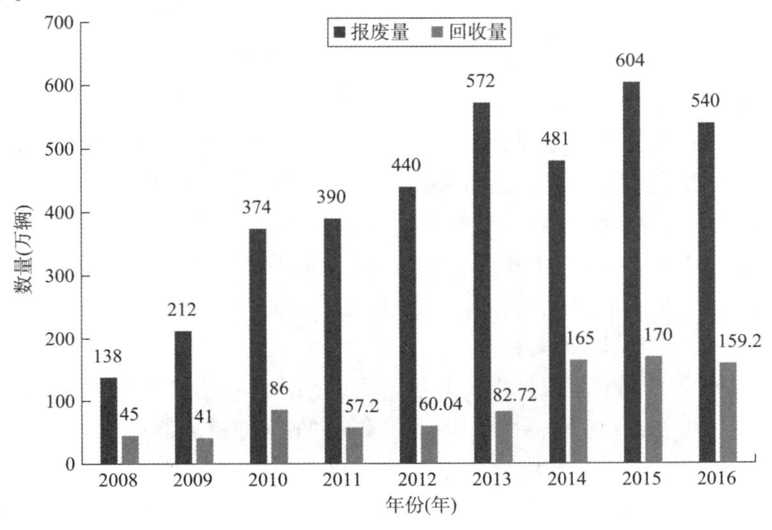

图 6-1　2008—2016 年我国实际汽车报废及回收情况

一、报废汽车回收与循环经济

循环经济是一种以资源的高效利用和循环利用为核心，以“减量化、再利用、资源化”为原则，以低消耗、低排放、高效率为基本特征，符合可持续发展传统增长模式中根本理念的经济增长模式，是对“大量生产、大量消费、大量废弃”的变革。发展循环经济已成为我国的重要发展战略。在新形势下中国汽车工业也必须走循环经济发展之路，而汽车回收利用正是汽车业发展循环经济的主要途径。

1. 报废汽车回收利用与环境保护

报废汽车数量逐年增多，若不及时对大量的报废汽车进行分类处置和回收再利用，将占用很大的堆积场地。在自然条件下，车辆经长期日晒和风吹雨打后将很快失去循环再利用的价值，造成资源浪费。

汽车产品中含有大量有害物质，最为典型的有铅、汞、镉、六价铬、多溴联苯和多溴二苯醚等，这些物质存在于被汽车广泛应用的钢材、玻璃、制动摩擦片、电子器件、皮革、镀层等部件或材料中。若不及早采取限制管理措施，报废汽车将会在回收拆解、材料分离和再利用等环节，对环境和人体健康产生严重危害。

我国报废汽车回收利用过程中，一些企业对不能回收利用的废弃物的处理随意性大，任由废油、废液随意渗入地下，造成土地甚至地下水污染，对一些有毒废弃物（含铅、汞等）的处理也难以保证符合国家有关危险废物处理的规定。因此，在提高拆解技术水平的同时，如果没有基本的经营规范要求和合理的拆解作业程序，不仅无法实现资源的合理利用，还非常容易造成环境污染，规范合理地进行回收和拆解是保证资源回收利用，特别是控制环境污染的重要环节。

2. 报废汽车回收利用与资源节约

资源节约是我国的又一基本国策。国家将再生资源的综合利用和循环利用纳入循环经济的范畴，这正是节约资源的体现。《汽车产品回收利用技术政策》中第四条明确提出：“要综合考虑汽车产品生产、维修、拆解等环节的材料再利用，鼓励汽车制造过程中使用可再生材料，鼓励维修时使用再利用零部件，提高材料的循环利用率，节约资源和有效利用能源，大力发展循环经济。”这为报废汽车回收利用提供了政策支撑。

汽车报废回收、拆解和材料再生利用是节约资源、实现资源永续利用的重要途径，是我国实现循环经济可持续发展的重要措施之一。例如，用回收的废钢铁与用开采铁矿石炼钢相比，不但可以节约大量能耗，而且还能减少开山采矿对生态环境造成的破坏，保护生态环境和有限的自然资源。因此，报废汽车回收拆解业的发展，不仅节约能源，减少矿源开采，保护生态环境，而且对我国汽车工业发展、劳动力就业以及相关产业的发展，以及环境保护、减少道路安全隐患都产生了积极推动作用。这无论是从发展经济的角度，还是从保护环境的角度，都具有长远发展的积极意义。

当前，我国汽车年产量已达1900多万辆，汽车年报废量超过400万辆，如果每辆车的空车质量平均以3t计算，每年大约需要5700万t的各种净材料。假如汽车完全报废而不考虑回收，则意味着被消耗的各种净材料每年将达1200万t。其实，汽车上的钢铁、有色金属90%以上可以回收利用，玻璃、塑料等的回收利用率也可达50%以上，至于汽车上的一些贵重元件材料，回收利用的价值更高。图6-2展示了堆积的报废汽车。

图 6-2　堆积的报废汽车

电动汽车和燃料电池电动汽车核心电池/电堆组件价格昂贵且包含大量高值金属与有价材料。宝马集团与德国回收公司 Duesenfeld 合作,研发了包括石墨和电解质回收在内的一种电池回收方法,整体回收率高达 96%。最近,大众汽车集团的首个汽车动力电池回收试点工厂也正式启用。该工厂的目标是打造原材料回收闭环管理体系,对锂、镍、锰、钴、铝、铜和塑料等有价值的电池原材料进行工业化回收,目标是回收 97% 以上的原材料。燃料电池常使用铂(Pt)作为催化剂材料,车辆报废后铂金几乎可以从燃料电池中百分之百地回收。

二、汽车可回收利用性

我国是一个人口众多、资源相对贫乏和生态环境脆弱的发展中国家。建设节约型社会,必须实现低耗的生产方式。因此,需要从可持续发展的高度审视产品的整个生命周期,在汽车开发之前就预先评估新车型所使用的材料组合或零部件的可循环利用性。这种理念也许不会在销售新车时带来直接的经济效益,但却能在未来获得环境效益。报废汽车回收利用是节约自然资源、实现环境保护、保证资源合理利用的重要途径,是我国经济可持续发展的重要措施之一。报废汽车的回收利用是涉及面很广的系统工程,既需要政府通过完善的法规加强宏观调控,又需要市场合理配置资源。对于当今的汽车工业,汽车回收利用已成为一个必然面对的问题。

1. 汽车可回收利用性分析

1)产品回收利用方式

根据回收处理方式,废旧汽车零部件可分为再使用件、再制造件、再利用件、能量回收件和废弃处置件等。再使用件是指经过检测确认合格后可直接使用的零部件。由于同一辆汽车的所有零部件不可能达到同等设计寿命,当汽车报废时总有一部分零部件性能完好,因此,这部分零部件既可以作为维修配件,也可作为再生产品制造时的零部件。再制造件即通过采用包括表面工程技术在内的各种新技术、新工艺,实施再制造加工或升级改造,制成性能等同或者高于原产品的零部件。再利用件是无法修复或再制造不经济时,通过循环再生加工成为原材料的零部件。能量回收件指以焚烧产热、发电等方式将车辆塑料、橡胶等有机零部件所蕴含的能力释放出来并加以回收利用。废弃处置件是无法再使用、再制造或再循环利用时,通过填埋等措施对零部件进行最终处置。

产品回收方式的选择即产品回收策略的确定,是指产品报废时对产品整体或零部件采取的回收利用途径。根据产品的设计目标、结构特点和使用情况,为获得最大的回收利用效益应采用不同的回收策略。无论是新产品设计还是废旧产品回收,都应进行回收利用方式分析。对于新设计产品而言,主要是为了提高其回收性能;而对于废旧产品回收,则主要是为了提高其回收利用效益。产品回收利用方式选择的主要影响因素见表6-1。

影响产品回收利用方式选择的主要因素　　表6-1

编号	影响因素	说　明	编号	影响因素	说　明
1	使用寿命	设计寿命和使用条件,汽车10~15年	7	部件尺寸	产品零部件的尺寸
			8	材料毒性	有毒材料或需单独处理的材料
2	设计周期	产品升级的周期,如汽车2~4年	9	清洁程度	产品使用后的清洁程度
3	技术更新	产品技术更新的周期、成本	10	材料数量	材料种类的数量
4	替代产品	产品可以被替代的时间	11	部件数量	物理上可分离的并能实现独立功能的部件
5	废弃原因	完全报废、主要总成损坏和技术过时等	12	零件数量	零件的大致数量
6	功能层次	主要总成与整体功能的关系	13	集成程度	产品集成的程度

表6-1所列因素对回收策略确定的影响具有一定的关联性和模糊性,同时各种因素影响的确定也需对产品进行大量和长期的跟踪调查。另外,也可以从产品结构、环境影响和成本估算三个方面进行综合定性分析。

产品的结构是决定产品或零部件回收利用方式的基本因素。产品的设计确定了产品零部件潜在的回收可能性与利用方式,其结构直接决定产品的可拆解性,间接影响产品或零部件回收利用的经济性。

产品回收过程应尽量减小环境负荷,因此,产品回收决策应考虑环境影响程度。在不同的回收策略中,会产生环境负荷的过程有运输、拆解、再制造、包装、粉碎、材料分离、再生加工和最终废弃物处理。回收过程可能产生的环境影响形态有能耗、粉尘、气体或液体排放、固体废物和噪声等。产品的回收既有使产品或材料再生的可能,又会带来附加的环境影响。

成本因素是决定是否可进行回收利用的关键因素。回收策略不同,所需的回收成本也不同,必须在权衡成本和收益后作出决策。

2)产品可回收性设计要求

废弃产品的回收利用能减轻自然资源的消耗强度,同时也可以减少废弃物对环境的危害。美国、日本和欧盟等国家和地区先后颁布了有关产品回收利用的法律法规,引起了学术界和工业界的高度重视。许多学者和研究人员针对产品的可回收性提出了各自不同的理论,其中面向回收的设计最具代表性。所谓的面向回收的设计是指在产品设计时,应保证产品、零部件的回收利用率,并达到节约资源及环境影响最小的目的。面向回收的设计也被称为可回收性设计。

广义上讲,产品可回收性设计包括以下内容:可回收材料的选择和可回收性标识、可回收产品及零部件的结构设计、可回收工艺及方法的确定和可回收经济性评价等。面向回收的设计思想要求在产品设计时,既要减少对环境的影响,又要使资源得到充分利用,同时还要明显降低产品的生产成本,其主要要求包括八个方面:合理选择材料、改进可拆解性、控制有害材料用量、减少废物产生、遵循可回收性设计指南、进行可回收性评价、注意材料的兼容性以及减少 ASR(汽车粉碎残余物)塑料填埋量。

选用合适的材料是首要要求。应用新材料已是大势所趋,汽车上使用的树脂类材料必须有足够的刚度、抗冲性和良好的可回收性,且材料回收再利用时,性能不可退化。举例来说,丰田运用新的结晶理论来设计材料分子结构,研制出丰田超级石蜡聚合物。这种热塑性聚丙烯与常规增强复合聚丙烯相比具有更好的回收性能。其次是少用 PVC 材料,如用无卤基的线束替代含溴化物阻燃层的 PVC 线束,2003 年丰田在日本生产的 Raum 轿车采用了原来 1/4 的 PVC 树脂材料,甚至更少。第三是采用自然材料作为门内装饰材料等。此外,车辆生产中应用的材料种类也应该减少,如利用热塑性树脂统一代替传统汽车仪表所使用的基材、发泡材料和表面蒙皮三种材料,从而车辆报废后避免复杂材料组分的分离,简化后端材料回收过程。最后,采用国际标准的材料标识,有利于材料的循环利用。

改进可拆解性。丰田公司在 Raum 车上采用新的拆解技术,使车辆的拆解时间缩短了 20%。改进主要体现在废液的排出和大尺寸树脂部件的拆解方法上,使拆解效率有较大幅度的提高。尽可能使用弹性卡夹固定方式替代使用螺栓的固定方式;部件模块化;避免零部件采用材料组合型结构,即避免所用零部件的材料成分不同;设计和采用易拆解标识。为简化拆解工艺,在车辆部件上标注拆解标识。第一次拆解时,可以清楚地确定拆解点,例如大尺寸树脂部件的固定部位、液体排放孔的位置等。

控制有害材料用量。对环境有影响的材料成分主要是铅、汞、镉和六价铬等。对环境有影响的材料成分在汽车上的应用及控制目标见表 6-2。

对环境有影响的材料成分在汽车上的应用及控制目标 表 6-2

对环境有影响的材料成分	在汽车上的应用	控制目标
铅	线束防护层、燃油箱	2006 年以后,日本规定铅的用量应是以前车型的 1/4,或 123g/车,丰田车铅的用量已经达到 1996 年用量的 1/10
汞	液晶显示器	2004 年以后,日本规定除 LCD(Liquid Crystal Display,液晶显示器)导航系统液晶显示器以外,禁止使用含有汞成分的部件
镉	雾灯和转向灯泡	丰田公司已经放弃使用含有镉的灯泡
六价铬	螺栓、螺母	改变了螺栓、螺母的防腐成分

有三种方法可以减少废物的产生:一是通过改进结构和过程来降低产品的质量,如利用高强度螺栓,减小紧固件尺寸;改进材料加工工艺,生产薄型铝轮;用高强铝制作制动支架。二是通过使零件小型化、轻型化等措施来减少质量,延长消耗材料如发动机润滑油、冷却剂、机油滤芯和自动变速器传动液的使用寿命(表 6-3)。第三,采用可回收的结构。例如,传统的整体式保险杠被设计为组合式,以便于拆卸和替换部分损坏的部件,以减少废物的产生;现采用高回收率的改性石蜡基树脂,用注塑模具制造零件,如行李舱内装饰件,空调和仪表板以及门内装饰件等,统一了塑料材料的种类。又如,本田 CR-V 汽车的侧护板原来采用金属和树脂复合结构,现在采用聚丙烯材料,通过采用气体辅助注塑方法,既能保证刚度要求,

又能减少材料的用量。金属与树脂的复合结构现已减少至52%。

消耗材料使用寿命指标　　表6-3

消耗材料	原使用里程或时间	改进后使用里程或时间
发动机润滑油	1万km	1.5万km
长寿命冷却液	3年	11年
机油滤芯	2万km	3万km
自动变速器油	4万km	8万km

为确保新车型开发过程中对回收利用的主动意识，一些汽车生产企业提出了产品回收设计指导原则，使汽车零部件回收达到新车型开发对回收利用的要求。从概念到技术，产品设计过程是一个逐步深入和不断细化的过程。设计指导在这一过程中起着重要作用，它能使设计师在正确的方向和路线上改进设计，减少设计过程中的反复修改，并大大缩短设计周期。表6-4列出了面向可回收设计应考虑的因素及原因。

面向可回收设计应考虑的因素及原因　　表6-4

序号	因素内容	考虑原因
1	提高再使用零部件的可靠性	便于产品和零部件具有再使用性
2	提高产品和可回收零部件的寿命	确保再使用的产品和零部件具有多生命周期
3	便于检测和再制造	简化回收过程，提高再用价值
4	再使用用件应无损地拆卸	使再使用成为可能
5	减少产品中不同材料的种类数	简化回收过程，提高可回收利用率
6	相互连接的零部件材料要兼容	减少拆卸和分离的工作量，便于回收
7	可以回收的材料	减少废弃物，提高产品残余价值
8	对塑料和类似零件进行材料标识	便于区分材料种类，提高材料回收纯度、质量和价值
9	使用可回收材料制造零部件	节约资源，并促进材料的回收
10	保证塑料上印刷材料的兼容	获得回收材料的最大价值和纯度
11	减少产品上与材料不兼容标签	避免去除标签的分离工作，提高产品回收价值
12	减少连接数量	有利于提高拆卸效率
13	减少对连接进行拆卸所需要的工具数量	减少工具变换空间，提高拆卸效率
14	连接件应具有易达性	降低拆卸的困难程度，减少拆卸时间，提高拆卸效率
15	连接应便于解除	减少拆卸时间，提高拆卸效率
16	快捷连接的位置	位置明显便于使用标准工具进行拆卸，提高效率
17	连接件应与被连接的零部件材料兼容	减少不必要的拆卸操作，提高拆卸效率和回收率
18	若零部件材料不兼容，应使其容易分离	提高可回收性
19	减少黏结，除非被黏结件材料兼容	许多黏结造成了材料的污染，并降低了材料回收纯度
20	减少连线和电缆的数量及长度	柔性物质或器件拆卸效率差
21	将不便拆解的连接，设计成便于折断的形式	折断是一种快捷的拆解操作

续上表

序号	因素内容	考虑原因
22	减少零件数	减少拆卸工作量
23	采用模块化设计,使各部分功能分开	便于维护、升级和再使用
24	将不能回收的零件集中在便于分离区域	减少拆卸时间,提高拆卸效率,提高产品可回收性
25	将高价值零部件布置在易于拆卸的位置	提高可回收利用的经济效益
26	使有毒有害的零部件易于分离	尽快拆卸,减少可能产生的负面影响
27	产品设计应保证拆解对象的稳定性	有稳定的基础件,有利于拆卸操作
28	避免塑料中嵌入金属加强件	减少拆卸工作量,便于粉碎操作,提高材料回收的纯度和价值
29	连接点、折断点和切割分离线应比较明确	提高拆卸效率

2003年,日产与雷诺汽车公司共同开发了一套汽车回收能力评估系统(OPERA系统),该系统在开发阶段对汽车回收能力进行模拟评估,根据设计数据计算回收能力和回收成本。OPERA系统只需输入零件材料、拆解时间等数据,就可以在设计初期模拟出汽车的回收率和再生成本,从而提高汽车的再生效率。

回收时需注意材料的兼容性,产品的可回收性有不同的层次,即产品层次、部件层次、零件层次和材料层次。对产品和部件级来说,主要考虑的是产品和部件的重复使用性,而对材料的再生能力来说,主要考虑的是材料。确定产品和零件再使用的主要因素包括产品和零件的可靠性、剩余寿命、再制造和测试的方便程度,以及非破坏性拆解的可用性等。对物料的回收性能,取决于物料本身的回收特性、产品所含物料的纯度,以及这些物料组成的一致性或兼容性。物料自身的回收属性受现有技术水平的限制,目前无法回收的物料,今后也许可以采用一定的技术手段进行回收。

当前回收单一材料和金属材料的技术相对成熟,但对复合材料和混合物的回收仍有一定难度,而且往往以牺牲回收材料的质量为代价。

为了促进塑料材料的回收利用,应减少ASR的填埋量,采用大量的热塑性材料。热塑材料不仅易于回收利用,还可开发出其他易回收的材料。此外,还应重视塑件材料成分的鉴别,采用单一材料设计塑件。日产汽车公司为了提高产品的可循环利用,大量使用热塑性塑料。PAM(聚丙烯酰胺)、PP(高聚物聚丙烯)是最常用的热塑性塑料,其用量约占50%以上。该材料可用于制造各种零件,包括要求有较好抗冲击性能的保险杠和具有良好抗热性能的加热器零件。

3)产品可回收利用性评价信息

评价产品可回收性所需的信息包括各部件的回收要求、材料组成、质量尺寸、使用中性能的变化和国家法规对产品的限制等。该信息直接从产品和部件的设计文件中读取,或者通过产品回收评估与决策系统进行交互。其基本情况包括六个方面:

(1)产品设计信息。在产品设计过程中,需要对产品的设计寿命、材料种类、零件结构、尺寸和质量等进行完整描述,这一信息决定了零件的技术性能和结构特征,是产品回收决策的必要基础。

(2)基于产品的三维装配模型。提取产品的结构信息,主要包括产品的装配层次、零件之间的装配关系、紧固件的型数等。产品结构信息是制订产品拆分计划的基础。

(3)零件的基本信息。零件的基本信息包括零件的种类、形状、质量、位置和材料等。这一方面影响零件类型和形状等产品拆解计划,另一方面影响产品材料回收计划,如零件的材料和质量。

(4)使用过程信息。在使用过程中,由于工作环境和用户等不确定性因素的长期影响,产品的回收性能会发生变化。所以,使用过程信息应该包括使用时间、使用环境、操作人员等。

(5)产品维护信息。在进行产品维护时,经常会发生零件的更换或增加,从而改变产品零件的正常使用状况,甚至因维护而改变产品的结构。在产品回收决策中必须充分考虑这些因素,才能制订正确的回收计划。

(6)产品的拆解信息。为了获得某个部件或装配体,可以将拆解过程分成两个部分:解除限制(其他部件对装配体或部件的限制)和从某个方向限制。从资料描述的角度来看,必须了解待拆零件与整体的连接关系;对被拆件的拆卸方向是否存在障碍,即需要有关整体内零件位置关系的资料,以及与拆卸困难程度和拆卸时间等经济因素有关的资料。

2. 绿色设计

随着车辆工业的发展,许多社会难题也随之产生。国际车辆专家认为,车辆工业的可持续发展课题变得越来越重要。为了提高汽车可回收利用性,除了提高报废拆解环节技术装备与组织管理水平外,另一个重要的途径就是从生产源头降低拆解难度,因此,绿色设计应运而生。

1)绿色设计的概念

绿色设计(Green Design,简称 GD)是在产品整个生命周期内,将产品的环境影响、资源利用及可再生等属性同时作为产品设计目标,在保证产品应有的基本功能、使用寿命和周期费用最优的前提下,满足环境设计要求。

绿色设计源于人们在发达国家工业化过程中,对资源浪费和环境污染的反思以及对生态规律认识的深化,它是传统设计理论与方法的发展与创新。绿色设计涉及机械设计理论与制造工艺、材料学、管理学、环境学和社会学等学科门类的理论知识和技术方法,具有多学科交叉的特性。因此,单凭传统设计方法是难以适应绿色设计的要求。绿色设计是一种集成设计,它是设计方法集成和设计过程集成。因此,绿色设计是一种综合了面向对象技术、并行工程、寿命周期设计的一种发展中的系统设计方法,是集产品的质量、功能、寿命和环境为一体的系统设计。绿色设计系统简图如图 6-3 所示。

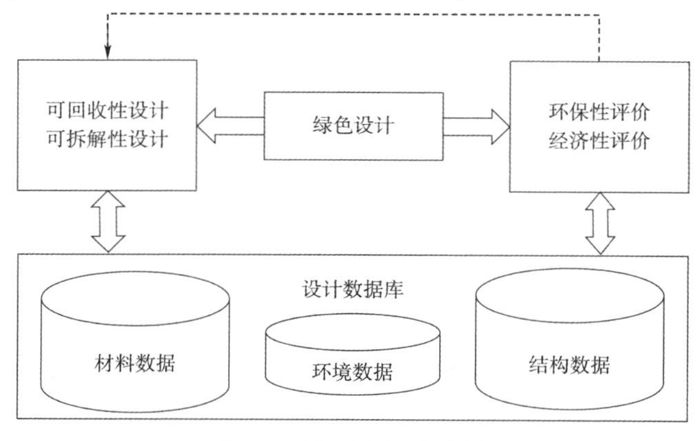

图 6-3 绿色设计系统简图

常规的设计通常基于产品的技术性能,以及使用的消费属性,如功能、质量、寿命和成本来进行。其设计原则是:产品容易制造,保证技术性能,满足使用要求,少用或基本不用考虑废弃产品的再利用、再利用对生态环境的影响。如此设计生产的产品,不仅浪费资源和能源,而且报废后回收利用率低,尤其是有毒有害等危险物质,会对生态环境造成严重污染。

由此可以看出,绿色设计与传统设计的根本区别在于,绿色设计要求设计者在设计构思阶段要将降低能源消耗、易于分解、再利用以及保护生态环境与保证产品性能、质量、寿命和成本等要求列为同等的设计要求,并保证在生产过程中顺利实施。

2)绿色设计对汽车工业的意义

实现资源循环利用,绿色设计是关键,是节约资源、避免环境污染的出发点。绿色设计可以实现资源、能源的循环利用,节能减排;在设计时兼顾生产规模,提高原材料利用率,减少污染物排放;设计产品的资源利用率高,能耗低;延长产品使用周期,减少设计过程中的能源浪费,减少环境污染;零部件的重利用率高,废料少,经济效益最大;选用绿色材料,降低生产成本,有利于可持续发展。

但目前绿色设计还存在着诸多不足,主要表现在产品绿色设计和绿色产品设计两个方面。设计人员必须对产品进行生命周期评价,并根据评价结果判断产品是否与环境相协调,而目前开发与此相适应的评价软件工具的难度较大。在绿色产品设计中,设计人员为了减少设计对环境的影响,必须将环境方面的设计要求转化为具体的、易于应用的设计规范,以达到具体指导设计的目的,但目前还很难实现。

三、报废汽车相关政策

报废汽车回收、处置的可持续发展离不开相关政策的约束和引导。下面对我国该领域最基础的两项政策进行介绍。

1. 机动车报废条例

近年来,我国循环经济取得了巨大的发展。作为"城市矿产"的两大支柱产业,电子废弃物和报废汽车政策的变化必然会对我国循环经济的发展产生重大而深远的影响。20 世纪 80 年代,我国开始了对报废汽车的管理工作。1983 年,国家成立了第一个以报废车辆管理为重点的全国老旧车更新改造领导小组,领导有关部门开展全国老旧车更新改造工作。通过 30 年的发展,逐渐建立起了废旧汽车的管理体制,并逐步将废旧汽车的报废标准、回收流程等具体内容写入法律法规。国家先后颁布了一系列关于报废汽车管理的法律法规和行业标准,包括《汽车报废标准》《报废汽车回收利用实施办法》《报废汽车回收拆解企业技术规范》等。当前,我国有关废旧汽车管理的文件见表 6-5。

我国现行关于废旧汽车管理的文件　　表 6-5

发布时间(年)	文件名称
1986	《关于加速老旧汽车报废更新的暂行规定》
1990	《关于加强老旧汽车报废更新工作的通知》
2005	《汽车贸易政策》
2006	《汽车产品回收利用政策》
2012	《机动车强制报废标准规定》
2019	《报废机动车回收管理办法》

其中,《报废机动车回收管理办法》(国务院令第715号)是原《报废汽车回收管理办法》(国务院令第307号)的修订版本。《报废机动车回收管理办法》由国务院总理李克强于2019年4月22日签发,自2019年6月1日起施行,是我国报废汽车规范回收行业行政法规的基础。

出于防止报废车、拼装车等上道路行驶等考虑,原《报废汽车回收管理办法》对于废旧"五大总成"(发动机总成、转向器总成、变速器总成、前后桥、车架)采取了较为严格的销毁回炉措施。但是随着汽车消费逐渐进入家庭,拼装车问题已经不再突出,反而由于缺乏废旧"五大总成"作为再利用的原材料,造成大量具有高附加值的产品无法进行再利用,不符合绿色发展理念。同时,回收拆解企业无法通过"五大总成"的循环利用获取经济效益,导致企业升级活力欠缺,也不利于行业健康发展。为适应循环经济发展需要,在确保安全的前提下,修订后的《报废机动车回收管理办法》允许将报废机动车的"五大总成"出售给再制造企业。该政策的出台可实现汽车回收利用行业上下游的有序连接,不仅促进了汽车零部件再制造行业的发展,也大幅提高了报废汽车的回收利用率,改善了回收拆解企业经营状况,同时,也间接提升了消费者的交车积极性,形成三方共赢的局面。

为了避免资源浪费、回收拆解过程不规范等问题,修订后的《报废机动车回收管理办法》通过增加关于绿色发展、事中事后监管等符合现阶段要求、规范报废机动车回收拆解的经营、规范操作、企业安全环保以及监督管理等引导汽车回收利用行业迈向一个新的发展时期,同时对整个汽车产业的高质量发展都将具有积极的促进作用。此外,修订后的《报废机动车回收管理办法》增加了企业在存储场地、设备设施、拆解操作规范等方面符合环境保护要求的内容,最大力度杜绝了报废机动车回收拆解对环境造成污染的潜在风险。

2. 生产者责任延伸

另一项同汽车行业密切相关的产业政策为生产者责任延伸。

1)生产者责任延伸的概念

1975年,在瑞典一份关于废物利用的议案中,最早体现了生产者责任延伸(Extended Producer Responsibility,简称EPR)的思想。它的法案表明,产品生产者需要了解他们的产品如何在废弃后更好地回收利用,并从环保和节能的角度对废物进行适当的处理。生产者责任延伸的概念首先由瑞典的环境经济学家托马斯·林赫斯特提出,他在1988年向瑞典环境署提交的报告中指出,应该将生产者责任延伸作为一种减少废弃产品对环境影响的环境保护制度。它的基本思想是,生产者要对产品的整个生命周期负责,特别是在最后的回收加工阶段。经济合作与发展组织(OECD)于1998年对EPR进行了解释,即产品生产商和进口商应为其所生产的产品在整个生命周期内对环境的影响负责,产品生产商应在产品设计、原材料选择、生产加工和回收处理等方面充分考虑其产品对环境的影响,并采取相应措施减少对环境的损害。2001年,经济合作与发展组织对EPR作了进一步的解释,即EPR是一项环境政策,生产者对产品的责任扩展到产品的回收、处置阶段,其特点是:回收和处理废弃产品的责任可以包括实体回收和经济责任,而且生产者在产品设计阶段应考虑到环境因素。因汽车报废回收环节技术要求高,拆解过程中部分零部件污染严重,2016年12月25日国务院发布了《国务院办公厅关于印发生产者责任延伸制度推行方案的通知》(国办发〔2016〕99号),首次明确了电器电子、汽车、铅酸蓄电池和包装物实行生产者责任延伸制度。

2)生产者责任延伸与汽车行业的关系

为加强报废汽车产品的回收利用管理,应制定汽车产品生产者责任延伸政策指引,需要明确汽车生产企业的责任延伸评价标准,考虑产品的可循环利用性、可拆解性,优先采用再生原材料、安全环保材料,对独立维修商(包括再制造企业)开放技术信息和诊断设备进行维修保养。通过售后服务网络,鼓励生产企业与符合条件的拆解、再制造企业合作,建立逆向回收体系,支持回收废旧汽车,推广再制造产品。通过对汽车生产、交易、维修、保险、报废等各环节基础信息的探索与整合,逐步建立全国统一的汽车全生命周期信息管理系统。

3)现有汽车领域相关的生产者责任延伸

国家发展和改革委员会于2020年6月2日发布的《铅蓄电池回收利用管理暂行办法(征求意见稿)》(以下简称《征求意见稿》)中提出,到2025年底,铅蓄电池回收率要达到70%以上,并将在全国推行铅蓄电池回收目标责任制。包括进口在内的铅蓄电池生产企业,应通过自主回收、联合回收和委托回收等方式,在每年3月底前提交上一年度目标完成情况报告,以达到国家规定的回收目标。

纳入回收管理的铅蓄电池包括各种类型的铅蓄电池,如起动电池、动力电池、工业电池等。根据这次发布的《征求意见稿》,铅蓄电池的回收管理与以前的动力锂电池管理办法有很多相似之处,比如国家对铅蓄电池全寿命周期实行统一编码、标识制度,生产铅蓄电池的企业应当在铅蓄电池产品显著位置标明产品编码,保证每一个铅蓄电池都是独一无二的,编码标识标准由市场监管总局会同有关部门制定。

此外,《征求意见稿》还对铅蓄电池的回收经营、分类管理、储运和回收网点建设提出了明确要求。合法经营即所有从事铅蓄电池生产、销售、收集、储存、运输、资源化利用的单位,应当依法办理营业执照和相应的许可证,未取得营业执照和许可证的一律不得开展相应业务。分类管理是指在收集、暂存、储存、运输等环节,对未破损的密封式免维护废铅蓄电池实行有条件豁免危险废物管理,应严格执行生态环境部门相关规定。逆向回收则是鼓励铅蓄电池生产企业依托电池销售渠道、售后服务网络、机动车维修网点、报废机动车回收拆解企业等建立废铅蓄电池逆向回收网络体系。鼓励生产企业采用"以旧换新""销一收一"等方式提高回收率。第三方回收包括专业回收企业、资源化利用企业等,可建立组织化、规范化的废铅蓄电池回收网络;与生产企业签订联合回收、委托回收协议的,其回收量按协议计入相关生产企业的回收量;未签订相关协议的,其回收量按产品生产编码自动计入相应生产企业的回收量。

4)最新汽车领域的生产者责任延伸

2021年5月印发的《汽车产品生产者责任延伸试点实施方案》(工信部联节函〔2021〕129号)提出的主要目标为:到2023年,报废汽车规范回收水平显著提升,形成一批可复制、可推广的汽车生产企业为责任主体的报废汽车回收利用模式;报废汽车再生资源利用水平稳步提升,资源综合利用率达到75%;汽车绿色供应链体系构建完备,汽车可回收利用率达到95%,重点部件的再生原料利用比例不低于5%。

第二节 报废汽车污染物及废弃物的管理与处理

汽车从生产到使用直至报废的全过程中,每一个环节都有不同程度的环境污染问题。

汽车回收拆解行业产生的污染物主要有三类:废液、有毒气体和固体废物。对于报废汽车拆解过程中和拆解后产生的污染物,如果不进行有效的防治和处理,不仅对作业区环境和工人产生危害,而且会影响周围环境。因此,本节根据污染物类型对其危害及处理方法进行介绍,并对新能源车辆退役动力电池的梯次利用的概念进行说明。

一、报废汽车污染物的危害与处理

1.废液的危害与处理

1)汽车废油

汽车废油包含废机油、废助力油、废齿轮油等各种废油。所谓废油指油液在使用中混入了水分、灰尘、其他杂油和机件磨损产生的金属粉末等杂质,而后油液逐渐变质,生成了有机酸、胶质和沥青状物质。

汽车废油的产生与行驶里程息息相关。通常乘用车每行驶5000km会产生3~8L的废油,而排量越大的汽车,产生的废油也就越多。统计数据表明,2019年,我国废矿物油的产生量达到了760.2万t,其中约20%来自汽车。

汽车废油不光产量大,而且含有多种毒性物质,对人体健康具有一定的危害。一旦大量进入外部环境,将造成严重的环境污染。它会破坏生物的正常生活环境,造成生物机能障碍。当土壤孔隙较大时,石油废水还可以渗入土壤深层,甚至污染浅层地下水。由于废油产量多且危害大,常采用焚烧和回收利用两种处理方式进行处置。前者将废油作为燃料,以高温氧化的方式提取其中蕴含的能量并以热能回收的形式进行利用;后者则通过一系列净化步骤去除废油内有害成分,形成再生机油。废油回收利用工序如图6-4所示。

图6-4 废油回收利用工序

(1)沉淀。把各种废油汇集到一个池里沉淀,让金属和大杂质沉到池的下方,加工时将上面杂质少的废油抽出。

(2)蒸馏。将低沸点的汽油、柴油等分离出来,将废油里的水分彻底除掉,保持再生机油有一定的黏度和闪点。

(3)酸洗。通过浓硫酸的作用,使废油中的大部分杂质分离沉淀下来。在经过蒸馏后冷却至常温的废油里加进6%左右的浓硫酸,均匀搅拌15min左右,产生大量的废渣,然后停止搅拌让废渣沉淀。

(4)碱中和。用氢氧化钠溶液将酸洗后除去酸渣的油中和,直至中和用pH值试纸测出pH值为7。

(5)水洗。把油里的酸、碱等水溶性杂质洗掉。

(6)白土吸附。在高温条件下,用活性白土将油中的杂质吸附。活性白土是由膨润土(主要成分是蒙脱土)经酸化处理而成的活性较高的吸附剂,主要是Al_2O_3和SiO_2的混合物。

(7)过滤。将白土吸附后高温的油趁热用真空抽滤,抽滤出来的油就是成品油。

对于加工好的成品油,性能良好的可以继续用于车辆,性能差的可以用于其他方面,比如用于对于润滑油要求不高的部位,如可对自行车的链条,挖掘机、装载机等一些设备的驾驶室锁等一些机械的金属铰口起到润滑、减摩、防锈的效果,还可以用在建筑模板上以防止模板和水泥黏住,还可以起到防锈、防蚀等作用。

2)汽车防冻液

汽车防冻液是一种含有特殊添加剂的冷却液,主要用于水冷式发动机冷却系统。防冻液具有冬天防冻、夏天防沸,全年防水垢、防腐蚀等优良性能。国内95%以上的轿车使用乙二醇的水基型防冻液,与自来水相比,乙二醇最显著的特点是防冻。另外,乙二醇沸点高、挥发性小、黏度适中并且随温度变化小、热稳定性好。因此,乙二醇型防冻液是一种理想的冷却液。

乙二醇又名“甘醇”,是一种无色无臭、有甜味的液体,但它的毒性非常大,人类致死剂量仅为1.6g/kg。也就是说,只需不足100g的剂量,就能置一个成年人于死地。人体对乙二醇的摄入途径包括吸入、食入和皮肤吸收。因此,厂家在生产防冻液时在产品中添加色素,以示其与饮用水的区别,防止消费者误将防冻液作为饮用水饮用。

目前绝大部分报废汽车拆解企业在工作过程中不会对废弃防冻液进行回收处置,而是直接将废弃防冻液排入下水道,再由下水道汇入江河湖海,造成废弃的乙二醇等有毒物质渗入水体,严重威胁着人们的生存环境。因此,正确的处理方式是将汽车防冻液加以收集,然后交由专业单位回收处理。

3)废水

报废汽车拆解废水主要分为含油废水(润滑油、剩余燃料油、乳化油以及清洗零部件的除漆剂和清洗剂等造成的含油废水)和含铅废水(蓄电池的废电解液造成的铅污染和酸污染等造成的含铅废水)。废水的主要处理方法如下:

(1)含油废水。对于浮油和分散油,采用自然分离法处理。该方法借助油品和废水密度的不同进行自然分离来达到除油的目的。常用的处理设备有小型隔油池、引流式隔油池和斜板(管)隔油池。对于废水中乳化油,其处理流程一般是除渣、破乳(盐析法或凝聚法)、油水分离、沙滤。

(2)含铅废水。目前,厂家采用过滤法去除杂质后,用扩散渗透法回收硫酸,但大部分是将铅和酸共同处理。石灰石过滤中和法一般采用石灰石中和,进水中硫酸浓度应控制在20g/L以下。投放石灰或氢氧化钠后使处理后水的pH值达到8左右,才能使铅离子浓度达到1.0mg/L以下。药剂中和法一般采用石灰或氢氧化钠作为中和剂,同时投放氯化铝作为凝聚剂。处理后出水pH值为8~9。为使反应均匀,应设置搅拌装置。

2.有毒有害气体的危害与处理

目前,我国的回收技术尚不发达,对报废汽车中的废旧塑料、橡胶还没有很好的回收方法,主要是采用焚烧获得热能。如果采用不当的露天焚烧处理,会产生大量的有毒气体,如一氧化碳、氰化物、二氧化硫、卤化氢等,会造成严重的大气污染。

正规焚烧厂处理时,这些产生的有毒有害气体可被多种后端烟气处理系统净化。常见的净化工艺包括吸收、吸附和冷凝。其中,吸附法是指用多孔性固体吸附有害气体而使空气净化的方法,常用的吸附剂为活性炭,可吸收有毒气体,一般相对分子质量大的气体都能被吸附。吸入法是指用溶液或溶剂吸收焚烧炉内所产生的有毒气体,使之与空气分离而去除的方法,例如,用碱溶液可吸收酸性废气,用柴油可以吸收有机废气。该法可回收气体,但净化效果不高,常用吸收设备有填料塔、筛板塔、斜孔板塔、喷淋塔等。冷凝法是指通过降低有害气体的温度,使一些有害气体凝结成液体,从废空气中分离出来而被除去的方法。冷凝方式有直接冷凝和间接冷凝两种,直接冷凝使用的设备有喷淋式冷凝器和管壳式洗涤器等,间接冷凝使用的设备有管壳式冷凝器等。冷凝法操作方便,可回收溶剂,不会引起二次污染。

3. 固体废物的危害与处理

报废汽车在回收处理的过程中会产生大量固体废物,包括铅酸蓄电池、锂动力电池等电池类固体废弃物,三元催化剂等催化剂类固体废物,电路板等电子类固体废物,以及废旧轮胎、塑料等固体废物。这些固体废物含有有毒有害物质以及稀有金属等物质,因此,经过回收处理后,不仅可以避免这类废弃物危害身体健康与环境安全,还可以节约大量资源。

1)废旧铅酸动力电池

铅酸动力电池是世界上各类动力电池中产量最大、用途最广的一种动力电池,它所消耗的铅约占全球总耗铅量的82%。铅主要用于铅酸动力电池的极板、栅架等结构。其中,铅酸动力电池的正、负极极板由纯铅制成,上面直接形成有效物质,有些极板用铅镍合金制成栅架,上面涂以有效物质。正极(阳极)的有效物质为褐色的二氧化铅,这层二氧化铅由结合氧化的铅细粒构成,在这些细粒之间能够自由地通过电解液。负极(阴极)的有效物质为深灰色的海绵状铅。栅架一般由铅锑合金铸成,铅占94%,锑占6%。

铅酸动力电池作为一种工业和民用的常规消耗品,在各国用量均较可观。在美国,较保守的维护更换铅酸动力电池金额为60亿~70亿美元。我国官方统计年废弃量有100亿~200亿元,由于统计来源有限,且很多生产废弃形式未作统计,一般估算有200亿~300亿元。最直观的是在电动汽车、电动公交车、电动自行车中,全国每年投入使用的新铅酸动力电池达数亿个,同时每年报废的铅酸动力电池也达数亿个。

铅酸动力电池对环境的危害主要是酸、碱等电解质溶液和重金属的污染。电池中的硫酸铅和重金属离子一旦外泄,就会在土壤或水体中溶解并被植物的根系吸收,当人与牲畜以植物为食料时,体内就积累了重金属,由于重金属离子在人体里难以排泄,最终会损害人的神经系统及肝脏功能。

拆解后的废旧铅酸动力电池物料主要包括塑料外壳、废酸、隔板纸、未被腐蚀的电极、板栅和铅膏,应针对不同物料采用不同的回收技术(图6-5)。

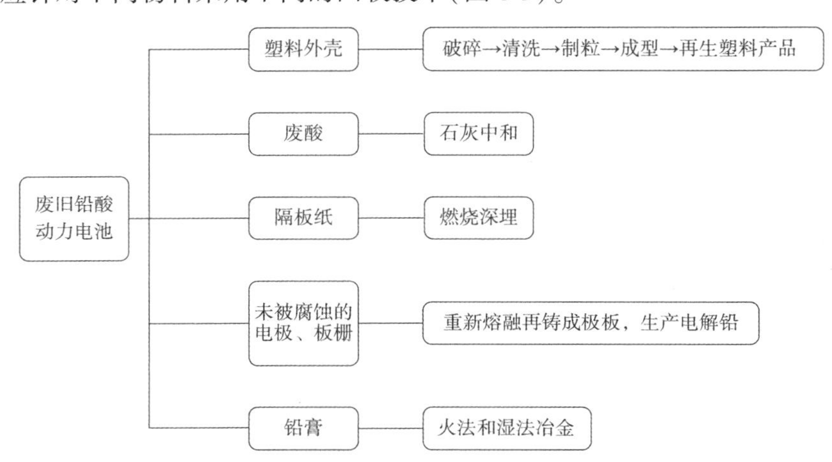

图6-5 废旧铅酸动力电池回收处理技术

(1)塑料外壳。成分为ABS,可通过破碎→清洗→制粒→成型→再生塑料产品流程处理。

(2)废酸。加石灰中和处理。

(3)隔板纸。燃烧深埋处理。

(4)未被腐蚀的电极、板栅。未被腐蚀的电极、板栅其主要成分为铅锑合金,现代极板还含有少量钙、铝等元素,因未被腐蚀,其成分基本没有变化,如果废旧铅酸动力电池来源较为单一,可以重新熔融再铸成极板使用。否则,可铸成阳极板,使用 $PbSiF_6 + H_2SiF_6$,作为电解液,电解精炼,生产电解铅。

(5)铅膏。主要成分为 $PbSO_4$、PbO_2、Pb、PbO,此部分物料需要通过冶金手段进行处理后回收,回收手段分为火法和湿法两种。

火法处理主要是借鉴铅冶炼工艺手段,利用氧化-还原熔炼法,在鼓风炉和反射炉内进行氧化还原熔炼。反应时除加入焦炭作为还原剂外,还加入一些铁屑、碳酸钠、石灰石、石英、萤石等作为造渣剂,使锡、锑等杂质进入渣系。因为铅膏相比一般铅精矿成分简单、含硫量少、杂质较为简单,故处理起来较为容易。火法处理的特点在于流程短、处理量大,但回收率较低、污染大、铅的品质不高。

湿法处理可分为脱硫、还原、电解三个部分。首先,铅膏用 $(NH_4)_2CO_3$ 和 NaOH 进行脱硫反应,还原反应主要是将 PbO_2 还原成 PbO,可采用 Na_2SO_3 作为还原剂。最后将沉淀过滤出来,用硅氟酸溶解,作为电解液,采用石墨或涂有 PbO_2 的钛板作为阳极,以铅或不锈钢板作阴极。电解时,阴极上析出铅。回收的铅纯度达到99.9%以上,铅的回收率在95%以上。副产品为 Na_2SO_4,可将脱硫、还原后的滤液蒸发结晶,回收 Na_2SO_4 晶体。湿法处理的特点是回收率高、铅产品纯度高、污染较小、浸出液可循环利用,但流程较长、设备维护费用较高。

2)废旧锂动力电池

我国车用动力电池绝大多数为锂动力电池,新能源汽车多数搭载三元材料锂动力电池。锂动力电池虽然不含汞、镉、铅等毒害性较大的重金属元素,但也会带来环境污染。比如废旧锂动力电池的电极材料一旦进入环境中,可与环境中其他物质发生水解、分解、氧化等化学反应,产生重金属离子、强碱和负极炭粉尘,造成重金属污染、碱污染和粉尘污染。电解质进入环境中,可发生水解、分解、燃烧等化学反应,产生氢氟酸(HF)、含砷化合物和含磷化合物,造成氟污染和砷污染。在锂动力电池材料中,包含一些有价值的材料。有研究表明,回收锂动力电池可节约51.3%的自然资源,包括减少45.3%的矿石消耗和57.2%的化石能源消耗。

锂动力电池被普遍认为是环保的绿色动力电池,但锂动力电池回收不当同样会产生污染。锂动力电池的正负极材料、电解液等对环境和人体的影响仍然较大。如果采用普通垃圾处理方法处理锂动力电池(填埋、焚烧、堆肥等),锂动力电池中的钴、镍、锂、锰等金属,以及各类有机、无机化合物将造成金属污染、有机物污染、粉尘污染和酸碱污染。锂动力电池的有机转化物,如 $LiPF_6$、六氟合砷酸锂($LiAsF_6$)、三氟甲磺酸锂($LiCF_3SO_3$)、HF 等溶剂和水解产物如乙二醇二甲醚(DME)、甲醇、甲酸等都是有毒物质。因此,废旧锂动力电池需要经过回收处理,以减少对自然环境和人类身体健康的危害。

目前废旧锂动力电池回收主要有两种方式:

(1)梯次利用。针对动力电池容量下降到原来的70%~80%,无法在电动汽车上继续使用的动力电池,进行梯次利用,可继续在其他领域如电力储能、低速电动车、五金工具等作为电源继续使用一定时间。

(2)拆解回收。主要针对动力电池容量下降到50%以下,该类动力电池无法继续使用,只能将动力电池进行拆解后进行资源化回收利用。

3)汽车废催化剂

汽车三元催化剂(TWCs)普遍用于汽车尾气处理,其原理是利用铂族金属的催化作用,协助处理汽车尾气中的有害气体。汽车三元催化转化器主要用于净化汽车尾气,随着各国对汽车尾气排放标准的提高,三元催化转换器在汽车上的应用已经非常普遍,其主要由载体(一般为多孔陶瓷材料)和催化剂组成,催化剂的成分就是铂、钯和铑等铂族金属,高温的汽车尾气通过这些载体上的孔道时,与活性金属接触而发生催化反应,将 CO、HC、NO_x 等有害气体通过氧化和还原作用转变成对于环境无毒无害的 CO_2、H_2O、N_2 等。我国铂族金属矿储量稀缺,主要依靠进口,废 TWCs 中铂族金属含量较高,是铂族金属的"富矿",从废 TWCs 中回收铂、铑和钯金属对缓解当前的供需矛盾有非常积极的作用。

从汽车尾气失效催化剂回收铂族金属的主要方法有火法富集技术、金属捕集法等。

(1)火法富集技术。向失效汽车尾气催化剂中加入其他熔剂进行高温处理,使催化剂中的绝大部分铂族金属与载体分离,从而得到铂族金属含量较高的富集物,以便接下来顺利进行提纯工艺。火法富集技术又可细分为金属捕集法及氯化气相挥发法。

(2)金属捕集法。金属捕集法大致可分为铅捕集、铁捕集、铜捕集以及锍捕集法。由于铅捕集法在生产过程中挥发的氧化铅会严重危害工人健康和环境保护,因此,铅捕集的方法目前已基本被淘汰。铁捕集是指利用铁与铂族金属亲和力强的特点,用铁粉或铁的氧化物作为捕集剂来富集失效汽车尾气催化剂中的铂族金属。铜捕集常在电炉中进行,向磨细的失效汽车尾气催化剂中加入铜或铜的氧化物作为捕集剂,并配入还原剂及合适配比的造渣剂 SiO_2、CaO、FeO 等,然后在电弧炉中进行高温熔炼,得到富集了铂族金属的铜合金。锍捕集法分为铜锍捕集法及镍锍捕集法等。以镍锍捕集法为例,它将失效汽车尾气催化剂和其他的炉料在电弧炉中熔炼,使铂族金属富集在镍锍(FeS-Ni_3S_2-Cu_2S 的共熔体)中,而催化剂的载体造渣被放出,富集了铂族金属的镍锍通过吹炼等步骤得到合金,然后通过常规方法从合金中回收铂族金属。

(3)氯化气相挥发法。在600~1200℃的高温下,铂族金属能被氯气氯化成可溶性氯化物或气态氯化物。根据这一性质,可以使用氯化气相挥发法从一些失效汽车尾气催化剂中富集铂族金属。首先向粉碎的失效汽车尾气催化剂中配入 NaCl、KCl、$CaCl_2$ 或 NaF、CaF_2 等氯化剂中的一种,然后将其放入1000~1200℃的密闭氯化炉中,并向炉中通入 Cl_2 或 CCl_4 等气态氯化剂进行高温氯化,将挥发的铂族金属氯化物导入水或氯化铵溶液中进行吸收。此外,向气态氯化剂中加入 N_2、NO_2、CO、CO_2 等气体可降低铂族金属氯化温度,以提高挥发率。

(4)湿法富集技术。使用酸碱浸出或其他方法处理失效尾气催化剂,使其中的铂族金属或贱金属选择性溶解,从而使铂族金属与贱金属分离,达到富集铂族金属的目的。湿法富集技术包括活性组分溶解法、载体溶解法、全溶法及加压高温氰化法等。

(5)活性组分溶解法。活性组分溶解法是指使用含有强氧化剂的溶液将失效汽车尾气催化剂中的铂族金属溶解到溶液中,而载体不溶解,然后再从溶液中回收铂族金属的方法。

(6)载体溶解法。载体溶解法是指将失效汽车尾气催化剂中的载体溶解而将铂族金属富集在不溶渣中的方法。

(7)全溶法。全溶法是活性组分溶解法和载体溶解法的结合,在强浸出剂中同时加入强氧化剂,使失效汽车尾气催化剂中活性组分和载体同时溶解,然后从溶液中提取铂族金属。

(8)加压高温氰化法。加压高温氰化法是指使用氰化物在高温加压条件下直接从失效汽车尾气催化剂中选择性浸出铂族金属的方法。

回收失效汽车尾气催化剂中铂族金属的原则流程如图6-6所示。

4)其他固体废弃物

随着全球经济的蓬勃发展,汽车的数量迅猛增加。汽车更换下的数量惊人的废弃轮胎也慢慢对地球形成一种新的污染——“黑色污染”。据统计,目前全世界废旧轮胎已积存30亿条,并以每年10亿条的数字增长,这些不熔或难熔的高分子弹性材料长期露天堆放,不仅占用大量土地,而且极易滋生蚊虫,传播疾病,引发火灾。如被简单用于燃料,则会造成严重的空气污染。因此,废旧轮胎等再生资源产业化问题被明确列为六大资源综合利用重点之一。

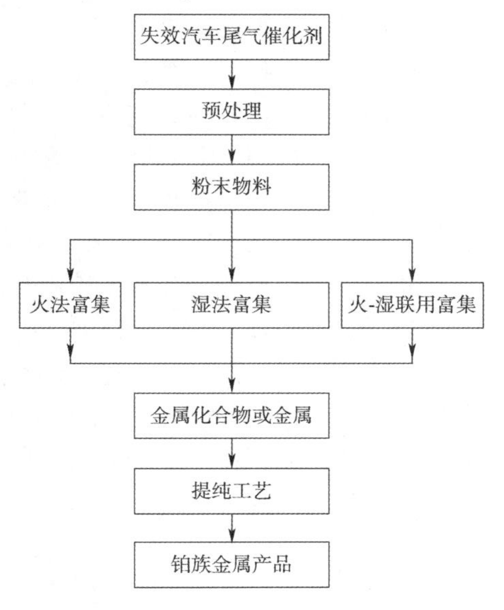

图6-6 回收失效汽车尾气催化剂中铂族金属的原则流程

汽车是一个复杂的系统,包含大量的电子设备系统,其中电路板等电子垃圾包含1000多种不同成分,会释放出大量有毒有害物质,比如在制造电脑的700多种化学材料中,就有一半以上对人体有害。废电路板中的镉、铬、镍、铅、汞、砷可以造成重金属污染,引发水俣病、痛痛病等;废电路板中的溴化阻燃剂含有致畸、致突变、致癌物质;废电路板还含有金、银、铜以及稀土元素,价值高。因此,电路板等垃圾的回收处理非常重要。废电路板的回收处理过程如图6-7所示。

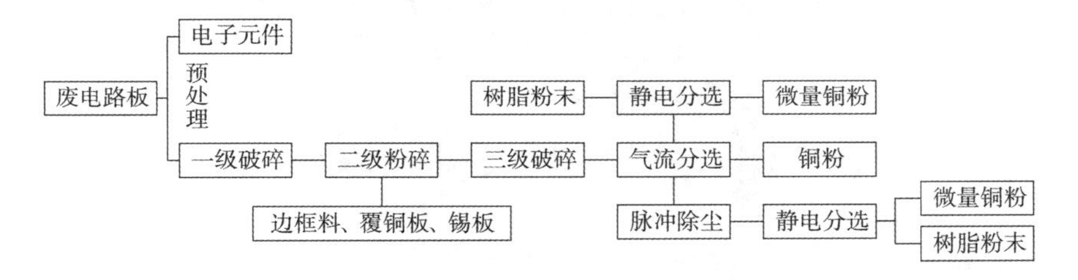

图6-7 废电路板回收处理过程

除了报废汽车拆解后的废旧蓄电池、催化器、废旧轮胎、废电路板等可被较好地回收利用外,其余的玻璃、塑料、纤维、木质材料、陶瓷、海绵、各种仪表等多种物资,由于处置费用过高或再生材料的品质不及原材料,上述材料国内主要处置方法除焚烧外就是掩埋。据统计,目前的报废汽车被轧碎,平均每辆车有200~300kg的残渣垃圾被同时掩埋。如此多材料埋入地下,经过长时间的生物分解或水体渗透,会造成地下水或土壤的质量下降,从而危及食物链中的其他生物(包括人类)健康。

对汽车回收过程中固体废物的处置应尽量不要采取掩埋的方法,而应尽可能地依靠科学方法加以回收。据统计,汽车用塑料重量已经占到汽车车重的11%~13%,而且车用塑料的种类又十分繁多。因此,最好的措施是在汽车设计、制造中减少车用塑料的品种,并优先选用容易回收的塑料材料,或选用与主体聚合物相容的聚合物材料。

对于从报废汽车上拆解下来的、实在无法回收的塑料零部件,用焚烧回收其能量是一种比较理想的办法。

二、电动汽车退役动力电池梯次利用

1. 退役动力电池梯次利用

梯次利用是指某一个已经使用过的产品已经达到原生设计寿命,再通过其他方法使其功能全部或部分恢复继续使用的过程,该过程属于基本同级或降级应用的方式。梯次利用与梯度利用、阶梯利用、降级使用在概念上是基本一致的,但不能视为翻新使用。梯次利用的核心是需要对原生产品进行一系列复杂的检测和分析,科学地判断其生命周期价值以及可再使用性,从而设计出符合该产品的梯次等级和应用领域。

动力电池的性能会随着使用次数的增加而衰减,当动力电池性能下降到原性能的80%时,将不能达到电动汽车的使用标准,但仍可用在对动力电池性能要求低的场合,即进入梯次利用阶段,如储能系统、低速电动交通工具等。当退役的动力电池性能进一步降低到不适合梯次利用后,再进入回收拆解再利用的阶段(图6-8)。目前在梯次利用技术方面,国内的科研院所和企业正在开展研究,包括淘汰产品生命周期诊断、可再循环性梯次设计、物理指标检测、综合性能测试等。

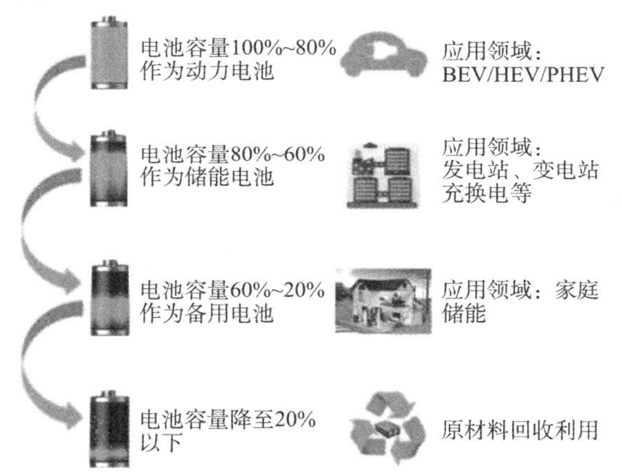

图6-8 退役动力电池梯次利用方式

动力电池梯次利用一直被认为是新能源汽车动力电池退役后的主要去处,但是也有人从安全性和经济性层面考虑,认为退役动力电池梯次利用就是一个"伪命题"。随着我国动力电池退役潮的临近以及相关规范的连续公布,退役动力电池的梯次利用将在退役动力电池规划和政策方面取得更多支撑,即退役动力电池的梯次利用势在必行。

退役动力电池拆解回收和梯次利用是被业内广泛认可的两种具有互补性的方法。目前,我国已是全球最大的动力电池市场,如此大规模的动力电池集中退役,做好退役动力电池回收和梯次利用工作,无论从经济、资源安全,还是环保的角度,都有很大的必要性和现实意义。

2. 退役动力电池梯次利用的运营模式

自2016年起,我国开始针对电动汽车动力电池回收利用发布专项政策和相关技术标准,在《电动汽车动力电池回收利用技术政策(2015年版)》中明确提出,新能源汽车实施生产者责任延伸制度,电动汽车生产企业应承担电动汽车退役动力电池回收利用的主要责任,动力电池生产企业应承担电动汽车生产企业售后服务体系之外的退役动力电池回收利用的主要责任,梯次利用动力电池的企业应承担梯次利用后动力电池回收的主要责任,报废汽车回收拆解企业应负责回收报废汽车上的动力电池。

在退役动力电池梯次利用和回收尚未发展成熟的情况下,运营模式就显得尤为重要,这关乎成本和盈利等企业切身利益。目前,国内已有企业在退役动力电池的梯次利用和回收方面展开布局,运营模式也各有不同。

对于退役动力电池梯次利用的衍生产品,客户在知情的情况下,会对产品的性能、寿命、可靠性、安全性等心存疑虑,产品的推广会存在一定的阻碍。在产品的推广和应用方面,要充分考虑客户的现状和诉求,使多种商业运作方式相结合,在充分帮助客户获利的基础上,获得自己的利益。可充分借鉴其他行业的一些成功经验,如分期付款、分时租赁、盈利后结算、托管运营甚至免费供货(靠后续增值服务)等,探索退役动力电池梯次利用方面的有效运营模式。

在回收环节,如何以较低的成本拿到退役动力电池,如何降低退役动力电池和模组的拆解难度,如何针对不同 PACK 流水线和工艺生产的退役动力电池,如何简化测试,如何建立退役动力电池模型等,都会影响后续退役动力电池梯次利用产品的成本。

在产品开发环节,在退役动力电池的梯次利用过程中,系统集成是关键,退役动力电池模组的混用、系统柔性化设计、BMS(Battery Management System,电池管理系统)鲁棒性设计等,都能有效降低退役动力电池梯次利用产品的物料成本。

在产品的运维环节,如何确定合理的质保年限,做到智能化的管理、远程诊断和维护等,都会影响退役动力电池梯次利用产品的生命周期成本。

3.当前发展瓶颈

虽然梯次利用被认为是退役动力电池价值得以最大限度发挥的有效途径,但所面临的其他难题和挑战也非常多。

退役动力电池的梯次利用产业链涉及用户(车主或商业运营单位)、汽车企业、动力电池企业、梯次利用企业,如何创造一个共生共赢的产业链生态圈,是必须要考虑的。如果仅是后端的梯次利用企业获利,那么用户、汽车企业以及动力电池企业,就没有足够的动力去参与和推动退役动力电池的梯次利用,产业规模就难以形成。

目前,制约退役动力电池梯次利用产业化的主要问题如下。

首先退役动力电池梯次利用技术还不成熟。退役动力电池梯次利用需要不断进行技术积累,以确保梯次利用的退役动力电池的安全性及稳定性。退役动力电池梯次利用最大的难点是对退役动力电池品质的分选。动力电池企业对自己生产的退役动力电池品质的分选,有不可比拟的优势,可以把分选技术做得很好。这是因为动力电池生产厂商比较了解本厂退役动力电池组的电芯,并有相应的检测设备,可使电芯得到比较好的分选,从而保证退役动力电池梯次利用的寿命和较低的成本。

在动力电池标准化方面,在电动汽车产业发展初期,动力电池的电芯种类多但数量不多,而对动力电池电芯的检测要面对不同类型的动力电池电芯,参数个性化很强。因此,需要重视动力电池单体和动力电池组标准化。在一个企业内部尽可能采用较少规格的动力电池单体,既可以提高生产自动化水平以降低成本和提高产品一致性,又便于今后梯次利用时的拆解和重组。所以，在动力电池设计阶段就要为后续的梯次利用和拆解回收做准备，促进动力电池标准模块的平台化使用和研究。在动力电池系统设计时，应把动力电池模组标准化、平台化作为降低成本的手段之一。模组的标准化同样有利于梯次利用的降低成本，模组的标准化难度在于车辆空间、平台对动力电池模组的差异需求。设计人员一直在这方面做着努力。德国在这方面比较重视，做得比较出色。其通过标准化模块的应用，可以使成本降低 30% 左右。同样，模块标准化后，加上梯次利用环节，降低成本的幅度是非常乐观的。

其次，在责任监管方面还存在一定的空白点。动力电池企业不愿意承担退役动力电池梯次利用后的安全风险，不希望退役的动力电池再次流入市场。现有的动力电池管理系统都是针对某一个电动汽车而进行的设计（大部分采用一些主从式或集中式的动力电池管理系统模块），而这又不适用于储能应用。未来可采用分布式的动力电池管理系统，该类型系统在模组梯次利用时仅需要匹配一个相对来说扩展性比较好的主板即可实现对整个对储能应用系统的管理。

最后，商业化应用场景设计方面有所欠缺。退役动力电池梯次利用目标市场的匹配性不强，需要找到匹配的市场来使用梯次利用的退役动力电池组或动力电池模组，使其不需要拆解到电芯就能得到应用。

第七章　汽车和道路交通的噪声污染与控制

第一节　声学基础知识

一、声音和噪声

1. 声音

声音是指某物体在弹性介质（包括固体、液体和气体）中振动产生的振动波，以介质为媒体向周围传播后引起人耳膜的振动，使人在生理上得到的感觉。因此，声音形成应有两个条件：一是有振动声源；二是人耳有感觉。能否有声音以及声音是否能被人耳感觉为讨论噪声问题的出发点。

2. 噪声

人类的生活环境中，充满着各种各样的声音。有了声音，人们才能进行语言交流、欣赏音乐等活动。但是有些声音却会干扰人们的工作、学习、休息，影响人体健康，这样的声音对人来说就是噪声。

所谓噪声，就是指干扰人们工作、学习、休息，即对人体健康有害的和人们不需要的声音。一个声音是否为噪声可以从它对人体的危害程度进行判断。一般来说，凡是吵闹得使人烦躁、讨厌的声音就是噪声。

3. 噪声污染的危害

噪声对人的影响是一个复杂的问题，不仅与噪声性质有关，还与每个人的生理状态以及社会生活等多方面的因素有关。经过长期研究证明，噪声的确会危害人的健康，噪声级越高，危害性就越大。噪声级较低的噪声，如小于80dB（A）的噪声，虽然不直接危害人的健康，但会影响和干扰人们的正常活动。噪声对人的生理危害和心理影响大致有下列几个方面。

1）引起听觉疲劳或听力损伤

噪声对人最直接的危害是对听觉器官的损伤。噪声对听力的影响与噪声的强度、频率及作用的时间有关。噪声强度越大、频率越高、作用时间越长，危害就越大。噪声对听力的影响，轻者可引起暂时性听阈偏移，重者可产生噪声性听力损伤乃至噪声性耳聋。

所谓暂时性听阈偏移，就是在强烈的噪声作用下，听觉皮质层器官的毛细胞受到暂时性的伤害，从而引起听阈级的暂时性偏移。当离开噪声环境到比较安静的地方后，经过一段时间仍会恢复到原来的听阈状态。但是如果长期暴露在噪声环境下，听觉器官不断受到噪声刺激，暂时性听阈偏移的恢复就会越来越慢。久而久之，听觉器官发生器质性病变，便会转化为永久性的听阈偏移，从而造成永久性听力损伤，即噪声性耳聋。另外，特别高的噪声还会引起人耳的急性外伤，不仅使听阈偏移不能恢复，甚至会使听觉器官发生鼓膜破裂、内耳出血、基底膜表皮组织剥离等症状，使人耳即刻失聪。

2）影响睡眠

睡眠对人体是极其重要的，它能使人们新陈代谢得到调节，大脑得到充分休息，消除体力和脑力疲劳。人的睡眠一般以朦胧、半睡、熟睡、沉睡等几个阶段为一个周期，每个周期大约 90min，周而复始。连续噪声可以加快熟睡到半睡的回转，使人多梦，缩短人的熟睡时间。一般来说，40dB（A）的连续噪声可使 10% 的人睡眠受影响，70dB（A）可使 50% 的人受影响。另外，当突发性噪声在 40dB（A）时会使 10% 的人惊醒，60dB（A）时会使 70% 的人惊醒。

3）诱发多种疾病

长期暴露在强噪声环境中，会使人体的健康水平下降，诱发各种慢性疾病。噪声会引起人体的紧张反应，使肾上腺素分泌增加，引起心率加快、血压升高。噪声也会引起消化系统方面的疾病。人和动物实验都表明，在 80dB（A）环境下，肠蠕动会减少 37%，随之而来的是胀气和肠胃不适。当噪声停止后，肠蠕动由于过量的补偿，节奏加快、幅度增大，结果引起消化不良，从而诱发胃肠黏膜溃疡。在神经系统方面，噪声会造成失眠、疲劳、头晕及记忆力衰退，诱发神经衰弱症。

4）干扰谈话和通话

通常，人们正常谈话时的声级为 60～70dB（A）。当环境噪声级高于语言声级 10dB（A）时，谈话声会被完全掩蔽；当噪声级大于 90dB（A）时，即使大声叫喊也难以进行正常交谈。同样，环境噪声在 60dB（A）时打电话可以听清对方的意思，但噪声超过 70dB（A）后就无法听清。

5）影响工作

噪声对工作的影响是广泛而复杂的，很难定量地反映这种影响。人们在噪声的刺激下，会出现心情烦躁、注意力分散、易疲劳、反应迟钝，从而导致工作效率降低、工作质量下降，这对于脑力劳动者尤为明显。此外，由于噪声的掩蔽效应，会使人不易察觉一些危险信号，从而容易造成工伤事故。

二、噪声的量度与评价

1. 声音的物理参数

1）声波的频率

声波的频率是指单位时间内产生振动波的数量，记作 f，单位是 Hz。通常情况下，由于声波振动的频率在传播过程中不变，因此声波的频率就是声源的振动频率。声波的频率可表示为：

$$f=\frac{1}{T} \tag{7-1}$$

式中：T——一个振动波的周期，s。

人耳的可听声频范围为 10～20000Hz，在此范围内，声波的频率越高，声音显得越尖锐，反之显得低沉。反映在声调上，频率高，声调亦高；频率低，则声调低，即人们所说的高音和低音。通常将频率低于 350Hz 的声音称为低频声；频率在 350～1000Hz 之间的声音称为中频声；频率高于 1000Hz 的声音称为高频声。特别地，频率为 1000Hz 时的声音称为纯音。

2)声功率

声功率表示声源单位时间内向外辐射的声能量大小,记作 W,单位是 W。声源辐射的声功率一般与环境条件无关,属于声源本身的一种特性。声源工作状况一定时,辐射的声功率是一个恒量。声功率越大,表示声源单位时间内辐射的声能越多,引起的噪声也越强。

3)声强

声强的定义是单位时间内在垂直于声波传播方向的单位面积上通过的声能量,即单位面积通过的声功率,记作 I,单位是 W/m^2。声强是衡量声场中声音强弱的物理量,表示为:

$$I=\frac{W}{S} \tag{7-2}$$

式中:W——声源声功率,W;

S——声波的作用面积,m^2。

声强的大小和距离声源远近有关,这是因为声源单位时间内发出的声能量是恒定的,离声源的距离越远,声能分布的面积越大,通过单位面积的声能量就越少,声强就越小。因此对于同一声源,距离越近感觉声音越响;离开声源远些,就会感觉声音变弱。

4)声压

当声波在弹性介质中运动时,会使介质中的压力在稳定压力附近增加或减小,这个压力的变化量称为声压,记作 P,单位是 N/m^2。声波传播时,声场中任一点的声压都是随时间不断变化的,称为瞬时声压。实际上,人耳分辨不出声压的瞬时变化,声压的实际效果是某段时间内瞬时声压的平均值,称为有效声压。实际应用中如果没有说明,声压一词即指有效声压,它是瞬时声压在一段时间内的均方根值,表示为:

$$P=\sqrt{\frac{1}{T}\int_0^t P(t)^2\mathrm{d}t} \tag{7-3}$$

式中:$P(t)$——瞬时声压,N/m^2;

T——时间间隔,s。

声强和声压都可以用来表示声音的强弱,二者之间存在密切的关系。在自由声场中,某处的声强与该处的声压的平方成正比,与空气的密度和声速的乘积成反比,两者的关系可表示为:

$$I=\frac{P^2}{\rho c} \tag{7-4}$$

式中:P——有效声压,N/m^2;

ρ——媒质密度,kg/m^3;

c——声速,m/s。

实际应用中,由于声强不易用一般常用仪器测得,并且声音强弱的最终判别通常是按作用在人耳鼓膜上的压力大小来衡量,因此采用声压来表示声音强弱更为直观和方便。

2. 噪声的客观量度

大量实测表明,一定频率声波的声强或声压有上、下两个限值。在下限以下,人耳听不到声音;在上限以上,人耳会有疼痛的感觉。频率不同,上、下限值不同。一般称下限值为听阈值,上限值为痛阈值。空气中传播的声波,在 1000Hz 纯音时,正常人耳的听阈声强是 $10^{-12}W/m^2$,痛阈声强是 $1W/m^2$,对应的听阈声压和痛阈声压分别为 $2\times10^{-5}N/m^2$ 和 $20N/m^2$。

从听阈到痛阈，声音强弱变化的范围非常宽。在1000Hz纯音时，声压从听阈到痛阈相差100万倍，声强相差1万亿倍。由此可见声音强弱变化之大，也说明人耳听觉范围之广。在这样宽广的范围内用声压或声强的绝对值来衡量声音的强弱是很不方便的。实际上，人耳对声音的感觉（听觉）和客观物理量（声强、声压）之间并不是线性关系，而是近似于对数关系。因此人们在实践中引入一个成倍比关系的对数量级来表示声音的大小，这就是声级，记作 L，单位为dB。声级是一种作相对比较的无量纲，与声功率、声强和声压等物理量相对应，它包括声功率级、声强级和声压级，分别用 L_W、L_I 和 L_P 来表示。

1）声功率级

声功率级为被测声音的声功率与基准声功率之比的自然对数乘以10，其数学表达式为：

$$L_W = 10\lg \frac{W}{W_0} \tag{7-5}$$

式中：W——被测声音的声功率，W；

W_0——基准声功率，取 10^{-12}W。

2）声强级

与声功率级相似，声强级的数学表达式为：

$$L_I = 10\lg \frac{I}{I_0} \tag{7-6}$$

式中：I——被测声音的声强，W/m^2；

I_0——基准声强，取听阈声强，即 $10^{-12}W/m^2$。

3）声压级

声压级为被测声音的声压与基准声压之比的自然对数乘以20，其数学表达式为：

$$L_P = 20\lg \frac{P}{P_0} \tag{7-7}$$

式中：P——被测声音的声压，N/m^2；

P_0——基准声压，取听阈声压，即 $2\times10^{-5}N/m^2$。

由上述公式可以计算得到，各类声级的听阈值均为0dB，痛阈值均为120dB。表7-1对比了分别用声级和声音的客观物理量来表示声音强弱的差异。声功率级、声强级和声压级三者之间在特定的声学环境中也存在一定的数量关系。在自由声场中，如果不考虑空气密度和空气中声速变化的影响，可近似认为声强级与声压级相等。由于声压比声强的测量更为方便，因此大多数声学测量仪器是直接测量声源的声压。在噪声研究中，也一般采用声压级来衡量噪声的大小。

声音强弱的表示 表7-1

名　称	听　阈	痛　阈	可听范围之比
声功率 W	10^{-12}W	1W	$1:10^{12}$
声强 I	$10^{-12}W/m^2$	$1W/m^2$	$1:10^{12}$
声压 P	$2\times10^{-5}N/m^2$	$20N/m^2$	$1:10^6$
声功率级 L_W	0dB	120dB	1:121

续上表

名　称	听　阈	痛　阈	可听范围之比
声强级 L_I	0dB	120dB	1∶121
声压级 L_P	0dB	120dB	1∶121

3.噪声的主观评价

噪声的主观评价是从噪声对人的心理影响的角度来度量噪声的方法。噪声对人的心理和生理的影响是非常复杂的,甚至有时噪声的客观量度指标并不能正确反映人对噪声的主观感觉,因此必须研究声音客观量与人耳主观感觉量之间的统一问题。这就需要将声压、声强等客观物理量与人的心理、生理等主观因素,以及与噪声的频率、起伏变化程度等因素联系起来,建立一些在统计上能正确反映主观感觉的评价量。

1)响度级、等响曲线、响度

日常生活中,人们通常简单地用"响"与"不响"来描述人耳在感觉上的声音强弱,即响度。声音的响度不仅与声强、声压有关,还受到声波频率的影响。相同声压级但频率不同的声音,人耳听起来会不一样响。例如,同样是60dB的两种声音,一个频率为100Hz,另一个频率为1000Hz。人耳听起来会感觉1000Hz的声音要比100Hz的声音响。另外,不同声压级且频率不同的声音,人耳听起来可能会一样响。例如,100Hz、67dB的声音与1000Hz、60dB的声音,人耳听起来会感觉同样响。为了既能表示出声音的客观强度,又能反映出声音的主观感受,仿照声压级的形式引入响度级这一评价指标来定量描述声音在人主观上引起的响的感觉。所谓响度级,就是以1000Hz的纯音作为标准,使其和某个声音听起来一样响,这时1000Hz纯音的声压级就定义为该声音的响度级,记作 L_N 或 L_{NP},单位为方(phon)。

用试验的方法可以得到整个声频范围内相对于纯音的响度级。将频率不同、响度级相同的点连成曲线,便可以得到等响曲线,如图7-1所示。等响曲线通常分成13个响度等级,每条曲线右端的数字表示声音的响度级。在同一条曲线上的点,虽然它们代表着不同的频率和声压级,但其响度级是相同的,即与此声音同样响的1000Hz纯音的声压级。

由等响曲线图可以看出:

(1)根据声音的声压级和频率(客观物理量)能找到相应的响度级(主观感觉),这样就能把声音的主、客观量之间统一起来。

(2)声音的频率对响度级影响很大。在低频范围内,即使声压级具有很高的分贝值,也未必能达到听阈线。由此可见,人耳对低频声敏感度很差。所以,在噪声治理中应优先解决高频声对人耳的损害。

(3)声音的声压级高达100dB左右时,响度曲线比较平直,说明频率变化对响度级的影响不太明显,即高声压级下频率变化对人耳感觉的影响不明显。

响度级是对应1000Hz纯音的声压级,实质上是一个相对量。有时需要把它转化为绝对值,即响度。响度是人受声音刺激的听觉反应量,用来表征人耳感觉上声音的大小,记作 N,单位为宋(sone)。1sone相当于对频率1000Hz、声压级40dB的纯音(即响度级为40phon)的听觉反应量。实验证明,响度级每增加10phon,响度增加一倍。响度 N 和响度级 L_N 的关系可表示为:

$$N = 2^{(L_N - 40)/10} \tag{7-8}$$

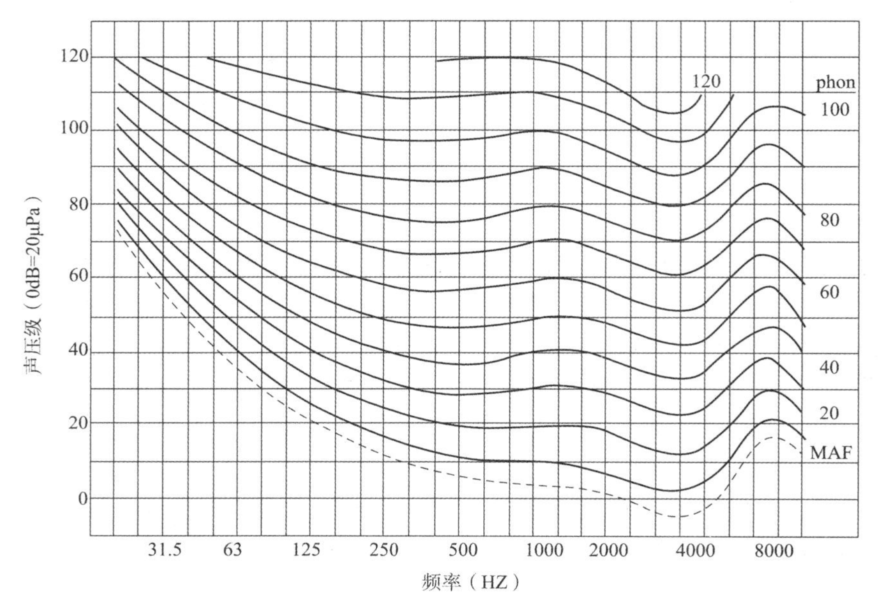

图 7-1 等响曲线

注:MAF 表示最低可听声场。

2)计权声级

为了能用仪器直接读出反映人的主观响度感觉的评价量,人们利用电子网络模拟不同声强下的人耳频率特性,以便用仪器(声级计)直接测量噪声的主观评价量,测得结果称为计权声级。计权声级是通过测量仪器对不同频率的声压级,人为地给予适当的增减,将其修正为相对应的等响曲线,这种修正方法称为频率计权。实现频率计权的电子网络称为计权网络,经过计权网络测得的声级即为计权声级。由于每条等响曲线的频率响应(修正量)都不相同,若想使它们完全符合,需要在声级计上至少设置 13 套听觉修正电路,事实上这是不可能的。

国际组织规定,一般声级计设有 3 套修正电路(即 A、B、C 三种计权网络),测得的声级值分别是 A 计权声级、B 计权声级和 C 计权声级,简称 A 声级、B 声级和 C 声级,单位分别为 dB(A)、dB(B)和 dB(C)。其中,A 计权网络效仿 40phon 等响曲线设计,其特点是对低频和中频声有较大的衰减;即使测量仪器对高频声敏感,对低频声不敏感,这正与人耳对声音的感觉比较接近,因此用 A 计权网络测得的噪声值较为接近人耳对声音的感觉。B 计权网络是效仿 70phon 等响曲线,使被测得声音通过时,低频段有一定的衰减。C 计权网络是效仿 100phon 等响曲线,任何频率都没有衰减;这是因为 100dB 的声压级线和 100phon 等响曲线基本上是一条重合的水平线,因此它代表总声压级。3 种计权网络的衰减曲线如图 7-2 所示。

由于 A 计权网络对低频声音有较大的衰减,最能反映人耳对噪声响度的频率响应;并且它与噪声对人们语言交谈的干扰、对听力的损伤、对健康的危害以及引起人们的烦躁程度等都有良好的相关性,因此 A 计权网络应用最广泛。A 声级也被国际标准化组织和绝大多数国家采用,作为噪声主观评价的主要指标。

3)等效连续 A 声级

A 计权声级对一些稳定并且连续的宽频带噪声是一种较好的评价方法,但对于声级起伏或不连续的非稳态噪声,A 计权声级就很难准确反映噪声的状况。例如,交通噪声的声级是随时间变化的,当有车辆通过时噪声可能达到 85 ~ 90dB(A);而当没有车辆通过时噪声可能仅有 55 ~ 60dB(A),并且噪声的声级还会随车流量、汽车类型等的变化而改变,这时就很难确定交通噪声的 A 计权声级是多少分贝。即使 A 声级相同的噪声,持续作用于人耳或间歇作用于人耳时,其效果也不同。例如,两台同样的机器,一台连续工作而另一台间断性地工作,虽然机器工作时辐射的噪声级是相同的,但两台机器的噪声对人的影响却是不一样的。

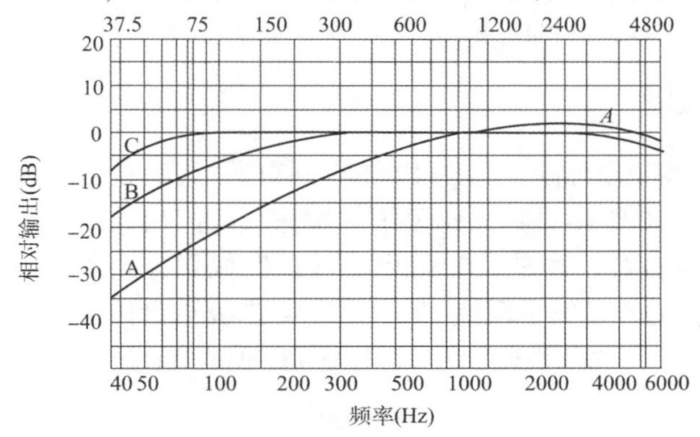

图 7-2　3 种计权网络的衰减曲线

对于这种声级起伏或不连续的噪声,采用噪声能量按时间平均的方法来评价噪声对人的影响更为准确,为此提出了等效连续 A 声级评价量。等效连续 A 声级指对某时段内的不稳态噪声的 A 声级,用能量平均的方法,以一个连续不变的 A 声级来表示该时段内噪声的声级,这个"连续不变的 A 声级"就为该噪声的等效连续 A 声级,记作 L_{Aeq}或 L_{eq},单位为 dB(A),用公式表示为:

$$L_{Aeq} = 10\lg \tfrac{1}{T}\int_0^T 10^{0.1L_{Ai}} dt \tag{7-9}$$

式中:T——噪声测量时间,s;

L_{Ai}——i 时刻的 A 声级,dB(A)。

4)昼夜等效声级

同样的噪声在白天和夜间对人的影响是不一样的,而等效连续 A 声级并不能反映这一特点。为了考虑噪声在夜间对人们烦恼的增加程度,规定将夜间测得的噪声级加 10dB(A)作为修正值,再按昼夜噪声能量进行加权平均,由此构成昼夜等效声级这一评价量,记作 L_{dn},单位为 dB(A)。昼夜等效声级可以用来作为城市噪声全天候的单值评价量,其表达式为:

$$L_{dn} = 10\lg \frac{1}{24}\left[T_d \times 10^{0.1L_d} + T_n \times 10^{0.1(L_n+10)} \right] \tag{7-10}$$

式中:L_d——昼间的等效连续 A 声级,dB(A);

L_n——夜间的等效连续 A 声级,dB(A);

T_d、T_n——昼、夜时间段,h。

关于昼、夜时间段的划分应按当地的规定,我国一般规定昼间为早晨 6:00—22:00,夜间为 22:00—次日凌晨 6:00。

5)统计声级

在现实生活中经常遇到的是非稳态噪声,虽然等效连续 A 声级可以反映噪声对人影响的大小，但噪声的随机起伏程度却没有表达出来。这种起伏可以用噪声出现的时间概率或累计概率来表示，称为统计声级或累积分布声级，记作 L_n，单位为 dB(A)。统计声级 L_n 表示在测量时间内，有 $n\%$ 时间的噪声值超过的声级。常用的指标有 L_{10}、L_{50} 和 L_{90}，分别表示在测量时间内，有 10%、50% 和 90% 时间的噪声值超过的声级。其中 L_{10} 用来表示噪声的峰值，L_{50} 表示噪声的中值，而 L_{90} 表示噪声的本底值。试验证明，对于车流量较大的道路，L_{50} 数值和人们对吵闹感觉程度有较好的相关性，因此有些国家直接采用 L_{50} 来评价道路交通噪声。

三、环境噪声标准

我国城市区域环境噪声标准最早在 1982 年颁布试行，经过一段时间的试用和修订，在 1993 年正式颁布实施；2008 年对其又作了第二次修订，并且自 2008 年 10 月 1 日起正式实施。《声环境质量标准》(GB 3096—2008) 中将城市区域划分为 5 类声功能区，并分别规定了昼、夜两个时间段内的环境噪声限值（等效连续 A 声级），具体见表 7-2。

城市各类区域环境噪声限值[单位：dB(A)]　　表 7-2

类别		昼间噪声值	夜间噪声值
0		50	40
1		55	45
2		60	50
3		65	55
4	4a	70	55
	4b	70	60

按区域的使用功能特点和环境质量要求，声环境功能区分为以下 5 种类型：

(1) 0 类声功能区：指康复疗养区等特别需要安静的区域。

(2) 1 类声功能区：指居民住宅、医疗卫生、文化教育、科研设计、行政办公为主要功能，需要保持安静的区域。

(3) 2 类声功能区：指商业金融、集市贸易为主要功能，或者居住、商业、工业混杂，需要维护住宅安静的区域。

(4) 3 类声功能区：指以工业生产、仓储物流为主要功能，需要防止工业噪声对周围环境产生严重影响的区域。

(5) 4 类声功能区：指交通干线两侧一定距离内，需要防止交通噪声对周围环境产生严重影响的区域，包括 4a 类和 4b 类两种类型。其中 4a 类为高速公路、一级公路、二级公路、城市快速路、城市主干路、城市次干路、城市轨道交通（地面段）、内河航道两侧区域；4b 类为铁路干线两侧区域。

第二节　汽车噪声污染及控制

一、汽车噪声源

汽车是一个包括各种不同性质噪声的综合噪声源，汽车行驶产生的这种综合声辐射称为汽车噪声。汽车噪声源包括与发动机工作有关的噪声源和与汽车行驶有关的噪声源两类,如图7-3所示。前者主要包括进气噪声、排气噪声、燃烧噪声、机械噪声等发动机噪声;后者主要包括传动噪声、轮胎噪声、风扇噪声及干扰空气噪声等。由于汽车噪声由很多性质和声压级不同的声源综合作用而构成,它们互相关联,较小的噪声源被更大的噪声源所掩盖,因此很难彻底从汽车噪声中分离出各个噪声源。汽车各噪声源所占车辆总噪声的比例因车而异,当噪声较大的声源得到治理而降低噪声级水平后,原来所占比例较小的声源会上升到主导地位。此外,噪声的强弱不仅与汽车和发动机的类型及技术状况好坏密切相关,还与车速、发动机转速、荷载以及道路状况有关。

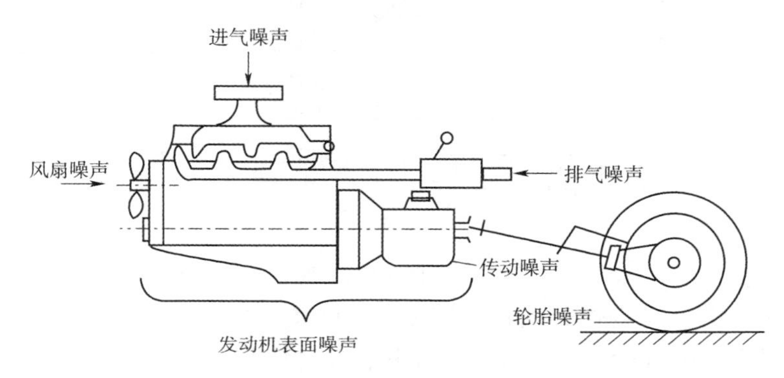

图7-3　汽车的主要噪声源

二、发动机噪声及控制

直接从发动机本体及附件向空间传播的噪声称为发动机噪声,它是汽车的主要噪声源。发动机噪声是由各种不同性质噪声构成的一种综合噪声,其基本组成如图7-4所示。按照噪声辐射的方式,可将汽车发动机噪声分为通过发动机表面向外辐射的噪声和直接向大气辐射的噪声两大类。其中燃烧噪声和机械噪声均是通过发动机表面向外辐射而产生,故称为发动机表面噪声;而进、排气噪声和风扇噪声则是直接向大气辐射产生,属于由气流振动形成的空气动力噪声。

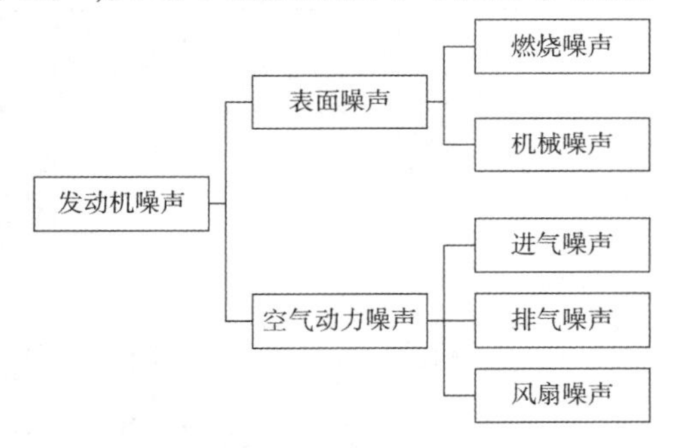

图7-4　发动机噪声的组成

1.燃烧噪声及其控制

燃烧噪声是发动机的主要噪声源,其是燃料在发动机汽缸内燃烧时,汽缸内压力急剧上升冲击活塞、连杆、曲轴、缸体及汽缸盖等引起发动机机体表面振动而辐射出来的噪声。燃烧噪声主要出现在发动机燃烧过程的速燃期,其次是缓燃期。在速燃期,压力增长率大,汽缸内形成的压力高,因此产生的噪声大。与汽油机相比,柴油机的缸内压力较高,并且压力增长率远高于汽油机,因此柴油机的燃烧噪声一般高于汽油机。

汽缸压力频谱曲线是每种频率成分的缸内压力强度大小的图形,燃烧噪声的强弱可以用汽缸内气体压力的频谱曲线表征。影响汽缸压力频谱的主要使用因素包括发动机转速/负荷、汽车行驶状态、喷油提前角以及不正常燃烧等。

(1)发动机转速。一方面,柴油机转速升高时,由于活塞的漏气损失和散热损失减少,致使压缩温度和压力增高,喷油压力提高,燃烧室内空气扰动加剧,混合气的形成速度加快,从而缩短了着火延迟期。另一方面,其又会使着火延迟期内形成的可燃混合气量增加。试验表明,后者的影响较大,故转速增高将使最大爆发压力和压力增长率增大,燃烧噪声也随之增大。不同转速下柴油机汽缸压力频谱曲线如图 7-5 所示。

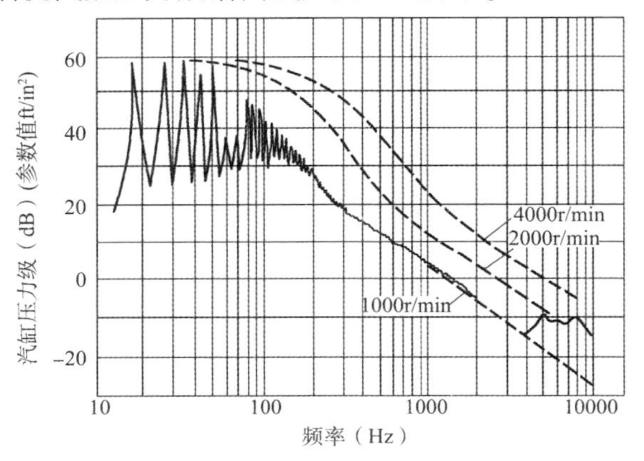

图 7-5　不同转速下柴油机汽缸压力频谱曲线($1ft/in^2=6.78kPa$)

(2)发动机负荷。直喷式柴油机负荷对柴油机汽缸压力和声压频谱曲线的影响如图 7-6 所示。可以看出,在怠速或小负荷时,由于着火延迟期内喷入的燃料少,压力增长率低,相应的燃烧噪声也明显下降。

(3)汽车行驶状态。汽车加速行驶时的发动机噪声要比匀速行驶时大,这是由于加速运转工况的着火延迟期明显增大,汽缸压力上升加快,因而产生较大噪声。图 7-7 所示为加速运转工况和匀速运转工况时汽缸声压频谱曲线的比较。

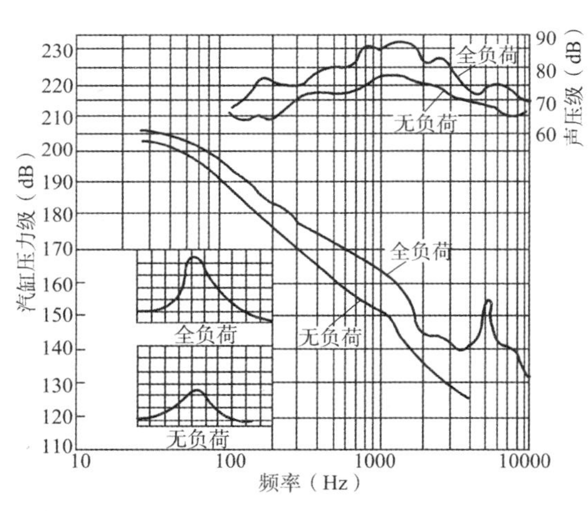

图 7-6　直喷式柴油机负荷对汽缸压力和声压频谱曲线的影响

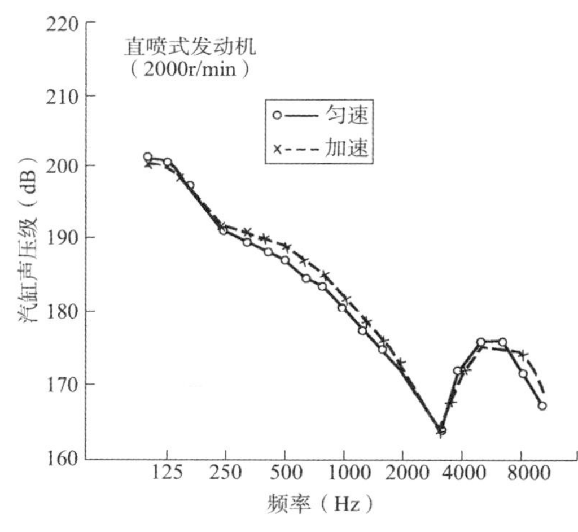

图 7-7　加速与匀速运转工况时汽缸声压频谱曲线比较

(4)喷油提前角。当喷油提前角变化时,着火延迟期、最高爆发压力、压力增长率随之变化。图 7-8 所示为直喷式柴油机(缸径 90mm,行程 105mm,压缩比 15.7)在转速为 1800r/min 的情况下,采用不同喷油提前角 θ 时和冷拖时的汽缸压力级与声压级的比较。可以看出,当喷油提前角 θ 减小时,汽缸最高压力和最大压力增长率下降,从而使燃烧噪声减小。

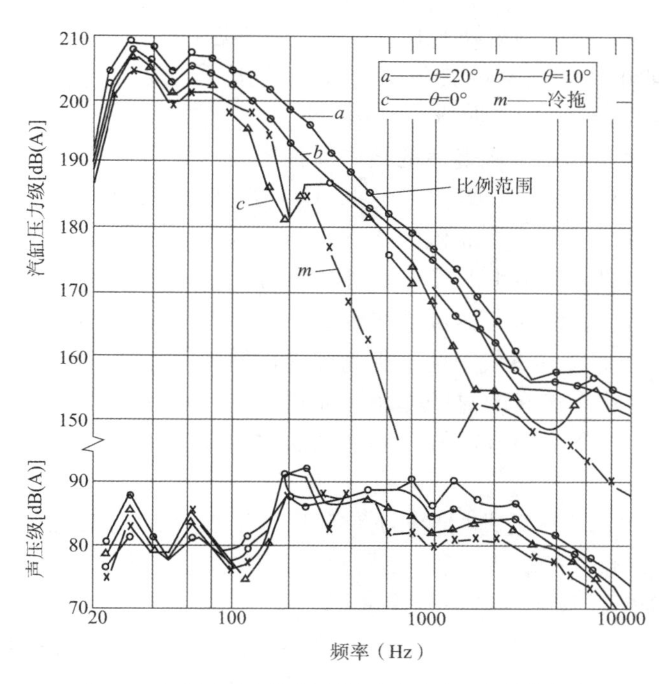

图 7-8 不同喷油提前角下的汽缸压力和声压频谱曲线

（5）不正常燃烧。汽油机产生爆燃、表面点火及运转不平稳等不正常燃烧时，汽缸压力剧增，燃烧噪声增大。图 7-9 所示为汽油机不正常燃烧时汽缸压力频谱曲线。可以看出，发动机爆燃时，除了在 6000Hz 处噪声强度明显增大外，在 800Hz 以上强度都有所增长；表面点火时，在整个频率范围内噪声强度普遍增大。

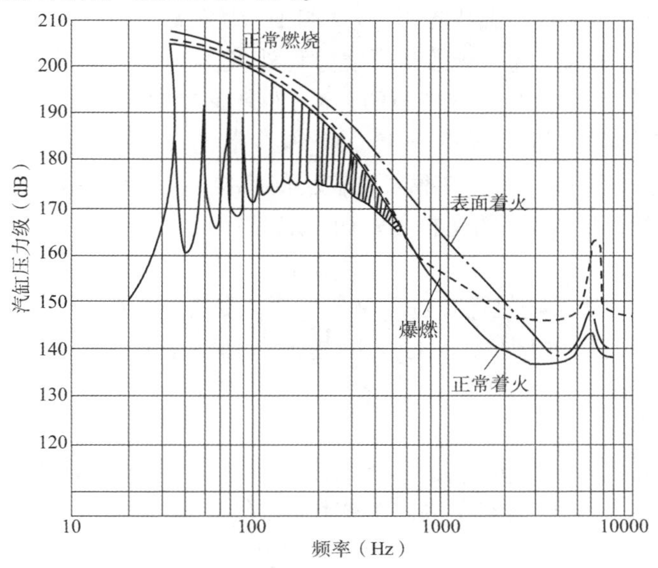

图 7-9 汽油机不正常燃烧时的汽缸压力频谱曲线

对于燃烧噪声，有如下控制措施：

（1）适当延迟喷油。由于汽缸内压缩温度和压力是随曲轴转角变化的，喷油时间的早晚对于着火延迟期长短的影响通过压缩压力和温度而起作用。如果喷油早，则燃料进入汽缸时的空气温度和压力低,着火延迟期变长;反之,适当推迟喷油时间可使着火延迟期缩短,燃烧噪声减小。因此如单从降低噪声的角度来讲,希望适当推迟喷油时间(即减小喷油提前角),但喷油延迟将影响柴油机的动力性和经济性。

(2)改进燃烧室结构形状。燃烧室的结构形状与混合气的形成和燃烧有密切关系,不但直接影响柴油机的性能,而且影响着火延迟期、压力升高率,从而影响燃烧噪声。根据混合气的形成及燃烧室结构的特点,柴油机的燃烧室可分为直喷式和预燃式两大类。在其他条件相同的情况下,直喷式燃烧室中的球形和斜置圆桶形燃烧室的燃烧噪声最低,预燃式燃烧室的燃烧噪声一般也较低;但 ω 形直喷式燃烧室和浅盆形直喷式燃烧室的燃烧噪声最大。

(3)提高废气再循环率和进气节流。提高废气再循环率可以减小燃烧率,使发动机平稳地运转,因此对降低燃烧噪声有明显的作用。而进气节流可使汽缸内的压力降低和着火时间推迟,因此,进气节流不但能降低噪声,还能同时减少柴油机所特有的角速度波动和横向摆振。

(4)采用增压技术。增压后进入汽缸的空气密度增加,从而使压缩终了时汽缸内的温度和压力增高,改善了混合气的着火条件,使着火延迟期缩短。增压压力越高,着火延迟期越短,压力升高率就越小,从而可降低燃烧噪声。

(5)提高压缩比。提高压缩比可以提高压缩终了的温度和压力,使燃料着火的物理、化学准备阶段得以改善,从而缩短着火延迟期,降低压力升高率,使燃烧噪声降低。但压缩比增大还会使汽缸内压力增加,导致活塞敲击声增大。因此,提高压缩比不会使发动机的总噪声有很大幅度的减小。

(6)改善燃油品质。燃油品质不同,喷入燃烧室后所进行着火前的物理、化学准备过程就不同,从而导致着火延迟时间不同。十六烷值高的燃料着火延迟期较短,压力升高率低,燃烧过程柔和。因此,为了减小燃烧噪声,应选用十六烷值较高的燃油。

降低燃烧噪声,除采取上述措施改进燃烧过程外,还应在燃烧激发力的辐射和传播途径上采取措施,增强发动机结构对燃烧噪声的衰减,尤其是对中、高频成分的衰减。主要措施有:提高机体及缸套的刚性,采用隔振隔声措施,减少活塞、曲柄连杆机构各部分的间隙,增加油膜厚度,在保持功率不变的条件下采用较小的汽缸直径,增加缸数或采用较大的 *S/D* 值,改变薄壁零件(如油底壳等)的材料和附加阻尼等。

2. 机械噪声及其控制

发动机的机械噪声是发动机运转过程中各零部件受流体压力和运动惯性力的周期性变化作用而引起振动和相互冲击所激发的噪声,主要包括活塞敲击噪声、配气机构噪声、齿轮啮合噪声和供油系统噪声。

1)活塞敲击噪声

由于活塞与汽缸之间存在间隙,在活塞的往复运动中,作用于活塞上的气体压力、惯性和摩擦力周期性变化方向,使活塞在侧向力作用下,在上、下止点附近发生方向突变产生横向运动,从而冲击汽缸壁形成的噪声称为活塞敲击噪声。活塞对汽缸壁的敲击通常是发动机最大的机械噪声源,其强弱既与可燃混合气的燃烧有关,又与活塞的具体结构有关。在使用过程中,发动机的转速和负荷、活塞与汽缸壁的间隙、活塞销孔的偏移、活塞的高度、活塞环在塞上的位置以及汽缸润滑条件等是其主要影响因素。

活塞敲击声随转速的增高而增大;直喷式柴油机,特别是高增压直喷式柴油机,汽缸压力随负荷提高而增大,活塞的撞击能量也随之增大。转速一定时,活塞撞击能量和活塞与汽缸壁间隙成比例增长(图7-10)。试验表明,活塞与汽缸的间隙增大1倍时,其噪声可增加3~4dB(A)。此外,润滑油有阻尼和吸声作用,因此,如果活塞与汽缸壁之间有足够的润滑油,可降低活塞敲击噪声。

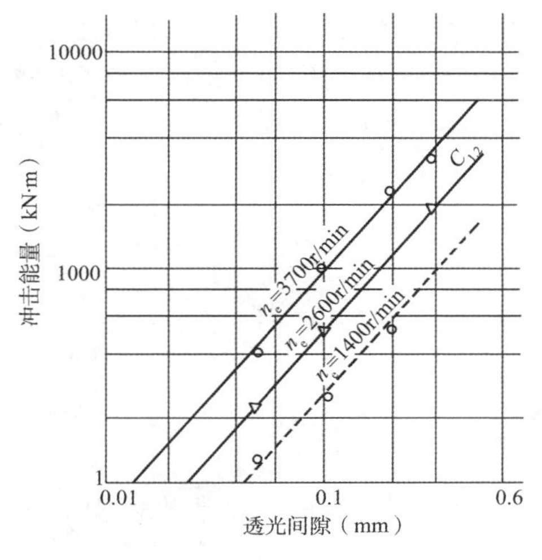

图7-10 活塞与汽缸壁间隙与活塞撞击能量的关系

控制活塞敲击噪声的措施有:

(1)在满足使用和装配的前提下,尽量减小活塞与汽缸壁之间的间隙。减小间隙可以减少甚至消除活塞横向运动的位移量,从而减轻或避免活塞对汽缸壁的冲击,达到降噪的目的。为了实现这一目标,现代汽车发动机在活塞结构设计上采取了一些措施,如针对活塞上部的膨胀量大于其下部的情况,将活塞制成直径上小下大的锥形,使其在汽缸中工作时上下各处的间隙近于均匀;采用椭圆形裙部;在汽油机的铝合金活塞最下面一道环槽上切一横槽,以减少从头部到裙部的传热;在裙部设纵向槽,使裙部具有弹性,从而减小导向部分间隙等。此外,为了适应高压缩比、高转速发动机的强度和刚度要求,可采用镶钢片活塞,以阻碍活塞裙部推力面上的膨胀,从而减小活塞裙部的装配间隙。

(2)活塞销孔向主推力面方向偏移,使活塞的换向提前到压缩终了前,同时可以使活塞换向的横向运动方式由原来的整体横移冲击变为平滑过渡,从而起到显著的降噪作用。现代汽车上普遍采用这种降噪措施。但应注意控制偏移量的大小,过大的偏移量,会增大活塞承受尖角负荷的时间,引起汽缸早期磨损,损失有效功率。

(3)在可能的情况下适当加大活塞裙部长度,增大支承面。

(4)增加活塞表面的振动阻尼,采用底油环或在裙部表面覆盖一层可塑性材料,增加振动阻尼,缓冲或吸收活塞敲击的能量,也可明显降低活塞敲击噪声。如在活塞裙部表面涂一层四氟乙烯,然后再外加一层厚度为0.2mm的铬氧化物。

2)配气机构噪声

配气机构噪声是配气机构中,凸轮和挺杆间的摩擦振动、气门的不规则运动、摇臂撞击气门杆端部以及气门落座时的冲击等产生的噪声。气门开启的噪声主要是由施加于气门机构上的撞击力造成的,而气门关闭时的噪声则是由于气门落座时的冲击产生的。发动机低速运转时,气门机构的惯性力不大,可将其看成多刚体系统,噪声主要源于刚体间的摩擦和碰撞,在气门开启和关闭时有较大的噪声。发动机高速运转时,气门机构的惯性力相当大,使得整个机构产生振动。气门机构实际上是一个弹性系统,工作时各零件的弹性变形会使位于传动链末端气门产生"飞脱"和"反弹"等不规则运动现象,增加气门撞击的次数和强度,从而产生强烈的噪声。发动机转速越高,这种不规则运动越强烈,噪声越大,严重时还会使发动机的正常工作遭到破坏。

影响配气机构噪声的主要因素有凸轮型线、气门间隙和配气机构的刚度等,因此对其控制应从以下几方面着手:

(1)减小气门间隙。发动机低速运转时,气门传动链的弹性变形小,配气机构噪声主要来源于气门开、闭时的撞击。减小气门间隙可减小因间隙存在而产生的撞击，从而减小噪声。采用液力挺杆，可以从根本上消除气门间隙，从而消除传动中的撞击，并可有效地控制气门落座速度，因而可使配气机构的噪声显著降低。

(2)提高凸轮型线加工精度和减小表面粗糙度。图7-11给出了两种用不同加工方法制造的凸轮的噪声级，其中凸轮A是用常规方法加工出来的，凸轮B是提高磨削速度加工出来的。试验表明，凸轮A比凸轮B有更大的噪声，特别是当发动机转速为2000r/min时，噪声级可相差6dB(A)。

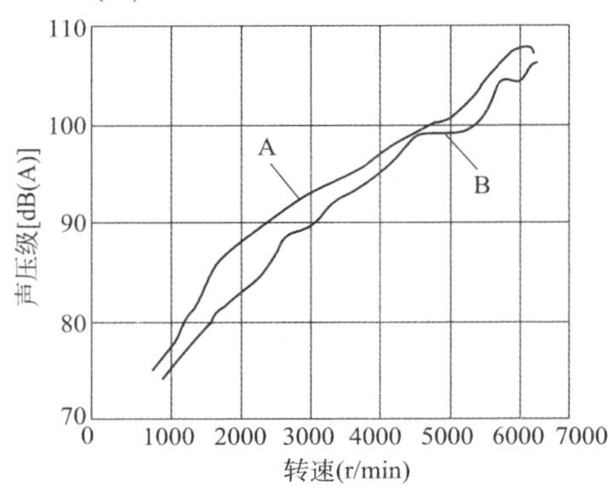

图7-11 凸轮型线加工精度与气门噪声的关系

(3)减轻驱动元件质量。在发动机转速相同的情况下，减轻配气机构驱动元件质量即减小了惯性力，从而降低配气机构所激发的振动和噪声。缩短推杆长度是减轻机构质量并提高刚度的一项有效措施；在高速发动机上，应尽量把凸轮轴移近气门，甚至取消推杆，构成所谓顶置式凸轮轴，这对减小噪声和改善发动机动力特性是有利的。

(4)选用性能优良的凸轮型线。设计凸轮型线时，除保证气门最大升程、气门运动规律和最佳配气正时外，采用几次谐波凸轮，可以降低挺杆在凸轮型线缓冲段范围内的运动速度，从而减小气门在始升或落座时的速度，进而降低因撞击而产生的噪声。

3)齿轮啮合噪声

齿轮啮合噪声产生的内因是在交变荷载作用下齿轮刚度的周期性变化，以及齿轮的制造误差和表面粗糙度；外因是由于曲轴的扭转振动引起的转速变化和由于驱动配气机构、喷油泵等引起的荷载周期性变化。如图7-12所示，外因通过内因使齿轮振动而产生噪声，同时通过轴、轴承以及汽缸体等，使壳体振动向外传播噪声。因此，影响齿轮啮合噪声的因素既与齿轮本身的设计与加工有关，又与齿轮室的结构有关。

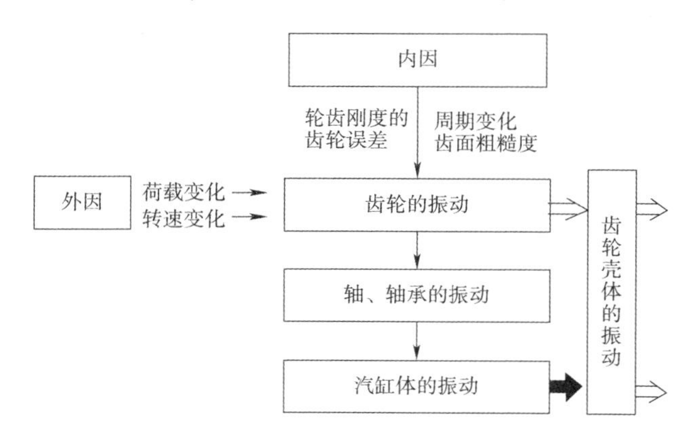

图7-12 齿轮啮合噪声的产生

4)供油系统噪声

供油系统噪声虽然不是柴油机的主要噪声源，但是由于其主要频率处于人耳敏感的高频区域，因此是不可忽视的噪声源。供油系统的噪声主要是由于喷油泵和高压油管系统的振动所引起的高频噪声，可分为流体性噪声和机械性噪声。

流体性噪声包括:①液压泵压力脉动激发的噪声。这种压力脉动将激发泵体产生振动和噪声,同时还将使燃油产生很大的加速度,从而冲击管壁而激发噪声。②空穴现象激发的噪声。在油路中、高压力急速脉动的情况下,油中含有空气不断地形成气泡又破灭,从而产生所谓的空穴噪声。③供油系统管道的共振噪声。当油管中供油压力脉动的频率接近或等于管道系统的固有频率时,引起共振,激发噪声。

机械性噪声包括:①喷油泵凸轮和滚轮体之间的周期性冲击和摩擦噪声。特别是当复位弹簧的固有频率和这种周期性的冲击接近时,会产生共振,使噪声加剧。②喷油泵产生的噪声。主要是由周期性变化的柱塞上部的燃油压力、高压油管内的燃油压力以及发动机往复运动惯性力激发泵体自身振动而引起的噪声。

喷油泵噪声的大小与发动机转速、泵内燃油压力、供油量及泵的结构有关。试验表明:凸轮轴转速增加1倍,喷油泵噪声约增加8~15dB(A);燃油压力由0增至150MPa时,噪声增加9dB(A);供油量由0增至100%时,噪声增加3~4dB(A)。为了减小喷油泵噪声,可提高喷油泵的刚性,采用单体泵及选用损耗系数较大的材料作泵体,以减少因泵体振动而产生的噪声。

3. 空气动力噪声及其控制

发动机的空气动力噪声是由于气流扰动及气流与其他物体相互作用而产生的噪声,主要包括进气噪声、排气噪声和风扇噪声。

1)进气噪声

进气噪声是进气门周期性开闭引起进气管道内压力起伏变化,从而形成的空气动力噪声。当进气阀开启时,活塞由上止点下行吸气,其速度由零突变到最大值25m/s左右,气体分子必然以同样的速度运动,这样在进气管内就会产生一个压力脉冲,从而形成强烈的脉冲噪声。另一方面,在进气过程中气流高速流过进气门流通截面,会形成强烈的涡流噪声。当进气阀突然关闭时,必然引起进气管内空气压力和速度的波动,这种波动由气门处以压缩波和稀疏波的形式沿管道向远方传播,并在管道开口端和关闭的气门之间产生多次反射,在此期间进气管内的气流柱由于振动会产生一定的波动噪声。进气噪声虽然比排气噪声小,但其所特有的低频成分(0.05~0.5kHz)可使车身发生共振,是产生车内噪声的原因之一。

进气噪声的大小与进气方式、进气门结构、缸径及凸轮型线设计等有关。同一台发动机的进气噪声受发动机转速影响较大,这是由于转速增大使进气管内的气流速度增加,加剧了气体涡流、脉冲和波动。发动机转速增加1倍时,进气噪声可增加13~14dB(A)。此外,进气噪声还随负荷增大略有增加。

控制进气噪声,一方面是设计合适的空气滤清器,在允许的情况下,尽量加大空气滤清器的长度或断面,以增大容积,并保持空气滤清器清洁;另一方面是在进气系统设置进气消声器。为了既满足进气和滤清的要求,又满足降低噪声的要求,通常将进气消声器设计和空气滤清器设计结合起来考虑。对于噪声指标要求较严的客车,往往需要另加进气消声器;非增压柴油机的进气消声器可采用抗性扩张室或共振式消声器,也可采用阻抗复合式消声器;对于涡轮增压柴油机的进气噪声,因其含有明显的高频特性,所以应选用阻性消声器或阻抗复合式消声器。

2)排气噪声

当发动机的排气门突然开启后,废气会以很高的速度冲出,经排气管冲入大气,整个排气过程表现为一个十分复杂的不稳定过程。在此过程中,必然产生强烈的排气噪声,主要包括:①周期性排气噪声,即气门开启时,气流急速流出,压力剧变而产生的压力波;②涡流噪声,即高速气流流经排气门和排气管时产生的涡流;③空气柱共鸣噪声,即排气系统中空气柱在周期性排气噪声激发下产生共鸣;④废气喷柱和冲击噪声。排气噪声的主要频率在0.05~5kHz之间,是仅次于发动机机体噪声的噪声源,有时甚至比发动机机体噪声还要高10~15dB(A)。

排气噪声的大小与发动机功率、排量、转速、平均有效压力以及排气口形状、尺寸等因素有直接关系。大量试验表明,排气噪声随排量、转速、功率、平均有效压力的增加而提高。对同一发动机来说,影响排气噪声最重要的因素是发动机的转速及负荷。发动机转速增加1倍,空负荷排气噪声增加10~14dB(A),而全负荷排气噪声会增加5~9dB(A)。

控制排气噪声,一方面可以对噪声源采取措施,这需要从排气噪声的产生机理分析入手,采取相应对策。例如,在不降低发动机性能、不对排气系统作大改动情况下,改进排气歧管的布置,使吹过管口的气流方向与管的轴线方向夹角保持在最不易发生共振的角度范围内;合理设计各排气歧管的长度,使其共振频率错开;使各排气歧管管口及各管之间连接处都有较大的过渡圆角,减小断面突变,避免管口的尖锐边缘,以减弱声共振作用;降低排气门杆、气门、排气歧管和排气管内壁面的表面粗糙度,以减小紊流附面层中的涡流强度;在保证排气门刚度和强度的条件下,尽可能减小排气门杆直径等。另一方面的措施是采用排气消声器和减小由排气歧管传来的结构振动。安装排气消声器是普遍采用的最有效的降噪措施,根据车辆控制噪声的要求,排气系统可以安装一个、两个或多个消声器(图7-13);为了控制排气歧管传递的结构振动,可改进排气歧管结构以获得适宜的振动传递特性,或对排气歧管采取隔振措施,均可起到控制振动、降低噪声的目的。

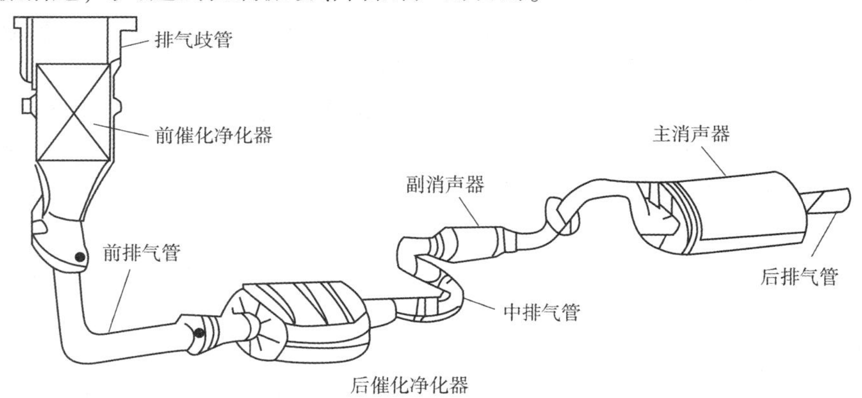

图7-13　汽车排气系统中的消声器

3)风扇噪声

风扇噪声主要是空气动力性噪声,由旋转噪声和涡流噪声组成。此外,机械振动也能引起一定的噪声。其中,旋转噪声是由风扇旋转的叶片周期性地切割空气,引起空气的压力波动而激发出的噪声;涡流噪声是由于风扇叶片旋转时在其周围产生空气涡流而造成的。风扇旋转时,叶片使空气发生扰动,压缩和稀疏空气,产生空气涡流,发出噪声。风扇的机械振动噪声是由于气流引起的风扇、导向装置(护风圈)或散热器的振动,以及其他外部振动激发的机械振动而引起的。一般情况下,机械振动噪声较之风扇的空气动力学噪声小得多。

风扇噪声随其转速增加迅速提高。如图7-14所示，风扇转速提高1倍，其声级增加11～17dB(A)。由于风扇转速与发动机转速成正比，所以风扇噪声与发动机转速也有直接关系。通常在低速运转时，风扇噪声以涡流噪声为主，此时风扇产生的噪声比发动机本体噪声低得多；而高速运转时，旋转噪声较强，此时风扇噪声往往成为主要甚至最大的噪声源。

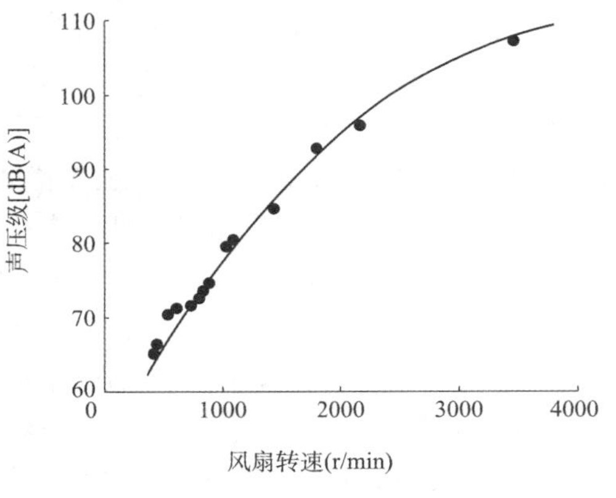

图7-14　风扇转速对其噪声的影响

控制风扇噪声可以从以下几方面着手：

(1)适当选择风扇与散热器之间的距离。试验表明，汽车风扇与散热器之间的最佳距离为100～200mm，这样既能很好地发挥风扇的冷却能力，又能使噪声较小。

(2)改进风扇叶片形状。风扇叶片附近的涡流强度与叶片形状密切相关，故可改进叶片形状，使之有较好的流线形式和合适的弯曲角度，从而降低涡流强度，达到控制噪声的目的。

(3)合理选择风扇叶片材料。试验表明，叶片材料对其噪声也有一定影响。例如，铸铝叶片比冲压钢板叶片的噪声小，有机合成材料(如玻璃钢、高强度尼龙等)叶片比金属叶片噪声小。

(4)安装风扇离合器。汽车行驶过程中风扇必须工作的时间一般不到10%，因此通过安装风扇离合器使风扇仅在必要的时间工作，不仅可以减少发动机功率损耗和使发动机经常处在适宜的温度下工作，还可起到减小噪声的作用。

(5)叶片非均匀分布。例如，将四叶片风扇的叶片间夹角布置为70°和110°，可有效降低风扇噪声频谱中那些突出的线状频率尖峰，使噪声频谱变得较为平坦，从而起到降噪作用。

三、传动系统噪声及控制

汽车传动系统中，可能成为噪声源的机构及总成有变速器、传动轴、差速器和轮边减速器等。它们产生的噪声既有齿轮啮合、轴承运转产生的噪声，也有机械振动引起的噪声。

1. 齿轮噪声及其控制

齿轮传动的特点是轮齿相互交替啮合，在啮合处既有滚动又有滑动，这不可避免地会产生齿与齿之间的撞击与摩擦，从而使齿轮产生振动并发出噪声。同时，发动机曲轴的扭振会使其所驱动的齿轮传动的正常啮合关系遭到破坏，从而激发出噪声。此外，齿轮还承受着交变负荷，而齿轮的加工误差会使这种负荷更为严重，从而使轴产生弯曲振动，并在轴承上引起动负荷，最终传递给箱体，使之辐射出噪声。

影响齿轮噪声的因素主要有：①齿轮的设计参数，如结构、材料、啮合率、压力角、模数、齿形修正和与之相配的轴与轴承等；②齿轮的加工精度，如各种加工误差、表面质量和热处理等；③齿轮的装配精度，如齿隙、接触面大小、位置和装配力矩等；④齿轮的使用条件，如转速、负荷、润滑及工作条件等。因此，控制齿轮噪声有如下措施：

(1)合理选择齿轮结构形式和改进齿轮修正设计。从控制齿轮噪声的角度出发，宜优选低噪声齿轮结构。圆柱齿轮按噪声大小的排列顺序为：直齿、斜齿、人字形齿；圆锥齿轮按噪声大小的排列顺序为:直齿、螺旋齿、双曲线齿。同时,在选择齿轮参数时应增加重叠系数。首先要选择大重叠系数的啮合副,以减小齿轮间的相对滑移和冲击,使齿轮工作过程更加平稳;啮合副类型一定时,增大齿轮模数、减小齿轮压力角,也可以使重叠系数增加,从而降低齿轮噪声。此外,选择齿宽的大小要适当,以保证齿隙大小合适。齿隙过大,齿轮工作时有较大冲击;而齿隙过小,轮齿啮合时排气速度增加,轮齿间容易发生干涉,都将使齿轮噪声水平上升。

(2)改进工艺,提高加工精度。提高齿轮制造精度,降低各种误差和轮齿表面的粗糙度,均可以有效地降低齿轮噪声。国外对齿轮的研究表明,齿轮制造精度等级提高一级,传动噪声可降低7~10dB(A)。采用磨齿、研齿和剃齿均可提高加工精度、有效降低噪声。齿形修缘可以改善轮齿的受力情况,也是降低噪声的有效措施。

(3)正确安装,合理使用。安装齿轮时,必须满足精度要求,使两啮合齿轮的轴心线平行度限制在允许范围内,各部位的间隙应适当调整。在使用齿轮时,要正确选用润滑油,保持齿轮合适的润滑状态,以减小齿间摩擦、吸收振动能量、降低工作噪声。

(4)齿轮阻尼减振措施。在齿轮基体上加装合适的阻尼减振材料,能有效抑制齿轮振动幅度,阻止其向外辐射噪声。实际中常采取的阻尼减振措施有:在齿轮轮缘处压入摩擦系数较大的材料制成的环(如铸铁环等);在轮辐上加装橡胶垫圈(如聚硫橡胶圈);在轮辐等噪声辐射的主要表面涂敷含铅量高的巴氏合金等阻尼材料。

2.滚动轴承噪声及其控制

滚动轴承噪声是由于工作中的振动和摩擦产生的:①表面质量差、径向间隙小和润滑不良等,均会引起摩擦而产生较大噪声;②滚动体和套圈在径向荷载作用下产生弹性变形以及轴心在旋转中心产生周期性的跳动,都将使滚动体、套圈和保持架之间产生撞击和摩擦声。

轴承的结构类型、加工精度及安装的刚度均对其噪声有较大的影响。轴承精度差会使轴承内套圈变形,轴承座精度和刚度低会造成轴承外套变形,这两种情况都会使轴承运转时产生振动和噪声。一般来说,如果轴承几何形状有较大的误差、表面质量低或安装使用不当,则会使轴承噪声大大加剧。当轴承内有灰尘杂质,滚动体和滚道上有斑痕、压痕、锈蚀等时,轴承也会产生周期性的振动和噪声。

针对轴承噪声的控制措施有:①在条件许可的情况下,优先选用球轴承,这是因为球轴承在理想的工作状态下为点接触,其噪声水平远较其他轴承低得多;②提高轴承的制造精度和套圈的刚度,以减少滚动体与滚道间摩擦与冲击;③正确安装,调整好轴承间隙和预紧度,改善润滑条件,在轴承外环上加装隔振衬套等。

3.变速器和驱动桥噪声及其控制

汽车变速器和驱动桥噪声是由其壳体表面向外辐射的,因此,除前面已研究过的齿轮噪声、轴承噪声外,还必须进一步讨论这些表面振动噪声。变速器噪声由齿轮、轴承运转噪声和发动机通过离合器传给变速器壳体的振动噪声等组成。汽车驱动桥噪声与变速器噪声有许多相似之处,但驱动桥支撑在悬架上,受簧上振动质量和扭转的作用以及路面平整度的影响,会产生强烈的弯曲振动和扭转振动,特别是在共振情况下,会产生强烈的噪声。

为了控制变速器噪声,结构设计应力求紧凑,以保证壳体有足够的刚度,避免共振。提高壳体刚度的常用措施有:①增加壁厚,合理布置肋条、肋板,把箱壁内表面设计成弧形,转角采用大圆弧过渡等。②提高壳体的密封性,减少通向外界的孔道数目和大小,防止齿轮噪声直接向外传出,从而起到隔声作用。③选择高内阻材料(如铸铁、塑料和层合板)制造壳体,或在壳体表面涂阻尼材料。

4. 传动轴噪声及其控制

传动轴噪声是由于发动机转矩波动、变速器及驱动桥等振动输入、万向节输入和输出的转速与转矩不均衡,以及传动轴本身的不平衡引起的。传动轴动平衡的好坏是影响其噪声的主要因素。一般情况下,传动轴的平衡度主要影响传动轴的一次谐振;由于传动轴两端十字轴万向节的影响,使其转速与力矩按周期性规律变化,将影响传动轴总成的二次谐振,从而增加传动轴的噪声。

针对传动轴噪声的控制措施有:

(1)提高传动轴刚度,保证传动轴动平衡。由于传动轴振动主要是其质量不平衡和弹性弯曲所致,因此控制传动轴噪声时首先应考虑提高传动轴刚度和动平衡,以减轻振动。花键、十字轴磨损、传动轴变形或装合差错均会引起传动轴的不平衡,因此使用中应经常进行传动轴的动平衡校正。

(2)消除不等速万向节带来的传动轴转矩和转速的波动,减小传动轴工作时的振动。控制万向节最大允许夹角在5°以内,最好选用等速万向节。

(3)传动轴中间支承对其振动和噪声也有较大影响,因此在支承座与吊耳间加装隔振橡胶衬套可以阻止传动轴振动通过中间轴承向车身的传播。

(4)汽车使用中,应注意保持对传动轴各润滑点的正常润滑,避免因磨损而使间隙增大。修理汽车时应对传动轴重新进行平衡,消除万向节径向间隙及伸缩花键间隙引起的轴偏心对平衡的影响。

四、车身与行驶系统噪声及控制

车声与行驶系噪声主要包括车身振动噪声、汽车行驶时的空气动力噪声、轮胎噪声以及汽车制动噪声。

1. 车身噪声及其控制

车身噪声主要来自两个方面:一是车身振动,二是空气与车身之间的冲击和摩擦。前者引起的噪声受车身结构、发动机安装方式、各激振源特性等多种因素影响;而后者只受车身外形结构和汽车行驶速度的影响。两种噪声对汽车车外噪声和车内噪声均有所贡献,在一般情况下,以车身振动噪声的贡献为大。

控制车身振动噪声的措施有:①减少板件振动。在车身各构件中,板件的声辐射效率较高,因此板件振动对车身噪声影响最大。为减弱板件振动,可在其上设置加强肋以提高其刚度;也可加装阻尼带或粘贴减振材料,以增加对振动的衰减。在板件上涂阻尼涂料,降低其声辐射效率,对减小噪声也很有效果。②避免板件共振。不同的车身结构,其板件共振频率有很大差异。车身设计时应正确选取车身外板和地板等板件,避免发动机、底盘的共振频率或激振力频率与车身各板件的共振频率相一致,同时应将车身外侧、车顶、地板的共振频率互相错开,以防产生强烈的共振噪声。③采用流线形式好的车身不仅可以降低行驶阻力,而且可减少空气涡流及空气对车身的冲击。光洁的车身可以减少摩擦,从而降低噪声;对车身凸出物的数量和凸出幅度也应加以控制,以利于减小空气动力噪声。

2. 轮胎噪声及其控制

轮胎在路面上滚动过程中将产生 3 个方面的噪声,即空气扰动噪声、路面噪声和轮胎结构振动噪声;此外在紧急制动、急转弯、猛起步或遇积水路面时,轮胎还会产生振动鸣声和溅水声等。空气扰动噪声包括轮胎快速滚动对周围空气产生扰动而产生的噪声以及轮胎胎冠花纹槽中的空气在路面与轮胎之间被压缩和排出时由于泵吸效应发出的噪声。路面噪声是路面的沟槽在轮胎滚过时,沟槽内的空气被压缩和排出时由于泵吸效应产生的噪声。轮胎结构振动噪声是轮胎在滚动过程中,花纹凸起与路面形成冲击并发生变形;当花纹滚离路面时,该花纹凸起从一个高的应力状态释放,这个过程中花纹凸起产生振动并辐射噪声。

影响轮胎噪声辐射的因素,一类是设计因素,包括轮胎种类与结构、花纹设计和轮胎材料等。在轮胎花纹的基本类型中,横向花纹轮胎的胎面沟槽深,且与前进方向成直角,花纹中空气受挤压程度高,所以噪声最大;纵向花纹轮胎由于沟槽与前进方向相同,花纹中空气受挤压程度弱,噪声最小。在同种花纹情况下,增大花纹高度,减小花纹与轮胎轴线的夹角,则轮胎噪声增加。另一类是使用因素,包括轮胎滚动速度、荷载、充气压力、路面状况等。汽车的行驶车速增加,轮胎噪声显著增加,最大增幅可达30dB(A)左右;当汽车载质量不同时,轮胎所受负荷也不同,此时轮胎花纹受挤压程度发生变化,从而使噪声产生差异,如货车满载时的轮胎噪声比空车时高5~6dB(A)。另外,轮胎气压增大,轮胎变形会减小,从而可取得与降低轮胎荷载相同的效果。轮胎噪声还与路面状况、特殊行驶条件等有关,例如,普通纵向花纹轮胎在粗糙混凝土路面上的行驶噪声比在光滑混凝土路面上高10dB(A),制动和加速时轮胎噪声约上升1~4dB(A)。

控制轮胎噪声的措施有:①改进轮胎结构。降低轮胎花纹接地宽度与轮胎直径的比值、采用变节距轮胎等,对降低噪声高速行驶车辆的轮胎噪声效果相当明显。②合理选择轮胎结构与花纹类型。在满足使用要求的条件下,应优先选用子午线轮胎和纵向花纹或接近于纵向花纹的轮胎。以东风EQ1090汽车为例,在平原条件下使用条形花纹子午线轮胎,轮胎噪声可降低2~8dB(A)。③控制轮胎噪声的传播途径。在轮胎与车身的连接之间加装弹性阻尼隔振装置,以衰减轮胎振动向车身的传递,可以达到间接控制噪声的目的。④在汽车行驶中,适时调整轮胎气压,控制行驶速度和加速度,均可降低轮胎噪声。⑤改善道路质量,减少弯道和坡道。合适的路面粗糙度也可起到控制轮胎噪声的目的,一般路面粗糙度以0.5mm(平均纹高)为宜。

3. 制动噪声及其控制

制动噪声源于制动器的振动,是一种非连续的噪声。对于鼓式制动器,由于制动摩擦片与制动鼓接触的恶化,实施制动时,制动蹄鼓之间的摩擦振动激发出固有频率极高的制动器各部件共振,辐射出噪声;对于盘式制动器,主要是由于衬块的振动激励盘体做轴向振动而产生噪声。

影响制动噪声的因素包括:①制动器结构。一般情况下,增加制动鼓的刚度和质量,降低制动蹄的刚度和质量可适当降低制动噪声;制动摩擦片的动、静摩擦系数相差越大,表面硬度越高,产生制动噪声的倾向性越大;制动鼓直径越大,噪声频率越低。②制动摩擦片温度。其对制动噪声的影响主要取决于制动摩擦片的摩擦材料特性与温度的关系。一般来说,制动摩擦片处于常态温度下(低于150℃)时,易产生制动噪声;超过某一温度后,制动摩擦系数降低,制动噪声随之减小或完全消失。③制动初速度和制动减速度。一般在制动初速度较低时(即滑动速度1.0m/s以下),制动噪声较高;制动减速度既影响制动噪声的大小，又影响噪声的频率，减速度越大，发生的噪声频率越高，噪声越大。④使用维护。对于某种制动器来说，其设计容量是一定的，如果使用中经常超载工作，则单位车重摩擦面积减小，制动摩擦片磨损加快，表面发硬、发亮，易产生制动噪声。另外，维护及更换制动摩擦片时调整不当，使蹄与鼓接触不良，也易引起制动噪声。

从设计、制造、使用及维护等各个方面采取措施，都可对制动噪声进行控制，但最根本的是要从设计制造方面控制制动噪声，包括：①增大制动鼓刚度，减小制动蹄刚度。增大制动鼓刚度可以增加其固有频率，能显著降低低频区的噪声；减小制动蹄刚度可以降低其固有频率，并且改善制动摩擦片与鼓之间的压力分布和接触情况，从而降低制动噪声；合理匹配两者刚性，使鼓的固有频率高于蹄的固有频率，可有效抑制共振、减小噪声。②加强鼓与蹄对振动的衰减。在鼓或蹄上及与之接触部分采取阻尼措施衰减其振动可减少噪声能量的传播，从而实现降低噪声的目的；也可以在与蹄接触的部分，如分泵、支承等相应处加装减振材料，衰减振动达到降噪的目的。③改善摩擦片的摩擦特性。常用措施有降低摩擦材料的摩擦系数、降低蹄的刚性以改善其压力分布、适当减小摩擦片的包角等。④优化结构。如增大制动盘对振动的衰减、限制摩擦衬块的振动以及控制振动的传播等。其中增大制动盘衰减的措施有在盘根部开一环槽、设衰减环或选用内部衰减大的材料作制动盘等；限制衬块振动的措施有采用阶梯形活塞或异形垫片等。

五、汽车噪声标准与测量方法

1. 汽车噪声标准

我国的汽车噪声标准可分为车外噪声标准和车内噪声标准两大类，每类标准都包括噪声限值、测量仪器和测量方法等内容。

1）车外噪声标准

目前我国的车外噪声标准执行的是《汽车加速行驶车外噪声限值及测量方法》（GB 1495—2002）和《汽车定置噪声限值》（GB 16170—1996），这两个标准是我国汽车噪声管理领域的强制性国家标准，共同组成了汽车全使用周期的噪声管控法规。GB 1495—2002 规定了新生产汽车加速行驶时的车外噪声限值（表 7-3），其中 GVM（Gross Vehicle Mass）表示车辆最大总质量，P 表示发动机额定功率。该标准主要用于新生产汽车的管理，在新型车辆鉴定或型式认证中实施，其作用在于控制汽车在最恶劣工况（节气门最大开度）下的噪声水平，以期达到控制城市交通环境噪声的目的。

汽车加速行驶车外噪声限值 表 7-3

汽车分类	噪声限值[dB(A)]	
	第一阶段	第二阶段
	2002 年 10 月 1 日—2004 年 12 月 30 日生产的汽车	2005 年 1 月 1 日以后生产的汽车
M_1	77	74
M_2（GVM≤3.5t）或 N_1（GVM≤3.5t）		
GVM≤2t	78	76
2t < GVM≤3.5t	79	77

续上表

汽车分类	噪声限值[dB(A)]	
	第一阶段	第二阶段
	2002年10月1日—2004年12月30日生产的汽车	2005年1月1日以后生产的汽车
M_2(3.5t＜GVM≤5t)或M_3(GVM≥3.5t)		
P＜150kW	82	80
P≥150kW	85	83
N_2(3.5t＜GVM≤12t)或N_3(GVM＞12t)		
P＜75kW	83	81
75kW≤P＜150kW	86	83
P≥150kW	88	84

注:1. M_1、M_2(GVM≤3.5t)和N_1类汽车装用直喷式柴油机时,其限值增加1dB(A)。

2. 对于越野汽车,其GVM＞2t时:如果P＜150kW,其限值增加1dB(A);如果P≥150kW,其限值增加2dB(A)。

3. 对于M_1类汽车,若其变速器前进挡多于4个,P＞140kW,P/GVM之比大于75kW/t,并且用第三挡测试时其尾端出线的速度大于61km/h时,则其限值增加1dB(A)。

GB 1617—1996规定了城市道路允许行驶的在用汽车定置噪声的限值(表7-4),主要用于在用汽车的管理,在有关部门每年对在用车的检验中实施。汽车定置指汽车不行驶,发动机处于空载运转状态;定置噪声反映了车辆的排气噪声这一主要噪声源的状况。该标准的目的是控制汽车静止、发动机达到75%额定转速时汽车车外周边的噪声,从而确保汽车排气消声系统符合要求并状态完好。

汽车定置噪声限值 表7-4

车辆类别	燃料种类	噪声限值[dB(A)]	
		1998年1月1日前生产的汽车	1998年1月1日起生产的汽车
轿车	汽油	87	85
微型客车、货车	汽油	90	88
轻型客车、货车、越野车	汽油,n≤4300r/min	94	92
	汽油,n＞4300r/min	97	95
	柴油	100	98
中型客车、货车、大型客车	汽油	97	95
	柴油	103	101
重型货车	额定功率N≤147kW	101	99
	额定功率N＞147kW	105	103

2)车内噪声标准

目前我国只针对客车的车内噪声制定了推荐性国家标准《客车车内噪声限值及测量方法》(GB/T 25982—2010),标准中规定的新生产客车车内噪声的限值见表7-5。

客车车内噪声限值 表 7-5

车辆种类		噪声限值[dB(A)]	
城市客车	前置发动机	驾驶区	86
		乘客区	86
	后(中)置发动机	驾驶区	78
		乘客区	84
其他客车	前置发动机	驾驶区	82
		乘客区	82
	后(中)置发动机	驾驶区	72
		乘客区	76

2. 汽车噪声测量方法

汽车噪声测量方法规定了开展噪声测试时的测量条件,主要包括场地条件、环境条件、测点位置和车辆运行条件等。

1)车外噪声测量

车外噪声的测量分为加速行驶车外噪声测量与汽车定置噪声测量两种。依据《汽车加速行驶车外噪声限值及测量方法》(GB 1495—2002),加速行驶时车外噪声的测量应满足以下要求:

(1)场地条件。

测量场地的布置如图 7-15 所示,其中 O 点为场地中心,AA'线为加速始端线,BB'线为加速终端线,加速段长度为 $2\times(10\pm0.05)$m。测量场地应基本上水平、坚实、平整,并且试验路面不应产生过大的轮胎噪声,其应达到的声场条件为:①以测量场地中心 O 点为基点、半径为 50m 的范围内没有大的声反射物,如围栏、岩石、桥梁或建筑物等;②试验路面和其余场地表面干燥,没有积雪、高草、松土或炉渣之类的吸声材料;③传声器附近没有任何影响声场的障碍物,并且声源与传声器之间没有任何人站留;进行测量的观察者也应站在不致影响仪器测量值的位置。

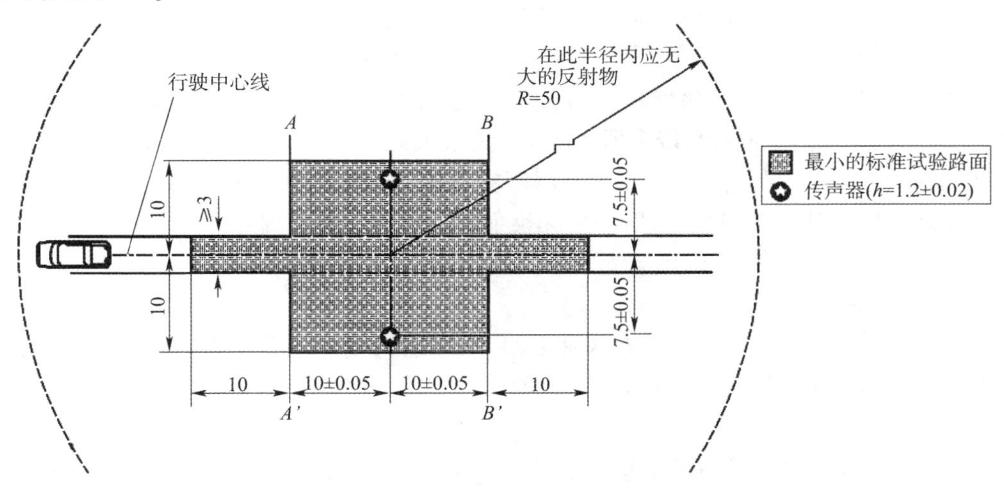

图 7-15 汽车加速行驶车外噪声测量场地和传声器位置(尺寸单位:m)

(2)环境条件。

测量应在良好天气中进行,并且测量时传声器高度的风速不应超过5m/s。为避免环境风噪声的干扰,可以采用合适的风罩,但应考虑到它对传声器灵敏度的影响。此外,背景噪声至少应比被测汽车的噪声低10dB(A)。

(3)测点位置。

如图7-15所示,传声器应布置在离地面高(1.2±0.02)m,距行驶中心线(7.5±0.05)m处;其参考轴线必须水平并垂直指向行驶中心线。

(4)车辆运行条件。

被测汽车应空载,装用规定轮胎并将轮胎气压充至厂家规定的空载状态气压;车辆技术状况应符合该车型的技术条件;有两个或更多驱动轴的车,测量时应采用常用的驱动方式;如果装有带自动驱动机构的风扇,应保持其自动工作状态。

按规定选择汽车挡位。对于装用手动变速器的车辆,不多于4个前进挡的M_1和N_1类汽车应用第二挡进行测量,多于4个前进挡时应分别用第二挡和第三挡进行测量;M_1和N_1类以外的汽车则应依据前进挡总数和发动机额定功率选择多个挡位进行测量。装用自动变速器的汽车(有手动选挡器)应使选挡器处于制造厂为保证正常行驶推荐的位置。

按规定选择接近速度。装用手动变速器的汽车或装用自动变速器的汽车(有手动选挡器),车辆接近AA'线时的稳定速度一般取50km/h;装用自动变速器的汽车(无手动选挡器),则应分别以30km/h、40km/h和50km/h的稳定速度接近AA'线。

测试时,汽车以规定挡位和稳定速度接近AA'线,速度变化应控制在±1km/h之内。当汽车前端到达AA'线时,必须尽可能地迅速将加速踏板踩到底开始加速行驶并保持不变,使汽车直线加速行驶通过测量区,直到汽车尾端通过BB'线时再尽快地松开加速踏板。每一挡位(或接近速度)下的测量往返各进行4次,每次声级计(A计权,快挡)均读取车辆驶过时的最大声级,并且车辆同侧的4次测量结果之差不应大于2dB(A)。将每一侧4次的测量结果进行算术平均,取两侧平均值中较大的作为该挡位(或接近速度)下的中间结果。最终测量结果取各挡位下中间结果的算术平均值或各接近速度条件下中间结果的最大值。

汽车定置噪声的测量参照《声学机　动车辆定置噪声声压级测量方法》(GB/T 14365—2017)进行,它适用于道路上行驶的各类车辆定置时排气噪声的测量。具体要求包括:

(1)场地条件。

测量场地应为由混凝土、密实型沥青或类似的无明显孔隙的坚硬材料所构成的平坦开阔地面;待测车辆周边3m内和传声器3m之内无较大的反射物,如车辆、建筑物、广告牌、树木、平行的墙、人等。此外,测量也可在半消声室内进行。半消声室指只有地面会对噪声产生反射,四周墙壁和屋顶均吸收入射声而无反射声的房间。测量时半消声室同样应符合3m内无较大反射物的声学环境要求。

(2)环境条件。

测量期间风速不应超过5m/s,在风速超过2m/s时可以采用合适的风罩。此外,背景噪声至少应比被测汽车的噪声低10dB(A)。

(3)测点位置。

传声器置于距离排气管端点(0.5±0.01)m处,与包含排气管末端轴线的竖直平面成(45±5)°,距地面不得小于0.2m;传声器的轴线应与地面平行,朝向排气口。

当排气管两侧都能布置传声器时，传声器布置在离车辆纵向轴线较远一侧；如果车辆有两个或两个以上排气口，相互距离不超过 0.3m 并且连接同一消声器时，则只取一个测量位置，传声器应以最靠近车辆外侧的那个排气管为参考进行布置；如果车辆的多个排气口相距大于 0.3m，或者使用了多个消声器，应对每个排气口进行测量，记录其中最高声压级。图 7-16 所示为根据上述原则，给出的不同类型车辆排气口位置相应的传声器位置示例。

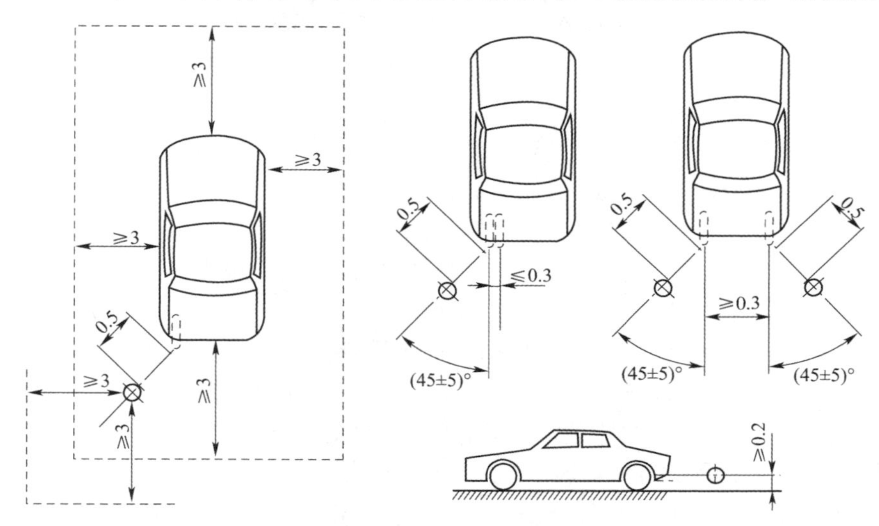

图 7-16　汽车定置噪声的测量场地和传声器位置（尺寸单位：m）

注：⊕为传声器位置。

（4）车辆运行条件。

将车辆置于场地中央，发动机舱盖、空调及其他辅助装置应关闭。对手动挡车辆，变速器置于空挡，离合器接合；对自动挡车辆，变速器置于 P 挡。发动机工作温度应控制在正常工作温度范围内，目标转速一般取额定转速的 75%。

测量开始时，发动机转速从怠速起逐渐增加至目标转速值，稳定在目标转速后保持不变，目标转速的允许偏差应控制在 ±5% 以内。然后迅速松开加速踏板，使用声级计（A 计权，快挡）测量由稳定转速减速至怠速过程的噪声。测量应至少涵盖 1s 的稳定转速，并包含整个减速过程；每次声级计均读取测试过程中的最大声级。对每个排气口进行重复测量至连续 3 次测量数据的变化范围在 2dB（A）之内为止，最终结果为 3 次有效测量的算术平均值。

2）车内噪声测量

依据《客车车内噪声限值及测量方法》（GB/T 25982—2010），客车车内噪声的测量应满足以下要求：

（1）场地条件。

试验路段应为清洁、干燥平坦无冻结的硬路面，且不应有接缝、凸凹不平或类似的表面结构；试验区间路线应平直，且测量时应避免通过隧道、桥梁、道岔、车站及会车。测量场地中客车与建筑物、墙壁或客车外的类似大型物体之间的距离应大于 20m。

（2）环境条件。

沿着测量路线在传声器高度（约 1.2m）的风速不应超过 5m/s，其他气象条件不应影响测量结果。此外,背景噪声至少应比被测汽车的噪声低15dB(A)。

(3)测点位置。

客车车内的驾驶区和乘客区均应设置测量点,驾驶区布置1个测量点,一般选在驾驶员耳旁。乘客区每节车厢一般布置3个测量点,其中城市客车每节车厢分别取中心线上的前、中、后3个点来测量;其他客车每节车厢分别取前排、中间排和最后排左侧的第1个座位位置作为测量点;对于双层客车,还应在上层乘客区的后排中间座位增加1个测量点。

传声器应指向客车行驶方向,其垂直坐标是无人座椅的表面与靠背表面的交线以上(0.70±0.05)m处,水平坐标应在座椅的中心面(或对称面)上向右距离为(0.20±0.02)m处,具体位置如图7-17所示。

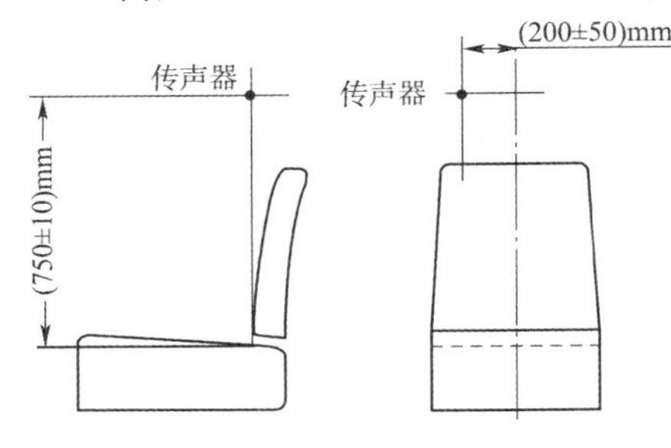

图7-17 传声器相对于座椅的位置

(4)车辆运行条件。

被测汽车应空载,即除驾驶员、测量人员和测试装备外,不应有其他荷载;车辆技术状况应符合该车型的技术条件,装用规定轮胎并将轮胎气压充至厂家规定的空载状态气压,发动机应在正常的工作温度范围内,冷却风扇应正常运转;车辆门窗应关闭,车内其他辅助设备若是噪声源,测量时是否开启,应按正常使用情况而定;可调节的座椅应调节到厂家规定的设计位置。

装用手动变速器的城市客车分别在二挡15km/h和三挡35km/h时进行节气门最大开度测试,直到发动机转速达到额定转速的90%为止;装用自动变速器的城市客车进行10km/h到50km/h的节气门最大开度测试。其他客车则以90km/h的车速进行匀速测试,其中机械式变速器车辆的挡位应处于最高挡,自动变速器车辆应使选挡器处于厂家为正常驾驶而推荐的位置。

测试时使用声级计(A计权,快挡)记录城市客车在加速过程中出现的声级最大值,其他客车则记录匀速过程中至少5s的等效声压值。同样的测量至少进行两次,并且应保证每个测点的两次测量值之差不应大于2dB(A)。取两次测量值的算术平均值作为该测点的测量结果,其中乘客区的最终测量结果取该区内各测点的最大值。

3. 噪声测量仪器

声级计是噪声现场测量最常用的一种仪器,它能够把汽车发出的噪声和喇叭声的响度,按人耳听觉近似值测定出来。声级计一般由电容传声器、放大器、听觉修正计权网络、指示表和校准装置等构成,如图7-18所示。传声器通常称为话筒,其作用是把声压信号转变为电信号,是声级计的传感器。电容式传声器是声学测量中比较理想的传声器,具有动态范围大、频率响应平直、灵敏度高和在一般测量环境中稳定性好等优点,因而得到广泛应用。电容式声级计传声器主要由金属膜片和金属电极构成,如图7-19所示。金属膜片与金属电极构成平板电容的两个极板,膜片受到声压作用后变形,使两极板距离发生变化,电容值发生变化,从而产生交

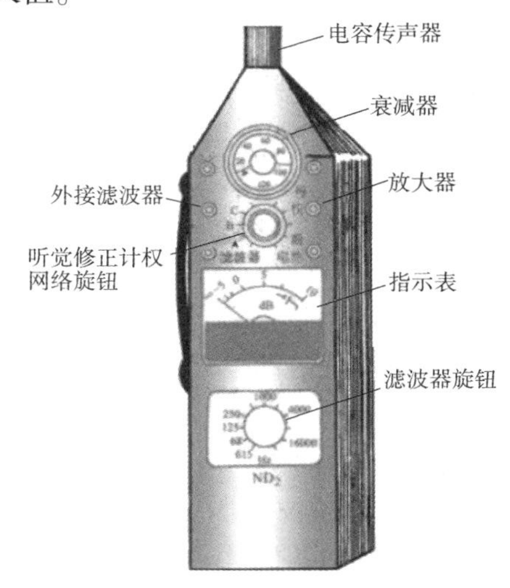

图7-18 声级计

变电压,交变电压波形与声压级波形成比例,从而把声压信号转变为电信号。由于电容式传声器输出阻抗很高,因此需要通过前置放大器进行阻抗变换。

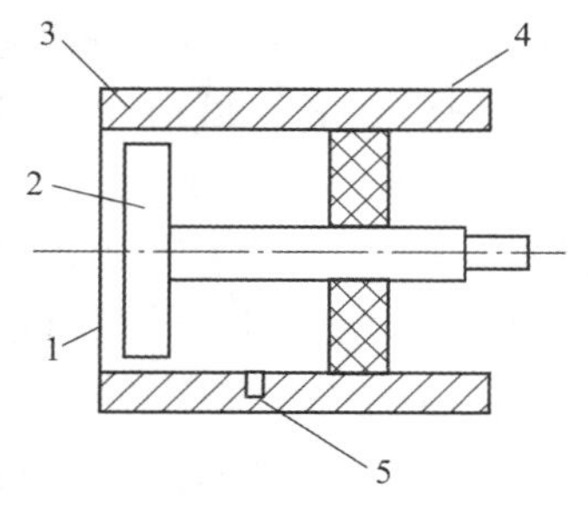

图 7-19 电容式声级计传声器示意图
1-金属膜片;2-金属电极;3-壳体;4-绝缘体;5-平衡孔

声级计的电路框图如图 7-20 所示,从传声器输出的电信号经前置放大器放大后,输入到听觉修正计权网络。声级计中基本都设有 A、B、C 三种计权网络,其中 A 计权网络由于其特性曲线接近于人耳的听感特性,因此是目前世界上噪声测量中应用最广泛的一种。经听觉修正计权网络修正后的电信号,送至指示仪表,使指针偏转或以数字显示,从表头上可直接读出所测噪声的计权声级。声级计表头阻尼一般有"快"和"慢"两挡,快挡平均时间为 0.27s,接近于人耳听觉器官的生理平均时间;慢挡的平均时间为 1.05s。当对稳态噪声进行测量或需要记录声级变化过程时,可用快挡;当被测噪声波动较大时,采用慢挡。

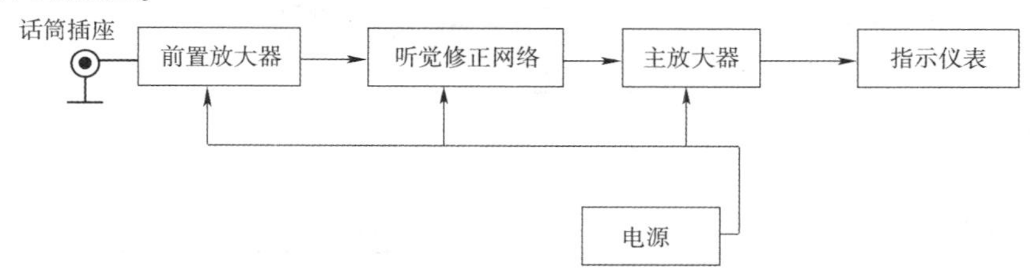

图 7-20 声级计的电路框图

第三节 道路交通噪声污染及控制

一、道路交通噪声现状

道路交通噪声主要来自车辆在道路上行驶时辐射的噪声,其影响范围广且持续时间长。为了掌握我国城市道路交通噪声的总体水平和年度变化规律,各级城市环境监测站每年都进行道路交通噪声监测,并依据《声环境质量标准》(GB 3096—2008)对道路两侧区域(4a 类声功能区)的声环境质量进行评价;其中昼间监测每年 1 次,夜间监测每五年 1 次。据《中国环境噪声污染防治报告》显示,2020 年我国城市道路交通噪声的昼间达标率为 97.3%,夜间达标率为 62.9%;其中,直辖市、省会城市和计划单列市道路交通噪声的昼间达标率为 91.8%,夜间达标率仅为 43.2%。整体上,我国城市道路两侧噪声的夜间超标现象比较严重;直辖市、省会城市和计划单列市在昼夜两个时间段的道路交通噪声达标率均低于全国水平,表明这些城市的道路交通噪声污染更为严重。

为了保护道路周边人群的健康和生活环境,我国制定的《环境噪声监测技术规范 城市声环境常规监测》(HJ 640—2012)中将道路交通噪声强度划分为一级到五级,对应的评价依次为好、较好、一般、较差和差。表 7-6 列出了城市道路交通噪声强度等级的划分标准,评价指标为昼间平均等效声级和夜间平均等效声级。依据《中国环境噪声污染防治报告》,2020 年我国直辖市、省会城市和计划单列市道路交通噪声的昼间平均等效声级为 68.0dB(A),噪声强度刚刚达到一级水平，这也远远超出了白天干扰睡眠、休息的噪声阈值[50dB(A)]。在36个直辖市、省会城市和计划单列市中，昼间道路交通噪声强度为一级的城市有15个，占41.7%；二级的城市有20个，占55.6%；三级的城市有1个，占2.8%；无噪声强度为四级和五级的城市。表7-7列出了2020年昼间道路交通噪声强度排名前十位的直辖市、省会城市和计划单列市，可以看出，哈尔滨的道路交通噪声强度属于三级，即昼间道路交通噪声水平超出了4a类声功能区的噪声限值[70dB(A)]；并且其他几个城市的昼间道路交通噪声超过70dB(A)的比例也较高。因此，道路交通噪声污染的防治在我国尤其是大城市地区仍然是一个迫切需要解决的问题。

道路交通噪声强度等级划分[单位：dB(A)]　　表7-6

评价指标	一级	二级	三级	四级	五级
昼间平均等效声级	≤68.0	68.1～70.0	70.1～72.0	72.1～74.0	>74.0
夜间平均等效声级	≤58.0	58.1～60.0	60.1～62.0	62.1～64.0	>64.0

2020年昼间道路交通噪声强度排名前十位的直辖市、省会城市和计划单列市监测结果

表7-7

评价指标	哈尔滨	沈阳	青岛	贵阳	长春	成都	西安	长沙	广州	合肥
平均等效声级[dB(A)]	70.3	70.0	70.0	69.7	69.7	69.6	69.4	69.3	69.3	69.1
超过70dB(A)的比例(%)	59.9	52.7	50.9	40.0	39.0	32.5	37.6	40.4	35.8	41.3

二、道路交通噪声特点及影响因素

1. 道路交通噪声特点

道路交通噪声的分布与道路网的分布一致，其影响范围主要是道路两侧一定范围内的居民及其建筑物等。我国城市人口密度大，随着我国城市化进程的加快、路网的增加、交通运行的多样化以及城市建筑向高空的提升，道路交通噪声特征较过去也发生了改变。

(1)傍晚及夜间22—24时是噪声污染较重的时间段。图7-21展示了我国典型城市道路上交通噪声一天的时间变化规律，图中将道路两侧区域(4类声功能区)的噪声监测数据按小时均值进行统计，并以《声环境质量标准》(GB 3096—2008)中4类声功能区的昼间、夜间噪声限值为基准进行比较，分析每个小时的超标量。可以看出，夜间道路交通噪声超标比较严重，其中超标最严重的时段是22—24时。

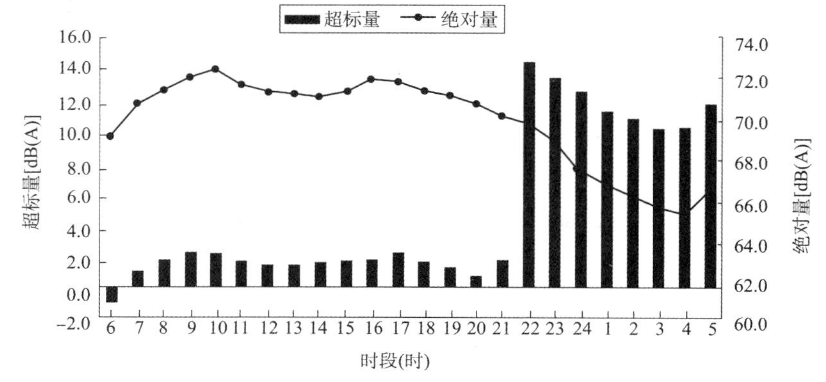

图7-21　道路交通噪声的时间分布

（2）大型客车和货车是道路交通噪声污染贡献较大的噪声源。通过调查发现，城市道路交通噪声是以低频为主，兼有中高频带的噪声。昼间以公交车为主的大型客车以及夜间外埠进城的大型货车通常在城市内行驶里程长，影响范围广，声能辐射也远超过其他车辆。因此，这两个类型的车是对道路交通噪声污染贡献较大的噪声源。

（3）城市普遍的高层建筑使噪声污染向高空发展，且难以防护。虽然在城市规划中，已经考虑了采用隔声屏障、建筑裙房等措施；但是与人们的传统认识相反，道路交通噪声在垂直方向的传播中衰减较少，从而使许多高层居民仍暴露于高分贝环境中。同时，在一些大城市中，交通干线白天车辆繁忙，夜间重型车比例又较高，使得居住于交通干线两侧及其周围地区的居民长时间处于高分贝甚至超标的噪声环境中。

（4）立体交通网络引起的噪声污染影响范围扩大。近年来，虽然我国城市道路交通情况得到了很大改观，但仍满足不了城市密集人群的出行需要。因此，很多大中型城市纷纷建立高架道路系统来辅助地面和地下交通网络，以此来缓解道路使用紧张和车辆拥堵的状况。高架快速路的建立改变了原有的道路结构，使得声源位置抬高，噪声污染影响范围扩大，这也导致有关道路交通噪声污染的居民投诉逐年增多。

2. 道路交通噪声影响因素

道路交通噪声具有流动性，是一种随机非稳态噪声，主要受到道路和交通条件的影响。

（1）道路交通噪声与道路的坡度、路面粗糙度和路段位置等有关。路面坡度对道路交通噪声的影响见表7-8，道路坡度越大，发动机负荷越大，产生的噪声越大。路面粗糙度对道路交通噪声的影响如图7-22所示，一般路面粗糙度大的道路其噪声也越大。此外，越接近交叉口处噪声越高（表7-9）。

路面坡度对道路交通噪声的影响 表7-8

路面坡度	5%								7%							
车流量（veh/h）	1000				4000				1000				4000			
载货汽车比例（%）	0	25	50	100	0	25	50	100	0	25	50	100	0	25	50	100
等效声级[dB（A）]	67	69	70	72	73	74	76	77	67	73	75	78	73	79	81	84

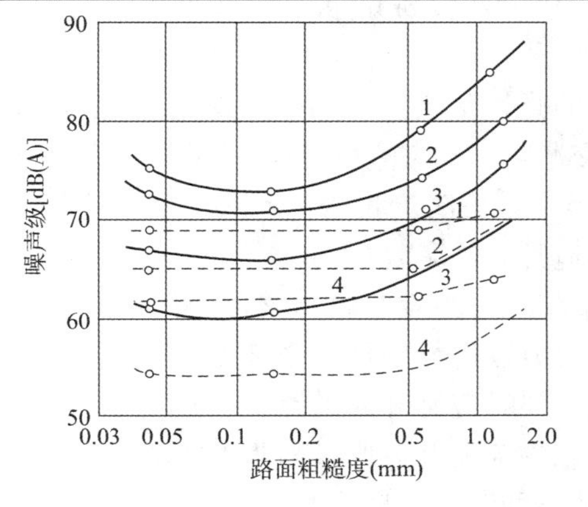

图7-22 路面粗糙度对道路交通噪声的影响

1-大型柴油货车；2-中型汽油货车；3-客车；4-轿车

交叉口附近区域的噪声测量值[单位:dB(A)] 表7-9

噪声统计参数	交叉口处	交叉口后50m处	交叉口前80m处
L_{10}	76.5~77.6	76.5~76.8	68.2~68.8
L_{50}	72.7~73.1	71.3~72.2	65.3~65.7

(2)道路交通噪声与道路交通状况也有着密切的关系。如图7-23所示,道路交通噪声的时间分布规律与车流量的变化很接近,表明其受车流量的影响较大;从表7-8中也可以看出,道路交通噪声随车流量的增加而增大。从图7-24和表7-8中还可以看出,重型车辆在车流中所占比例越大,产生的噪声越大。此外,加速行驶频繁的路段比匀速行驶路段的噪声高。

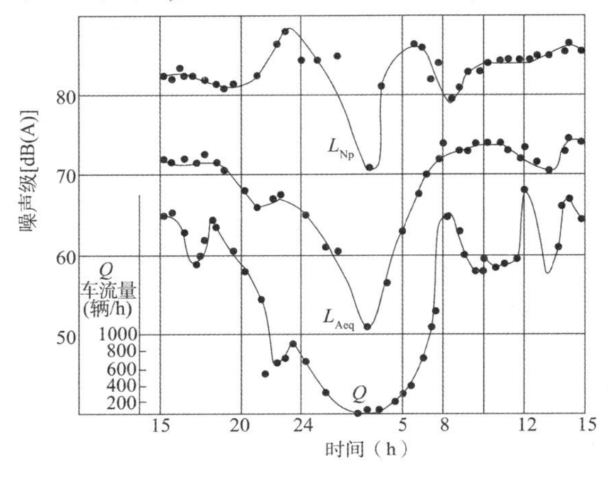

图7-23 道路交通噪声L_{NP}、L_{Aeq}与车流量Q的昼夜变化曲线

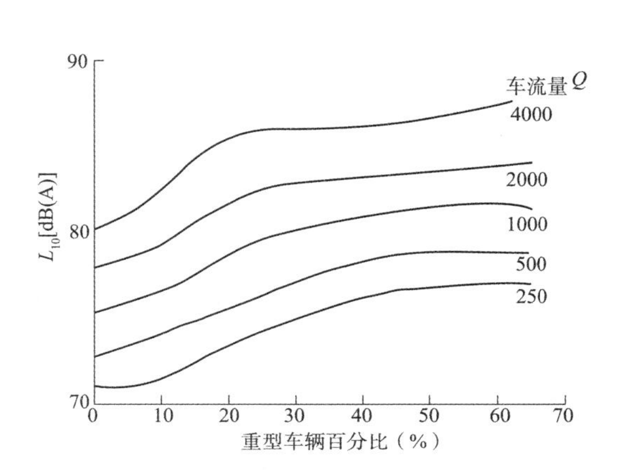

图7-24 道路交通噪声峰值与重型车辆所占比例之间的关系

三、道路交通噪声标准与测量方法

1.道路交通噪声标准

道路交通噪声的达标评价一般采用《声环境质量标准》(GB 3096—2008)中4a类声功能区的噪声标准,具体限值见表7-2;噪声强度等级评价采用《环境噪声监测技术规范 城市声环境常规监测》(HJ 640—2012)中的等级划分标准,具体见表7-6。

2.道路交通噪声测量方法

开展道路交通噪声测量的目的是评估道路交通噪声源的强度,分析城市道路交通噪声的年度变化规律,以及分析道路交通噪声与车流量、路况等的关系和变化规律。依据我国生态环境部历年发布的《中国环境噪声污染防治报告》,城市道路交通噪声的测量应按照《环境噪声监测技术规范 城市声环境常规监测》(HJ 640—2012)进行。

道路交通噪声的测量点应选在所测路段两路口之间,并保证距任一路口的距离大于50m;路段不足100m的应选取路段中点进行测量。测量点位于人行道上并距路面(含慢车道)20cm,距地面高1.2~6.0m处;同时应避开非道路交通源的干扰。测试应在无雨雪、无雷电天气且风速小于5m/s时进行,并应避开节假日和非正常工作日。昼间监测应在白天正常工作时间段内进行,夜间监测从夜间起始时间开始。测量时,传声器指向被测声源,分别测量20min的等效声级L_{eq}、累积百分声级(L_{10}、L_{50}和L_{90})、最大声级L_{max}、最小声级L_{min}和标准偏差 SD,同时还应记录测试期间分车型(大型车、中小型车)的车流量。

当对某一地区或某市的道路交通噪声进行评价时,还须将区域内测量的多个路段的等效声级采用路段长度加权算术平均法计算全区或全市交通干线的平均等效声级,计算公式为:

$$\bar{L} = \frac{\int_1^n L_i l_i}{\int_1^n l_i} \tag{7-11}$$

式中:$\bar{L}$——道路交通噪声的昼间或夜间平均等效声级,dB(A);

L_i——第 i 个路段测量点测得的等效声级,dB(A);

l_i——第 i 个路段的长度,m;

n——区域内测量路段的总个数。

四、道路交通噪声控制措施

我国《声环境质量标准》(GB 3096—2008)要求道路交通两侧(4a 类声功能区)的噪声不得大于 70dB(A),而汽车车外噪声标准都在 74dB(A)以上,因此必须采取一系列的控制措施,才能保证城市街道两侧的环境噪声符合要求。控制道路交通噪声应从声源、传播途径和接收者三个方面着手,在声源上降低噪声,传播途径上隔断噪声,并对接收者进行必要的保护。因此,控制道路交通噪声的基本措施如图 7-25 所示。

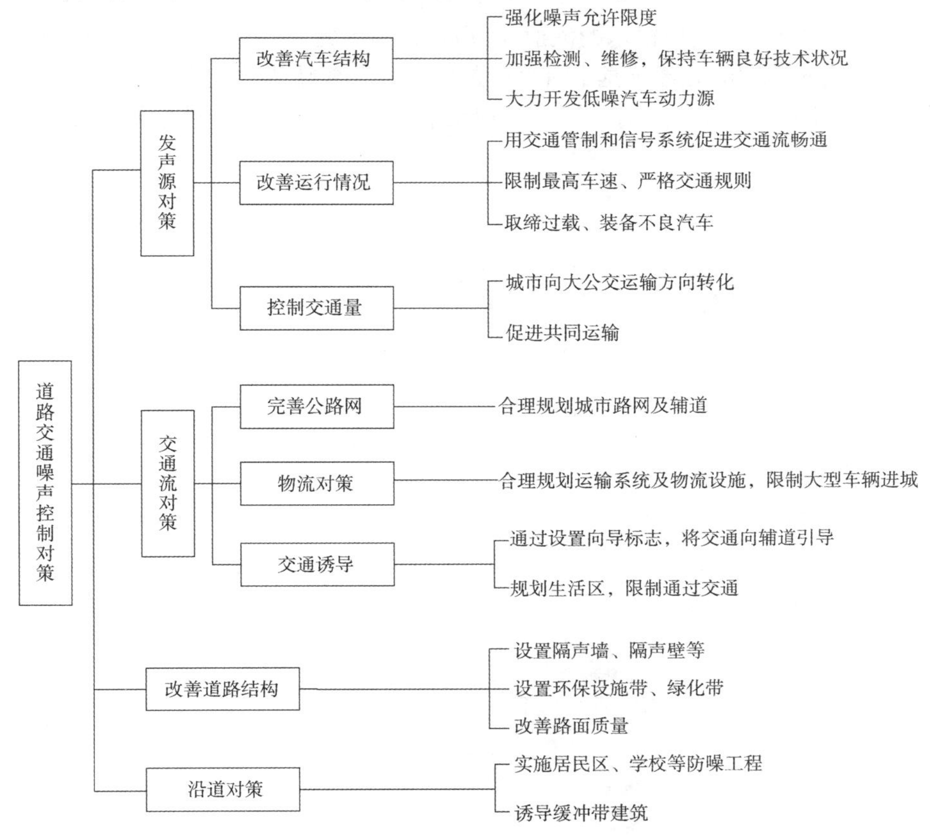

图 7-25　控制道路交通噪声的基本措施

(1)改善汽车结构,控制噪声源。针对我国车辆状况,首先是改变机动车辆的构造。例如,对进排气采用高效率消声器,对发动机用附加隔声罩;开发利用电动车辆来降低噪声,开发如磁浮式、气垫式等高效低噪声型的车辆。

(2)改善运行状况。采用合理的交通管理与自动控制系统,使交通通畅。合理地控制交通流量,特别是限制载货汽车的流量,可有效地降低交通噪声。在限制车流量的同时,还应限制车速,使之尽可能地减少加速、减速、鸣喇叭、制动的噪声。改善路面状况,提高路面平整度,以降低振动与摩擦噪声。

(3)调整路网规划与城市规划,合理布置路网。在进行路网规划时,应注意不同功能的道路之间的配合,避免主要干道穿越市中心和文教、住宅区。对噪声特别严重的,开辟载货汽车专用道,以便集中采取隔声措施;住宅区、文教区等特别要求区域,应与交通干线保持一定的距离,利用环境自然衰减来降低噪声,必要时还可采用路堑或高架路以减少噪声。对于车流量大的路段,采用立体交叉和自动信号控制疏导交通,以保持车辆匀速行驶,降低噪声。

(4)设置防声屏障限制噪声的传播。当噪声在传播途中遇到的障碍物尺寸远大于声波波长时,大部分声能被反射,一部分被衍射,于是在障碍物背后一定距离内形成声影区;如果被保护点处于声影区,该处的噪声可降低8~15dB(A)。道路防声屏障可利用路旁绿化带、专门设计的防声屏障以及不要求安静环境的临街建筑和路堑等。为了提高屏障的降噪效果,应尽量使其靠近道路,并可在屏障上铺设一些吸声材料,以避免其和附近建筑物之间形成声反射。

(5)道路绿化降噪。利用树木的散射、吸声作用以及地面吸声达到降低噪声的目的,尤其是绿化在人们对噪声的心理感觉上有良好的效果。一般认为矮的乔木比高的乔木降噪效果好,阔叶树比针叶树降噪效果好,几条窄林带比一层稠密林带降噪效果好。

第八章　道路交通排放评估方法

第一节　道路交通源排放清单

科学准确地评估道路交通源排放污染是制定合理有效的排放控制策略的基础，而评估交通排放污染的方法通常是建立道路交通源排放清单。道路交通源（机动车）排放清单是指某地区在一段时间内的机动车污染物排放量及时空分布和变化，其按照时空分辨率可分为宏观（地区）、中观（道路）和微观（逐秒）三个尺度。

宏观排放清单的研究地域通常为国家、区域和城市，时间跨度通常为一年；得到的结果是该地区机动车一年的污染物排放量，可用于大尺度的空气质量模拟和污染物控制规划。其计算方法为：

$$\mathrm{TE} = \sum_{i=1}^{n}(\mathrm{EF}_i \times P_i \times M_i) \times 10^{-6} \tag{8-1}$$

式中：TE——研究区域某种污染物的年排放量，t/年；

EF_i——i类型车的单车排放因子，g/km；

P_i——统计年份i类型车的保有量，辆；

M_i——i类型车的单车年均行驶里程，km/年；

n——车辆类型数量。

中观排放清单关注的是机动车在城市特定道路上的行驶与排放特征，统计时间通常为小时；得到的结果是车流在某条道路上分时段的污染物排放量，可用于深入研究城市交通系统对机动车排放的影响，支持交通相关决策，同时也可为分辨率相匹配的城市空气质量模型提供基础数据。其计算方法为：

$$\mathrm{EQ} = \sum_{i=1}^{n}(\mathrm{EF}_i \times Q_i \times L_i) \times 10^{-3} \tag{8-2}$$

式中：EQ——研究路段上某种污染物的排放量，kg/h；

EF_i——i类型车的单车排放因子，g/km；

Q_i——路段上i类型车的车流量，veh/h；

L_i——路段长度，km；

n——车辆类型数量。

微观排放清单以单车为研究对象，逐秒模拟车辆在交通流中的排放。其主要用于支持道路交通特殊地点的污染物浓度分布特征和污染物扩散规律研究，例如交叉路口、峡谷街区或某一特定路段等。

目前评估道路交通排放污染使用较多的是建立宏观或中观排放清单，其中机动车活动水平数据（保有量、年均行驶里程、车流量、车速等）可通过当地的车辆和交通管理部门获取，也可通过实地调研来获取。机动车分车型的排放因子反映了一个地区各种车型的污染物排放水平,是清单建立过程中的一个关键参数。排放因子的定义为车辆行驶单位里程或消耗单位燃料所排放污染物的量,常用的计量单位有 g/km 或 g/kg 燃料。通常排放因子的确定可采用直接测试和排放模型模拟两种方法,其中直接测试指针对特定车辆开展污染物排放数据的直接测量,包括台架试验、隧道试验、道路车载试验和遥感测试等。由于直接测试法耗时耗力,很多国家和地区都开发了机动车排放模型来预测车辆的污染物排放。这些排放模型都是基于大量的实测数据开发,采用物理原理或统计方法建立了各种因素(如车龄、燃油、气象等)对机动车排放的影响关系,用户输入特定的因素参数即可获得不同类型机动车的排放因子。模型模拟法的特点在于提炼出了影响机动车排放的一些共性的、关键的因素,并建立了两者的影响关系,从而实现了将基于某一地区测试的排放数据较为容易的移植到另一个地区使用。机动车排放测试、排放模型、排放清单与机动车污染控制决策之间的关系如图 8-1 所示。

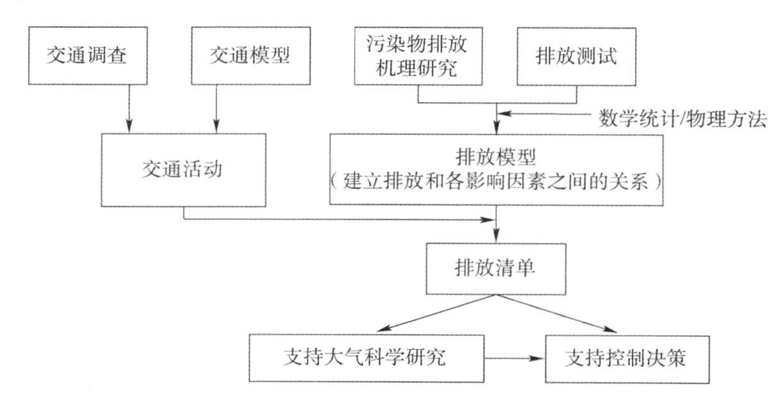

图 8-1　机动车排放测试、排放模型、排放清单与机动车污染控制决策的关系

第二节　汽车排放影响因素

机动车的排放水平不仅由发动机技术和控制技术等自身条件所决定,还受道路状况和行驶状态等外部因素的影响。此外,影响机动车排放水平的还包括车辆维护水平、驾驶员驾驶习惯、空调使用状况、环境温度和湿度以及油品质量等因素。识别机动车排放的主要影响因素,开展机动车排放测试,并基于测试结果建立车辆排放与各影响因素的响应关系,是开发机动车排放模型的基础。各类排放模型主要考虑的因素包括技术因素、使用因素、行驶因素、油品因素和环境因素等。

一、与汽车技术相关的影响因素

与汽车技术相关的影响因素包括发动机技术和后处理技术,以及机动车质量和发动机排量等自身条件参数。先进技术的普及极大地降低了机动车的排放污染水平。以汽油车为例,电子燃油喷射 + 三元催化转换器技术车辆的排放水平仅为化油器车辆的 10% ~20% 。根据机动车排放测试研究,满足欧Ⅰ排放标准的轻型汽油车可比欧 0 车辆减少 60% 以上的排放,欧Ⅱ车辆的排放水平比欧Ⅰ车辆低 30% ~60% ,欧Ⅲ车辆又比欧Ⅱ车辆减少 50% 的排放,欧Ⅳ可再减少 80% 以上的排放。为了区分不同技术条件车辆的排放水平差异,排放模型通常采用车质量(如轻型、中型、重型)、用途(如客车、货车)和发动机类型(如汽油车、柴油车)等参数将车辆分成不同的类别,每一类车又会按照排放控制技术水平(即车辆满足的排放标准)等进一步细分成多个子类别。

二、与汽车使用相关的影响因素

与汽车使用相关的影响因素包括累积行驶里程和维护状况等,这类影响因素与机动车活动水平直接相关。研究发现,由于催化剂性能老化、汽缸杂质聚积等因素,车辆的排放会随行驶里程增加不断劣化。例如欧洲累积行驶里程超过 9 万 km 的轻型汽油车的排放水平是新车的 2 ~ 3 倍。在我国,以国Ⅰ车辆为例,车辆每行驶 1 万 km,CO 排放因子将增加 0.44g/km,HC 排放因子增加 0.02g/km,NO_x 排放因子增加 0.004 ~ 0.03g/km。排放模型通常采用累积行驶里程或车龄来表征车辆排放水平的劣化程度,同时以研究区域的 I/M(机动车排放检验与维护)制度实施情况来反映车辆的维护状况。

三、与汽车行驶状态相关的影响因素

与汽车行驶状态相关的影响因素包括车辆的起动方式(冷起动或热起动)、平均速度、车辆运行模式(加速、减速、匀速和怠速)以及爬坡性能等。

理论上,汽车排放量与油耗、空燃比和催化剂温度等参数有关。例如,车辆在加速、爬坡以及使用空调时,会导致发动机在富燃状态下运行,污染物排放增加;此外,驾驶员行为也会影响汽车排放,冲动的驾驶习惯将导致富燃并引起排放增加。车辆在一次出行任务中,一般会经历以下排放过程:①起动排放。发动机刚起动时,尾气控制装置内的催化剂尚未达到最佳温度,并且为了避免发动机在预热阶段熄火,需将发动机控制在富燃状态,因此车辆在起动后的几分钟内通常具有较高的污染物排放水平。随着发动机的温度升高,催化剂逐渐达到有效温度,同时燃烧效率提高,污染物排放开始下降。对于装有催化剂的车辆,冷起动过程的排放水平比热稳定状态要高数十倍。②热稳定排放状态。度过起动阶段后,机动车开始进入低排放热稳定状态。对于没有催化剂装置的车辆,由于富燃和汽缸壁淬熄等现象减轻,也会达到这种低排放热稳定状态。在此状态下,速度是影响机动车排放因子的最重要因素。一般,排放因子随速度的增加呈分段递增或递减趋势。③加速度排放。车辆加速时,为了提供足够的输出功率,燃烧室处于富燃状态,这会导致排放急剧升高。④爬坡排放。在车辆爬坡时,发动机需要提供更大的能量维持车辆平稳前进,这同样会导致富燃和排放增加。图 8-2 所示为车辆一次出行任务(从点火到熄火)中的排放变化示意图,可以看出,在发动机起动、加速以及爬坡时,车辆排放量会急剧增加。

在实际交通流中,车辆的行驶状态复杂多变,如何建立行驶特征与排放的响应关系是排放模型开发的一大难点。为简化问题,模型开发人员通常会选择一个或几个与机动车排放关系最为密切的参数来近似代表车辆的行驶特征,这类参数被定义为“代用参数”(Surrogate Variables)。例如,一些模型选取平均速度或速度-加速度矩阵作为行驶特征的代用参数,还有一些模型将速度、加速度和道路坡度等因素合成为一个综合参数。代用参数是排放模型开发采用的最重要的原则之一,代用参数的时空分辨率在很大程度上决定了排放模型的时空分辨率、准确性和适用性。

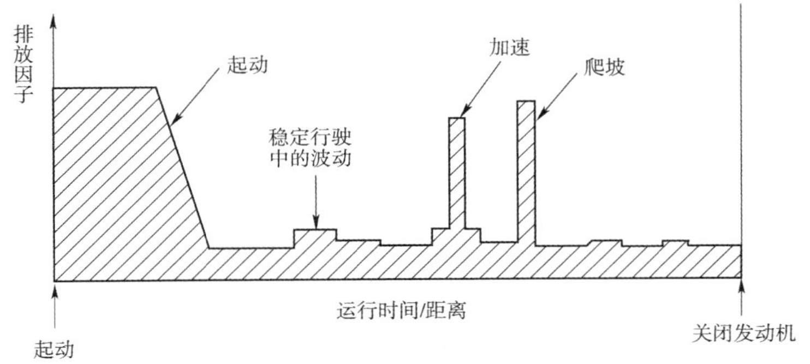

图 8-2　车辆一次出行任务中的排放变化示意图

四、油品质量因素

油品中的氧含量、里德蒸气压(Reid Vapor Pressure,简称 RVP)、10%馏出温度、50%馏出温度、90%馏出温度(T_{10}、T_{50}、T_{90})及硫含量等会影响车辆的排放性能。例如,增加汽油含量可降低车辆的 CO 和 HC 排放;汽油的辛烷值如果较低,可能会引起较强的爆燃,并增加 NO_x 排放量;表征汽油挥发性能的 RVP、T_{10}、T_{50}和 T_{90}会影响 HC 的排放,特别是蒸发排放;燃料中的硫会降低三元催化转换器的转化效率,也会对氧传感器产生不利影响,使车辆的排放增加。

在表征油品质量的各项参数里,硫含量对排放的影响得到的关注最多,也是车辆排放模型中的重要参数之一。例如,为了达到联邦及各州制定的空气质量标准,美国三大汽车公司(克莱斯勒、福特和通用汽车)和 13 家石油公司曾联合发起了一项汽车/石油空气质量改善研究计划,并开展了多项汽油质量及其排放影响的测试研究。研究发现汽油硫含量从 450ppm 降到 50ppm 时,汽油车的 HC、CO 和 NO_x 的排放会降低 9% ~16%;当硫含量继续降低到 10ppm 时,HC 和 CO 的排放会进一步降低 6% ~10%,但对 NO_x 排放的影响不再明显。欧洲石油化工协会测试分析了不同品质的柴油对轻型轿车及重型货车排放的影响,部分结果如图 8-3 所示。研究表明,燃油硫含量对重型柴油货车 NO_x 和 PM 排放的影响较弱,硫含量从 300ppm 降到 10ppm 时,带来的排放减少低于 10%;轻型柴油轿车的 HC、CO 和 PM 排放对硫含量比较敏感,使用硫含量小于 10ppm 的柴油时,HC 和 CO 排放因子比使用高硫柴油(300ppm)时降低 70%以上,PM 排放因子降低 25%,但硫含量对轻型柴油车的 NO_x 排放无明显影响。

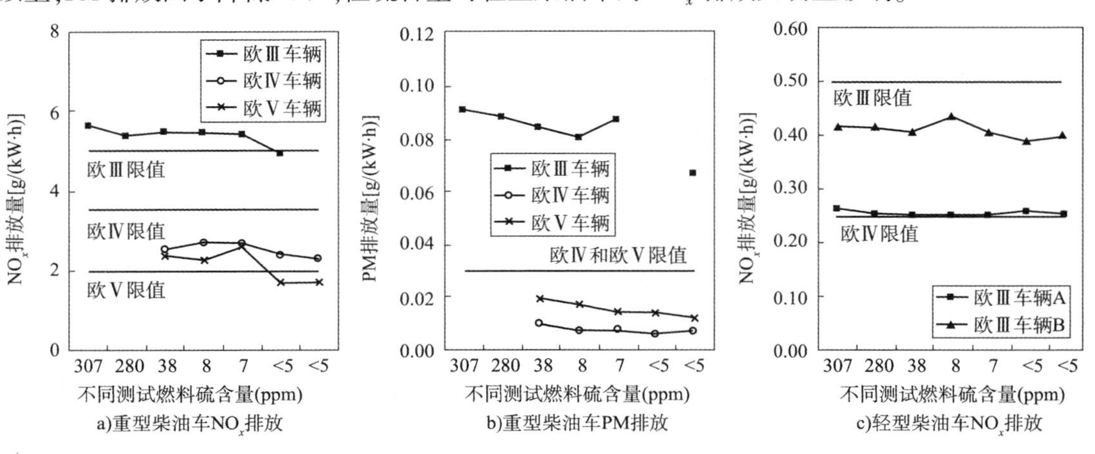

图　8-3

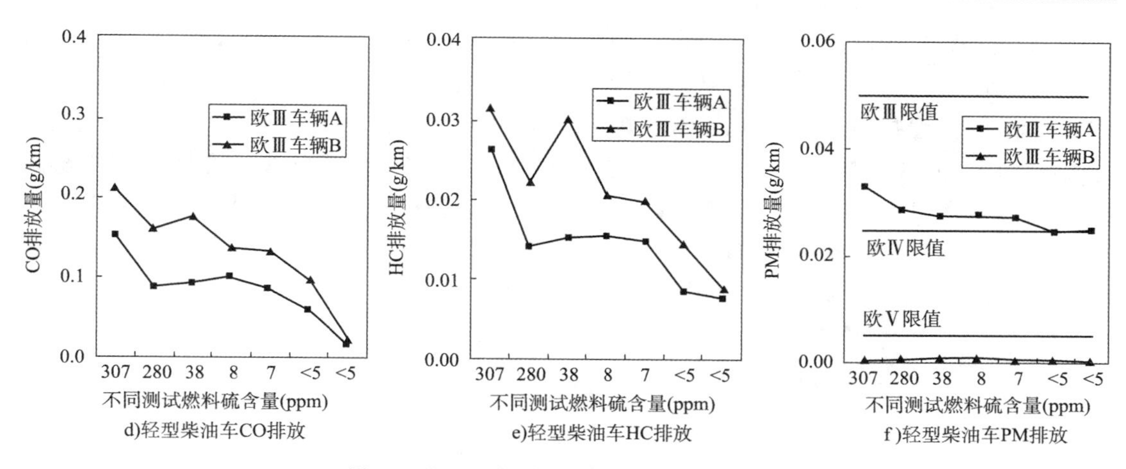

d)轻型柴油车CO排放　e)轻型柴油车HC排放　f)轻型柴油车PM排放

图 8-3　柴油品质对轻型和重型货车排放的影响

五、大气环境因素

1. 环境温度

汽车在低温环境下污染物排放量会大幅增加，其主要原因是低温环境使催化剂达到工作温度的时间变长。因此，环境温度对排放的影响主要发生在冷起动阶段，发动机充分预热后的排放水平与环境温度的相关性非常小。

冷起动过程中，车辆的 CO 和 HC 排放对温度极为敏感，温度对 NO_x 排放也有影响，但是敏感程度低于 CO 和 HC。当温度为 20 ~ 27℃时，CO 和 HC 排放随温度降低而升高；低于 20℃时，污染物排放随着温度降低呈非线性增加；高于 27℃时，随着温度升高，由于空调使用增多也会引起污染物排放量的增加。此外，使用 RVP 大于 9psi 的燃料会发生 CO 排放随温度升高而增加的现象，其原因是 RVP 较高的燃料在环境温度升高时会使空燃比增加，从而导致排放增多。对于颗粒物排放，研究者发现，汽油车颗粒物排放随温度的降低呈超线性增长。美国环保局在堪萨斯州夏季和冬季开展的 496 辆轻型汽油车颗粒物排放测试结果显示，颗粒物排放随温度降低呈指数增长，具体表现为环境温度每降低 20℉[1]（相当于降低约 11℃），机动车颗粒物排放增加 1 倍；而柴油车和天然气车的颗粒物排放随温度变化不发生明显变化。

2. 环境湿度

空气湿度增加时，吸入发动机的空气氧含量会降低，使车辆排放发生变化；具体表现为 NO_x 排放降低，CO、HC 和颗粒物排放增加。图 8-4 显示了湿度对汽油车和柴油车排放因子的影响。

3. 海拔高度

海拔高度对机动车，特别是对柴油车污染物排放水平会产生显著影响。其主要原因是海拔升高，空气变得稀薄，氧气压下降。此时，柴油发动机的燃烧特性也随之发生改变，表现为燃烧效率降低，CO、HC 和 PM 等不完全燃烧产物增加。一项台架试验研究表明，当大气压从 98.9kPa 降低到 77.9kPa（即海拔高度由 200m 上升到 2240m）时，重型柴油发动机的 HC、

[1] ℉代表华氏度，华氏度与摄氏度（℃）的换算关系为：华氏度 = 摄氏度 × 1.8 + 32。

CO、CO_2 和 PM 排放增加了 47% ~60%。另一项研究对利用遥感测试方法获得的 5772 辆重型柴油货车的排放数据进行分析后发现，基于燃料的 CO、HC 和 NO_x 排放因子与海拔高度呈线性递增关系，海拔每升高 1000m，CO、HC 和 NO_x 排放因子分别会增加 14.8g/kg 燃料、2g/kg 燃料和 4.1g/kg 燃料。此外，美国对过去数十年开展的各类重型柴油车的台架测试、隧道测试和遥感测试结果进行对比分析发现，重型柴油车的颗粒物排放因子在海拔为 1600m 的情况下比低海拔（< 100m）增加了 1.06g/L 燃料，对于燃料经济性为 4.65MPG（mile per gallon，相当于百公里油耗为 50L/100km）的货车而言，这意味着其颗粒物排放因子增加了 0.53g/km。

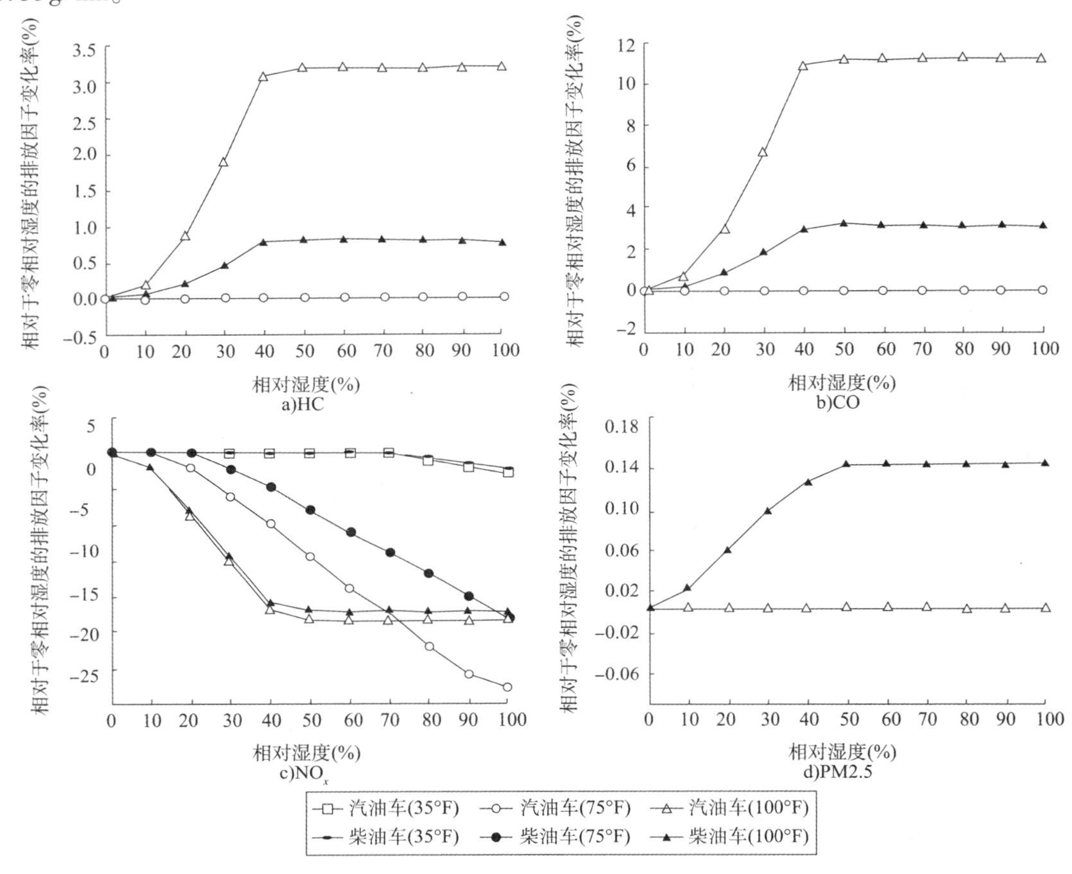

图 8-4 湿度对汽油车和柴油车排放因子的影响

第三节 机动车排放模型及应用

一、排放模型分类

一个地区的机动车保有量大，技术构成复杂，不同行驶条件下排放差异大，对其进行准确的量化具有很大的难度。但与此同时，机动车的排放特征又具有一定的共性，即某一技术的车辆在给定的条件下普遍表现出相似的排放变化规律。机动车排放模型在实验测试数据的基础上，将这些共性的变化规律采用物理原理或统计方法表达出来，从而在合理量化某种技术类型的车辆在某种工作状态和环境条件下的污染物排放因子之后,再结合研究区域的车辆活动水平数据得到排放清单,以此评估该地区的交通排放污染水平。

按照所选取行驶特征代用参数的分辨率不同,机动车排放模型可以分为宏观模型、中观模型和微观模型三种,分别对应三个尺度的排放清单。其中宏观排放模型一般采用平均速度作为行驶特征的代用参数,预测的是分车型的平均排放因子;中观排放模型一般采用工况比例(如速度-加速度矩阵)作为行驶特征的代用参数,预测的是各类型车辆在不同工况下的排放因子;而微观排放模型基于车辆逐秒的行驶速度来预测其逐秒的排放率(g/s)。图 8-5 比较了三种排放模型的数据特点和应用范围。

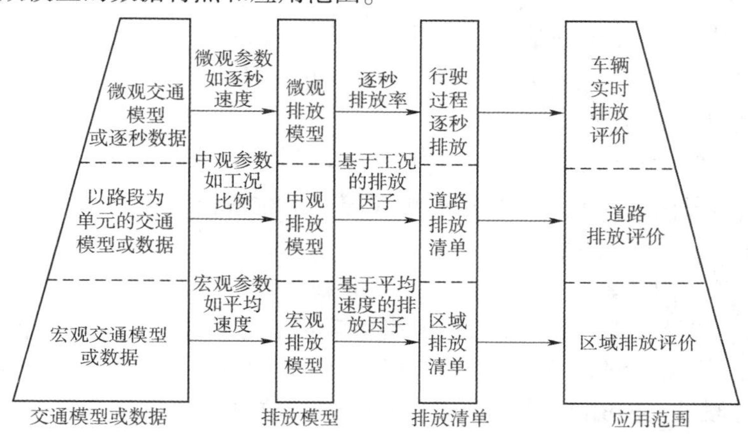

图 8-5　三种排放模型的数据特点和应用范围

二、宏观排放模型

宏观排放模型主要是基于平均速度的统计回归模型,这类模型在预测污染物排放时不涉及污染物的物理生成机理和化学特性,而是基于台架试验结果进行统计和回归分析,同时综合考虑了车辆技术水平、劣化系数、行驶状态、气温以及燃油品质等因素对排放的影响。在描述行驶状态对排放的影响时,模型选取平均速度作为代用参数,采用速度修正因子来计算非标准工况下的排放因子。代表性的宏观排放模型有美国环保局开发的 MOBILE(Mobile Source Emission Factor Model)、加利福尼亚州空气资源局开发的 EMFAC(Emission Factors)模型和欧洲开发的 COPERT(Computer Programme to Calculate Emissions from Road Transport)模型。

1. MOBILE 模型

MOBILE 系列模型是由美国环保局开发,用于计算实际运行条件下车辆的气态污染物(CO、VOC 和 NO_x 等)以及颗粒物平均排放因子的数学模型。美国环保局于 20 世纪 60 年代末开始开发 MOBILE 模型,并于 1978 年、1981 年、1984 年、1989 年和 1993 年分别推出了 MOBILE1 ~ MOBILE5 模型共五个版本。20 世纪 90 年代,MOBILE5 模型开始在中国推广,并迅速得到广泛应用。2002 年美国环保局推出了升级版的 MOBILE6 模型,该模型集合了 MOBILE5(气态污染物预测)、PART(颗粒物预测)和 MOBTOX(有毒污染物预测)三个模型的功能,可以模拟 1952—2050 年间的机动车排放因子。

MOBILE 模型中尾气排放的确定思路是采用零公里排放和劣化率计算基准排放因子,之后对基准排放因子进行修正,得到不同类型车辆在特定运行条件下的排放因子,最后再结合技术分布和累积行驶里程分布得到各车型的车队平均排放因子。整个计算过程中涉及三个重要概念：基准排放因子、修正因子、技术分布和累积行驶里程分布。

1）基准排放因子

基准排放因子代表一种技术类型的车辆在特定的行驶状态和环境条件下的排放水平。美国环保局采用FTP工况作为基准行驶工况对大量车辆开展台架试验，获取冷起动排放、热起动排放及热稳定运行排放的测试数据，然后将三者进行加权平均，得到车辆的基准排放因子。基准排放因子的计算基于两个关键假设：①同一年代或者采用相同控制技术车辆的排放水平相似，即认为同类型车辆的零公里排放因子相同；②基准排放因子随行驶里程的增加呈线性劣化。这样，某一车型的基准排放因子可以表示为：

$$\mathrm{BEF}=\mathrm{ZML}+\sum_{i}(\mathrm{DR}_i\times M_i) \tag{8-3}$$

式中：BEF——基准排放因子，g/mile[1]；

ZML——零公里排放因子，g/mile；

DR_i——i阶段内的劣化率，代表车辆每行驶1000mile时排放因子的劣化程度，(g/mile)/1000mile；

M_i——i阶段内的累积行驶里程，1000mile。

同时，这两个假设也是后续很多排放模型遵循的开发原则。针对第一个假设，MOBILE6根据车辆的质量、燃油类型和用途等将机动车划分为28种车型，详细可查阅模型说明书。利用这两个关键假设，MOBILE模型将部分车辆的排放测试数据推衍到整个同类型车队。这样基于大量的台架试验结果，在回归出各年代各车型不同种类污染物的零公里排放和劣化率后，即可获得标准条件下某技术类型车辆在服役期某阶段（以累积行驶里程表征）的排放因子。

2）修正因子

由于排放测试是在条件可控的实验室内进行，为了模拟机动车在实际道路上的排放，还需要采用修正因子对基准排放因子进行修正，所采用的修正因子反映了车队实际在路与在实验室标准测试条件下的排放差别。MOBILE模型根据大量试验结果回归得出可模拟各种影响因素（如速度、温度、燃料品质等）的经验公式和经验参数，当用户输入当地的影响因素参数信息时，模型就可计算出各种影响因素的修正因子，进而得到修正后的排放因子。某一车型修正后的排放因子可表示为：

$$\mathrm{EF}=(\mathrm{BEF}+\mathrm{BEF_M})\times\prod_{i}\mathrm{CF}_i \tag{8-4}$$

式中：EF——修正后的排放因子，g/mile；

BEF——基准排放因子，g/mile；

$\mathrm{BEF_M}$——维护状况对排放水平的影响，g/mile；

CF_i——第i种影响因素的修正因子，无量纲；

i——各种需要进行修正的影响因素。

（1）速度修正。

图8-6所示为MOBILE模型对机动车排放进行速度修正的流程，其中确定基准排放因

[1] 1mile≈1.609km。

子时的标准行驶工况为 FTP 工况，平均速度为 21.25mile/h。为了确定速度修正因子，美国环保局对车辆在其他行驶工况下的排放进行了测试，这些工况的平均速度包括 2.5mile/h、3.6mile/h、4.0mile/h、35.9mile/h 和 48.6mile/h 等。当用户输入当地行驶状况下的平均速度时，模型对 FTP 工况下的排放进行速度修正，从而得到该行驶状况下的排放因子。

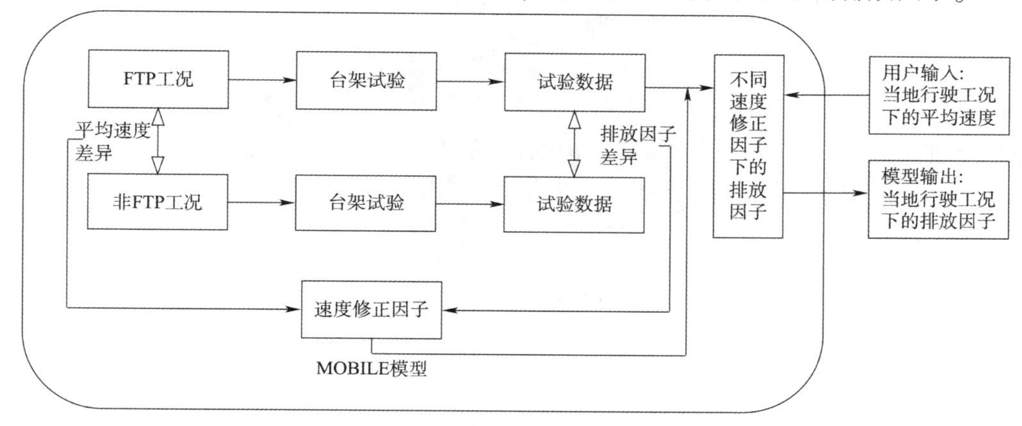

图 8-6 MOBILE 模型的速度修正流程

测试结果显示，车辆平均速度和排放的关系是非线性的，美国环保局先后提出以下几套速度修正数学模式：

$$\mathrm{CF_V} = \mathrm{e}^{A + B \times V + C \times V^2 + D \times V^3 + E \times V^4 + F \times V^5} \tag{8-5}$$

$$\mathrm{CF_V} = A + B \times V + C \times V^2 + D \times V^3 + E \times V^4 + F \times V^5 \tag{8-6}$$

$$\mathrm{CF_V} = \frac{\frac{A}{V} + B}{\frac{A}{V_{\mathrm{FTP}}} + B} \tag{8-7}$$

$$\mathrm{CF_V} = \frac{e^{A + B \times V + C \times V^2}}{e^{A + B \times V_{\mathrm{FTP}} + C \times V_{\mathrm{FTP}}^2}} \tag{8-8}$$

式中：$\mathrm{CF_V}$——速度修正因子，无量纲；

V——车辆实际平均速度，mile/h；

V_{FTP}——FTP 工况的平均速度，mile/h；

A、B、C、D、E、F——系数，不同车型不同污染物具有不同的系数，无量纲。

MOBILE2 模型采用式(8-5)计算 HC 和 CO 排放的速度修正因子，采用式(8-6)计算 NO_x 排放的速度修正因子，这些修正模式对老旧车辆仍然适用。MOBILE 4 模型引入式(8-7)和式(8-8)计算出厂年份为 1979 年及之后车辆的速度修正因子，其中式(8-7)用于计算 HC 和 CO，式(8-8)用于计算 NO_x。图 8-7 所示为 1990 年轻型汽油车的速度修正因子。可以看出，速度修正因子的变化可划分为三个区段：低速区（<19.6mile/h）、中速区（19.6 ~ 48mile/h）和高速区（48 ~ 65mile/h）。车辆在低速时的修正因子最高；在中速区域，HC 和 CO 的速度修正因子逐渐降低，而 NO_x 的速度修正因子逐渐升高；车辆高速行驶时，排放因子将升高，其中 NO_x 升高的幅度最大。

(2)温度修正。

FTP 工况测试的温度为 68 ~ 86℉(20 ~ 30℃)，当车辆实际运行中的环境温度不在这个范围时,车辆污染物控制系统的表现会发生变化。例如,在某些低温地区,催化剂达到工作温度的时间远长于在实验室标准温度下需要的时间。此外,温度高于86℉(30℃)时,蒸发排放控制系统的脱附时间变长,使HC排放增加。在确定温度修正参数时,由于不同排放过程对温度的响应不同,因此温度修正又分为冷起动温度修正、热运行温度修正和热起动温度修正。温度对冷起动排放的影响最为明显,例如在20℉(约-6.7℃)的低温时,HC的冷起动排放因子会增加3倍,热运行和热起动排放因子的增加幅度较小,仅为50%;在较高温度下,机动车的HC和CO排放随温度升高而增加,其增加幅度随里德蒸气压(RVP)不同而变化;NO_x排放也随环境温度升高而增加,但增加幅度相对较小。图8-8所示为重型汽油车CO、HC和NO_x的温度修正因子,可以看出,温度对HC排放的影响最为显著。

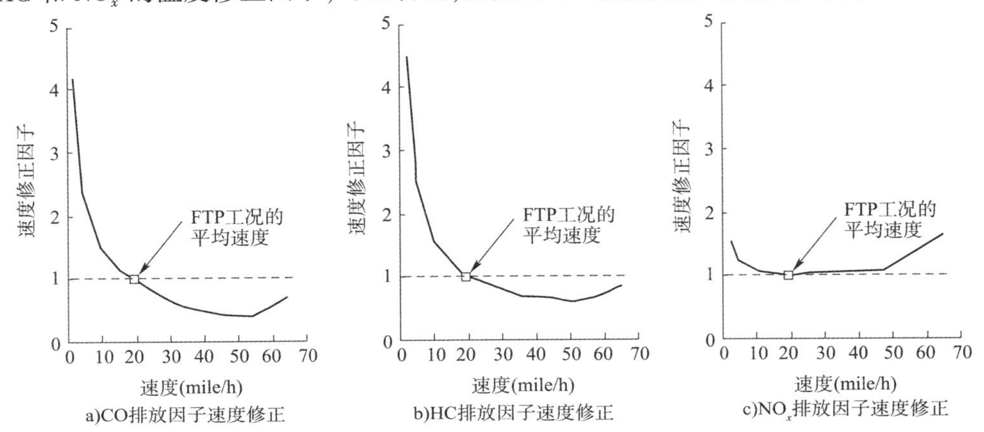

图8-7 轻型汽油车排放污染物的速度修正因子

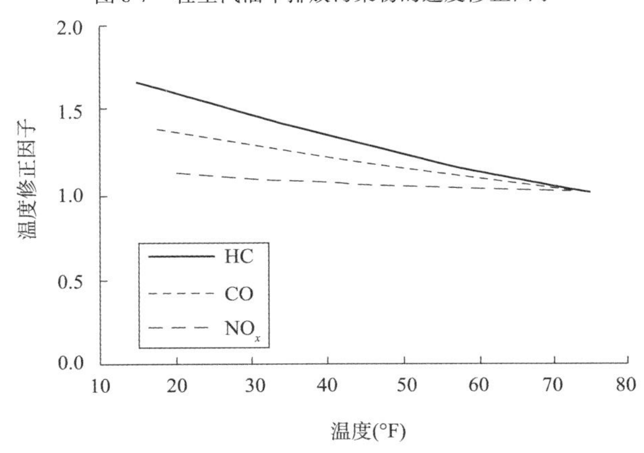

图8-8 重型汽油车排放污染物的温度修正因子

(3)其他修正。

除了速度和温度修正外,MOBILE模型对空调使用和负载增加等情况引起的排放变化也进行了修正,但是这些修正的数据基础较薄弱。此外,MOBILE模型还考虑了维护不当造成高排放车的情况,模型根据高排放车的调研和测试数据,设置了高排放车的发生频率以及排放因子。

3)技术分布和累积行驶里程分布

利用基准排放因子和修正因子可以得到指定行驶状态和温度条件下,某一技术类型车辆达到一定累积行驶里程时的排放因子。而车队是由不同类型、不同车龄以及不同累积行驶里程的车辆共同构成的,若想获得整个车队的平均排放因子,还需要掌握目标年车队的技术分布以及各种技术车辆的累积行驶里程分布信息。

技术分布信息非常重要,特别是当车队技术正在经历较大变化时,技术分布信息的准确性直接影响排放因子模拟结果的准确性。例如,我国自2000年起对轻型汽油车实施国Ⅰ标准,2005年和2008年分别实施国Ⅱ和国Ⅲ标准,这意味着我国2010年的轻型车队包含4种排放控制技术:国0(无控制)、国Ⅰ、国Ⅱ和国Ⅲ。每种技术车辆的排放因子差别很大,如果用户提供的技术分布信息不准确,将给模拟得到的车队平均排放因子带来较大误差。此外,基准排放因子是累积行驶里程的函数,因此累积行驶里程分布的信息同样十分重要。MOBILE模型中,技术分布和累积行驶里程分布信息通常由用户提供;用户可采用部门宏观调查、问卷调研法、车队模型法等手段和方法来获取所研究车队的技术分布和累积行驶里程分布信息。

4)MOBILE模型的改进

综上所述,MOBILE模型在处理行驶状态对排放的影响时,采用了基于平均速度的速度修正因子。在MOBILE5模型及以前的模型中,所有道路的行驶状态都是基于一套速度修正因子,这种时空分辨率很低的修正方式会带来很大的预测误差。为了尽量减小误差,MOBILE6模型将平均速度在空间和时间两个角度进行细分以提高其时空分辨率:①在空间上将道路细分为快速路、主干路、居民路和匝道,每种类型道路各有一套速度修正因子;②在时间上以小时为单位细分为24个时段。这样对每种类型道路和每个时段的行驶特征分别进行模拟和计算,再结合用户输入的里程分布(不同时段、道路类型等)计算得到各类车辆的排放因子。理论上讲,把影响排放最为关键的行驶参数分成尽可能多的区间分别进行计算再加和,无疑可以提高排放模拟结果的准确性,但这种方法对数据的要求也成倍增加。

2. COPERT模型

COPERT模型由欧洲环保署资助开发,是欧洲各国编制官方排放清单最常用的排放模型。模型基于大量的车辆排放测试数据开发,可以模拟计算机动车产生的主要空气污染物(CO、NO_x、VOC、PM、NH_3等)以及温室气体(CO_2、N_2O、CH_4等)的排放因子。COPERT模型同样采用了“基准排放因子+修正因子”的计算思路,在车辆类型划分方面,模型根据欧盟相关机动车法规将车辆划分为小客车(Passenger cars)、轻型车(Light duty vehicles)、重型车(Heavy duty vehicles)、公共汽车或长途客车(Urban buses & Coaches)和摩托车(Two wheelers)五大类,每大类又按照发动机排量、车辆总质量、燃料类型(汽油、柴油和其他)和排放技术水平(即排放标准)等进一步划分为若干小类。COPERT模型涵盖了欧盟每种类型车辆的技术水平,包括从20世纪70年代(Pre ECE)到最新采用的新技术(欧VI)。COPERT模型中包含的车辆技术类型见表8-1。

COPERT模型中包含的车辆技术类型 表8-1

小客车(PC)	轻型车(LD)	重型车/客车(HD)	摩托车
Pre ECE	传统	传统	传统
ECE 15/00-01	LD Euro Ⅰ 93/59/EEC	HD Euro Ⅰ 191/542/EEC Ⅰ阶段	Euro Ⅰ 97/24/EC
ECE 15/02	LD Euro Ⅱ 96/69/EEC	HD Euro Ⅱ 191/542/EEC Ⅱ阶段	Euro Ⅱ 97/24/EC

续上表

小客车(PC)	轻型车(LD)	重型车/客车(HD)	摩　托　车
ECE 15/03	LD Euro Ⅲ 98/69/EC,2000	HD Euro Ⅲ 2000 标准	Euro Ⅲ 2002/51/EC
ECE 15/04	LD Euro Ⅳ 98/69/EC,2005	HD Euro Ⅳ 2005/55/EC	
改进的传统车辆	LD Euro Ⅴ EC 715/2007	HD Euro Ⅴ 2005/55/EC	
开环	LD Euro Ⅵ EC 715/2007	HD Euro Ⅵ COM (2007)851	
PC Euro Ⅰ 94/441/EEC			
PC Euro Ⅱ 94/12/EEC			
PC Euro Ⅲ 98/69/EC,2000			
PC Euro Ⅳ 98/69/EC,2005			
PC Euro Ⅴ EC 715/2007			
PC Euro Ⅵ EC 715/2007			

1)基准排放因子

COPERT 模型中尾气排放的计算分为热稳定运行排放和冷起动排放两部分。

(1)热稳定运行排放。

虽然 COPERT 模型与 MOBILE 模型类似,均采用平均速度来表征车辆的行驶特征,但二者的处理方式不同。MOBILE 模型是选取 FTP 工况作为标准测试工况来确定各类车辆的基准排放因子,然后采用拟合的函数公式来计算速度修正因子;而 COPERT 模型中各类车辆热稳排放因子的确定是基于实测数据拟合建立的函数公式(以平均速度为自变量),后续不再需要对排放因子进行速度修正;并且实测数据采用的标准行驶工况为 ECE + EUDC 工况。表 8-2 以 ECE15/03 车型为例,给出了模型中基于平均速度 V 计算热稳排放的公式。为了体现不同类型道路上车辆行驶速度的差异,COPERT 模型将排放计算分为城市道路、乡村道路和高速公路三种道路类型,对应的平均速度范围分别为 10 ~ 50km/h、40 ~ 80km/h 和 70 ~ 130km/h。在得到各类车辆在三种道路上的排放因子后,再结合用户输入的车辆在各种道路上的行驶比例来计算确定各类车辆的排放因子。

COPERT 模型中热稳排放因子的计算公式(以 ECE15/03 为例)　　表 8-2

污染物	排量(L)	速度 V(km/h)	排放计算公式(g/km)	相关性(R^2)	函数类型
CO	所有	10 ~ 19.3	$161.36 - 45.62 \times \ln V$	0.790	对数函数
	所有	19.3 ~ 130	$37.92 - 0.680 \times \ln V + 0.00377 \times V^2$	0.247	多项式函数
HC	所有	10 ~ 60	$25.75 \times V^{-0.714}$	0.895	幂函数
	所有	60 ~ 130	$19.5 - 0.019 \times V + 0.0009 \times V^2$	0.198	多项式函数
NO_x	<1.4	10 ~ 130	$1.616 - 0.0084 \times V + 0.00025 \times V^2$	0.844	多项式函数
	1.4 ~ 2.0	10 ~ 130	$1.29 \times e^{0.0099 \times V}$	0.798	指数函数
	>2.0	10 ~ 130	$2.784 - 0.0112 \times V + 0.000294 \times V^2$	0.577	多项式函数

(2)冷起动排放。

COPERT 模型中的冷起动排放因子一般基于热稳排放因子乘以一个系数 K 来确定,计算公式为:

$$EF_{cold} = EF_{hot} \times K \tag{8-9}$$

式中：EF_{cold}——冷起动排放因子，g/mile；

EF_{hot}——热稳排放因子，g/mile；

K——EF_{cold}与EF_{hot}之比，无量纲。

K值的确定与车辆技术、环境温度和平均速度有关，其计算公式为：

$$K = A \times V + B \times T + C \tag{8-10}$$

式中：V——车辆实际平均速度，mile/h；

T——车辆运行时的环境温度，℃；

A、B、C——系数，不同车型不同污染物具有不同的系数，无量纲。

对于同一种车型，COPERT 模型在确定K值时又分了三个平均速度-温度区间（速度为5～25km/h 及温度为 -25～15℃、速度为 26～45km/h 及温度为 -25～15℃、速度为 5～45km/h 及温度高于 15℃），每个区间具有不同的A、B、C值。

2）修正因子

COPERT 模型中的修正因子包括排放劣化修正、燃油品质修正和道路坡度修正等。

（1）排放劣化修正。COPERT 模型根据补充城市工况（EUDC，平均速度为 63km/h）和城市工况（ECE，平均速度为 19km/h）的测试结果确定了两种工况下劣化修正因子的计算公式。该修正因子是车队平均累积行驶里程的线性函数，由测试数据回归得到。对于欧 I 汽油车，速度小于 19km/h 时，采用 ECE 工况下的修正公式；速度大于 63km/h 时，采用 EUDC 工况下的修正公式；速度为 19～63km/h 时，对两种工况得到的修正因子进行线性插值求得指定速度下的劣化修正因子。

（2）燃油品质修正。COPERT 模型为汽油车、柴油轿车和重型柴油车的排放因子分别设置了一组公式来计算燃油修正因子。其中汽油车的燃油修正因子是燃料氧含量、硫含量、芳香烃含量、T_{10}和T_{90}等参数的函数；柴油车的燃油修正因子是燃料密度、硫含量、PAHs 含量和十六烷值等参数的函数。

（3）道路坡度修正。坡度对排放因子的影响也较为明显，COPERT 模型认为坡度修正因子是平均速度的函数，并建立了以平均速度V为唯一自变量的六阶多项式。多项式中七个系数根据车辆技术、坡度区间、行驶速度和污染物种类的不同分别利用实测数据回归确定。

3. 模型应用与评价

宏观排放模型的优点是模型基于官方长期积累的大量台架试验数据开发并经历了多次升级改进，基础数据质量好，在车型、污染物种类和影响因素等方面的覆盖范围广。尤其是排放修正因子的确定，其积累的数据和修正公式为其他类型模型的开发提供了依据和经验。宏观排放模型的缺点是仅采用平均速度作为行驶特征的代用参数，而速度不能代表车辆行驶特征的全部，如加速度、减速度等其他行驶特征参数也会对排放因子产生重要影响，但并没有被考虑。当研究某条高速公路的日排放或者某个街区在交通高峰时段的排放时，宏观排放模型就无法准确评估这些路段在特定时间表现出的行驶特征特殊性对排放的影响。因此，宏观排放模型在方法学上的局限性使得其更为适用于评估国家、区域和城市等时空尺度较大的机动车排放污染。

宏观排放模型对输入数据的需求相对较低，因此对于中国大多数基础数据较薄弱的城市而言，其是开展城市机动车排放污染评估的首选模型。由于我国的机动车污染控制工作尚处于起步阶段,排放测试数据积累少,无法支持建立一个基于本国大量排放测试数据的宏观排放模型,因此我国在大尺度范围的机动车排放污染研究多数还是借用 MOBILE 或 COPERT 模型开展。在应用这些模型进行我国的机动车排放研究时,需要考虑我国与欧美国家在某些模型参数上的差异,并对模型进行适当的调整和本地化修正,使其适用于我国情况。例如欧美国家的机动车车型分类与我国的车型定义不同,因此需要进行合理的车型匹配。

三、中观排放模型

中观排放模型也称基于工况的排放模型,其在建模方法上与基于平均速度的宏观模型类似,也是以实测排放数据与所选的行驶特征代用参数之间的数学规律为核心,采用统计回归等数学方法拟合出最接近该规律的数学函数。不同的是,工况模型选择的行驶特征代用参数包括了平均速度、瞬时速度、加速度等多种工况行驶特征参数,因此比宏观模型仅采用平均速度能更全面地表征车辆的实际运行情况。目前应用最广泛的中观排放模型是美国的。IVE 模型(International Vehicle Emission Model);此外,清华大学针对我国城市的行驶特征建立了基于工况的中国城市排放因子模型 DCMEM(Driving-cycle based Mobile Emission Factors Model)。

1. IVE 模型

IVE 模型由美国环保局资助,美国加州大学河滨分校开发,用于模拟发展中国家城市的机动车污染物排放并支持控制决策。IVE 模型可以模拟测算机动车每天或者每小时的常规污染物(CO、NO_x、VOC、SO_2 和 PM)和有毒污染物(铅、醛类化合物等)以及温室气体(CO_2 等)的排放因子。

IVE 模型同样采用了“基准排放因子 + 修正因子”的计算思路,其模型结构如图 8-9 所示。在车型分类方面,由于 IVE 模型的服务对象是发展中国家,因此采用多种技术分类标准(车龄、车质量、燃油类型、发动机排量、排放标准、行驶里程等)将车辆详细划分为 1372 种技术类型,每种类型车辆分别对应一个基准排放因子,以适应不同地区对车辆采用的不同分类原则。在基准排放因子方面,模型在确定各类车辆的基准排放因子时即考虑了行驶特征的影响,这与 COPERT 模型类似。在排放修正因子方面,模型考虑了行驶特征、道路坡度、温度、湿度、空调使用和燃料品质等因素;其中除了行驶特征,其他影响因素修正因子的确定采用的均是 MOBILE 模型中的方法。

1)行驶特征修正

IVE 模型与宏观模型的不同之处在于对行驶特征影响因素的处理上。为了更好地反映行驶状态对排放的影响,IVE 模型在确定基准排放因子时引入了机动车比功率(Vehicle Specific Power,简称 VSP)和发动机负荷(Engine Stress,简称 ES)两个行驶特征代用参数来表征机动车瞬时行驶状态与排放率之间的关系。其中 VSP 概念综合了速度、加速度、坡度和风阻等影响车辆排放的参数,其物理意义为机动车瞬时输出功率与其质量的比值,单位为 kW/t。VSP 的计算公式为:

$$\mathrm{VSP}=\frac{\dfrac{\mathrm{d}(\mathrm{KE}+\mathrm{PE})}{\mathrm{d}t}+F_{\mathrm{r}}v+F_{\mathrm{A}}v}{m}$$

$$= \frac{\frac{d}{dt}[0.5 \times m(1+\varepsilon_i)v^2 + mgh] + C_R mgv + 0.5 \times \rho_a C_D A(v+v_m)^2 v}{m}$$

$$= v[a \times (1+\varepsilon_i) + g \times \theta + g \times C_R] + 0.5 \times \frac{\rho_a C_D A}{m}(v+v_m)^2 v \tag{8-11}$$

式中：KE——车辆动能，N·m；

PE——车辆势能，N·m；

F_r——摩擦阻力，N；

F_A——风阻力，N；

v——车辆瞬时行驶速度，m/s；

m——车辆质量，kg；

a——车辆瞬时加速度，m/s^2；

ε_i——质量因子，无量纲；

h——车辆行驶时所处位置的海拔高度，m；

θ——道路坡度；

g——重力加速度，取 9.81m/s^2；

C_R——滚动阻力系数，无量纲，一般在 0.0085 ~ 0.016 之间；

C_D——风阻系数，无量纲；

A——车辆挡风面积，m^2；

ρ_a——环境空气密度，在 20℃ 时为 1.207kg/m^3；

v_m——风速，m/s。

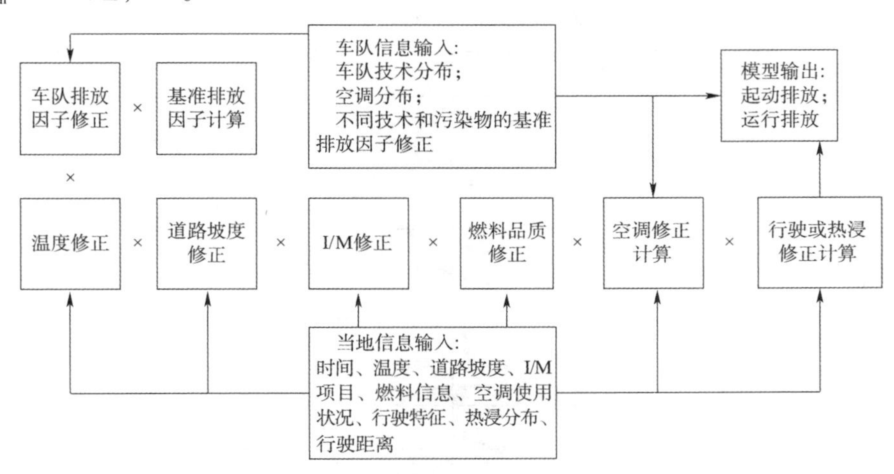

图 8-9 IVE 模型结构

经过进一步整理和简化，VSP 最终的计算公式为：

$$VSP = v[1.1a + 9.81[a \times \tan(\sin\theta)] + 0.132] + 0.000302v^3 \tag{8-12}$$

由 VSP 的计算公式可以看出，IVE 模型考虑了速度、加速度和道路坡度等多种行驶参数的影响，可以更为准确地模拟车辆在不同行驶状态下的排放，使得模型能够在美国以外的国家和地区具有更好的可移植性和适用性。此外，为了更准确地模拟发动机历史工作状态对当前时刻污染物排放的影响，IVE 模型又引入了无量纲参数 ES。ES 与机动车瞬时速度和发动机前20s的历史VSP有关，计算公式为：

$$ES = 0.08 \times Preaverage + RPM_{index} \tag{8-13}$$

式中：Preaverage——发动机前25s到前5s的VSP平均值，kW/t；

0.08——经验系数，t/kW；

RPM_{index}——发动机转速指数，为瞬时速度与速度分割常数的商，无量纲。

速度分割常数的取值由瞬时速度和VSP共同决定，见表8-3。

速度分割常数的取值 表8-3

速度(m/s)	速度分割常数取值	
	VSP<16kW/t	VSP≥16kW/t
$v<5.4$	3	3
$5.4 \le v < 8.5$	5	3
$8.5 \le v < 12.5$	7	5
$v \ge 12.5$	13	5

IVE模型利用VSP和ES两个参数将车辆的瞬时行驶状态划分为60个行驶区间(bin)，见表8-4；并基于以FTP为标准行驶工况的台架试验数据确定每个行驶区间对应的污染物排放率来建立排放率数据库，据此得到机动车瞬时行驶状态与瞬时排放率的分区间对应关系。

IVE模型基于VSP和ES划分的行驶区间 表8-4

VSP(kW/t)	行驶区间编号		
	低负荷1.6<ES≤3.1	中负荷3.1<ES≤7.8	中负荷7.8<ES≤12.6
−80.0≤VSP<−44.0	0	20	40
−44.0≤VSP<−39.9	1	21	41
−39.9≤VSP<−35.8	2	22	42
−35.8≤VSP<−31.7	3	23	43
−31.7≤VSP<−27.6	4	24	44
−27.6≤VSP<−23.4	5	25	45
−23.4≤VSP<−19.3	6	26	46
−19.3≤VSP<−15.2	7	27	47
−15.2≤VSP<−11.1	8	28	48
−11.1≤VSP<−7.0	9	29	49
−7.0≤VSP<−2.9	10	30	50
−2.9≤VSP<1.2	11	31	51
1.2≤VSP<5.3	12	32	52
5.3≤VSP<9.4	13	33	53
9.4≤VSP<13.6	14	34	54
13.6≤VSP<17.7	15	35	55
17.7≤VSP<21.8	16	36	56

续上表

VSP (kW/t)	行驶区间编号		
	低负荷 1.6 < ES≤3.1	中负荷 3.1 < ES≤7.8	中负荷 7.8 < ES≤12.6
21.8≤VSP < 25.9	17	37	57
25.9≤VSP < 30	18	38	58
30≤VSP < 1000	19	39	59

2)基准排放因子

图 8-10 展示了 IVE 模型建立各行驶区间(bin)排放率数据库,以及基于非 FTP 工况行驶状态参数计算车辆基准排放因子的流程。根据用户输入的当地行驶工况的各行驶区间内时间分布频率,IVE 模型依据各行驶区间和排放率的对应关系(排放率数据库),即可模拟测算机动车在该行驶工况下的排放因子。在确定了模拟测算的车辆类型后,基准排放因子的计算主要分为两个步骤:

(1)基于当地行驶工况计算行驶区间(bin)分布频率。用户基于当地行驶工况参数(速度、加速度)计算逐秒的 VSP 和 ES,并根据 VSP 和 ES 划分原则,确定每秒行驶状态的行驶区间编号,然后统计该工况在 60 个区间内的时间分布频率并将其输入 IVE 模型。

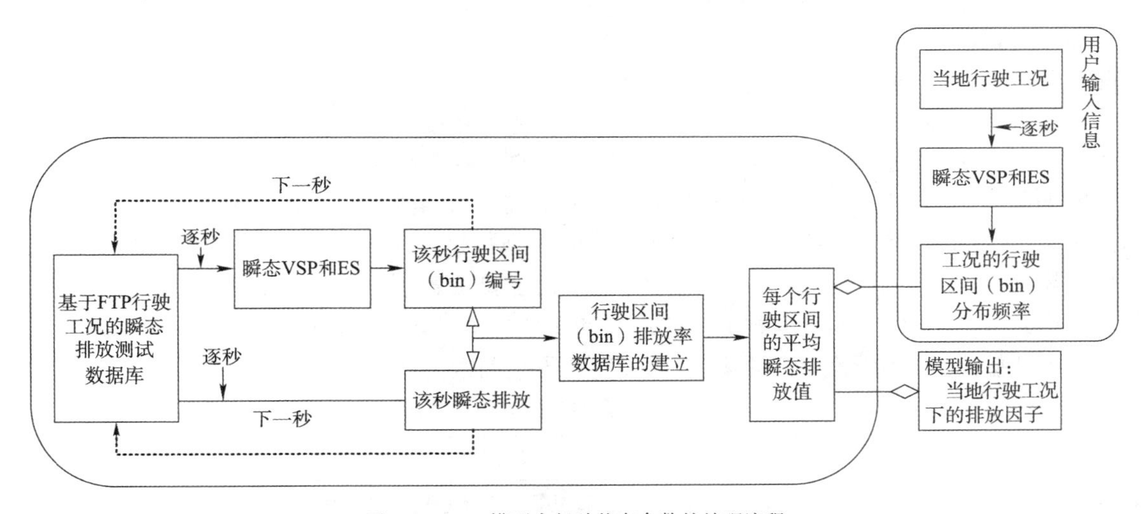

图 8-10 IVE 模型中行驶状态参数的处理流程

(2)排放率匹配和排放因子计算。IVE 模型在排放率数据库中查找对应车型每个行驶区间(bin)内的排放率,将其与用户输入的各行驶区间分布频率进行匹配来计算该行驶工况的排放因子,计算公式为:

$$EF = \frac{\sum_{i=0}^{59}(ER_i \times f_i)}{v/3600} \tag{8-14}$$

式中:EF——某种污染物的排放因子,g/km;

ER_i——车辆在编号为 i 的行驶区间内的污染物排放率,g/s;

f_i——当地行驶工况在编号为 i 的行驶区间内的时间分布频率,无量纲;

v——当地行驶工况的平均速度,km/h。

2. DCMEM 模型

尽管 IVE 模型具有较好的移植性和适用性，但是其内嵌的排放率数据库是基于美国车辆的排放测试数据建立的，因此在我国应用 IVE 模型会产生一定的不确定性。2004 年，清华大学基于 VSP 和 ES 两个核心参数，以我国实测的机动车排放数据为基础，建立了适用于我国车辆的排放模型——DCMEM，模型的框架如图 8-11 所示。

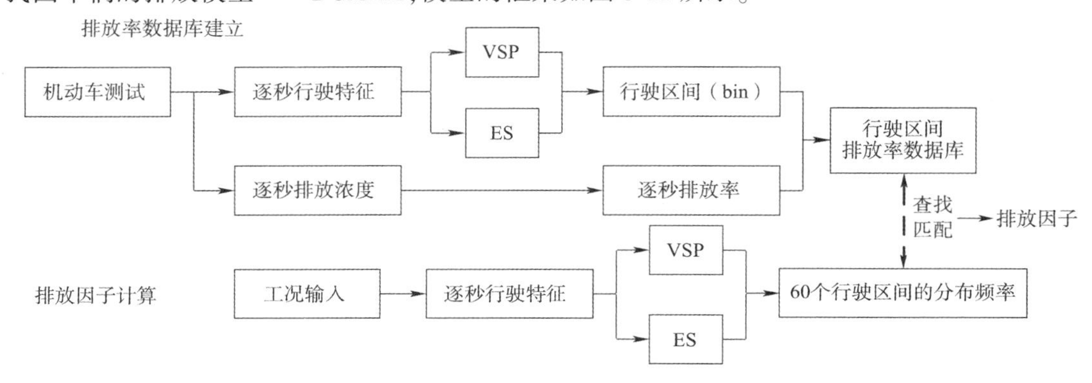

图 8-11　DCMEM 模型框架

与 IVE 模型类似，DCMEM 模型同样是采用 VSP 和 ES 两个参数将车辆的行驶状态划分为 60 个行驶区间（bin）来建立污染物排放率数据库，并采用数据库查询方法来确定车辆实际行驶状态（用户输入的当地行驶工况）下的排放因子；不同的是这些排放率数据是选取中国的代表性车型在实际道路行驶条件下测试获得的。在排放率数据库中，DCMEM 模型将车辆按照车质量、用途、发动机类型、行驶里程和燃油类型进行分类和编码，见表 8-5。每种车型的编码有 5 位，如 LMMNP 代表“轻型车 + 微型车 + 电喷车 + 小于 8 万 km + 汽油”。图 8-12 展示了该类车在各行驶区间（bin）内的污染物排放率。由于数据积累时间较短，目前该模型重点考虑了行驶特征的排放修正，车辆主要覆盖了轻型车，可预测的污染物包括 CO_2、CO、NO_x 和 HC。随着测试工作的进展和车辆样本的增加，DCMEM 模型也会不断更新排放率数据库，从而覆盖更多的车型、污染物和影响因素。

DCMEM 模型的车型分类和编码　　表 8-5

分类依据	细分类别和编码
车质量	轻型车 L、中型车 M、重型车 H
用途	微型车 M、轿车 C、出租汽车 T、其他车 O
发动机类型	化油器车 C、化油器改造车 R、电喷车 M
行驶里程	小于 8 万 km N、8 万 ~ 12 万 km M、大于 12 万 km O
燃油类型	汽油 P、乙醇汽油 E

3. 模型应用与评价

中观排放模型和宏观模型在整体方法学上比较类似，即对标准状态下的排放进行各种影响因素的修正，以得到车辆在实际行驶状态下的排放；两者最核心的区别是它们采用了不同的行驶特征修正方法。与宏观排放模型仅选择平均速度修正基准排放因子不同，中观模型一般选择速度 + 加速度或者综合了速度、加速度以及海拔高度的 VSP 作为行驶特征的代用参数，将车辆的行驶状态划分成多个行驶区间（bin），并采用数据库查询方法来确定车辆在不同行驶状态下的基准排放因子，这使得中观排放模型考虑的车辆行驶特征更为全面。因此，中观排放模型比较适用于较小时空尺度的机动车排放污染评估，例如车辆在特殊路段或者特殊时段的排放。需要注意的是，在相对宏观的研究区域内，例如某地区的月或年排放测算，中观排放模型与宏观模型相比并无明显优势；除非该地区的车辆行驶工况与宏观模型的标准工况差异较大，此时中观排放模型优于宏观模型，但数据需求和计算工作量也会成倍增加。

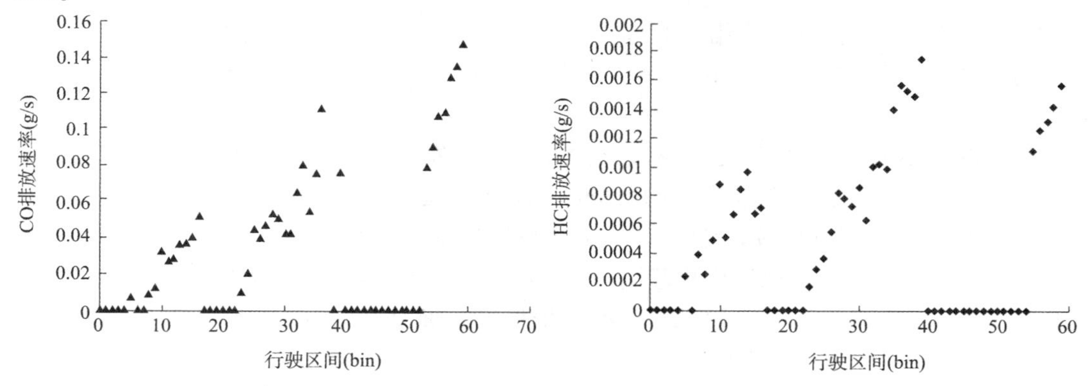

图8-12 LMMNP类车辆在各行驶区间(bin)内的污染物排放率

由于我国不同城市的交通发展模式存在很大差别，车辆的行驶工况也有明显差异，因此中观排放模型是开展中国城市机动车排放污染研究更好的选择，并且建立适合我国自己的中观排放模型能够更为准确地反映我国不同类型车辆的排放特性。此外，由于我国城市交通发展迅速，车辆的行驶特征变化很快，无论使用哪个模型，均需要定期更新输入的行驶工况，以提高模型的准确性。

四、微观排放模型

随着人们对机动车排放认识的不断深入，机动车排放研究不再仅满足于获取机动车排放量，而是向着更微观的层面发展，试图去理解机动车微观的排放规律及其与交通系统和交通流特征之间的内在联系，为此出现了微观排放模型。微观排放模型可模拟机动车在微观交通环境中逐秒的排放。广义地说，微观排放模型是一种时空分辨率更高的中观排放模型。需要注意的是，微观排放模型很少直接用于研究机动车排放因子，而是研究车辆在各类交通流中的排放水平变化，分析特殊交通地点(例如交叉路口、高速匝道、街区峡谷或某一路段等)的污染物浓度分布特征与扩散规律。

按照建模原理，微观排放模型可分为数学模型和物理模型。其中，数学模型通过建立速度、加速度等行驶特征参数与排放测试结果之间的关系来确定车辆逐秒的排放，代表性模型有弗吉尼亚理工大学开发的VT-Micro(Virginia Tech Microscopic Energy and Emission model)、美国麻省理工学院开发的EMIT(Emissions from Traffic)以及清华大学建立的中国轻型车瞬态排放因子模型ICEM(Instantaneous Car Emission Model)。与数学模型不同，物理模型分析污染物排放产生的原理和过程，从发动机能量需求出发，站在物理学的角度对发动机转速、当量燃空比、燃料消耗、发动机污染物排放和催化剂效率等进行模拟和计算，从而得到机动车尾气排放。美国加州大学河滨分校和密歇根大学合作开发的CMEM(Comprehensive Modal Emission Model)是物理模型的代表。

1. VT-Micro 模型

VT-Micro 模型是弗吉尼亚理工大学以 60 余辆轻型车的台架试验数据为基础，选取瞬时速度和加速度为行驶特征代用参数，采用统计回归的方法建立的微观排放模型。模型可以和微观交通模型耦合来仿真模拟多种智能交通技术对车辆能耗和排放（CO、HC 和 NO_x）的影响。由于车辆的排放率数据离散性较强，因此很难直接建立行驶特征代用参数和排放的纯数学解析关系。为了降低数据的离散性，数学模型一般采用类似于数值方法的数学手段，即对行驶特征代用参数进行分区，并将各分区的排放数据取平均作为该行驶区间对应的排放结果，之后再利用统计回归方法建立代用参数与排放之间的数学函数关系。

VT-Micro 模型在建模时，将车辆按照用途、车龄、发动机排量和行驶里程分为 7 类，见表 8-6。针对每类车型，首先将车辆的行驶状态依据加速度分为减速（$a<0\text{m/s}^2$）和非减速（$a\geqslant 0\text{m/s}^2$）两个区间，再对每个区间对应的排放数据依据速度和加速度进一步细分成多个子区间。其中测试车辆的速度变化范围为 0 ~ 120km/h，以 1km/h 为步长进行细分；加速度变化范围为 $-1.7\sim 2.8\text{m/s}^2$，以 0.28m/s^2 为步长进行细分。之后，对每个细分区间内的排放数据取平均作为该行驶区间对应的排放率，这样就得到了速度-加速度-排放的三维关系图，如图 8-13 所示。最后，选取速度和加速度为行驶特征代用参数，并将两者作为自变量进行拟合，建立了指数形式的三次多项式统计回归模型，模型形式为：

$$MOE_e=\begin{cases}e^{\sum\limits_{i=0}^{3}\sum\limits_{j=0}^{3}(L_{i,j}^{e}\times v^{i}\times a^{j})} & (a\geqslant 0)\\ e^{\sum\limits_{i=0}^{3}\sum\limits_{j=0}^{3}(M_{i,j}^{e}\times v^{i}\times a^{j})} & (a<0)\end{cases} \tag{8-15}$$

式中：MOE_e——污染物瞬时排放率，g/s；

$L_{i,j}^{e}$——加速或匀速工况下模型回归系数，无量纲；

$M_{i,j}^{e}$——减速工况下模型回归系数，无量纲；

v——车辆瞬时速度，m/s；

a——车辆瞬时加速度，m/s^2。

VT-Micro 模型的车型分类 表 8-6

用　　途	车型代号	车型描述
轻型客车	LDV1	制造年份早于 1990 年
	LDV2	制造年份不晚于 1990 年且早于 1995 年，发动机排量 <3.21L，里程 <83653mile
	LDV3	制造年份不早于 1995 年，发动机排量 <3.21L，里程 <83653mile
	LDV4	制造年份不早于 1990 年，发动机排量 <3.21L，里程 ≥83653mile
	LDV5	制造年份不早于 1990 年，发动机排量 ≥3.21L
轻型货车	LDT1	制造年份不早于 1993 年
	LDT2	制造年份早于 1993 年

2. CMEM 模型

CMEM 模型是由美国国家公路合作研究计划项目资助，经加州大学河滨分校和密歇根大学合作开发的微观排放模型，用于计算不同类型车辆单车或综合车队在不同行驶条件（加速、减速、匀速和怠速）下逐秒的尾气管排放（包括 CO、CO_2、HC 和 NO_x）和燃油消耗。模型根据发动机类型、燃油类型、排放标准、行驶里程等将轻型车分为 26 类(正常排放轻型客车 12 类、正常排放轻型卡车 9 类、高排放车 5 类),重型车分为 7 类,分别见表 8-7 和表 8-8。

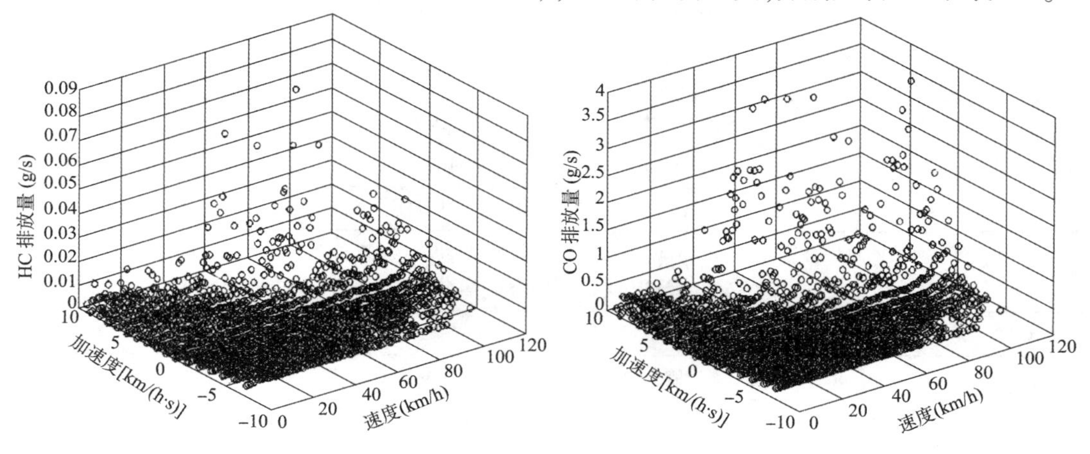

图 8-13 排放与速度-加速度的三维关系图

CMEM 模型的轻型车分类 表 8-7

车型	分类编号	机动车技术水平
正常排放轻型客车	1	无催化转换器
	2	二元催化转换器
	3	三元催化转换器,化油器
	4	三元催化转换器,电喷,总行驶里程 >8 万 km,功率/质量 <0.039hp/lb
	5	三元催化转换器,电喷,总行驶里程 >8 万 km,功率/质量 >0.039hp/lb
	6	三元催化转换器,电喷,总行驶里程 <8 万 km,功率/质量 >0.039hp/lb
	7	三元催化转换器,电喷,总行驶里程 <8 万 km,功率/质量 >0.039hp/lb
	8	Tierl 标准,总行驶里程 >8 万 km,功率/质量 <0.042hp/lb
	9	Tierl 标准,总行驶里程 >8 万 km,功率/质量 >0.042hp/lb
	10	Tierl 标准,总行驶里程 <8 万 km,功率/质量 <0.042hp/lb
	11	Tierl 标准,总行驶里程 <8 万 km,功率/质量 >0.042hp/lb
	24	Tierl 标准,总行驶里程 >16 万 km
正常排放轻型货车	12	制造年份在 1979 年以前,GVW≤8500(GVW 即 gross vehicle weight,额定质量,单位为 lb)
	13	制造年份在 1979—1983 年,GVW≤8500
	14	制造年份在 1984—1987 年,GVW≤8500
	15	制造年份在 1988—1993 年 ,LVW≤3750(LVW 即 loaded vehicle weight,负载质量,单位为 lb)
	16	制造年份在 1988—1993 年,LVW >3750
	17	Tierl 标准,LDT2 和 LDT3(LVW 或者调色 LVW 3751 ~5750)
	18	Tierl 标准,LDT4(GVW 6001 ~8500,调色 LVW >5750)
	25	汽油车,LDT(GVW >8500)
	40	柴油车,LDT(GVW >8500)

续上表

车型	分类编号	机动车技术水平
高排放车	19	贫燃
	20	富燃
	21	失火
	22	催化剂失效
	23	极度富燃

注:hp 是英制马力的单位符号,1hp≈0.75kW;lb 是磅的单位符号,1lb≈0.45kg。

CMEM 模型的重型车分类 表 8-8

分类编号	车型描述
1	制造年份早于 1991 年,2 冲程发动机,机械喷射
2	制造年份早于 1991 年,4 冲程发动机,机械喷射
3	制造年份不早于 1991 年且早于 1993 年,4 冲程发动机,机械喷射
4	制造年份不早于 1991 年且早于 1993 年,4 冲程发动机,电子喷射
5	制造年份不早于 1994 年且早于 1997 年,4 冲程发动机,电子喷射
6	1998 年制造,4 冲程发动机,电子喷射
7	制造年份不早于 1999 年且早于 2002 年,4 冲程发动机,电子喷射

作为典型的物理模型,CMEM 模型从发动机能量需求的物理角度出发分析排放产生的原理和过程,将排放过程分解为若干个部分;每个部分均对应车辆运行过程中与排放相关的某一物理现象,并利用这些物理现象中的特征参数(发动机输出功率、转速、转矩和空燃比等)建立解析式来刻画各部分影响排放的过程。解析式中特征参数的确定取决于所模拟车辆的自身条件和运行状况,其中车辆技术条件主要包括发动机排量、汽缸数、整车质量、发动机附加负荷、发动机最大转矩、最大转矩时的转速、发动机最大功率、最大功率时的转速、怠速转速等;车辆的运行状况主要是车辆运行过程中的逐秒速度、加速度、道路坡度和空调开启情况;这些数据需要用户根据各自的研究对象输入模型中。

CMEM 模型的结构如图 8-14 所示,包括六个子模块:①发动机功率需求模块;②发动机转速模块;③当量空燃比模块;④燃油消耗率模块;⑤发动机排放模块;⑥催化剂通过率模块。其中前 4 个模块用于计算车辆的燃油消耗率,第 5 个模块用于计算发动机的污染物排放,第 6 个模块用于计算车辆的尾气管排放。模型的计算原理可以概括为如下过程:首先,通过车辆动力学原理计算发动机功率需求,然后根据功率、转速以及当量空燃比确定燃油消耗率,再通过燃油消耗率和当量空燃比计算发动机的污染物排放率,最后由发动机排放率和催化剂通过率计算最终的尾气管排放率。其中,功率需求是整个计算的出发点和基础,模型需要依据机动车所需功率来判断车辆当前处于哪种运行条件,进而确定发动机和催化器的工作状态。发动机功率的计算公式为:

$$P = \frac{P_{牵引}}{\varepsilon} + P_{附加} \tag{8-16}$$

式中:P——发动机逐秒的功率需求,kW;

$P_{牵引}$——车辆行驶所需的牵引功率,kW;

$P_{附加}$——车辆使用空调等附件消耗的额外功率,kW;

ε——车辆传动效率,无量纲。

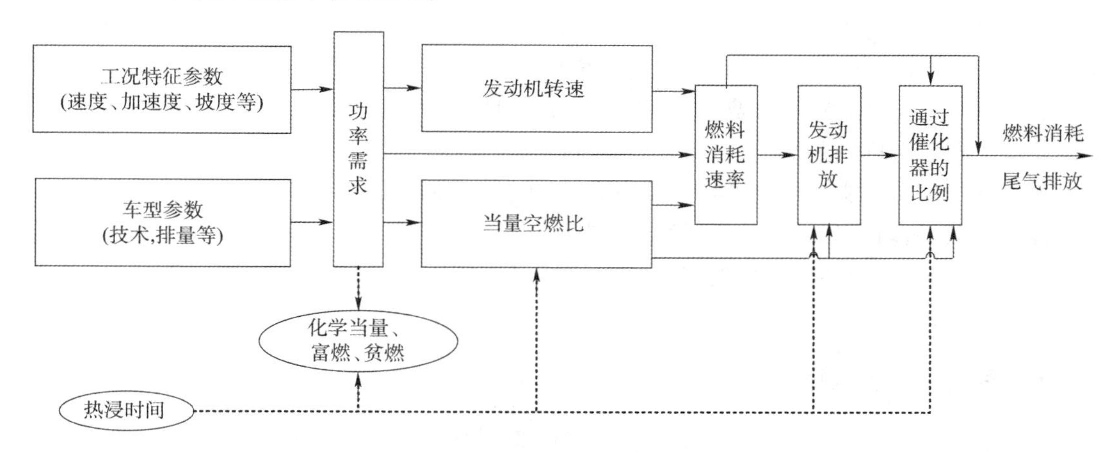

图 8-14 CMEM 模型结构图

牵引功率 $P_{牵引}$ 考虑了发动机改变车辆动能和势能所需输出的功率,可以根据车辆的速度、加速度和道路坡度计算得到,公式为:

$$P_{牵引}=\frac{m}{1000}\times v\times(a+g\times\sin\theta)+(m\times g\times C_{R}+\frac{\rho}{2}\times v^{2}\times A\times C_{D})\times\frac{v}{1000} \quad (8\text{-}17)$$

式中:m——车辆质量,kg;

v——车辆瞬时行驶速度,m/s;

a——车辆瞬时加速度,m/s^2;

g——重力加速度,取 $9.81m/s^2$;

θ——道路坡度;

C_R——滚动阻力系数,无量纲,一般在 0.0085 ~ 0.016 之间;

ρ——环境空气密度,在 20℃时为 $1.207kg/m^3$;

A——车辆挡风面积,m^2;

C_D——风阻系数,无量纲。

传动效率 ε 可以由车辆行驶速度 v 和比功率 SP 来确定,计算公式为:

$$\varepsilon=\begin{cases}\varepsilon_1\\ \varepsilon_1\left[1-\varepsilon_2\left(1-\frac{v}{30}\right)^2\right] & (a>0, v<30\text{mile/h})\\ \varepsilon_1\left[1-\varepsilon_3\left(\frac{SP}{100-v}\right)^2\right] & (SP>100\text{mph}^2/\text{s})\end{cases} \quad (8\text{-}18)$$

式中:ε_1——车辆最大传动效率,取值为 70% ~93%;

ε_2——车辆在低速行驶时的传动效率,取值为 1;

ε_3——车辆在高功率行驶时的传动效率,取值为 0 ~ 0.2;

v——车辆瞬时行驶速度,mile/h;

SP——车辆比功率,其定义为 $2\times a\times v$,mph^2/s。

3. 模型应用与评价

微观排放模型可以模拟车辆行驶过程中逐秒的污染物排放,其输入的行驶参数通常是逐秒的速度和加速度，因此可以很好地与交通模型进行耦合。如 VT-Micro 模型的开发目的就是为了实现与微观交通模型的耦合。两类模型耦合时首先利用交通模型进行仿真获取各区域各时段的车辆行驶工况特征，然后传递给微观排放模型，即可模拟车辆在各种交通流中的排放特征。目前，有许多研究将微观排放模型与微观交通模型（PARAMICS 或 VISSIM 等）进行耦合，来研究道路特性、提高道路通行效率、拥堵流、驾驶员行为、单车道的特征变化以及各种交通政策对排放的影响。

微观排放模型与交通模型的耦合有两种方式：第一种是直接将交通行驶工况数据输入微观排放模型，从而得到耦合结果；第二种是通过二次开发在软件平台上实现两种模型的耦合，从而实现对机动车尾气排放的实时监控，帮助有关部门监测交通排放高污染的发生区域并及时对其实施管理。

五、多尺度排放模型

传统的排放模型一般都是针对宏观、中观或微观某一尺度的排放研究进行开发。由于开发目的不同，所采用的模型开发思路与方法也会有很大区别，这导致将某一尺度的排放模型应用在其他尺度的研究时会带来较大的预测误差。例如，MOBILE 模型开发之初仅着眼于大时空尺度的排放量测算，虽然第六代版本 MOBILE6 模型将平均速度在空间（分道路类型）和时间（分 24h）上进一步细分以提高模型预测的时空分辨率，但是由于其在方法学上的局限性，导致其后续的更新升级越来越困难，维护成本也越来越高。基于此，自 2001 年开始，美国环保局开始着手开发新一代的多尺度移动源排放模型——MOVES（Motor Vehicle Emission Simulator），以满足不同尺度排放测算的应用需求。

1. 模型重要定义

为了实现不同尺度间排放测算衔接的灵活性和后续更新升级的便捷性，MOVES 模型采用了模块化的开发方法。在行驶特征表征方面，模型摒弃了基于平均速度的修正方法，而是采用了划分行驶区间和建立排放率数据库的数据库查询匹配方法，从而利用一致的计算思路实现了国家级（National - level）、郡县级（County - level）和项目级（Project-level）三个层次的排放模拟功能。模型开发中涉及源组（Source bin）、运行模式单元（Operating mode bin）、排放率（Emission rate）和总活动水平（Total activity）四个重要概念。

（1）源组。在建立排放率数据库时，MOVES 模型同样认为处于同一类别的车辆具有相同的排放特征。源组可以认为是车辆类型的二级子类别，由影响排放和能耗最关键的因素将一级分类的车辆进一步细分为多个组别。MOVES 模型将车辆按照用途分为 13 个一级类别，见表 8-9。进一步细分源组时考虑的因素包括燃油类型、发动机技术、出厂年份和排放标准等。表 8-10 以乘用轿车为例，展示了模型中该车型的细分源组。MOVES 模型的源组划分与其他模型相比更为细致和灵活，例如针对同一车型的不同污染物，源组的划分也会不同。

MOVES 模型中的一级车型分类　　表 8-9

编号	车型分类	描　述
1	摩托车	
2	乘用轿车	

续上表

编号	车型分类	描述
3	私人乘用货车	用于个人交通的7座车,多用途货车,SUV(Sport Utility Vehicle,运动型多用途汽车),以及其他2轴/4轮车辆
4	轻型商用货车	用于商务交通的7座车,多用途货车,SUV,以及其他2轴/4轮车辆
5	城际运输客车	
6	城市公交客车	
7	校车	
8	垃圾车	垃圾车的行驶路线、道路类型分布、运行时间与其他货车不同
9	短途运输货车	多数单次出行的行程 <200mile
10	长途运输货车	多数单次出行的行程 >200mile
11	房车	

乘用轿车的源组划分示例 表8-10

车型	源组划分参数	源组示例
乘用轿车	燃油类型	汽油
	发动机技术	电喷+三元催化
	出厂年份	2001—2010年
	排放标准	Tier 2
	排放水平	正常排放

(2)运行模式单元。与IVE模型类似,MOVES模型采用VSP和速度作为行驶特征代用参数将车辆行驶状态划分为不同的行驶区间(即运行模式单元),并建立各单元与污染物排放率的对应关系。模型针对运行排放将车辆的行驶状态划分为23个运行模式区间,见表8-11。为了反映不同类型道路上车辆的行驶特征差异,模型将道路分为市区快速路、市区非快速路、郊区高速公路和郊区非高速公路四种类型。此外,模型中还设置了非道路地点用于测算车辆在起动、怠速等状态下的污染物排放。

MOVES模型中的运行模式区间划分 表8-11

制动	行驶区间0		
怠速	行驶区间1(瞬时速度 <1mile/h)		
VSP(kW/t)	瞬时速度(mile/h)		
	1~25	25~50	>50
<0	行驶区间11	行驶区间21	
0~3	行驶区间12	行驶区间22	
3~6	行驶区间13	行驶区间23	
6~9	行驶区间14	行驶区间24	
9~12	行驶区间15	行驶区间25	
6~12			行驶区间35

续上表

制　　动	行驶区间 0		
怠速	行驶区间 1（瞬时速度 <1mile/h）		
VSP（kW/t）	瞬时速度（mile/h）		
	1 ~ 25	25 ~ 50	>50
<6			行驶区间 33
≥12	行驶区间 16		
12 ~ 18		行驶区间 27	行驶区间 37
18 ~ 24		行驶区间 28	行驶区间 38
24 ~ 30		行驶区间 29	行驶区间 39
≥30		行驶区间 30	行驶区间 40

（3）排放率。排放率数据库是 MOVES 模型的一个关键模块，数据库的建立除了基于台架测试数据，还加入了大量的实际道路行驶排放数据。与 IVE 模型相比，MOVES 模型对排放率的分类更为细致，包含的污染物种类也更丰富。例如，IVE 模型以行驶里程反映排放劣化，将行驶里程分为三组（0 ~ 8 万 km、8 万 ~ 16 万 km、16 万 km 以上），建立了各组行驶里程下的排放率；而 MOVES 模型则以车龄反映排放劣化的影响，将车龄分为 7 组（0 ~ 3 年、4 ~ 5 年、6 ~ 7 年、8 ~ 9 年、10 ~ 14 年、15 ~ 19 年、20 年以上）来建立不同车龄源组的排放率。此外，MOVES 模型还针对有无 I/M 制度分别建立了两套排放率，以反映 I/M 制度实施对排放的影响。在建立排放率数据库时，MOVES 模型考虑的污染物种类多达 180 余种，除了常规污染物（CO、HC、NO_x、VOC 和 PM 等）及其子类别（如 HC 分为甲烷和非甲烷碳氢）外，还包含了温室气体（CO_2、NO_2、CH_4）和有毒污染物，以满足不同研究的需要。

（4）总活动水平。总活动水平指车辆在不同排放过程下的活动总量，由每个源组的车辆数量和它们在该排放过程下的活动时长相乘得到。MOVES 模型中考虑的车辆排放过程包括起动排放、运行排放、怠速排放、曲轴箱排放和蒸发排放等。与 MOBILE 模型采用行驶里程来测算尾气排放量不同，MOVES 模型选取时间作为活动水平的表征参数，如源组在不同运行模式单元的行驶时长（Source hours operating，简称 SHO）、怠速时长（Source hours parked，简称 SHP）和起动次数等。模型首先将行驶里程转化为各排放过程下的运行时间，再结合排放率来计算排放量，从而实现了采用相同的计量方式来测算不同过程下的污染物排放。

2. 模型框架和计算原理

MOVES 模型的结构框架如图 8-15 所示。除了排放率数据库，模型主要由五个核心模块构成，分别为总活动水平生成模块（Total activity generation，简称 TAG）、运行模式分布生成模块（Operating mode distribution generation，简称 OMDG）、源组分布生成模块（Source bin distribution generation，简称 SBDG）、气象及燃油信息生成模块和排放计算模块。各模块的功能和计算原理如下：

（1）总活动水平生成模块（TAG）。总活动水平生成模块把模拟年份的机动车保有量和行驶里程数据依据 OMDG 模块输出的运行模式比例和 SBDG 模块输出的源组比例等分配到不同的道路类型、车型、车龄和时间段上。模拟年份的保有量和行驶里程数据可由用户输入,也可由该模块利用增长因子依据基准年(1999年)的保有量和行驶里程数据进行推算。此外,该模块还起到一个数据转换的作用,即将行驶里程、车龄分布和保有量等转化为MOVES模型特有的活动水平参数(如行驶时长SHO、怠速时长SHP等),以用于后续的排放测算。

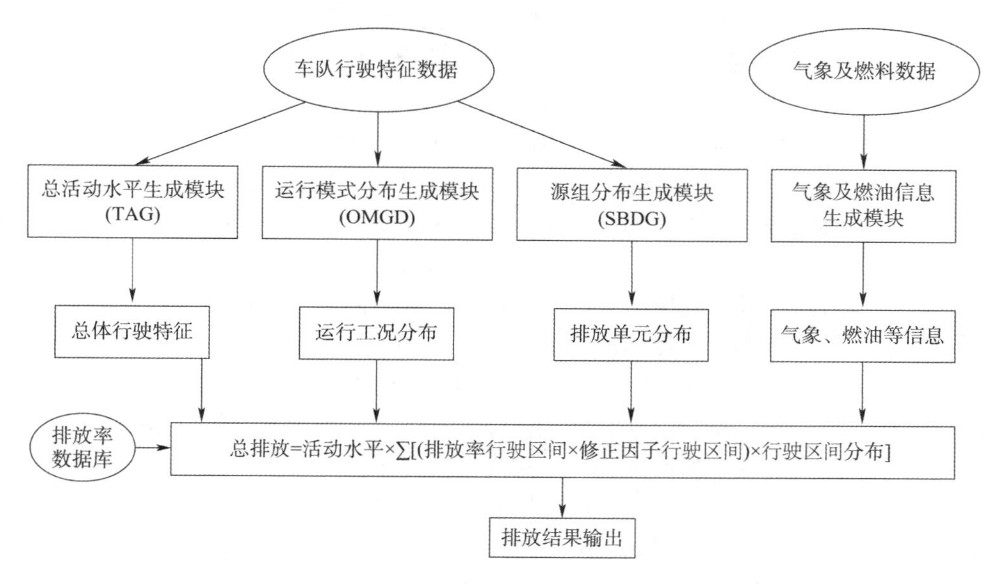

图8-15 MOVES模型的基本结构

(2)运行模式分布生成模块(OMDG)。运行模式分布生成模块依据用户输入的行驶数据计算出车辆在不同类型道路、不同运行模式区间下的时间分布比例,以用于排放率的查询匹配、加权计算和活动水平的分配。

(3)源组分布生成模块(SBDG)。源组分布生成模块依据用户输入的车队信息确定模拟车队的车型比例,以用于排放率的查询匹配、加权计算和活动水平的分配。

(4)气象及燃油信息生成模块。气象及燃油信息生成模块根据用户输入的信息确定各影响因素的修正因子,以对排放率进行修正。

(5)排放计算模块。排放计算模块是MOVES模型的核心部分,该模块首先把模型数据库中的排放率与对应的运行模式区间和车辆类型关联起来,再结合气象及燃油信息生成模块输出的修正因子对排放率进行调整;修正后的排放率再基于OMDG模块输出的运行模式比例和SBDG模块输出的源组比例进行加权平均,得到以g/s或g/次起动为单位的平均排放率;最后,将平均排放率与TAG模块输出的活动水平进行匹配相乘,即可得到模拟区域不同道路、不同时间段分车型的排放结果。

模型的整体计算过程可用公式表示为:

$$总排放_{车型} = 总活动水平 \times \sum_{i=1}^{行驶区间的数量} (排放率_{车型,i} \times 行驶区间分布_{车型,i}) \tag{8-19}$$

式中:i——行驶区间的编号,其中行驶区间分布包含源组和运行模式单元两方面的含义。

3. 模型应用与评价

与中观排放模型的建模方法类似,MOVES本质上是一个基于行驶模式(工况)的排放模型。该模型利用VSP和速度把车辆的行驶状态划分为不同的运行模式单元,将排放以逐秒时间为单位进行模式化(排放率),并将各运行模式区间下的排放率与车辆的行驶活动相匹配,从而实现对车辆在不同行驶模式下的排放进行逐秒的估计。这种针对排放率的模式化使得 MOVES 模型能够更准确地测算小尺度区域如交叉口、典型路段等特定交通地点上的机动车排放;通过对不同类型车辆、不同类型道路的排放进行加权集计,MOVES 模型也能够实现中尺度(区域路网)甚至是城市或国家这种大尺度区域的排放计算。在时间上,MOVES 模型对车辆的活动水平数据进行了多种时间尺度(小时、天、月、季和年)的划分,并通过加和的集计方法实现了不同时间尺度下的排放测算。

MOVES 模型在空间上将模拟区域分为国家(Nation)、郡县(County)和项目(Project)三个层次。其中国家层针对美国全国或州郡测算排放,测算结果是模拟年份中美国全国或某一州郡的机动车排放,测算时采用的车辆活动水平数据为模型内嵌的默认值。其他国家用户在使用 MOVES 模型时一般不选择该层次,更多采用的是郡县层和项目层。郡县层是针对美国的各个郡县进行排放测算,用户可以输入特定郡县的活动水平数据来提高测算准确度。在时间尺度上,该层的测算可以得到模拟年份不同时间段(全年、季节、月、工作日、周末等)的污染物排放。此外,MOVES 模型在该层次中还提供了自定义区域(Custom zone)功能,这使得模型可以满足用户针对不同空间尺度下特定区域(非美国郡县)的排放测算需求。在自定义区域,用户可以自己定义所研究区域的路网结构和车辆活动水平,并输入本地化的数据测算该区域的排放。自定义区域的设置非常灵活,可以是某个省份或城市等大尺度区域,也可以是城市中的某一行政区、行政区内的部分路网(如某个旅游景点的周边路网)等中小尺度区域。相比于国家层和郡县层,项目层的计算在空间和时间尺度上都是微观的。项目层主要用于特定交通地点的排放测算,如交叉口、停车场、特定路段等;同样由用户自己定义所研究地点的路网结构和车辆活动水平,输入模型后得到的结果是该地区某个小时的污染物排放。

综上所述,MOVES 模型将运行模式区间与排放率相匹配,采用从预测不同模式下的逐秒排放到路段排放,再到区域路网排放这种自下而上层层集计的方法,实现了从微观到中观再到宏观多个时空尺度下排放测算方法的统一;这种建模方法也使得模型在时间和空间尺度的选择上具有很大的灵活性。理论上讲,模型既可以针对某个空间区域分别进行不同时间尺度下的排放测算,也可以计算某一时间尺度下不同空间范围的排放;用户则可以通过合理设置自定义区域、界定所研究区域的路网和车辆活动水平等来实现上述模拟测算。但需要注意的是,随着模拟测算在时间和空间尺度上的增大,模型的数据需求和计算工作量也会成倍增加。此外,在应用 MOVES 模型开展我国机动车排放研究时,仍然需要考虑我国与美国在某些模型参数上的差异,并对模型进行适当的调整和本地化修正,以使其适用于我国情况。

第九章　道路空气污染预测与暴露评估

第一节　空气污染气象基础

一、大气组成与热力结构

1. 大气组成

地球大气是由多种物质组成的混合体，其中主要是气态物质，有氮气、氧气、二氧化碳、臭氧、以及一些惰性气体。除此之外，还有许多固态、液态的颗粒物。大气科学中通常称不含水汽和悬浮颗粒物的大气为干洁大气，简称干空气。在 80 ~ 90km 以下，干空气成分（除臭氧和一些污染气体外）的比例基本不变，可视为单一成分，其平均分子量为 28.966。组成干空气的所有成分在大气中均呈气体状态，不会发生相变。

讨论大气组成时，人们经常将所有成分按其浓度分为三类：

（1）主要成分，其浓度在 1% 以上，它们是氮（N_2）、氧（O_2）和氩（Ar）；

（2）微量成分，其浓度在 1×10^{-6} ~ 1% 之间，包括二氧化碳（CO_2）、甲烷（CH_4）、氦（He）、氖（Ne）、氪（Kr）等干空气成分以及水汽；

（3）痕量成分，其浓度在 1×10^{-6} 以下，主要有氢（H_2）、臭氧（O_3）、氙（Xe）、一氧化二氮（N_2O）、一氧化氮（NO）、二氧化氮（NO_2）、氨气（NH_3）、二氧化硫（SO_2）、一氧化碳（CO）等。此外，还有一些人为产生的污染气体，它们的浓度多为 10^{-12} 量级。

2. 大气的热力结构

大气按热力结构不同，在垂直方向上可以分为对流层、平流层、中层、热层、外层。

对流层是指从地面到 10km 左右的大气层。对流层的主要特征是受到地面强烈的影响。在对流层内，空气温度随高度上升而减小，温度递减率一般为 0.65℃/100m。对流层集中了大气质量的 3/4 和几乎全部的水汽，有云、雨、霜、雪、雷电等天气现象，垂直方向的对流运动强烈。对流层高度随季节和纬度变化，在低纬度地区一般为 17 ~ 18km，中纬度地区为 11 ~ 12km，高纬度地区为 7 ~ 8km。在对流层最下方的大气受到地面的影响最大，表现出一些与其上方大气所不同的特征，经常把对流层最下层约 1 ~ 2km 厚的气层称为大气边界层。大气边界层是地气系统进行物质、能量交换的通道，也是大气受人类活动影响最剧烈的一层。大气污染物被排放到边界层中，在风和湍流的作用下，向四处输送、扩散，因而大气边界层是空气污染气象学研究的主要对象之一，尤其对局地和中小尺度大气污染预报、大气环境规划管理、城市大气环境等领域的研究有决定性的作用。

从对流层顶到 55km 高度的大气层称为平流层。平流层受地面影响较小，因而几乎没有对流运动，气流主要在水平方向平稳地流动。平流层内的温度随高度上升，开始时变化不大，但到 30km 高度以上，气温增加很快，到平流层顶附近气温可以达到 270 ~ 290K（ -3 ~

17℃),这主要是由于臭氧吸收太阳紫外线所导致。平流层几乎不含水汽,也就没有天气现象,大气很洁净,能见度好,适合飞行。平流层内也可能因为一些严重的污染排放而受到污染,例如,有火山强烈爆发时,大量的火山灰随着高温气体上升,可以进入平流层,并且会停留在其中数月甚至数年。平流层内如果存在大量诸如火山灰一样的气溶胶,将会散射和吸收太阳短波辐射,同时自身也发射红外辐射,从而改变地气系统的辐射收支,影响气候变化。因此,平流层的环境也是十分重要的。

从平流层顶到离地 80~85km 高的气层被称为中层。在这一层中,温度高度上升而下降,中层顶附近温度降低到 160~190K(-113~-83℃)。由于气温垂直递减率很大,使得该层处于强烈的不稳定状态,容易发生垂直对流运动,存在强烈的热力湍流。同时,由于太阳辐射强,在中层中的气体容易发生电离,并且有强烈的光化学反应。

热层位于中层顶到 500~600km 高度之间。在这一层中,波长短于 0.175μm 的紫外线被气体吸收,所以温度随高度上升迅速增加,可以到 1000~2000K(727~1727℃)。热层中的气体处于高度电离状态,温度日变化非常大。

热层以上的大气被称为外层大气。这是大气向星际空间的过渡带,空气分子数密度非常小,自由程很大,气体分子容易从地球引力场中逃逸。

二、主要气象要素

1.描述大气的物理量

对大气状态和大气物理现象给予定量或定性描述的物理量称为气象要素。与道路交通空气污染物扩散有关的气象要素主要有气温、气压、气湿、风(风向、风速)、云(云况、云量)、能见度及太阳辐射等。

1)气温

气象上讲的地面气温,一般是指离地面 1.5m 高处,在百叶箱中观测到的空气温度。气温一般用摄氏度(℃)表示,理论计算常用热力学温度(K)表示。

2)气压

气压是大气作用到单位面积上的压力,单位为帕斯卡(Pa)。

3)气湿

空气湿度简称气湿,它是反映空气中水汽含量多少和空气潮湿程度的物理量。常用的表示方法有绝对湿度、水汽分压力、相对湿度等。其中相对湿度应用较普遍,它是空气中的水汽分压力与同温度下饱和水汽压的比值,以百分数表示。

4)风

气象上把空气质点的水平运动称为风。空气质点的垂直运动称为升、降气流。风是矢量,用风向和风速描述其特征。

风向指风的来向。例如,风从东方吹来称东风,风向南边吹去称北风。风向的表示方法有方位表示法和角度表示法两种。

风速是单位时间内空气在水平方向移动的距离,单位为 m/s。气象站给出的通常是地面风速,地面风速是指距地面 10m 高的风速。

5)云

云是由飘浮在空中的大量小水滴或小冰晶抑或两者的混合物构成。云的生成、外形特征、量的多少、分布及其演变不仅反映了当时大气的运动状态，而且预示着天气演变的趋势。云可用云状和云量描述。

云状是指云的形状。根据1932年国际云学委员会出版的国际云图，按云的高度及其形状将云分为三族十属几十种。具体分类可查阅有关资料。

云量（亦称云总量）是指云的多少。我国将视野能见的天空分为10等份，被云遮蔽的份数称为云量。例如，碧空蓝天，云量为零；云遮蔽了4份，云量为4；满天乌云，云量为10。低云量是指低云遮蔽天空的份数，低云是指云底高度在2500m以下的云。我国云量记录以分数表示，分子为总云量。低云量不应大于总云量，如总云量为8，低云量为3，记作8/3。

6）能见度

正常人的眼睛能见到的最大水平距离称为能见度（水平能见度）。所谓"能见"，就是能把目标物的轮廓从它们的天空背景中分辨出来。

能见度的大小反映了大气的浑浊程度，反映出大气中杂质的多少。

2. 气温层结与风速廓线

1）气温层结

从地面到高度为1～2km的大气层称为大气边界层或行星边界层。地面以上100m左右的一层大气称为近地层或摩擦边界层。在大气边界层中，大气的温度随着高度而变化，气温随高度的变化可以用气温沿铅直高度分布曲线来表示，该曲线称为气温层结曲线，简称气温层结或层结。

气温随高度变化的快慢用气温递减率来表示。气温递减率的数学定义式为$\gamma = \Delta T/\Delta Z$，是指单位高差（通常取100m）气温变化的负值。

干空气在绝热升降过程中，每升降100m气温变化的负值称为干空气温度绝热递减率，以γ表示。经计算，$\gamma_d \approx 0.98\text{K}/100\text{m}$（取$1.0\text{K}/100\text{m}$），这表示干空气在做绝热上升（或下降）运动时，每升高（或下降）100m气温约降低（或升高）1℃。

大气边界层中气温层结有4种典型情况：

（1）气温随高度的增加而递减，即$\gamma > 0$，称为正常分布层结或递减层结。气温随高度的分布多数是这种分布。

（2）气温递减率等于或近似等于干绝热递减率，即$\gamma = \gamma_d$，称为中性层结。

（3）气温随高度增加而增加，即$\gamma < 0$，称为气温逆转，简称逆温。

（4）气温随高度增加而不变化，即$\gamma = 0$，称为等温层结。

2）风速廓线

大气的水平运动是作用在大气上的各种力的总效应。作用在大气上的水平力有：①水平气压梯度力，它是空气水平运动的原动力；②地转偏向力，又称科里奥利力，简称科氏力；③惯性离心力，是做曲线运动的大气所受的力；④摩擦力，是阻碍运动的力。由于这些力在不同高度上的组合不同，从而使风速随高度变化而变化。表示风速随高度变化的曲线称为风速廓线，风速廓线的数学表达式称为风速廓线模式。常用目的风速廓线模式对数律模式和幂函数模式两种。

（1）对数律风速廓线模式。

对数律风速廓线模式用于近地层（100m以下）中性层结条件下，精度较高。其公式为：

$$\bar{u}=\frac{u^{*}}{k}\ln\frac{z}{z_{0}} \tag{9-1}$$

式中：$\bar{u}$——计算高度 z 处的平均风速，m/s；

u^{*}——摩擦速度，m/s；

k——卡门常数，$k=0.4$；

z_0——地面粗糙度，m。

表 9-1 列出了一些有代表性的地面粗糙度。实际的 z_o 和 u^{*} 值，可利用不同高度上测得的风速值按式(9-1)求得。在近地层中性层结条件下应用对数律模式，精度较高；但在非中性层结条件下应用，将会产生较大误差。

有代表性的地面粗糙度(单位：cm)　　表 9-1

地面类型	地面粗糙度	有代表性的地面粗糙度
草原	1 ~ 10	3
农作物地	10 ~ 30	10
村落、分散的树林	20 ~ 100	30
分散的大楼(城市)	100 ~ 400	100
密集的大楼(大城市)	400	>300

(2)指数律风速廓线模式。

据实测资料分析表明，非中性层结时的风速廓线，可以用指数律模式描述：

$$\bar{u}=\bar{u}_{1}\left(\frac{z}{z_{0}}\right)^{m} \tag{9-2}$$

式中：$\bar{u}$——计算高度 z 处的平均风速，m/s；

$\bar{u}_1$——已知高度 z_1 处的平均风速，m/s；

m——稳定度参数，取决于地面粗糙度和气温层结，为 0 ~ 1 之间的分数。

3)大气稳定度及其判据

如果大气中空气受到外力作用，产生了向上或向下运动，当外力去除后可能发生 3 种情况：①气块逐渐减速并有返回原来位置的趋势，称这种大气是稳定的；②气块加速上升或下降，称这种大气是不稳定的；③气块立即停止运动或做等速直线运动，称这种中大气是中性的。大气静力稳定度(简称稳定度)是表示大气抗干扰能力的物理量。大气扩散中，大气稳定度表征了大气的扩散能力。不稳定的大气扩散能力强，中性的大气扩散能力次之，稳定的大气扩散能力弱。

判断大气稳定度的方法较多，这里只介绍其中一种，即用气温递减率(γ)与干绝热递减率(γ_d)之差来判断。当 $\gamma-\gamma_d>0$ 时，大气是不稳定的；当 $\gamma-\gamma_d=0$ 时，大气是中性的；当 $\gamma-\gamma_d<0$ 时，大气是稳定的。

三、气象条件与地形对空气污染的影响

1. 近地层大气温度分布与空气污染

近地层大气运动不仅存在着有规律的水平运动和垂直运动，还存在着空气微团无规则的湍流运动，大气的湍流运动使气体各部分之间充分混合，从而使进入大气的污染物得以逐

渐扩散稀释。大气湍流运动的成因和强弱取决于两个因素：一是机械作用引起的机械湍流，其强度取决于风速、风雨和地面起伏度；二是由于大气各部分的温度差而引起的热力湍流，这种热力湍流与空气污染关系极大。

如果将大气作为一个热力学系统，根据热力学第一定律，有：

$$dQ = dU + Pd\bar{V} \tag{9-3}$$

式中：dQ——气体热量变化量；

dU——热能变化量；

$Pd\bar{V}$——体积变化功。

对于空气，式(9-3)可写为：

$$dT = \frac{dQ}{mc_p} + \frac{RT}{c_p} \times \frac{dP}{p} \tag{9-4}$$

式中：dT——空气温度；

dP——压力变化量；

m——空气质量；

R——理想气体常数；

T——空气温度；

c_p——定压热容；

P——空气压力。

由式(9-4)可知，引起大气温度变化的原因有两个：一是空气与外界的热量交换，二是大气本身的压力变化。

大气低层气压变化不大，热交换的影响是主要的，此时式(9-4)简化为：

$$dT = \frac{dQ}{mc_p} \tag{9-5}$$

而在大气高层，往往气压变化的影响大大超过热交换的影响，此时式(9-4)可简化为：

$$dT = \frac{RT}{c_p} \times \frac{dP}{p} \text{或} \frac{T_2}{T_1} = \left(\frac{P_2}{P_1}\right)^{\frac{K-1}{K}} \tag{9-6}$$

其中，$K = \frac{c_P}{c_V}$，称为绝热指数，c_P 为定容比热容。

由式(9-5)、式(9-6)可知，在大气低层，气温随大气吸热量增加而升高，而在大气高层，气温随气压升高而升高。大气的热量来源于四个方面：①大气直接吸收太阳短波辐射 dQ_s；②大气中的水汽、CO_2 能强烈吸收地面的长波辐射 dQ_1；③大气向地面的逆辐射 dQ_a；④大气与地面之间的对流换热 dQ_c。所以，大气吸收的热量 dQ 为：

$$dQ = dQ_s + dQ_1 + dQ_a + dQ_c \tag{9-7}$$

对于从地面起到10km左右的一层大气而言，从热交换的影响来看，在式(9-7)中以 dQ_1 项最大，而且越接近地面，dQ_1 越大；从气压变化的影响来看，气压是随高度的降低而增加的，所以在这一层中的大气温度总是随高度增加而降低的，即气温总是下高上低的。其气温平均衰减率为6.5℃/km，这样的温度分布引起空气在垂直方向上强烈的自然对流，特别是在从到100m左右的近地层中，上下气温之差很大，可达1～2℃，在这一层中，大气上下有规则的对流和无规则的湍流都比较盛行，直接影响着污染物的传播扩散。

2. 逆温层与大气污染

近地层中气温的垂直递减型分布不是绝对不变的，如果从下层使空气降温或从上层向空气加热，都会改变气温的这种垂直分布情况而造成气温上高下低的倒置分布，即形成逆温。逆温阻碍大气的热力湍流，使大气中的污染物不易扩散而大量积聚，造成严重的空气污染。

按成因不同，逆温可分为辐射逆温、平流逆温、下沉逆温、湍流逆温及锋面逆温五种类型，其中辐射逆温与大气污染的关系最为密切。

辐射逆温完全取决于大气与地面的热交换。夜晚地面不再吸收太阳辐射，但本身仍有强烈的对空辐射，所以地面很快冷却下来，近地面气层也随之很快冷却，较高气层由于受地面辐射影响较小而冷却较慢，这样就形成了气温上高下低的辐射逆温层。辐射逆温层从日落前1h开始形成，黎明时最强，日出后便自下而上逐渐消失，大约在上午10时全部消失。

在上述五种逆温中，下沉逆温和湍流逆温发生在离地面几百米至1～2km的高度，为上部逆温层，其余三种为近地逆温层。上部逆温层起着限制污染物向上扩散的顶盖作用，它使污染物的垂直扩散受到抑制，污染物的扩散被限制在逆温层底和地面之间进行，形成封闭型扩散；近地逆温层又大大削弱了地面附近的大气湍流，使排在逆温层内的污染物扩散缓慢，在地面上积聚，浓度增加而造成污染。许多大气污染事件多发生在有逆温和静风的条件下，例如1948年美国多诺拉大气污染事件，是由于海拔210～340m的逆温层造成的，其污染源主要是工厂烟囱的排出物；而1952年英国伦敦烟雾事件，则是由于60～150m的低空逆温层引起的，其污染源主要是家庭采暖排出的烟气。

逆温强度（用负温度梯度 $-\Delta T/\Delta t$ 的数值表征）和逆温层厚度都会影响污染的程度。研究表明，当逆温强度增大和逆温层厚度增加时，污染将会加重。

3. 城市热岛环流与空气污染

下面来考察城乡上空在式（9-7）中各项热量的大小。

（1）由于城市人口密集，工厂集中，交通繁忙，使得能量消耗巨大，产生的大量余热直接释放到大气之中。

（2）城市地面大多被水泥、砖石覆盖，地面蒸发热量少，温度较高；另外，城市表面建筑物鳞次栉比，大大增加了地面粗糙度，这都使城市上空大气向地面吸收的对流换热量 dQ_c 增加。

（3）城市上空笼罩着大量烟气和 CO_2，因此，城市大气吸收的太阳辐射 dQ_s 及吸收地面的长波辐射 dQ_1，都要大于农村上空大气对应的吸热量。

（4）城市覆盖物（建筑物、水泥路面等）热容量大，白天吸收太阳辐射热，夜间放热缓慢，使低层空气冷却缓慢。

由于以上原因，城市近地层大气的净吸热量 dQ 比周围农村多，其平均气温高于周围农村（特别是夜间），形成所谓城市热岛。据统计，城乡年平均温度差一般为0.4～1.5℃，最大差别可达6～8℃。由于城市气温经常高于农村，使得城市上空暖而轻的空气上升，周围郊区的冷空气则向城区上空补充，形成所谓城市热岛环流或城市风，这种城市风是向市区中心汇合上升的，若城市周围有较多产生污染物的工厂，就会使污染物向市中心输送，造成污染，特别是夜间且城市上空有逆温存在时，这种污染更严重。例如曾经日本旭日市的工厂虽然分散建立在四周的郊区，但由于城市风的影响，市区污染物浓度反而比郊区高出3倍左右。

4. 地形与空气污染

1) 山谷风

在山区,白天太阳光照射到山坡上,使山坡温度比同高度的山谷中的空气温度要高,形成由谷底吹向山坡的风,称为谷风;夜间山坡比谷底冷却得快,冷空气则沿山坡滑向谷底形成山风,山风和谷风的交替出现使工厂排出的污染物常在谷地与坡地之间回旋,同时当夜晚出现山风时,由于冷空气下沉于谷底,上面为山谷上原来的暖空气,所以常伴随有逆温层出现,污染物就是更不易扩散而造成污染。多诺拉污染事件及 1930 年比利时的马斯河谷烟雾事件都与这样的地形条件有密切关系。

2) 水陆风

在沿海地区以及大湖泊和江河沿岸的水陆交界地带,由于陆地和水域的热力学性质不同,水的比热比陆地要大得多(约是干旱土壤的 5 倍),所以水要比土壤吸收更多的热量,又由于水的对流换热作用,使局部区域吸收的热量能迅速传播到整个水域,这种冷热各部分的混合换热作用是陆地无法实现的,因此水温的昼夜变化很小。而陆地在白天吸收太阳辐射迅速升温,使陆地气温高于水面气温;夜晚放热时,水面气温又高于陆地气温,这种水陆区域空气层的温度差造成气流的自然对流,使白天近地层的风从水域吹向陆地,形成水风;夜晚,风从陆地吹向水面,形成陆风。而在水陆上空则存在着方向相反的气流,形成水陆风环流。这样就使排入近地层的污染物在夜晚被陆风吹向水域,而在白天又被水风吹回来,或进入水陆风环流中,使污染物循环积累不能稀释扩散;而直接排入上层反旋气流的污染物,也会被环流重新带回地面;如果水陆交界区域上空存在着与水风方向相反的较强的主导风,则由于水风温度低于陆上来的主导风的温度,在冷暖风交界面上部会出现逆温层,这样,沿岸近地层污染物随水风吹向内陆,上部逆温层又阻碍其向上扩散,从而造成近地层污染物高浓度的封闭型扩散。沿海的工业城市,为了运输和用水的方便,常将工业区建在海边,生活区建在内陆,这样就会由于海陆风的影响而使生活区受到污染。如果生活区背面有山,则污染物遇山产生回流,将对生活区造成更严重的污染。日本的神户、大阪、横滨等城市都存在这种情况。

第二节　道路空气质量模型简介

一、空气质量模型基本原理

空气质量模型,又称大气化学传输模型,是模拟大气污染物的输送、扩散、迁移、转化和清除过程,预测在不同污染源条件、气象条件及下垫面条件下某污染物浓度时空分布的数学模型,是大气中污染物行为规律的数学描述。

空气质量模型是分析大气污染时空演变规律、解析大气污染来源及制定大气污染控制规划的重要技术工具。它不仅用于估算工业、机动车等排放源下风向的大气污染物环境浓度,对未来不同控制情景下的浓度进行预测,也用于研究从城市、区域到全球尺度上的气象、气候和大气污染相互作用等问题。

空气质量模型本质上是基于大气输送与扩散机理,对污染物在大气中的物理化学过程进行模拟再现的一种数学工具。从概念上来讲,污染物在大气中经历的所有过程都属于它模拟的内容(图 9-1),包括平流输送、湍流扩散、干湿沉降、化学转化等多个方面。连续性方程是建立大气扩散模式的最基本方程形式,即积累速率 = Σ增加速率(源) - Σ去除速率(汇)。

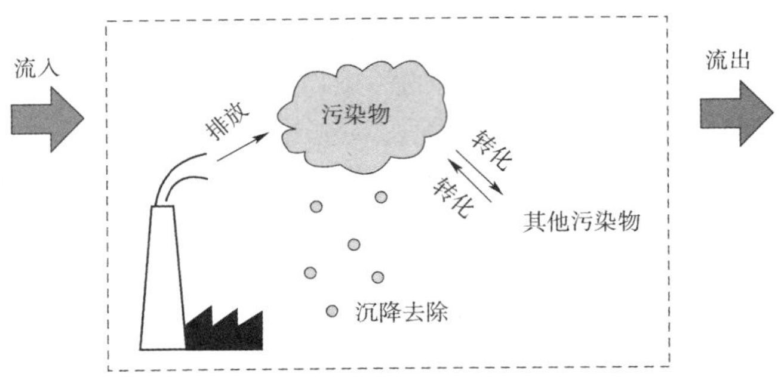

图 9-1　大气污染的过程

从流体力学方法的角度,空气质量模型可以分为欧拉模型和拉格朗日模型。前者相对于固定坐标系研究污染物的运动,以空间内固定的微元为研究对象;后者由跟随流体移动的空气微团来描述污染物浓度的变化。对于城市及地区尺度的空气质量模拟,三维欧拉模型更为适用一些。

空气质量模型体现了人们对于大气污染微观过程的认识。随着人们认知程度的不断深入,模型发展也在进行持续的更新换代,并且日趋成熟。自 20 世纪 60 年代起步以来,空气质量模型主要经过了三代模型的衍变。第一代模型是以高斯(Gauss)扩散模式为代表的、表征大气扩散过程的模型,结构简单、运算速度快,多用于环境影响评价。第二代模型加入复杂化学反应计算,考虑了三维气象场,进行三维网格划分,主要用于解决单一污染问题。随着大气污染问题的多样化及复杂化,20 世纪 90 年代发展起来的第三代模型,以"一个大气"的基本思想,集合多种污染物的复杂反应,考虑多种污染物在大气中相互制约、相互影响和相互转化,解决多尺度多污染问题。

二、湍流扩散基本理论

1. 湍流的概念

大气的无规则运动称为大气湍流。风速的脉动(或涨落)和风向的摆动就是湍流作用的结果。

按照湍流形成原因可分为两种湍流:一是由于垂直方向温度分布不均匀引起的热力湍流,其强度主要取决于大气稳定度;二是由于垂直方向风速分布不均匀及地面粗糙度引起的机械湍流,其强度主要决定于风速梯度和地面粗糙度。实际的湍流是上述两种湍流的叠加。

湍流有极强的扩散能力,比分子扩散快 $10^5 \sim 10^6$ 倍。但在风场运动的主风向上,由于平均风速比脉动风速大得多,所以在主风向上风的平流输送作用是主要的。归结起来,风速越大,湍流越强,大气污染物的扩散速度越快,污染物的浓度就越低。风和湍流是决定污染物在大气中扩散稀释的最直接、最本质的因素,其他一切气象因素都是通过风和湍流的作用来影响污染物扩散稀释的。

2. 湍流扩散理论简介

大气扩散的基本问题,是研究湍流与烟流传播和物质浓度衰减的关系问题。目前处理这类问题有三种广泛应用的理论:梯度输送理论、湍流统计理论和相似理论。

1)梯度输送理论

梯度输送理论是通过与非克(A. Fik)扩散理论的类比而建立起来的。菲克认为分子扩散的规律与傅里叶提出的固体中的热传导规律类似,皆可用相同的数学方程式描述。

湍流梯度输送理论进一步假定,由大气湍流引起的某物质的扩散,类似于分子扩散,并可用同样的分子扩散方程描述。为了求得各种条件下某污染物的时空分布,必须对分子扩散方程在进行扩散的大气湍流场的边界条件下求解。然而由于边界条件往往很复杂,不能求出严格的分析解,只能是在特定的条件下求出近似解,再根据实际情况进行修正。

泰勒(G. I. Taylor)首先应用统计学方法研究满流扩散问题,并于 1921 年提出了著名的泰勒公式。图 9-2 所示为由湍流引起的扩散模型,它表明了从污染源排放出的粒子,在风向沿着 x 轴的湍流大气中的扩散情况。假定大气湍流场是均匀、定常的,如果从原点放出很多粒子,则在 x 轴上粒子的浓度最高,浓度分布关于 x 轴对称,并符合正态分布。

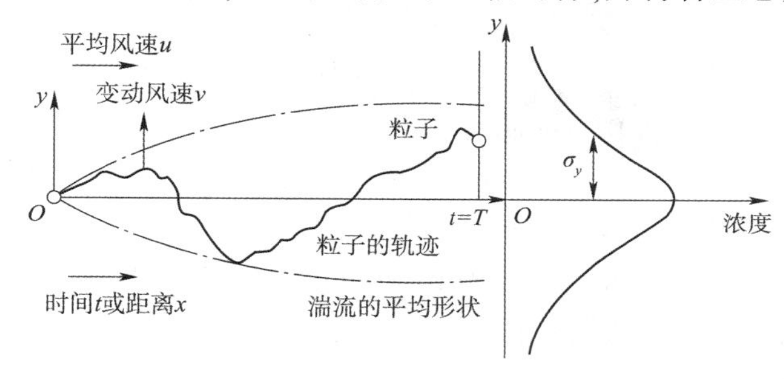

图 9-2 由湍流引起的扩散模型

2)湍流统计理论

湍流扩散相似理论是在量纲分析基础上,由 Batchelor 和 Gifford 等人发展起来,用于研究近地面大气湍流扩散的一种理论。

3)相似理论

相似理论的基本原理是拉格朗日相似性假设,即在近地层的流体质点,假设其拉格朗日统计特性仅取决于表征其欧拉特性的已知参量。但由于量纲分析复杂且不确定性大,其应用限制在近地面层内。

萨顿(O. G. Sutton)首先应用泰勒公式,提出了解决污染物在大气中扩散的实用模式。高斯在大量实测资料分析的基础上,应用湍流统计理论得到了正态分布假设下的扩散模式,即通常所说的高斯模式。高斯模式是目前应用较广的模式,下面对其作进一步介绍。

三、高斯扩散模式

1. 高斯模式坐标系及其假设

1)坐标系

高斯模式的坐标系规定为排放源点在地面面上的投影点为坐标原点;平均风向为 x 轴,下风方向为 x 轴的正向;y 轴在平面内垂直于 x 轴,y 轴的正向在 x 轴的左侧;z 轴垂直于水平面,向上为正向。即该坐标系为右手坐标系。

2)四点假设

高斯模式的四点假设为:①污染物在空中服从高斯分布(正态分布);②在整个空中风速

是均匀的、稳定的，且风速大于1m/s；③源强是连续均匀的；④在扩散过程中污染物质量是守恒的。

2. 点源扩散高斯模式

1）无限空间连续点源的高斯模式

由污染物正态分布的假设，下风向任一点的污染物平均浓度分布函数为：

$$C(x、y、z) = A(x) \cdot e^{-ay^2} \cdot e^{-bz^2} \tag{9-8}$$

由概率统计理论，其方差的表达式为：

$$\begin{cases} \sigma_y^2 = \dfrac{\int_0^\infty y^2 c\mathrm{d}y}{\int_0^\infty c\mathrm{d}y} \\ \sigma_z^2 = \dfrac{\int_0^\infty z^2 c\mathrm{d}z}{\int_0^\infty c\mathrm{d}z} \end{cases} \tag{9-9}$$

由上述假设④可写出污染物的源强为：

$$Q = \int_{-\infty}^{\infty}\int_{-\infty}^{\infty} \bar{u} c\mathrm{d}y\mathrm{d}z \tag{9-10}$$

上述四个方程组成一个方程组。其中源强 Q、平均风速 $\bar{u}$、标准差 σ_y 和 σ_z 为已知量，C 即浓度 $C(x、y、z)$、函数 $A(x)$、系数 a 和 b 为未知量。经推导计算，便得到无限空间连续点源污染物扩散的高斯模式为：

$$C = \frac{Q}{2\pi\bar{u}\sigma_y\sigma_z}\exp\left[-\left(\frac{y^2}{2\sigma_y^2} + \frac{z^2}{2\sigma_z^2}\right)\right] \tag{9-11}$$

式中：σ_y、σ_z——污染物在 y、z 方向的标准差，m；

$\bar{u}$——平均年风速，m/s；

Q——污染物源强，g/s。

2）高架连续点源高斯模式

高架连续点源的扩散问题，必须考虑地面对扩散的影响。它的坐标系和假设条件同前所述，所不同的是认为地面像镜面那样对污染物起到全反射的作用。按全反射原理，可以用“像源法”来处理这类问题。如图9-3所示，P 点的污染物浓度可看成是由位置（0、0、H）的实源和位置（0、0、$-H$）的像源在 P 点所构成的污染物浓度之和。

①实源的作用。P 点在以实源排放点（有效源高处）为原点的坐标系中，它的垂直坐标系（距烟流中心线的垂直距离）为 $Z-H$。不考虑地面影响，实源在 P 点所造成的污染物浓度为：

$$C_1 = \frac{Q}{2\pi\bar{u}\sigma_y\sigma_z}\exp\left\{-\left[\frac{y^2}{2\sigma_y^2} + \frac{(z-H)^2}{2\sigma_z^2}\right]\right\} \tag{9-12}$$

式中：H——高架点源排放点有效高度，m，所谓排放点有效高度是指点源实际高度与排放抬升高度之和。

②像源的作用。P 点在以像源排放点（负的有效源高处）为原点的坐标系中，它的垂直坐标为 $Z+H$。像源在 P 点所产生的污染物浓度为：

$$C_2 = \frac{Q}{2\pi\bar{u}\sigma_y\sigma_z}\exp\left[-\left(\frac{y^2}{2\sigma_y^2}+\frac{(z+H)^2}{2\sigma_z^2}\right)\right] \tag{9-13}$$

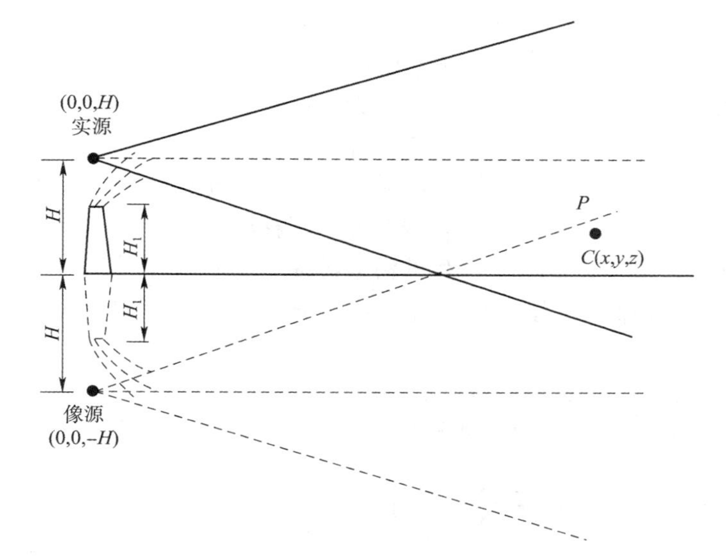

图 9-3 高架点源扩散模式示意图

P 点的实际浓度为实源和像源的作用之和($C = C_1 + C_2$),即:

$$C = \frac{Q}{2\pi\bar{u}\sigma_y\sigma_z}\exp\left(\frac{-y^2}{2\sigma_y^2}\right)\left\{\exp\left[\frac{-(z-H)^2}{2\sigma_y^2}\right]+\exp\left[\frac{-(z+H)^2}{2\sigma_z^2}\right]\right\} \tag{9-14}$$

式(9-14)为高架连续点源污染物的扩散模式。由这一模式可求出下风向任一点的污染物浓度。

(1)地面浓度扩散模式。地面浓度扩散模式可由式(9-14)在 $z=0$ 的情况下得到,即:

$$C = \frac{Q}{\pi\bar{u}\sigma_y\sigma_z}\exp\left(\frac{-y^2}{2\sigma_y^2}\right)\exp\left(\frac{-H^2}{2\sigma_z^2}\right) \tag{9-15}$$

(2)地面轴线浓度扩散模式。地面浓度是以 x 轴为对称的,x 轴上具有最大值,向两侧(y 方向)逐渐减小。地面轴线浓度模式可由式(9-15)在 $y=0$ 的情况下得到,即:

$$C = \frac{Q}{\pi\bar{u}\sigma_y\sigma_z}\exp\left(\frac{-H^2}{2\sigma_z^2}\right) \tag{9-16}$$

(3)地面连续点源扩散模式。地面连续点源扩散模式可由式(9-14),令其有效源高 $H=0$ 时得到,即:

$$C = \frac{Q}{\pi\bar{u}\sigma_y\sigma_z}\exp\left[-\left(\frac{y^2}{2\sigma_y^2}+\frac{z^2}{2\sigma_z^2}\right)\right] \tag{9-17}$$

四、汽车尾气扩散模式

在道路上由机动车辆排气所形成的空气污染源(车流量 >100veh/h)可以看作是线源。下面介绍线源污染物扩散模式。

1. 无限长线源扩散模式

一条平直的足够长的繁忙道路,可以看作为一无限长连续线源。

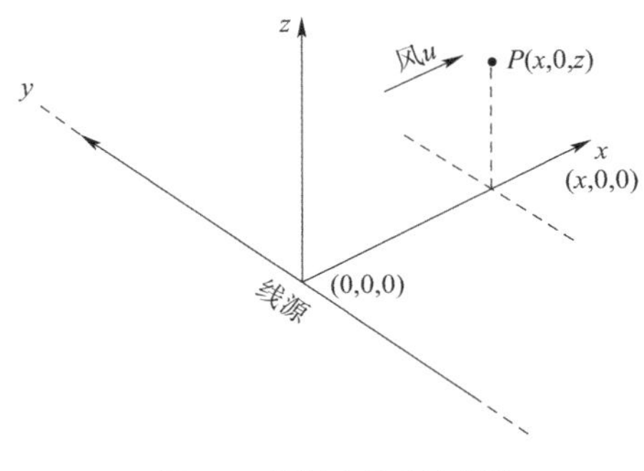

图 9-4　线源坐标系示意图

设 x 轴的正向为主导风向的下风方向，x 轴与无限长线源的交点为坐标原点。在水平面内 y 轴垂直于 x 轴，y 轴正向位于 x 轴的左侧，铅直向上为 z 轴正向（图 9-4）。

一无限长线源可看成是由无限多个点源组成的，每个点源的源强可以用单位长线源源强表示。无限长线源在某一空间点产生的污染物浓度，相当于无限长线源上的所有点源（单位长度线源）在该空间点产生的污染物浓度之和，它相当于一个点源在该空间点产生的污染物浓度对 y 轴的积分。因此，把点源扩散高斯模式（9-13）对变量 y 积分，可得无限长线源扩散模式。

1）风向与线源垂直时的无限长线源扩散模式

当风向与线源垂直时，取 x 轴与风向平行，y 轴为线源方向，其扩散模式为：

$$C_{垂直} = \frac{Q_L}{2\pi \bar{u}\sigma_y\sigma_z}\left\{\exp\left[\frac{-(z-H)^2}{2\sigma_z^2}\right] + \exp\left[\frac{-(z+H)^2}{2\sigma_z^2}\right]\right\}\int_{-\infty}^{\infty}\exp\left(\frac{-y^2}{2\sigma_y^2}\right)dy$$

$$= \frac{Q_L}{2\sqrt{2\pi}\,\bar{u}\sigma_z}\left\{\exp\left[\frac{-(z-H)^2}{2\sigma_z^2}\right] + \exp\left[\frac{-(z+H)^2}{2\sigma_z^2}\right]\right\} \tag{9-18}$$

2）风向与线源平行时的无限长线源扩散模式

当风向与线源平行时，取 x 轴为线源方向。

在 σ_x/σ_y = 常数（B）、$\sigma_y = ax$ 条件下的扩散模式为：

$$C_{平行} = \frac{Q_L}{\sqrt{2\pi}\,\bar{u}\sigma_z}\left\{\mathrm{erf}\left[\frac{r}{\sqrt{2}\sigma_y(x-x_0)}\right] - \mathrm{erf}\left[\frac{r}{\sqrt{2}\sigma_y(x+x_0)}\right]\right\} \tag{9-19}$$

以上两式中：Q_L——线源单位长度源强，mg/（s · m）；

H——线源的有效高度，m；

σ_y——横向扩散参数，m；

σ_z——垂直扩散参数，m；

B——常规扩散参数比，$B = \dfrac{\sigma_x}{\sigma_y}$；

r——微元至测点的等效距离，$r^2 = y^2 + \dfrac{(z-H)^2}{B}$；

$\mathrm{erf}(r)$——误差函数，$\mathrm{erf}(r) = \dfrac{2}{\sqrt{\pi}}\int_0^r e^{x^2}dx$，已知 r 后便可查表得到误差函数值。

扩散参数 σ_y、σ_z 与地面、大气稳定度及距线源的横向距离（x）有关，一般表达为：$\sigma_y = b_1X^{a_1}$；$\sigma_z = b_2^{a_2}X^{a^2}$。系数 b_1、b_2 和指数 a_1、a_2 可参阅有关资料或通过试验得出。

3）风向与线源成任意夹角

风向与线源成任意夹角 φ 时，可用简单的内插方法计算无线长线源两侧的污染物浓度：

$$C_\varphi = \sin^2\varphi C_{垂直} + \cos^2\varphi C_{平行} \tag{9-20}$$

在道路交通空气污染物浓度预测计算中,大气稳定度是一个重要的气象要素。我国《制定地方大气污染物排放标准的技术方法》(GB/T 3840—1991)中,关于大气稳定度的等级见表9-2。表中关于太阳辐射等级与地区云量和太阳高度角等的关系,可参阅该国标的有关规定。稳定度的级别规定是:A——极不稳定;B——不稳定;C——微不稳定;D——中性;E——微稳定;F——稳定;A~B——按A、B级数据内插,其余类推。

大气稳定度的等级 表9-2

地面风速(m/s)	太阳辐射等级					
	+3	+2	+1	0	-1	-2
≤1.9	A	A~B	B	D	E	F
2~2.9	A~B	B	C	D	E	F
3~4.9	B	B~C	C	D	D	E
5~5.9	C	C~D	D	D	D	D
≥6.0	C	D	D	D	D	D

2. 有限长线源扩散模式

估算有限长线源产生的环境空气污染物浓度时,必须考虑有限长线源两端的"边缘效应"。随着接收点距有限长线源距离的增加,"边缘效应"将在更大的横风距离上起作用。

当风向垂直于线源时,通过接收点作垂直于线源的直线(x轴),直线的下风方向为x轴正向,线源的范围从y_1到y_2,则有限长线源地面浓度扩散模式为:

$$C=\frac{\sqrt{2}Q_{\mathrm{L}}}{\sqrt{\pi \bar{u}}\sigma_z}\exp\left[\frac{-H^2}{2\sigma_z^2}\right]\int_{P_1}^{P_2}\frac{1}{\sqrt{2\pi}}\exp[-0.5p^2]\mathrm{d}p \tag{9-21}$$

其中,$P_1=y_1/\sigma_y$,$P_2=y_2/\sigma_y$,p是变量,$P\in[P_1,P_2]$,式中的积分值可以从数学手册中查到。

五、AERMOD模型

AERMOD模型是一种用于点源、线源和面源的高斯型污染物浓度预测模型,已在静态污染源领域得到广泛的应用,同时也被USEPA推荐为交通源污染物浓度预测的官方模型。

1. AERMOD模型原理

1)系统工作原理

AERMOD模型是基于行星边界层(PBL)湍流理论,用来完全替代工业源复杂模型(ISC3模型)而开发的稳态扩散模型。AERMOD模型在稳定边界层(SBL)中无论垂直还是水平方向污染物扩散浓度均服从高斯分布,在对流边界层(CBL)中水平扩散浓度服从高斯分布;而CBL的垂直浓度分布服从双高斯概率密度函数(bi-Gaussian PDF),这也是AERMOD模型与CALINE4、CAL3QHC等道路线源空气质量模型的主要区别。AERMOD模型考虑了对流条件下浮力烟羽和混合层顶的相互作用、高尺度对流场结构及湍流动能的影响,大大提高了模型的预测精度,是一种精细化空气质量模型。

20世纪90年代中后期,AERMOD模型由USEPA和美国气象学会(AMS)联合组建的法规模式改善委员会(AERMIC)基于最新的大气边界层和大气扩散理论开发,并作为新一代法规模型,替代原来的 ISC(Industrial Source Complex)模型。该模型是一种稳态高斯烟羽模型,可应用于多种排放源(点源、面源、体源)的扩散模拟,适用于对乡村环境和城市环境、平坦地形和复杂地形、地面源和高架源等多种扩散情形的模拟,评价尺度在 50km 以下,在静态污染源(锅炉、化工厂)环评领域得到了广泛应用。由于交通污染地区机动车运行工况复杂,机动车在加速、减速、匀速及怠速工况下产生的污染物差异较大,因此需要将交通污染地区道路源按照机动车工况类型分段,将每段道路看作一个面源,然后引入 AERMOD 模型对多个面源进行模拟,得到周边受点的污染物浓度。

AERMOD 模型是稳态烟羽模型,它以扩散统计理论为出发点,假设污染物的浓度分布在一定程度上服从高斯分布。AERMOD 模型在考虑地形(包括地面障碍物)对污染物浓度分布的影响时,使用了分界流线的概念,即将扩散流场分为两层的结构,下层的流场保持水平绕过障碍物,而上层的流场则抬升越过障碍物,任意网点的浓度值就是这两种烟羽浓度加权之后的和。AERMOD 模型系统包括 AERMOD 扩散计算模块、AERMET 气象预处理模块和 AERMAP 地形预处理模块。无论行星边界层是 SBL 还是 CBL,其参数均可以由 AERMET 气象预处理模块来确定。AERMAP 地形预处理模块可以将输入的各网格点的位置参数及其地形高度参数经过计算转化成模型处理的地形数据。这些数据用于障碍物周围大气扩散的计算,并结合风场分布,进而计算扩散浓度分布。AERMOD 模型运行流程如图 9-5 所示。

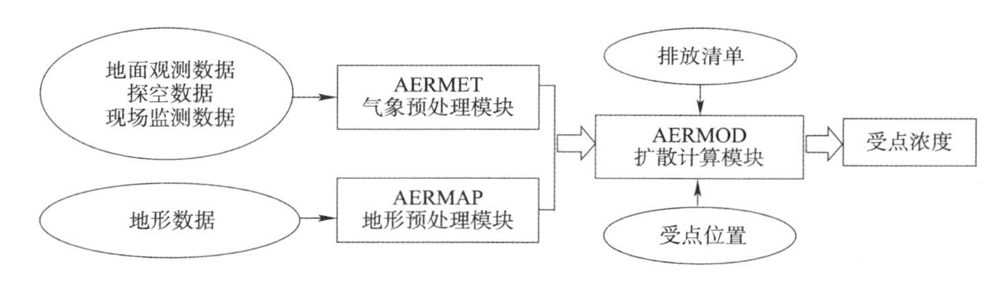

图 9-5　AERMOD 模型运行流程

2)AERMOD 模型的局限性

AERMOD 模型虽然以最新的大气边界层和大气扩散理论为基础,但是其只能在地面与上部逆温层对污染物全反射、污染物质性质保守的前提下使用,在小风条件下不适用。

AERMOD 模型的对流边界层的湍流结构和扩散相当成熟,且与观测事实的吻合度较高。然而,在稳定条件下,大气边界层实际上一直处于不断的演变中,不仅边界层的深度一直在演变,而且湍流特征也一直处于变化中。目前,在扩散计算中,AERMOD 模型一直都难于反映这种特征。稳定边界层湍流存在一种突发现象,这种湍流就像脉冲一样,会突然发生,持续很短时间,又迅速消失。这种突发的湍流,会将高处的污染物带到地面。此外,当风速不快时,大气的背景湍流较弱,而大气的波动、地形效应起着重要作用。在稳定条件下,还会出现低空急流。可见,稳定边界层的湍流特征,实际比对流边界层复杂得多。目前,AERMOD 模型还不能从理论和数学上精确地描述稳定边界层。稳定边界层的缓慢变化如何在扩散模型中体现,是 AERMOD 模型所关注的课题。总之,AERMOD 模型并没考虑空气动力过程对空气污染的扰动、物理化学与传输分配作用。

2. AERMOD 模型建模数据需求

1) AERMOD 模型基本数据

运行 AERMOD 扩散计算模块，至少需要建立一个文本格式的控制流文件，该控制流文件中提供了模型运行的一些程序控制选项、污染源位置及参数、预测点位置、气象数据的引用以及输出参数。若考虑建筑物下洗，控制流文件中还需要添加建筑物几何参数数据。此外，AERMOD 模型运行还需要两个基本的气象数据文件：地面气象数据文件（surface meteorological data file）及探空廓线数据文件（profile meteorological data file），这两个文件由 AERMET 气象预处理模块生成。如需考虑地形的影响，还需在控制流文件中引入地形数据文件，地形预处理文件需要由 AERMAP 地形预处理模块生成。

此外 AERMOD 模型运行还需要的场地数据包含源所在地的经纬度、地面湿度、地面粗糙度、反射率。污染源数据包括源的编码、源的几何参数、排放率等；AERMOD 扩散计算模块可以处理点源、线源、面源、体源，预测点数据包括预测点的地理位置和高程。AERMOD 扩散计算模块可以处理网格预测点和任意离散的预测点，所有元数据存储在 AERMOD. INP 文件中。在运行 AERMOD 模型时，AERMOD 扩散计算模块将对输入的数据格式进行有效性检查。

2) 道路空气质量建模数据

在进行模型模拟之前，需要准备研究对象的相关数据，包括用于 AERMOD 模拟的气象、地形数据和用于排放模型计算的速度、交通量、车型比例等数据，详细数据类型及来源或获取途径见表 9-3。

道路空气质量建模数据 表 9-3

数据类型	数据描述	数据目的	数据来源或获取途径
交通数据	小时交通量、平均速度、道路坡度、路段分区数、分区长度	排放清单建模	人工调查、交通流监控
车型	与排放模型匹配车型		调查、匹配现有车型与模型设定车型
车龄分布	每年各种车型根据车龄的分布		当地车辆登记部门或省略
燃油供应及配方	燃油参数及燃油类型市场份额		调查或实验或省略
运行模式分布	车队在不同运行模式的时间		路段平均速度、路段驾驶循环、详细的模式分布表格
气象数据	温度、湿度		现场监测或气象公共数据
排放清单	路段排放总量	空气质量建模	排放模型
地面气象数据	风速、风向、干球温度、露点温度、表面粗糙度、地表反照率、波文率、环境温度、云量、云层高度等		当地气象部门、大气环境研究机构协助数据
探空气象数据	大气压、海拔、干球温度、露点温度、风速、风速变化率、风向变化率等		
地形数据	排放源高度、混合区宽度、区域几何参数、受点坐标、经纬度		调查或省略
环境监测数据	研究路段周边的环境监测数据		当地环境监测站、网络开放数据平台

第三节　道路空气污染暴露评估

一、基本概念

1. 暴露和剂量的定义

1）暴露

1982年，Ott在一篇文献中提出了“暴露”（exposure）的定义，他认为暴露是指人体在某个时刻与某种污染物的接触。该定义指出的“暴露”实际上只是“接触”，并不包括摄入或吸收。之后很多科学家也对暴露的定义进行过描述，尽管大家都认为暴露是指人体同污染物的接触，但是到底这种接触是发生在人体可见边界（如皮肤或进入人体内的“入口”，如嘴、鼻孔等）还是发生在吸收交换边界部（如皮肤或肺、胃肠道等）一直都模棱两可，并没有形成共识。这些不同的定义也导致了暴露术语和评价单位等方面的模糊性，从早期的一些关于暴露评价的文献可以看出暴露方面的术语并不统一和规范。

1992年，美国国家环保局（USEPA）发布了《暴露评价技术导则》，其中将“暴露”定义为人体可见边界（如皮肤、口和鼻腔）接触化学物质的过程。该定义也被认为是当前比较权威的定义。《暴露评价技术导则》认为，化学物质进入人体要经过暴露（接触）和穿过人体的机体界面而进入人体两个过程。显然，机体界面外部的“暴露”定义起来很简单，但是化学物质穿过机体界面描述起来却不容易。化学物质穿过机体界面进入人体也包括两个过程，第一个过程是“摄入”（intake），即污染物通过外暴露界面到达靶器官的过程，实际上是化学物质通过机体可见界面（如口或鼻）的通道的物理迁移，比如呼吸、吃饭和饮水；第二个过程是“吸收”（uptake），指污染物穿越了吸收屏障而被人体吸收的过程，包括通过皮肤或其他暴露器官（如眼睛）吸收的化学物质。

化学物质接触人体外部界面的情况称为暴露。暴露需要两个要素同时发生：空间特定地点存在污染物质，且在同一时间同一地点有人的存在。大多数时候，化学物质包含在空气、水、土壤、产品、运输或运载介质中，接触点的化学物质的浓度即为暴露浓度。一段时间内的暴露可以通过对该段时间下的暴露浓度进行积分来表述：

$$E = \int_{t_1}^{t_2} C(t)\,\mathrm{d}t \tag{9-22}$$

式中：E——暴露的量；

$C(t)$——暴露浓度，是时间的函数，单位为μg/m³、mg/m³、mg/kg、μg/L、mg/L；

t_1、t_2——暴露的开始时间和截止时间。

从式(9-22)可知，暴露量的是浓度　时间，根据暴露的具体情况不同，单位表达也不相同，空气中化学品可以用mg/(m³·h)表示，水中化学品可以用mg/(L·h)表示，土壤或食物中化学品可以用mg/(kg·h)表示。

2）剂量

《暴露评价技术导则》认为，“剂量”指当物质穿过有机体的外边界后与代谢过程或者生物受体发生相互作用的量；“潜在剂量”是吸收、呼吸或皮肤暴露的量；“实际剂量”是某物质在吸收屏障中被吸收的量和可被吸收的量（尽管无须穿过机体的外边界）；“吸收剂量”是在吸收过程中指穿过特殊暴露屏障(如皮肤交换屏障、肺、消化道等)的量;“内在剂量”是更常用的术语,指与吸收屏障和交换界面无关的被吸收的量。与特殊器官或细胞相互作用的化合物的量指该器官或细胞吸收的量。

剂量通常表达为剂量率,或用单位时间内实际剂量或内部剂量(如 mg/d),或以单位时间每单位人体质量暴露剂量率[mg/(kg·d)]计。

实际剂量是指到达身体能够进行吸收的吸收界面(皮肤、肺、肠胃)的化学物质的量。一般是很难直接测定的,但是可以使用它的近似值——潜在剂量的概念来表示。

潜在剂量是摄入的、吸入的或实际接触于皮肤的化学物质的量。用于摄入和吸入的潜在剂量类似于剂量-效应试验中的施加剂量。如果只能部分获取生物材料,则实际剂量或者到达身体交换界面(皮肤、肺、肠胃)的化学物质的量,要小于潜在剂量。潜在剂量用介质中化学物质的浓度与介质吸入率的乘积来计算,即:

$$D_{\mathrm{pot}} = \int_{t_1}^{t_2} C(t)\mathrm{IR}(t)\mathrm{d}t \tag{9-23}$$

式中:D_{pot}——潜在剂量,mg;

$C(t)$——暴露浓度,是时间的函数,$\mathrm{mg/m^3}$;

$\mathrm{IR}(t)$——吞咽或吸入速率,$\mathrm{m^3/h}$;

t_1、t_2——暴露的开始时间和截止时间。

内部剂量是指可被身体吸收的以及能够与靶器官相互作用的化学物质的量。化学物质一旦被身体吸收,就会在体内进行代谢、储存、排泄和传输。传输到单个靶器官或体液中的量被称作传递剂量。传递剂量只是总的内部剂量的一小部分。生物有效剂量,或者实际到达细胞或膜而引起负面效应的量,只是传递剂量的一部分。目前,大多数与环境化学物质有关的风险评价使用的都是建立在潜在剂量或内部剂量基础上的剂量-效应关系,即:

$$D_{\mathrm{int}} = \int_{t_1}^{t_2} C(t)K_{\mathrm{p}}\mathrm{SA}(t)\mathrm{d}t \tag{9-24}$$

式中:D_{int}——内部剂量,mg;

$C(t)$——暴露浓度,是时间的函数,$\mathrm{mg/m^3}$;

$\mathrm{SA}(t)$——吞咽或吸入速率,$\mathrm{m^3/h}$;

t_1、t_2——暴露的开始时间和截止时间;

K_{p}——渗透系数,常量。

2. 呼吸暴露

呼吸暴露是环境污染物进入人体的关键途径,尤其是对下列污染物:

(1)大量的职业暴露物;

(2)周围环境空气污染物;

(3)室内空气污染物;

(4)特殊的情形,如水中的挥发性物质(VOCs)。

呼吸暴露的途径如图 9-6 所示。

人体的呼吸系统主要由鼻、嘴、咽、喉、气管、支气管、肺、隔膜等组成(图 9-7),不同颗粒物经由人体呼吸暴露的途径如图 9-8 所示。

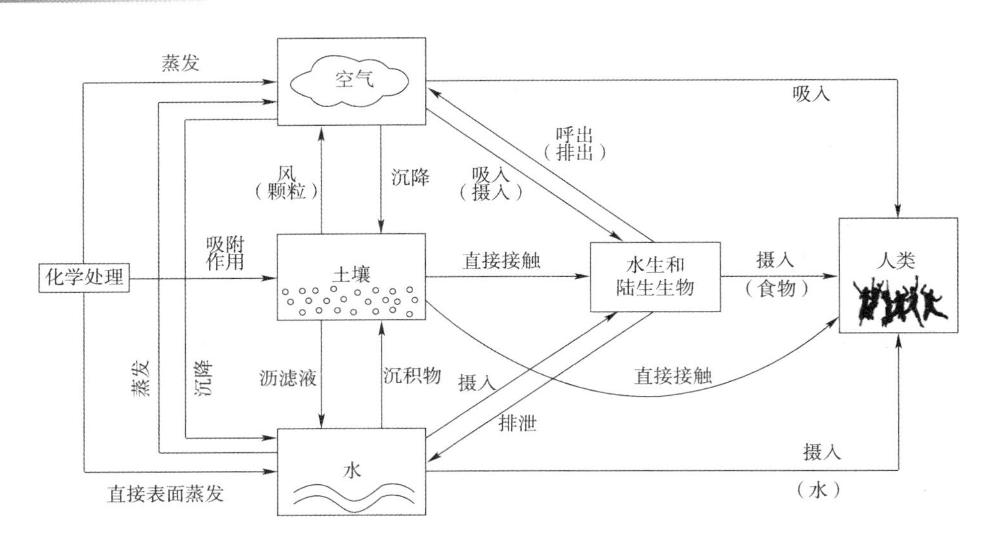

图 9-6　呼吸暴露的途径

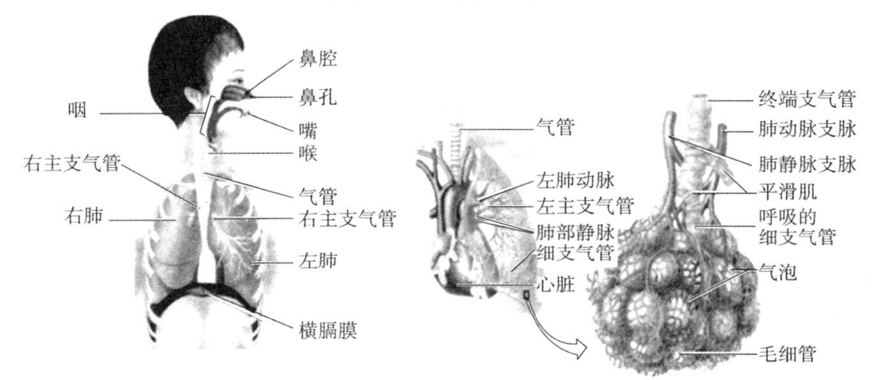

图 9-7　人体呼吸系统

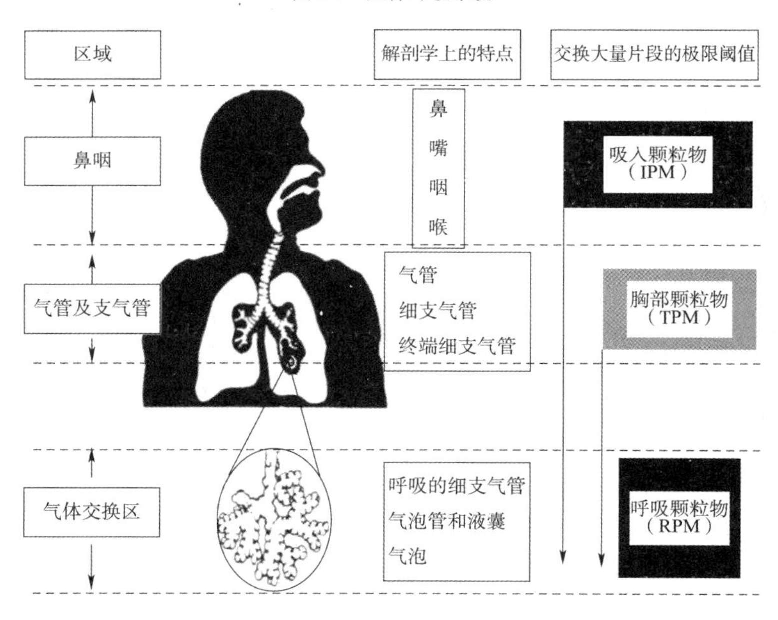

图 9-8　不同颗粒物经由人体呼吸的暴露途径

图 9-9 所示为人体呼吸道主要区域的分支数量,呼吸道主要区域的分支数量多达 6×10^4 个。

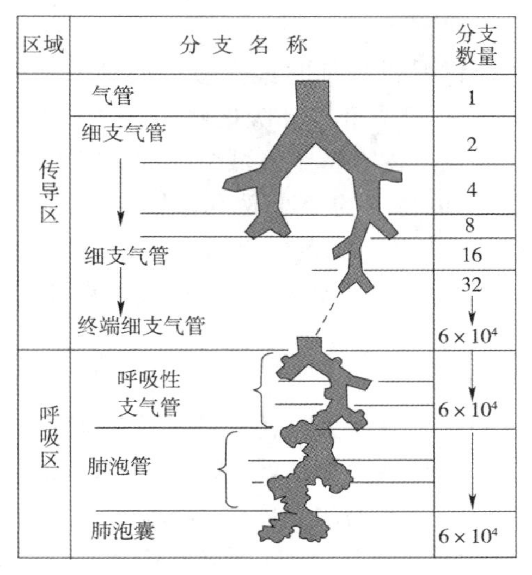

图 9-9 呼吸道主要区域的分支数量

通过呼吸道吸收污染物是一个连续的过程。在气态和颗粒污染物进入流体层接触肺部组织之前,污染物首先要吸附或者堆积在肺部的流体表面,然后传播进入血流。污染物运输进入呼吸系统的过程以及最终的命运取决于许多的因素,包括扩散能力、溶解性、反应性、污染物的体积、呼吸系统中气流的特征以及呼吸系统和血管系统的生理特征等。

二、道路空气污染暴露评估方法

暴露评估可以分为间接方法和直接方法两大类。间接方法是在实际数据缺乏或难以获取时,用问卷调查或者查阅二手资料的方法来估算,或者通过对大环境的监测结果来估计;直接方法可以通过个体暴露测量的方法或者个体生物标志物的监测方法来进行评估。

1. 暴露评估基本方法

道路空气污染暴露常见评估方法为固定点环境监测法和个体移动监测法。

1)固定点环境监测法

固定点环境监测法广泛运用于评估道路交通污染暴露特征及其健康影响,鉴于该方法所需人力、物力和资金成本相对较低,故可用于长期和区域性人群暴露水平研究,也是目前国内外研究最常用的方法。

采用固定点环境监测法有两种方式:一种是使用单个或多个固定点获取的数据表征监测点周边 1km 半径范围内的人体平均暴露水平;另一种则是利用区域固定监测站的数据,结合回归模型估计不同地理位置的污染物浓度。但是,使用固定点环境监测数据估算个体暴露水平也存在一定的误差和局限性:首先行人在道路两侧所接触的暴露浓度随着时间和空间位置的变动而发生变化,使用固定点环境监测法忽略了交通相关污染物浓度的时空变异性,影响了行人暴露评价的准确性;其次,区域固定监测站的位置高度与个体的呼吸区域存在偏差,固定点监测设备只能采集某个点的污染物浓度波动情况,时间尺度较大,很难捕捉污染物浓度准确的实时变化;最后,人体暴露水平应当考虑个体之间年龄、性别、身高、体重、活动水平和交通特征等异质性。大量研究表明，固定环境监测站严重低估了个人日常活动所经历的暴露风险，不能真实反映城市道路两侧行人运动中的暴露水平。

2)个体移动监测法

个体移动监测法是考察个体暴露特征时最直接最典型的暴露评价方法，通常是直接利用便携式移动监测设备随时随地记录个体呼吸区域范围内颗粒物浓度来代表个体暴露水平。该方法可以监测到短时间尺度内在特定区域个体的实时暴露特征，而且具有成本低、便携和可穿戴等优点，适合小范围或特定的交通微环境中个体暴露评估研究，以发现一天中对人体健康有害的热点源和时段，并更好地表征交通空气污染物时空分布模式。但对于大规模的人群暴露评估，个体移动监测法成本较高，同时测量可靠性容易受限于仪器准确性影响而较少被广泛采用。

2. 暴露剂量评估模型

污染物暴露评价主要目的在于分析大气污染物对人体健康的影响，其间经历了从机动车污染物排放、扩散与变化、行人与污染物接触(暴露)到吸入污染物(剂量)的过程。环境污染物浓度仅考虑了大气介质中污染物的强度，并未体现人体暴露于大气污染物的频率和持续时间，因而无法准确表达个体的暴露水平；而暴露剂量评估模型不仅考虑了污染物暴露浓度，还考虑了个体暴露持续时间、呼吸速率、身高和体重等参数，可以更准确地反映吸入人体内的污染物的量，更适合选作污染物暴露评价指标。

暴露浓度是在人呼吸区域附近，使用颗粒物监测仪测量到的污染物浓度。当污染物越过此物理边界，即当人类吸入或摄入污染物时，就会产生剂量。空气污染吸入剂量是污染物浓度、空气吸入量与暴露时间的函数，如式(9-25)所示：

$$D = \int_{t_1}^{t_2} V_E C(t)\,dt \tag{9-25}$$

式中：D——吸入剂量，μg；

V_E——分钟通气量(或称为呼吸速率)，L/min 或 m^3/h；

$C(t)$——随时间变化的暴露浓度，$\mu g/m^3$；

t_1、t_2——暴露开始时间和截止时间。

准确计算每分钟通气量(每分钟吸入的空气量)非常重要，可提高空气污染暴露评估的科学性。V_E 取决于受试者的身体特征和活动状态等因素。在实际的实验中，通过佩戴面罩进行的直接测量操作性较差且会对实验者产生较大心理负担，影响实验结果，难以直接测量，因此研究者通常采用容易获得的参数来估计。因此，还可以基于心率(HR)估计 V_E。

下面描述一种使用简单的可穿戴设备来获得实验对象的实时心率，并基于实时心率和身体特征采用线性混合模型来估算呼吸速率，即：

$$V_E = e^{-8.57} HR^{1.72} f_B^{0.611} age^{0.298} sex^{-0.206} FVC^{0.614} \tag{9-26}$$

式中：HR——心率，每分钟心跳次数；

f_B——呼吸频率，每分钟呼吸次数；

age——年龄，岁；

FVC——用力肺活量，L，是由全球肺功能倡议法(GLI)根据身高、年龄、性别和种族得到的预测值；

sex——性别，男性为1，女性为2。

参考文献

[1] 邱兆文. 汽车节能减排技术[M]. 北京:化学工业出版社,2015.

[2] 李坚,梁文俊,陈莎. 人体健康与环境[M]. 北京:北京工业大学出版社,2015.

[3] 李兴虎. 汽车环境污染与防治对策[M]. 北京:化学工业出版社,2019.

[4] 郝吉明,马广大,王书肖. 大气污染控制工程[M]. 4 版. 北京:高等教育出版社,2021.

[5] 中国汽车工程学会. 节能与新能源汽车技术路线图 2.0[M]. 北京:机械工业出版社,2021.

[6] 赵航,王务林. 车用柴油机后处理技术[M]. 北京:中国科学技术出版社,2010.

[7] 李岳林. 汽车排放与噪声控制[M]. 2 版. 北京:人民交通出版社股份有限公司,2017.

[8] 贺克斌,霍红,王歧东,等. 道路机动车排放模型技术方法与应用[M]. 北京:科学出版社,2014.

[9] 贝绍轶. 报废汽车绿色拆解与零部件再制造[M]. 北京:化学工业出版社,2016.

[10] 黄显利. 电动汽车 NVH 的设计与开发[M]. 北京:机械工业出版社,2020.

[11] 李刚,曹磊,龚巍巍,等. 汽车排放污染治理概论[M]. 北京:人民交通出版社股份有限公司,2019.

[12] 刘砚华,汪赟. 道路交通噪声监测与评价新方法研究[M]. 北京:中国环境出版集团,2018.

[13] 孙晓峰,蒋彬,于波. 汽车维修行业环境保护技术指南[M]. 北京:化学工业出版社,2020.

[14] 田广东. 汽车回收利用理论与实践[M]. 北京:科学出版社,2016.

[15] 周志敏,纪爱华. 电动汽车动力电池梯次利用与回收技术[M]. 北京:化学工业出版社,2019.

[16] 庄蔚敏,叶福恒,庄继德. 汽车回收利用与节能减排[M]. 北京:机械工业出版社,2014.

[17] 段小丽,陶澍,徐东群,等. 多环芳烃污染的人体暴露和健康风险评价方法[M]. 北京:中国环境科学出版社,2011.

[18] Jack Erjavec. 混合动力、纯电动及燃料电池汽车[M]. 2 版. 赵万忠,李玉芳,金智林,译. 北京:清华大学出版社,2019.

[19] Mehrdad,Ehsani,Yimin Gao,et al. 现代电动汽车　混合动力电动汽车和燃料电池电动汽车[M]. 3 版. 杨世春,华旸,熊素铭,译. 北京:机械工业出版社,2019.

[20] 威廉森,王典. 插电式混合动力与纯电动汽车的能量管理策略[M]. 北京:机械工业出版社,2016.

[21] 中国汽车技术研究中心有限公司,电动汽车电驱动系统全产业链技术创新战略联盟. 中国新能源汽车电驱动产业发展报告(2019)[M]. 北京:社会科学文献出版社,2019.

[22] 王晓宁,盛洪飞. 道路交通环境保护[M]. 北京:中国建筑工业出版社,2012.

[23] 林婷,吴烨,何晓旖,等. 中国氢燃料电池车燃料生命周期的化石能源消耗和 CO_2 排放[J]. 环境科学,2018,39(08):483-490.

[24] 万凤娇. 报废汽车回收再利用生态产业链运行制约因素及对策研究[J]. 再生资源与循

环经济,2020,155(11):35-42.

[25] 王军.论报废汽车产业高质量发展方向[J].资源再生,2019(07):29-32.

[26] 王彦哲,周胜,王宇,等.中国核电和其他电力技术环境影响综合评价[J].清华大学学报(自然科学版),2021,61(4):377-384.

[27] 姚学松.一种增程式电动汽车动力系统能耗分析[J].电子产品世界,2020,027(003):82-84.

[28] 赵丹,马建.中国电动汽车产业发展现状、问题与未来[J].长安大学学报(社会科学版),2020(4):51-61.

[29] 石川哲平,佐野真一,藤谷宏,等.新型燃料电池汽车的振动噪声性能开发[J].国外内燃机,2017(5)55-59.

[30] 黄琼,于雷,杨方,等.机动车尾气排放评价模型研究综述[J].交通环保,2003,24(06):28-31.

[31] 霍红,贺克斌,王歧东.机动车污染排放模型研究综述[J].环境污染与防治,2006,28(07):526-530.

[32] 梁卿.内燃机排放测量 CVS 系统控制系统开发[D].北京:北京理工大学.2016.

[33] 刘坤.部分流等动态微粒采样系统适用性评测及关键参数选取[D].长春:吉林大学.2015.

[34] 彭敏.汽油发动机排气颗粒物检测影响因素研究[D].哈尔滨:东北林业大学.2017.

[35] 四川省环科源科技有限公司.年产 20 万辆新能源纯电动汽车生产基地项目环境影响报告[R].四川省环科源科技有限公司,2018.

[36] 王凌飞.我国汽车回收管理的 EPR 制度与实践[D].武汉:中南财经政法大学,2019.

[37] 肖胜权.基于全生命周期评价的动力电池环境效益研究[D].厦门:厦门大学.2019.

[38] 中国汽车工程学会.汽车生命周期温室气体及大气污染物排放评价报告(2019)[R].北京:中国汽车工程学会,2019.

[39] 中华人民共和国环境保护部.道路机动车大气污染物排放清单编制技术指南(试行)[R].北京:中华人民共和国环境保护部,2014.

[40] 中华人民共和国生态环境部.中国环境噪声污染防治报告 2021[R].北京:中华人民共和国生态环境部,2021.

[41] 中华人民共和国生态环境部.中国移动源环境管理年报 2020[R].北京:中华人民共和国生态环境部,2020.

[42] 中汽数据有限公司.中国汽车低碳行动计划研究报告 2020[R].北京:中汽数据有限公司,2020.